U0314302

姑山矿区大水软破多变铁矿床开采技术

朱青山　陈秋松　编著

北　京

冶 金 工 业 出 版 社

2020

内 容 提 要

本书系统总结了姑山矿区大水软破多变矿床开发利用中综合防治水、安全高效回采、全尾砂充填、地压控制和监测、矿岩支护及绿色矿山建设等方面的创新性和实用性技术成果。

本书可作为姑山矿矿情教育读本和技术培训教材，也可供其他矿山企业、高等院校和科研院所等有关人员参考。

图书在版编目 (CIP) 数据

姑山矿区大水软破多变铁矿床开采技术/朱青山，
陈秋松编著. —北京：冶金工业出版社，2020.6
ISBN 978-7-5024-8485-9

Ⅰ. ①姑…　Ⅱ. ①朱…　②陈…　Ⅲ. ①铁矿床—
金属矿开采　Ⅳ. ①TD861.1

中国版本图书馆 CIP 数据核字（2020）第 071258 号

出 版 人　陈玉千
地　　　址　北京市东城区嵩祝院北巷 39 号　邮编　100009　电话　(010)64027926
网　　　址　www.cnmip.com.cn　电子信箱　yjcbs@cnmip.com.cn
责任编辑　高　娜　美术编辑　彭子赫　版式设计　禹　蕊
责任校对　石　静　责任印制　李玉山
ISBN 978-7-5024-8485-9
冶金工业出版社出版发行；各地新华书店经销；三河市双峰印刷装订有限公司印刷
2020 年 6 月第 1 版，2020 年 6 月第 1 次印刷
169mm×239mm；28.25 印张；549 千字；437 页
158.00 元

冶金工业出版社　投稿电话　(010)64027932　投稿信箱　tougao@cnmip.com.cn
冶金工业出版社营销中心　电话　(010)64044283　传真　(010)64027893
冶金工业出版社天猫旗舰店　yjgycbs.tmall.com
（本书如有印装质量问题，本社营销中心负责退换）

前　言

马钢（集团）控股有限公司姑山矿业公司（简称姑山矿业公司）位于长江中下游成矿带钟姑矿田，地处安徽省马鞍山市当涂县，是马钢（集团）控股有限公司的原材料基地之一，2019年随马钢（集团）控股有限公司的改革并入宝钢资源（国际）有限公司。

姑山矿业公司拥有白象山铁矿、和睦山铁矿、姑山铁矿、钟九铁矿4座矿山。其中，白象山铁矿设计生产能力200万吨/年，是姑山矿业公司正在生产的主力矿山；和睦山铁矿设计生产能力110万吨/年，已进入开采困难的减产期；姑山铁矿露天开采已经结束，正在进行露天转地下工程建设，设计生产能力70万吨/年；钟九铁矿正进行前期设计工作，设计生产能力200万吨/年。截止到2019年12月底，上述4座矿山合计保有地质储量3.11亿吨，虽然储量丰富，但其开采技术条件异常复杂，主要体现在：（1）水文地质条件复杂，尤其是白象山铁矿、钟九铁矿是典型的大水矿山，防治水工作难度大；（2）矿床构造复杂、节理裂隙发育、矿岩稳固性差，属典型的软破矿床，冒顶、片帮事故频发，几乎所有脉内巷道均需进行全断面喷锚网支护，支护工作量大、成本高；（3）矿体形态变化剧烈，倾角自微倾斜至倾斜、矿体厚度自薄至厚大，尖灭再现突出，矿体与夹石交错，采矿方法选择困难。

面对水文地质条件与工程地质条件复杂的难采矿床，姑山矿业公司与中南大学、北京科技大学、东北大学、中国矿业大学等院校，以及长沙矿山研究院有限公司、中国恩菲工程技术有限公司、马鞍山矿山研究院、鞍山钢铁研究院等科研院所和设计单位合作，克服了姑山矿区大水软破多变矿床开发利用中的许多技术难题，取得了包括预控顶上向进路充填采矿法、含水矿床疏堵避一体化综合防治水技术等一系列具有原创性的科研成果，研发了姑山区域大水软破多变矿床安全高效开采成套技术体系，为姑山矿区铁矿石资源安全高效开采提供了关键技术支撑。在解决上述难题过程中，成功处置了包括白象山铁矿竖井掘进淹井和进路采矿突水、姑山铁矿含砂层大面积滑坡、和睦山铁矿高大空区垮塌与地面沉陷等在内的一系列险情，积累了突水、滑坡、冒顶等矿山险情科学处置经验。

编写本书的目的，是总结开发实践中的经验教训、成套技术，为矿业教学、设计研发和矿山生产提供借鉴。谨以本书，与姑山矿业公司发展中做出贡献的历任工程技术人员和一线工作人员共同回顾我们劳动的艰辛和奋斗的自豪，向关心姑山矿业公司的历任领导，向为姑山矿业公司发展付出心血的高等院校、科研院所、设计单位、协作单位的设计人员致以敬意。

本书是集体研究与实践成果的总结，以下但不仅限于以下研究人员与工程技术人员（按姓氏笔画排列）参与资料收集、专业章节编写和内容审核工作：

马全武、王亮、王章、王文景、王文潇、王秀才、王荣林、石永豹、朱文龙、刘亮、刘发平、孙茂贵、李琦、李大培、李国平、杨根华、何洪涛、汪云满、张伟、张华、张清、张骥、陈轲、陈五九、陈宪龙、苗涛、罗虎、周磊、周胜利、祝小龙、骆溶、班振兴、夏斯、殷登才、奚树才、唐铁军、黄小忠、逯富强、潘宝正。

本书在编写过程中，参考了许多教材、专著、论文和研究报告，虽然在参考文献中已经列出，但仍可能有遗漏，在此谨向这些文献资料的作者表示衷心的感谢。

由于作者水平所限，书中不妥之处，敬请读者批评指正。

作　者

2020 年 1 月 11 日

于当涂太白

目 录

1 姑山区域铁矿资源开发利用条件

姑山区域铁矿群是长江下游的一个大型铁矿床聚集群，位于安徽省马鞍山市当涂县城南偏东 10km 处，其中分布着众多大中型铁矿山，仅马钢（集团）控股有限公司姑山矿业公司（以下简称姑山矿业公司）就拥有白象山铁矿、和睦山铁矿、姑山铁矿和钟九铁矿 4 个大型矿山，相对位置如图 1-1 所示。

图 1-1　姑山矿业下属矿山相对位置图

矿区南部为长江冲积平原，地势平坦；北部为低山丘陵剥蚀堆积地形，一般标高为 50~200m。区内地表水系十分发育，沟渠纵横交错，矿区南北分别有水阳江与姑溪河。青山河向南、南北分别与水阳江、姑溪河相连，由南向北流经矿区。青山河全长 46km，流域面积 700km²，历年最大流量为 568m³/s，5~8 月流

量为 $105 \sim 445 m^3/s$。该区属亚热带湿润季风气候，雨量充沛。历年最高气温 $39.4℃$，最低气温 $-13.5℃$，平均气温 $15.72℃$。历年最大降水量 $1577.6mm$，最小降水量 $471mm$，平均降水量 $1054.1mm$。冰冻期 $15 \sim 60$ 天，最大冻结深度为 $10cm$ 左右。

矿区所在地当涂县位于安徽东部长江下游南岸，地处长三角经济圈与皖江城市带交汇处，介于马鞍山和芜湖之间，是安徽省重要的沿江沿边县、东向发展的桥头堡。当涂文化底蕴深厚，历史上曾为宋代太平州、明清太平府、清代长江水师、安徽学政署所在地。诗仙李白（图 1-2 为太白墓）、南朝大诗人谢朓、北宋著名词人李之仪、南朝周兴嗣等都与当涂结下了不解之缘。

当涂县拥有独特的地质构造形态和对成矿极为有利的地质环境，现已查明的矿种有金、铜、铁、硫铁、钒等，铁资源最为丰富，前景可观，是马鞍山钢铁集团公司的后备资源基地，同时也是当涂县经济可持续发展的主要资源。全县已探明铁矿资源储量 63033.09 万吨，主要储量分布在太白镇、年陡乡。

图 1-2　姑山太白墓景点

1.1　矿山概况

1.1.1　和睦山铁矿

和睦山铁矿位于安徽省当涂县太白镇龙山桥街道，北距当涂县城 6km，距马鞍山市 25km；南距芜湖市 18km。矿区中心地理坐标：东经 $118°31'12''$，北纬 $31°21'29''$。

矿区有专用铁路线与宁芜线的毛耳山车站接轨，紧靠矿区的县级公路与 205 国道相连。长江支流青山河在矿区东侧约 2km 处穿过，并与长江相通，该河常年可行驶 30 吨位以下船只，多雨季节可通行 100 吨位的船只。矿区水、陆交通十分便利。矿区交通位置如图 1-3 所示。

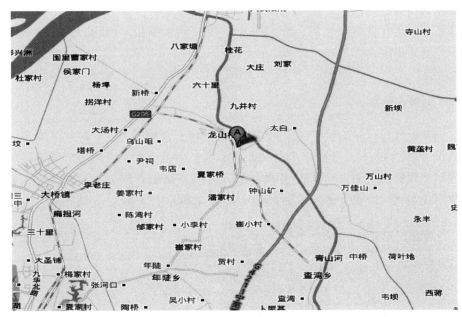

图 1-3 和睦山铁矿交通位置图

　　和睦山矿区位于钟姑山矿田的西北部，处于低山丘陵与长江冲积平原接触部位。矿区地形属于侵蚀残丘，由 4 座海拔标高在 +53～+102m 的小山和山间凹地组成。矿区外围，南部、西部为冲积平原，地面标高 +8～+9m；北部、东部为低山和山间凹地，标高在 +12～+102m 之间。矿区面积约 3km²，其中 2/5 是稻田，其余为低山坡地，植被发育。区内人口密集，劳动力资源丰富。工业以采矿业、选矿业、砖瓦窑厂及加工运输业为主；农作物以水稻、油菜和林业为主，经济较发达。

　　和睦山铁矿（包括后观音山矿段和后和睦山矿段）为姑山矿业公司的中大型地下矿山，主要产品磁铁精矿品位 64.50%，赤铁矿（红矿）精矿品位 54.00%，是马钢（集团）控股有限公司姑山矿业公司旗下的主力矿山之一。马鞍山钢铁集团公司 2002 年下达了《"和睦山矿区建设一期工程"项目计划的通知》（马钢集〔2002〕111 号），随后鞍山冶金设计研究总院于 2002 年 9 月提交了姑山矿业有限责任公司和睦山矿区初步设计文件并通过审查，设计规模为 70 万吨/年。矿山于 2003 年 2 月开始施工，经过近 4 年的建设，基建工程基本完成，于 2006 年底正式投入生产，并于 2010 年开始逐渐扩能至 110 万吨/年。其中，后和睦山矿段于 2006 年投产，采用诱导崩落法（-100m、-150m 水平）和无底柱分段崩落法（-200m 水平）开采 1 号矿体；2009 年按设计开始采用中深孔分段空场嗣后充填法少量开采后观音山的 2 号矿体。由于开采技术条件极为复杂，矿体形态多变，矿石稳固性较差，部分矿段含水量大，采用分段空场嗣后充填法采完第一步矿柱后，相邻矿房极易冒落，致使第一步矿柱采场充填作业和第二步矿房回采作业难度增大，资源回采率低。2010年起，和睦山铁矿与中南大学合作，将采矿工艺全面变更为上向水平分层进路充填采矿法，并进一步研发了"预控顶上向水平分层充填采矿法"，创造了良好的经济、社会和环境效益。

1.1.2　白象山铁矿

白象山铁矿是姑山铁矿区内的一个大型矿床，总储量 1.5 亿吨，矿床 TFe 平均品位为 39.43%，设计生产能力 200 万吨/年，涉及生产的关键工程能力均留有矿山生产规模发展到 250 万吨/年的余地。矿床与姑山矿业公司办公楼所在地直线距离 2.5km，地理坐标为东经 118°31′53″，北纬 31°27′34″，如图 1-4 所示。

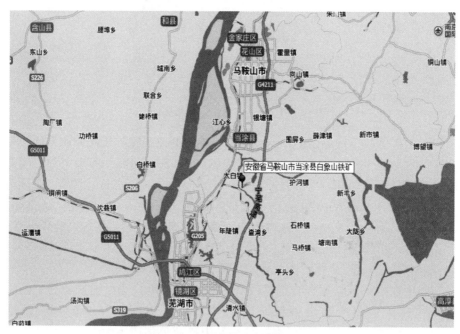

图 1-4　白象山铁矿交通位置图

白象山铁矿是典型的大水矿山，水文地质条件和工程地质条件复杂。原设计主体采矿方法为机械化盘区上向分层连续倾斜进路尾矿充填采矿法（简称连续倾斜进路尾矿充填法）和机械化盘区点柱式上向分层充填采矿法（简称点柱充填法），但随着矿山开拓工程和部分采准工程的推进，揭露后的矿体赋存条件与地质报告相比发生了较大变化，主要体现在：（1）水文地质情况更为复杂，巷道掘进过程中经常出现突然出水现象，因此，在防治水工程取得显著成果之前，不宜贸然采取大空场作业方式。（2）矿体形态与地质报告相比变化较大，矿体边界不清，要求所采用的采矿方法应具有较好的探采结合功能。（3）矿体稳固性较差，大断面掘进容易出现冒顶、片帮事故，必须全断面支护。考虑到在采场内留设点柱，不仅妨碍无轨设备运行，造成永久损失，而且在采矿过程极易被超剥，失去支撑作用影响回采安全，因此不推荐点柱充填法；考虑到白象山铁矿属于大水矿山，水文地质条件复杂，为控制导水裂隙带发育，不宜采用分段凿岩阶段出矿的空场嗣后充填法。因此，基于变化了的矿岩开采技术条件，白象山铁矿与中南大学合作，根据不同的矿体禀赋条件，将采矿方法变更为预控顶上向水平分层充填法和小分段空场嗣后充填法。

1.1.3 姑山铁矿

姑山铁矿是露天矿山，露天采场位于马鞍山市当涂县年陡镇。矿区中心地理坐标：东经 118°30′53″，北纬 31°26′11″。矿区北当涂县城约 13km，距马鞍山市区约 30km，南距芜湖市区约 23km，距芜湖朱家桥外贸码头 30km，距南京禄口机场 40km。矿区东侧有青山河，青山河常年通航，可进行水路运输。矿区水陆交通十分便利。矿区位置如图 1-5 所示。

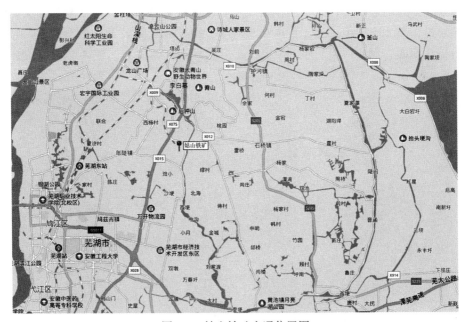

图 1-5 姑山铁矿交通位置图

姑山铁矿是个有着近百年开采历史的老矿山，于 1954 年恢复生产，并逐渐发展成为一个大型露天矿山开采企业。现露天开采已结束，为接续生产，先后实施了挂帮矿开采一期和二期工程，2018 年起着手开展露天转地下开采工程设计，拟对露天坑底部矿体进行开发。矿区位于钟姑背斜南端东翼，为钟姑铁矿田的主要组成部分。矿体赋存于辉长闪长岩与围岩接触带的内带及其附近，设计地下开采生产能力为70万吨/年。根据矿体禀赋特征，设计采用上向水平分层充填法、分段充填采矿法和上向进路充填采矿法开采，所占矿量比例分别为60%、20%和20%。

1.1.4　钟九铁矿

目前和睦山矿已开采多年，剩余资源在数年内将回采结束，届时和睦山采场及配套的龙山选厂部分生产线将面临停产，职工的安置和固定资产资源的闲置将成为姑山矿业公司的一大难题，本着可持续发展战略思想，在马钢集团"十三五"规划方针的指导下，姑山矿业公司决定将钟九铁矿作为和睦山铁矿接替资源进行开发利用。钟九铁矿的建设不仅可为姑山矿业公司提供新的铁矿石供应来源，保持姑山矿业公司的可持续发展，为企业带来经济效益，而且可带动周边地区相关行业经济发展，具有较为显著的社会与经济效益。

钟九铁矿位于安徽省当涂县城南7.5km处，行政区划属于当涂县年陡镇钟山村管辖。矿区中心地理坐标为：东经118°30′22″，北纬31°27′42″。矿区距当涂火车站8km，马钢至姑山铁矿专用铁路线从矿区西侧通过，新桥至查湾公路从矿区东侧通过，与205国道相连，可通载重汽车。距矿区东侧1.3km处有青山河经当涂与长江相通，青山河可行驶30~100吨位船只，交通便利。矿区交通位置详见图1-6。

图1-6　钟九铁矿交通位置图

该矿区位于宁芜断陷盆地南段，长江东岸，属长江冲积一级阶地，地势平坦，地面标高多在 6~7m。矿床位于前钟山、后钟山、九连山、平顶山向南敞开的山间凹地中，地形状似"畚箕"。钟九铁矿工业铁矿石资源储量为 6370.20 万吨，TFe 平均品位 35.23%，开采范围内设计利用资源量合计为 5540.94 万吨，设计建设规模为 200 万吨/年，基建期 5 年，达产期 2 年，稳产 27 年，减产 2 年。目前处于基建前期，设计初步推荐−380m 以上矿体采用下向进路充填采矿法进行开采，部分矿、岩稳固性较好区段可采用上向进路充填采矿法。深部矿、岩普遍完整性好且透水性弱，故推荐−380m 以下矿体厚度大于 8m 的部分采用分段凿岩阶段空场嗣后充填采矿法，−380m 以下矿体厚度小于 8m 的部分采用上向进路充填采矿法。上/下向进路充填采矿法所占比例约为 76%，分段凿岩阶段空场嗣后充填采矿法所占比例约为 24%。

1.1.5　区域历史遗留生态问题

姑山矿业公司是一个开采历史悠久的多矿山企业，既有露天开采，又有地下开采。长期开采在为国民经济发展提供大量宝贵原材料的同时，也对周围环境造成了一定程度的破坏，遗留了许多生态问题。随着"绿水青山就是金山银山"理念的贯彻执行，绿色矿山成为资源类企业未来建设的目标，对破坏的生态进行修复是矿山企业必须履行的社会责任。

1.1.5.1　钟山排土场

姑山铁矿露天开采剥离的废石排入占地面积 22.8 万平方米的钟山排土场。排土场排土过程中对每一个堆排台阶都未进行专门的植被复垦，全靠自然恢复生长，因此台阶斜坡上，尤其是下部台阶斜坡上均有杂草生长，靠东部平台坑凹不平处有积水现象。排土场破坏了原始地貌，毁坏了自然植被（见图 1-7），刮风季节扬尘对环境污染大，且水土流失易引起泥石流灾害，综合复垦治理势在必行。

图 1-7　钟山排土场原貌

1.1.5.2 姑山采坑

姑山矿床处于下扬子凹陷区宁芜断陷中的当涂-姑山背梢末端，伴随燕山运动，有岩浆侵入和火山活动，形成热液和火山成因矿床。多年的露天开采以及铁矿特有的褶皱构造，造就了该区域得天独厚的矿坑景观（见图1-8）。矿区由于长期的人为活动干扰，植被资源相对较少，野生的动物资源稀少；同时，随着矿区资源的大规模开采，环境质量遭到一定程度的破坏，生态修复与复绿工作任重道远。

图 1-8　姑山采坑卫星俯瞰图

1.1.5.3 和睦山塌陷区

和睦山铁矿后和睦山矿段采用无底柱分段崩落法，在地表出现塌陷区、地裂缝等地质灾害，地质结构不稳定，如图1-9所示。

图 1-9　和睦山塌陷区

1.1.5.4 后观音山盗采区

后观音山地表原本为两座相连的丘陵组成，近年来，当地居民无证非法盗采活动频繁，破坏了山体的自然状态，植被被毁，矿山地质、生态环境及崩塌地质灾害已日渐恶劣，且造成大量的工矿用地闲置，应加速治理进度。

1.2 区域地质

1.2.1 地层

矿区地层主要有三叠系上统黄马青组（T_3h）、侏罗系中下统象山群（$J_{1-2}xn$）、白垩系下统上火山岩组（K_1^2）以及第四系（Q）冲、坡积层。

（1）三叠系上统黄马青组（T_3h）。下部杂色岩段为青灰色-暗灰紫色细砂岩、粉砂岩和灰绿色含铁粉砂质页岩，厚度205.00~287.07m，为矿区主要赋矿层位。上部红色岩段为浅紫色粉砂岩和砖红色-紫色黏土岩，厚度268.80~300.98m。

（2）侏罗系中下统象山群（$J_{1-2}xn$）。中粗粒长石石英砂岩、灰白色含砾粗砂岩及石英砂岩、底砾岩，厚度208.85~434.41m。

（3）白垩系下统上火山岩组（K_1^2）。安山岩、安山质角砾熔岩，厚度22.79~57.09m。

（4）第四系（Q）。更新统（Q_3）坡积层岩性为黄褐色亚黏土夹碎石层，厚度为0~21.39m；全新统（Q_4）冲积层岩性为粉细砂互层、砂层、亚黏土、砂砾卵石层，厚度4.67~54.36m。

1.2.2 构造

以白象山铁矿为例，褶皱构造主要有白象山背斜、白象山-钟山间向斜、阴山向斜。白象山背斜走向NNW，轴部出露黄马青组砂页岩，两翼为象山群石英砂岩。背斜宽2km左右，延长达6km，为矿区主要控矿构造。地层倾角东翼15°~20°，西翼20°~30°，在挠曲部位达40°~50°，呈波状向北倾伏，倾伏角8°~15°。白象山-钟山间向斜位于白象山背斜之间，为F_2断层切割，走向近南北，轴部为象山群石英砂岩，两翼及深部为黄马青组砂页岩，该向斜宽0.8~1km，轴向延长5km以上。阴山向斜位于白象山背斜东部，出露地层为象山群石英砂岩，两翼产状平缓。

（1）矿区内断裂构造较发育。纵向断裂有船底山断裂带（F_1）和西部断裂带（F_2）；横向断裂有青山街-豹子山断裂带（F_3）以及F_4~F_{10}等小断裂。

1）船底山断裂带（F_1）出露在背斜轴部，宽 20m。走向近南北，倾向南东，倾角 87°。断层角砾呈棱角状，0.3~5cm，少数 10~30cm，岩屑和硅质胶结，强烈镜铁矿化。走向延长 200m，倾向延长 150m。

2）西部断裂带（F_2）走向 NNW，与背斜轴基本一致，倾向西，倾角 70°~80°。断裂带延长大于 5000m，断距 100~150m，由南向北落差逐渐减小。沿断裂带有岩脉侵入及较强矿化和蚀变，地温变化相对强烈，赋矿层位出现挠曲。

3）F_3 断裂位于矿区南部，横切背斜和 F_1 断裂带，走向 290°~300°，倾向南，倾角 70°~75°。断裂延长大于 7km，断距约 100m，大部为闪长岩充填。豹子山南侧断层角砾岩带宽达 50~100m，胶结物为岩屑和硅质，强烈镜铁矿化和黄铁矿化，普遍见有重晶石。

4）成矿后期断裂 F_4、F_5、F_6 和 F_7 走向一般 30°，倾向南东，倾角 75°~85°。破碎带宽度 5~10m，为正长细晶岩脉充填，延长 400~2500m，延深超过 500m。该组断裂破坏矿体，但位移不大。

（2）矿区节理裂隙比较发育。两组成矿前节理较发育，走向分别为 20°~50° 和 290°~345°；成矿后节理主要走向为 285°。

1.2.3　岩浆岩

矿区内岩浆岩主要有三类，即闪长岩、辉绿岩及正长细晶（斑）岩。闪长岩与矿化关系密切，为成矿母岩及主要围岩；辉绿岩与正长细晶岩均属成矿后脉岩，对矿体起破坏作用。与本矿床有关的岩体有青山街-白象山-万家山闪长岩体。根据重磁资料和钻探揭露，该岩体与矿区周边其他岩体在深部连接成一体。岩体同位素（K-Ar）年龄为 114.9~138.5Ma，属燕山期产物。

1.2.4　变质和蚀变

由围岩向接触带方向过渡，热接触变质带可划分三个亚带：

（1）镜铁矿亚带，角岩化程度轻，原岩中形成镜铁矿为主的黑色结核。

（2）含镜铁矿结核的磁铁矿-钠长角岩化亚带，厚 120~150m，岩石致密坚硬，弱重结晶，镜铁矿结核或透镜体带有浅色退色圈。

（3）磁铁矿-钠长角岩亚带，厚 10~150m，缺失镜铁矿结核或透镜体，原岩特征消失，鳞片状显微花岗变晶结构，岩石致密坚硬。

热变质过程主要形成金云母角岩，其次为石英岩和大理岩。区内绝大部分矿体为交代金云母角岩而成。石英岩和大理岩多未被交代成矿，往往呈夹层或透镜体出现在矿体中。

岩浆后期热液交代作用叠加在热力变质带之上。闪长岩的主要蚀变为钠长石化、高岭土化、绿泥石化、碳酸盐化和金云母化，其次为磁铁矿化、黄铁矿化、赤铁矿化和石膏化。砂页岩蚀变较弱，主要是硅化、钠长石化、碳酸盐化、磁铁矿化、赤铁-镜铁矿化、黄铁矿化等；其次为金云母化、透辉石化及滑石化，主要见于磁铁矿化角岩或矿体中。根据颜色和矿物共生组合可分为浅色蚀变带（泥化带）和深色蚀变带。浅色蚀变带主要位于矿体上盘，在矿区西北部延伸到矿体下盘，厚度 50～190m。闪长岩中主要发育高岭土化、钠长石化和碳酸盐化，局部出现绿泥石化和硅化。矿体下盘碳酸盐化普遍发育。蚀变带宽度与铁矿体厚度有正相关趋势。深色蚀变带位于浅色蚀变带下部，主要在矿体及其下盘闪长岩中，其中阳起石-金云母亚带厚度 5～20m，下盘和南部更发育。该带之下为钠长石-绿泥石-绿帘石化亚带，厚度 50～80m，蚀变一般较弱。

矿床成因类型属闪长岩体与周围沉积岩接触带中的高温气液交代层控矿床（玢岩铁矿）。

1.3 矿床地质

1.3.1 和睦山铁矿矿床地质

1.3.1.1 矿体地质特征

和睦山铁矿床主要赋存于闪长岩与周冲村组岩层接触带和靠近接触带的周冲村组灰岩内，其次在黄马青组与周冲村组岩层的假整合面及闪长岩体中也产出有铁矿体。矿区分为前和睦山、前观音山、后和睦山和后观音山 4 个矿段。前和睦山矿段及前观音山矿段近地表部分矿体已经采完，目前主要回采后和睦山和后观音山 2 个矿段。

后和睦山和后观音山矿段矿体分布于 11～25 号勘探线之间，矿化带长 1350m，矿体沿倾向延深最大达 960m，平均延深 400m。矿体厚度 2～108.30m，矿体赋存标高 +56～-670m。后和睦山区段的主矿体为 1 号矿体，后观音山的区段的主矿体是 2 号和 3 号矿体，主矿体产出部位较稳定，矿体连续性较好，产状与接触带基本一致。在主矿体上、下盘分布有 27 个小矿体，这些小矿体规模小、连续性差。

（1）1 号矿体。位于 14～19 号勘探线之间，矿体赋存于闪长岩与周冲村组地层接触带和靠近接触带的灰岩中。矿体呈扁豆状。矿体沿走向延长 550m，地表出露长度 360m，沿倾向最大延深 960m，厚度 2～108.30m，一般在 10～30m 之间，平均厚度 23m，宽度 12～74m，平均宽度 36m（见图 1-10）。矿体产状为 NE50°∠50°。地表矿石以褐铁矿及假象赤铁矿为主，深部矿石以半假象赤铁矿为主。

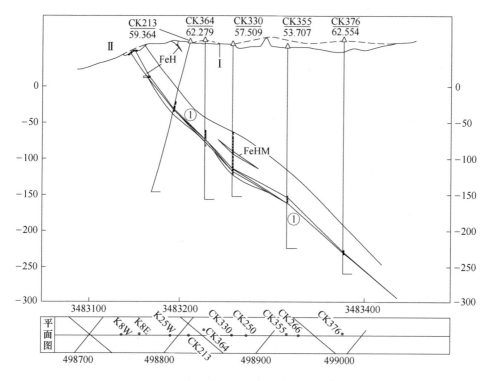

图 1-10　和睦山铁矿 15 号勘探线剖面图（单位：m）

（2）2 号矿体。隐伏矿体，位于 19B～25 号勘探线之间，矿体赋存于闪长岩与周冲村组地层接触带和靠近接触带的灰岩中。矿体为似层状，矿体长 650m，最大延深 485m，厚度 2.05～84.05m，平均厚度 24m。矿体走向 290°～310°，倾向 NE-NNE，矿体上部倾角较缓，约 20°，下部倾角约 45°（见图 1-11）。矿石以磁铁矿为主。

（3）3 号矿体。位于 20～23 号勘探线之间 2 号矿体之上的周冲村组灰岩中，与 2 号矿体大致平行。矿体沿走向延长 350m，地表未出露，沿倾向最大延深 300m，厚度 2～33m，平均厚度 13m（见图 1-12）。矿体为似层状，矿体产状为 NNE∠20°～30°。矿石以磁铁矿为主，部分半假象赤铁矿、赤铁矿。

地质报告认为主矿体产出部位较稳定，矿体连续性较好，产状与接触带基本一致，但生产揭露情况表明，后观音山矿段矿体实际上产状变化较大，尖灭再现与分支复合现象明显。

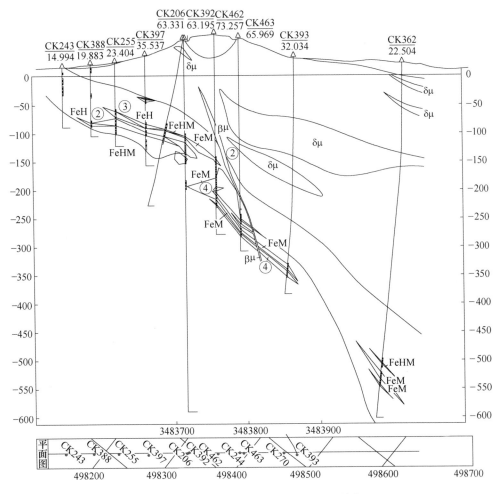

图 1-11　和睦山铁矿 21 号勘探线剖面图（单位：m）

1.3.1.2　矿石质量特征

和睦山铁矿矿物成分比较复杂，以含铁矿物为主，其次是硫化物、硅质矿物、硅酸盐矿物、碳酸盐矿物、磷酸盐矿物等，TFe 平均品位 39.03%。磁铁矿石及混合矿石的矿物组合见表 1-1。

（1）磁铁矿。呈自形、半自形和他形粒状结构，早期形成的磁铁矿粒度一般在 0.01～0.08mm 之间，这种磁铁矿常与金云母、黄铁矿共生；晚期形成的磁铁矿粒径一般在 0.1mm 左右，少数可达 1.0mm，对早期形成的磁铁矿有交代迭加作用，晚期形成的磁铁矿常呈脉状、条带状分布，多出现在矿体下部。

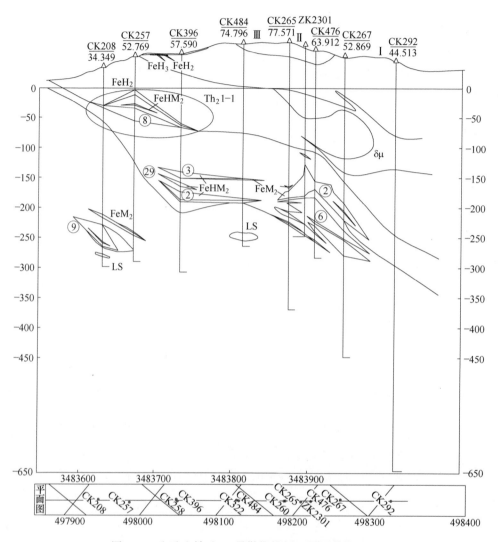

图 1-12　和睦山铁矿 23 号勘探线剖面图（单位：m）

表 1-1　和睦山铁矿铁矿石矿物成分

矿物成分		磁 铁 矿 石	混 合 矿 石
矿石 矿物	主要	磁铁矿	假象赤铁矿、半假象赤铁矿
	次要	假象赤铁矿、半假象赤铁矿	磁铁矿、黄铁矿
	少量 微量	赤铁矿、褐铁矿、黄铁矿、黄铜矿、磁黄铁矿、斑铜矿、方黄铜矿、铜蓝、辉铜矿、菱铁矿	黄铜矿、斑铜矿、铜蓝、闪锌矿

矿物成分		磁 铁 矿 石	混 合 矿 石
脉石矿物	主要	金云母、阳起石、磷灰石、方解石	石英、铁方解石
	次要	透闪石、石英、含铁方解石、白云石	白云石
	少量微量	绿泥石、透辉石、石榴子石、方柱石、白云母、绿帘石、石膏、玉髓、硅灰石、高岭石钠长石	金云母、阳起石、蛇纹石、磷灰石

（2）半假象~假象赤铁矿。晶体粒度与磁铁矿基本一致，空间分布上有一定规律：-50~-200m 之间磁铁矿几乎全部转变为假象赤铁矿，-150~-300m 之间为半假象~假象赤铁矿与磁铁矿共存。

（3）赤铁矿。主要分布在后和睦山矿段地表和主矿体上部及主矿体上盘的小矿体中，粒径多为 0.14~0.3mm。

（4）金云母。常呈叶片状、片状集合体，片径 0.15~1.15mm，早期金云母与早期磁铁矿紧密共生，形成金云母-磷灰石-磁铁矿石，晚期金云母常与方解石共生。

（5）阳起石。呈柱状、针状及其他细粒状晶形，集合体为放射状、纤维状和束状。后观音山矿段的磁铁矿石中阳起石为主要脉石矿物。

（6）磷灰石。半自形~自形短柱状或他形粒状，粒径 0.01~0.15mm，常与金云母、磁铁矿共生。

1.3.1.3 地质储量

和睦山矿床为似层状、透镜状矿体，矿体产出部位稳定，地质报告采用垂直断面法计算了和睦山铁矿（后和睦山矿段+后观音山矿段）各品级的矿石储量（见表 1-2）。

表 1-2 和睦山铁矿铁矿石储量计算总表

工业品级	矿石类型	矿石储量/万吨			
		B	C	D	B+C+D
表内	磁铁矿石	287.25	856.55	487.66	1631.46
	混合矿石	38.07	754.22	212.28	1004.59
	赤铁矿石	2.20	212.68	107.12	322.00
	小 计	327.52	1823.47	807.06	2958.05
表外	磁铁矿石			2.78	2.78
	混合矿石		8.01	22.35	30.36
	赤铁矿石	3.84	22.26	8.23	34.33
	小 计	3.84	30.27	33.36	67.47
累 计		331.36	1853.74	840.42	3025.52

1.3.2 白象山铁矿矿床地质

1.3.2.1 矿体地质特征

白象山铁矿矿床内共圈定矿体 11 个，其中Ⅰ号矿体为主矿体，地质储量约占矿床总储量的 98.9%，其余小矿体仅占总储量的 1.1%。

主矿体赋存在闪长岩与砂页岩接触带的内带，其形态受矿区背斜构造控制。横向呈平缓拱形，产状与围岩基本一致，两翼倾角 5°~35°，在挠曲部位达 35°~55°，一般为 10°~30°。纵向大致以 4B 线为界，南部向南倾，倾角 15°~35°，一般 25°左右；4B 线以北向北倾，倾角 0°~35°，一般 5°~25°，与背斜倾伏角大致相同。

主矿体呈似层状，局部有膨大现象，沿走向最大延长达 1780m，横向最大延伸 1130m，一般 950m。矿体厚度变化较大，一般 5~40m，平均 34.41m，最大 121.72m。沿走向及倾向均有分枝现象，尤其南部分枝更为明显，主矿体一般呈 2~3 层。少数地段矿体连续厚度可达 60~70m。矿体顶底板界线明显。

图 1-13 和图 1-14 所示分别为白象山铁矿 2 号和 7 号勘探线剖面图。

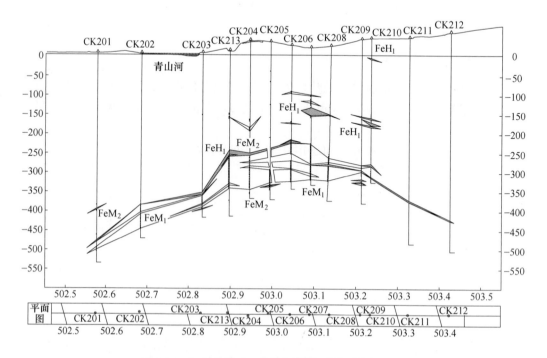

图 1-13　白象山铁矿 2 号勘探线剖面图（单位：m）

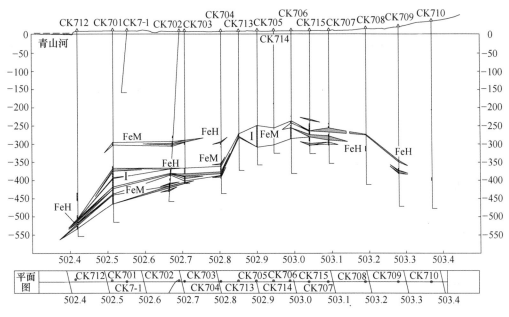

图 1-14 白象山铁矿 7 号勘探线剖面图（单位：m）

1.3.2.2 矿石质量特征

矿石中金属矿物主要有磁铁矿、半假象~假象赤铁矿、赤铁矿、黄铁矿，其次为镜铁矿、褐铁矿等。黄铜矿、斑铜矿、磁黄铁矿、方铅矿及穆磁铁矿含量甚微。磁铁矿多呈半自形~自形粒状，粒度以细~微粒为主，一般为 0.014~0.1mm。脉石矿物主要有石英、钠长石、金云母，其次为透闪石、阳起石、绿泥石、绢云母、蛋白石及磷灰石等。

根据 MFe/TFe 比值将矿石划分为磁性矿石和混合矿石两种自然类型。其中，磁性矿石约占矿床总储量的 90.2%，混合矿石约占矿床总储量的 9.8%。该矿主要为中品位矿石，TFe 含量不低于 50% 的样品仅占 8.16%，TFe 平均品位 39.43%，全部矿石均需选矿。矿石自熔性系数为 0.48~0.58，接近半自熔性矿石。

矿石中有害组分主要为硫和磷，主要赋存在黄铁矿中，极少量赋存在磁黄铁矿、黄铜矿和方铅矿等硫化物中。矿石中硫含量变化较大，单样最高 18.92%，最低 0.005%，一般 0.4%~0.9%，平均 0.646%；磷主要存在于磷灰石中，含量一般 0.3%~0.8%，平均 0.535%。

1.3.2.3 地质储量

地质报告采用垂直断面法计算矿床地质储量，经原冶金工业部储委审批，白象山铁矿床地质储量见表1-3。

根据地质报告，矿石中的伴生有益组分有 V_2O_5，平均含量0.219%，资源量319680.5t；钴平均含量0.008%，资源量7383t；镓一般含量0.0015%~0.0022%。

表1-3　白象山铁矿地质报告储量计算结果　　　　（万吨）

	储 量 级 别	B	C	B+C	D	B+C+D
表 内	磁铁矿石（FeM1）	1874	7845	9719	3679	13398
	混合矿石（FeH1）	170	590	760	407	1167
	小　计	2044	8435	10479	4086	14565
表 外	磁铁矿石（FeM2）	13	100	113	44	157
	混合矿石（FeH2）	5	199	204	99	303
	小　计	18	299	317	143	460
	总　计	2062	8734	10796	4229	15025

1.3.3　姑山铁矿矿床地质

1.3.3.1　矿体地质特征

姑山铁矿前期为露天开采矿山，矿体主要赋存于辉长闪长岩内，少部分矿体赋存于三叠系中统黄马青组、周冲村组以及白垩系下统姑山组的接触带附近。矿体的形态及产状受穹窿构造形态制约，围绕辉长闪长岩穹窿周边分布，呈似层状、透镜状。矿体的底板为辉长闪长岩，顶板主要为辉长闪长岩，部分为黄马青组、周冲村组及姑山组的砂页岩、碳酸盐岩和火山碎屑岩等。露天开采已结束，现在正全面转入露天转地下开采。

姑山铁矿地下资源除主矿体和深部沉积型矿体外，零星小矿体41个，赋存标高+8~-430m，矿体三维地质模型如图1-15所示。

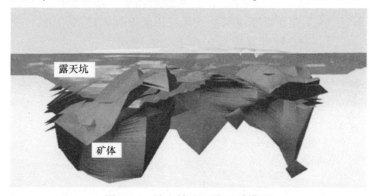

图1-15　姑山铁矿三维地质模型

根据矿区矿体产出的部位不同分为三种类型：

第一种为主矿体，产于辉长闪长岩侵入接触内带及其附近，矿体呈似穹窿状，其长轴方向 NE70°，长 1100 余米，短轴宽 880m，如图 1-16 所示。矿体向四周倾斜，一般北部倾角在 40°~60°；南部 12~8 号勘探线间，近似水平；6~19 号勘探线矿体倾角为 30°。地表出露矿体标高在 +75m，垂直延深为 481m（绝对标高在 -442m）。分布范围 0.745km²，主矿体厚度 10~140m，平均厚度为 60.6m。在 0~12 号线矿体较完整；0~19 号线矿体边缘呈分叉尖灭现象。

第二种为零星的小矿体，共 41 个。分布较零散，规模小，如图 1-17 所示。

第三种是 0~7 号线深部，分布于火山沉积岩层中的沉积型铁矿，长 140m，厚 40m，呈凸镜状。

图 1-16 和图 1-17 分别为姑山铁矿 7 号和 15 号勘探线剖面图。

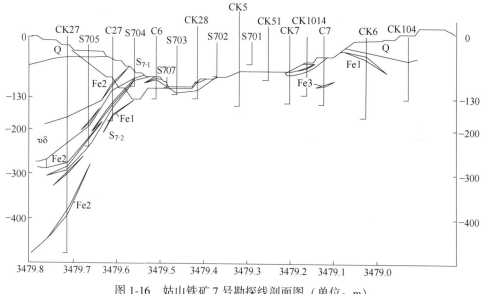

图 1-16 姑山铁矿 7 号勘探线剖面图（单位：m）

1.3.3.2 矿石质量特征

矿石的金属矿物主要为赤铁矿、假象赤铁矿、半假象赤铁矿、磁铁矿，其次为穆磁铁矿、镜铁矿等。非金属矿物主要为石英、似碧石、方解石、高岭土、磷灰石等。矿石的结构构造为细粒隐晶、斑状结构，块状和角砾状构造。

矿石的主要化学成分为铁（Fe），赋存于铁的氧化物中，最高含量达 68.3%，富矿中 TFe 的平均含量为 50.50%，贫矿中 TFe 的平均含量为 34.64%，贫、富矿 TFe 的平均含量为 43.94%。表外矿中 TFe 的平均含量为 24.50%。矿石中有害元素为 S、P，其平均含量分别为 0.048% 和 0.53%。S 主要赋存于黄铁

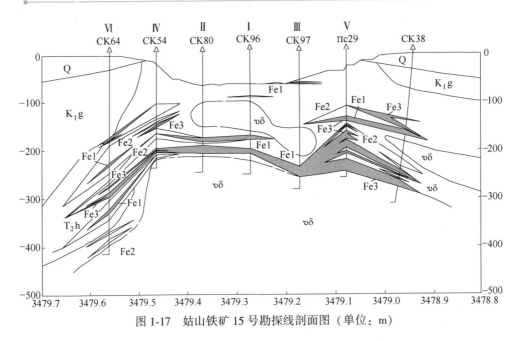

图 1-17 姑山铁矿 15 号勘探线剖面图（单位：m）

矿、黄铜铁中，P 来源于磷灰石矿物中。造渣组分（脉石矿物）主要成分为 SiO_2、Al_2O_3、CaO、MgO 等，其中以 SiO_2 最多，属酸性矿石。

1.3.3.3 地质储量

姑山露天境界以外尚保有表内地质储量 6741.21 万吨，其中 -130m 以上露天采场边坡外矿石储量 1904.34 万吨，占露天境界外保有表内地质储量的 28.52%，大多赋存在东部露天采场边坡上，受青山河影响，不能露天开采。

姑山铁矿地下开采范围内（-148~-350m）矿石资源储量为 4688.17 万吨，设计利用资源量为 3740.34 万吨。

1.3.4 钟九铁矿矿床地质

1.3.4.1 矿体地质特征

钟九铁矿床主要矿体赋存于周冲村组灰岩与姑山组变火山碎屑沉积岩之间，矿区共圈定 54 个铁矿体，其中 I 号矿体为主矿体。

I 号主矿体赋存于姑山组与下伏周冲村组、黄马青组地层间的不整合面上，呈似层状，矿体形态受不整合面、F_1 断裂控制。矿体总体走向 NE42°，向 NE 倾伏，2 线以南倾伏 10°~20°，2 线以北倾伏 40°~50°。总体倾向 SE，倾角 13°~87°，2 线以北较陡，倾角 51°~87°，2 线以南倾角 13°~42°，SW 端矿体倾向

NW，倾角4°~49°。矿体长1219m，宽115~826m，平均456m。工程控制视厚度2.27~152.20m，一般在10~50m，平均38.87m，矿体沿走向2B~9号线厚度较大，向两端逐渐变薄趋于尖灭，沿倾向矿体缓处厚度较大，向NW、SE两端逐渐变薄，厚度变化系数73.5%，厚度变化中等。矿体赋存标高-26~-620m。

图1-18和图1-19分别为钟九铁矿1号和7号勘探线剖面图。

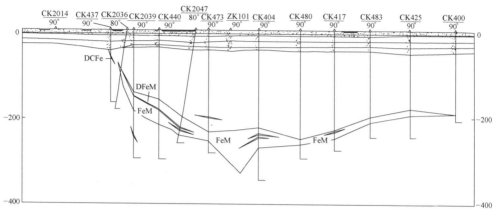

图1-18 钟九铁矿1号勘探线剖面图（单位：m）

1.3.4.2 矿石质量特征

矿石中金属矿物主要为磁铁矿、假象赤铁矿、赤铁矿、褐铁矿、钛铁矿、黄铁矿、闪锌矿等；脉石矿物主要有氟金云母、透辉石、绿泥石、石英、方解石、氟磷灰石等。

矿石中有用组分为铁，主要赋存于磁铁矿中，其次为假象赤铁矿、赤（褐）铁矿中，还有少量的铁赋存于绿帘石、黑云母、绿泥石、透辉石等矿物中，以硅酸铁形式出现，另外还有少量赋存于黄铁矿及菱铁矿中。矿区全铁（TFe）平均品位35.07%，主矿体35.16%，单样TFe最高含量61.52%，品位30%~50%的约占70.16%，大于50%仅见3.89%，属中等品位贫矿石。

铁矿石中铁以磁性铁占绝大多数，少量为碳酸铁、硅酸铁、硫化铁和赤（褐）铁。磁性铁占有率在16%~99%之间，大致在77%~89%，平均85%。

1.3.4.3 地质储量

根据地质报告，矿区保有各类铁矿石资源6453.68万吨（需选6370.20万吨），主矿体各类铁矿石资源量6358.19万吨，占全区的98.52%。

根据矿床开采技术条件和赋存特征，开采范围为-80~-560m，设计范围内矿石量5540.94万吨，TFe平均品位为35.23%，mFe平均品位为30.43%。其

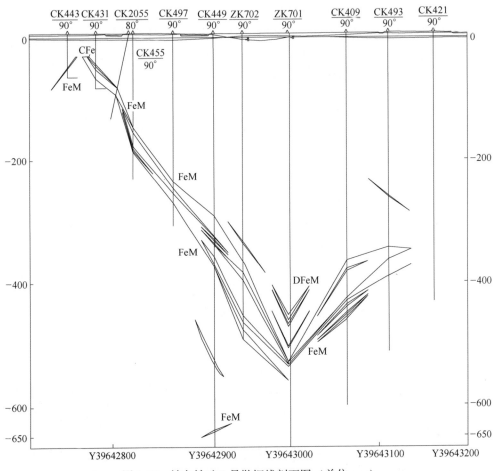

图 1-19 钟九铁矿 7 号勘探线剖面图（单位：m）

中，磁铁矿石量为 5514.18 万吨，TFe 平均品位为 35.26%，mFe 平均品位为 30.55%；赤铁矿石量为 26.73 万吨，TFe 平均品位为 29.59%，mFe 平均品位为 2.4%。磁铁矿石占总设计利用资源量的 99.52%。

1.4 工程地质

1.4.1 和睦山铁矿工程地质条件

1.4.1.1 矿区工程地质岩组划分

和睦山铁矿床位于宁芜中生代陆相火山岩断陷盆地南段钟姑铁矿田内。受北西、南东方向水平挤压力作用形成的和睦山-长岭背斜，在岩浆侵入作用下，发生较复杂的构造形变，为矿床的形成提供了控矿和容矿构造。同时出现的次级褶曲形成了位于矿区中部的和睦山背斜和矿区西部的观音山向斜。矿区内构造活动强烈，主要有前观音山与后观音山断层（F_2）龙山南坡断层（F_1）。

矿区内地层主要为三叠系中统（T_2z）周冲村组，三叠系上统黄马青组地层及第四系冲积、坡积层。根据矿区内发育岩石的岩性、矿物组成成分、工程地质性质将岩石分为以下岩组：

（1）灰岩岩组。分布于后和睦山和后观音山深部，为矿体的主要顶板围岩。岩石成分为白云质灰岩、灰岩夹钙质页岩，灰白色、灰色、薄层状，角砾状构造。岩石大理岩化、硅化、性脆。该岩组节理裂隙不甚发育，在地表裂隙率为0.94%，在深部发育少量溶蚀裂隙。

（2）砂页岩岩组。矿区内分布较广，与下伏灰岩岩组呈假整合接触，局部为矿体顶板围岩。由钙质页岩、粉砂岩、中细砂岩、粗砂岩组成，灰白色，层状构造，砂质结构。该岩组受岩浆侵入作用及围岩蚀变作用，裂隙发育，岩石较破碎。地表风化裂隙发育。

（3）闪长岩岩组。分布于矿体的下盘，为矿体的主要底板围岩。灰白色、灰绿色，细粒~中粒斑状结构，块状构造。该岩组近矿及地表部分的岩石裂隙发育，蚀变强烈，岩石破碎。其余部分的岩石，裂隙不发育，坚硬完整。

（4）铁矿石岩组。主要由矿石、夹层和夹石等组成。黑色、灰黑色，主要由磁铁矿组成，他形粒状结构，矿石坚硬完整，强度高。

（5）第四系残坡积岩组。大面积分布于矿区地表，厚度10.00~37.30m。土黄色、灰黑色，由亚黏土、亚砂土及亚黏土夹碎石组成。矿区处于低山丘陵与长江冲积平原接触部位，地形属于侵蚀残丘，地势高于周围，矿区内地表无大的水体。矿区属于以裂隙为主，顶板直接进水，水文地质条件中等的裂隙及岩溶裂隙充水矿床类型。矿区水文地质因素对矿区岩体工程地质条件有很大的影响。

1.4.1.2 岩石物理力学性质

根据《安徽省当涂县和睦山铁矿床后观音山和后和睦山矿段补充地质勘探报告书》提供的矿岩物理力学性质测试成果，设计选取各类参数如下。

（1）矿石体重。

1）表内矿石：磁铁矿3.5t/m³；混合矿石3.37t/m³；赤铁矿3.16t/m³。

2）表外矿石：混合矿石3.00t/m³；赤铁矿2.94t/m³；岩石：闪长岩2.62t/m³；沉积岩2.71t/m³。

（2）硬度系数：磁铁矿石12~14；灰岩6~12；砂页岩8~10；闪长岩8~10；蚀变闪长岩2~4。

（3）松散系数：矿石1.42、岩石1.5。

（4）湿度：矿石1.95%、岩石1.71%。

根据《安徽省当涂县和睦山铁矿床后观音山后和睦山矿段补充地质勘探报告书（1985）》中对矿体及其主要围岩的物理力学性质试验结果，经综合统计后，得出各岩组的物理力学性质，详见表1-4。

表1-4　各岩组物理力学性质

岩　性	抗压强度/MPa		内摩擦角 /(°)	容重 /kN·m⁻³	孔隙率
	风干	饱和			
灰岩岩组	77.6	56.7	82	26.6	13.7
砂页岩组	86.6	62.4	83	26.7	7.3
闪长岩组	74.8	64.8	83		
铁矿石岩组	125.8		85		

1.4.1.3　工程地质条件

根据地质勘探报告，矿体顶板围岩灰岩岩组和间接顶板砂页岩岩组总体上岩体坚硬、完整，稳定性较好；底板围岩主要为闪长岩岩组、灰岩岩组，稳定性良好，局部近矿顶底板围岩岩体为蚀变闪长岩，稳固性很差。近矿的蚀变闪长岩、闪长玢岩节理裂隙发育，力学强度较低，难于形成所推荐的采场结构参数。采矿过程中，如遇此类性质较差的岩体，必须崩落放顶，以避免开采时发生自然坍塌事故。

仅根据前期地质报告，和睦山铁矿工程地质条件属中等复杂类型。在实际开采过程中发现，和睦山铁矿矿、岩破碎，稳固性差，工程地质条件属复杂类型。

1.4.2　白象山铁矿工程地质条件

白象山铁矿矿区节理、裂隙发育：基底岩层成矿前节理主要发育20°~50°和290°~345°两组，为铁质、矽质和碳酸盐等充填；成矿后主要发育285°一组节理，矿区工程地质岩组特征见表1-5。

表1-5　工程地质岩组特征

岩组名称	岩体结构类型	工　程　地　质　特　征
坡积层	松散结构	由亚黏土夹碎石层组成
冲积层	松散结构	垂直分层为亚黏土粉细砂互层、粉细砂层、亚黏土层和砂砾卵石层。亚黏土粉细砂互层在水力作用下具有流砂性质，属极不稳定的流动级。砂层、砂砾卵石层属构散级

续表 1-5

岩组名称	岩体结构类型	工 程 地 质 特 征
象山群长石石英砂岩	层状结构	砂岩和炭质页岩组成，呈厚层状~薄层状互层产出。裂隙密度 5 条/m。砂岩：灰白色，中细粒~中粗粒结构，中厚层状构造。主要矿物成分石英和长石多为硅质和钙质胶结，致密坚硬。干抗压强度 65~87MPa，属尚坚固级。炭质页岩：一般 2~4 层，单层厚度 1.71~67.42m。含泥质成分较高，质地松软，岩心脱水易风化、干裂，风干后遇水易膨胀、崩解。干抗压强度22.6~30.2MPa。岩体稳定性差
黄马青组砂页岩	层状结构	紫红色、砖红色黏土岩、页岩和粉砂岩，呈中厚层~薄层状互层出现。裂隙发育，裂隙密度 8 条/m，多呈闭合型，以泥质和方解石充填为主。黏土岩、页岩含泥质成分较高，岩心脱水易风化，干后收缩开裂，遇水易膨胀崩解。单轴干抗压强度45.5~78.4MPa，软化系数 0.57~0.87，属尚坚固到中等坚固级。岩体稳定性差
杂色粉细砂岩	粉细砂粒结构，层状构造	主要成分为石英，被矽质、钙质胶结，致密坚硬。钻进时岩心较难采取，呈块状或碎块状。裂隙极发育，裂隙密度 11 条/m，多呈张开型，局部见大裂隙。岩石单轴干抗压强度 111.9~133MPa，属非常坚固~坚固级。岩体不稳定
角岩和角岩化砂页岩	层状结构	岩石重结晶呈致密坚硬块状，裂隙极发育，裂隙密度 13 条/m，但多呈闭合型，为矽质、铁质、方解石和高岭土等充填。单轴干抗压强度 107.2~147.2MPa，岩石属非常坚固~坚固级。岩体基本稳定，但与矿体直接接触部位，岩石受蚀变泥化作用较强，其抗压强度降低为 45.6~72.4MPa，岩体稳定性差
闪长岩	块状结构	闪长岩强度变化很大。边缘相和近矿围岩一般蚀变较强，但影响岩石强度的主要是高岭土化、绿泥石化和金云母化，岩体属稳定性差~基本稳定。边缘相向中心相岩石趋向新鲜完整、强度高，岩体属基本稳定~稳定
角砾岩和破碎砂页岩（胶结）	碎裂结构	沿成矿前三条破碎带分布的破碎砂页岩和角砾岩，一般为岩屑、矽质和闪长岩胶结，靠近矿体部位铁质胶结，胶结程度良好。岩体稳定性差

在正长细晶岩脉中，裂隙主要以 280°一组较发育，且多具剪性节理，少数为张性节理。伴随背斜的形成，由于各岩层岩性差异而导致发育层间裂隙或层间破碎带，尤以近背斜鞍部黄马青组下段岩层中更为发育，这种裂隙或破碎带厚度从不足 1m 到 10m，多为闪长岩或晚期正长细晶岩或辉绿岩充填，部分为铁矿形成时矿液充填或胶结，构成白象山式铁矿中的外带小矿体。侵入岩体的原生流动构造以层状流动构造为主，线状流动构造为次。

白象山铁矿工程地质条件属复杂类型。

1.4.3 姑山露天转地下开采工程地质条件

矿体主要由致密块状和角砾状矿石构成，前者属最硬~相当硬级，后者属相当硬~中等硬级。

矿体直接顶板岩石主要为：高岭土化辉石闪长岩占51%，属相当硬~软岩石级；凝灰岩、泥岩、安山质角砾岩、页岩角砾岩、辉长闪长岩角砾岩占22%，亦属相当硬~软岩石级；亚砂土、亚黏土、卵石占20%，属土质岩石~流动岩石；页岩、砂岩、灰岩占7%，属中硬~相当软岩石级。矿体直接底板岩石主要为：高岭土化辉长闪长岩占61%；绿泥石化碳酸盐化辉长闪长岩占33%；页岩占4%；破碎页岩占2%，其硬度等级同顶板同名岩石。

断层、裂隙、节理发育。据钻孔资料，岩芯大都成块状、碎块状和碎屑状。据采场观察，高岭土化辉长闪长岩水浸后成泥状，脱水后成土状，易发生滑动和坍塌。

综上所述，矿体顶、底板岩石质量属中等~劣，稳固性差，近矿体部分高岭土化严重，岩体强度低。矿区断层、裂隙、节理较发育，局部出现滑坡、坍塌现象。矿床工程地质条件为复杂类型。

1.4.4 钟九铁矿工程地质条件

1.4.4.1 矿区工程地质岩组划分

根据岩土体的岩性、成因、结构类型、坚硬完整程度及与矿体关系，将矿区划分六个工程地质岩组：

（1）第四系松散层散体状结构工程地质岩组。分布于矿区前后钟山、九莲山及平顶山包围的广阔平坦平原区及其以南地带。主要包括地表灰褐色黏土、粉质黏土层（硬壳层），灰黑色黏土及其与粉细砂互层（流砂层），细砂层、黏土、粉质黏土及砂砾卵石层，以及分布于山坡坡脚边缘地带黄色、黄褐色含砾黏土层。

（2）白垩系下统姑山组火山碎屑沉积岩碎裂状结构工程地质岩组。姑山组多分布于7号线以南矿体顶板，由成分复杂受强烈蚀变和重结晶的岩石组成。岩性复杂，主要有蚀变安山岩、变砂岩、（变）凝灰岩、安山质火山角砾岩、变含砾凝灰质粉砂岩、变粉砂岩/黏土岩/角砾岩、（变）复成分角砾岩。新鲜岩石一般完整，岩芯多呈柱状，裂隙不发育。在2~3号线间被辉石二长玢岩或被辉石闪长岩脉侵入，局部被捕房，岩石破碎。岩石吸水能力较强，属较软岩，软化岩。33个试样物理力学指标部分相差悬殊，岩体物理力学性质极不均一，数据离散，岩体质量较差。

（3）三叠系中统黄马青组砂页岩层状结构工程地质岩组。分布于矿床的西部及北部，倾向北西。矿区主要分布该层下段，主要岩性为灰白色、青灰色、浅肉红色厚层状粉砂岩、细砂岩夹薄层状粉砂质灰岩。局部受岩浆活动和热液活动的影响，蚀变强烈，具变余砂质结构、变余泥质结构，主要蚀变为硅化、角岩化、绿泥石化。

受 F_1 断层与岩（矿）体侵入构造作用后，在断层两侧及其与钠长（石）闪长岩或矿体接触带附近岩层破碎，裂隙发育，其发育深度一般在标高−370m 以上，一般宽度为 50~150m，最宽达 200m，形成含水丰富的破碎带。岩石吸水能力较强，属较硬岩，不软化岩。岩体质量差。

（4）晚期次火山岩块状结构工程地质岩组。矿区次火山岩体主要有两种：钠长（石）闪长岩体及（富）钠辉石二长玢岩。钠长（石）闪长岩（εδ）多分布于 5 号线及其以北的矿体顶板，岩石致密坚硬。在与矿、（富）钠辉石二长玢岩接触带附近及浅部，裂隙发育。（富）钠辉石二长玢岩（δΦ）分布于 2~5 号线间，呈小岩枝或不规则状小岩体侵入于钠长闪长岩边缘或中部，上部并有沿围岩层间呈岩床出现。分布于 5 号线以北的与钠长（石）闪长岩接触带部位及浅部裂隙发育，钻探中有明显的消耗量与漏水现象。岩石吸水能力较强，属较软岩，软化岩。岩体质量较差，为块状结构岩体。此层是露天采坑东侧及南侧边坡组成岩层，稳定性差。

（5）铁矿体及矿化带块状结构工程地质岩组。矿体赋存于周冲村组灰岩与姑山组变火山碎屑沉积岩接触部位，矿床赋存标高−26~−714m，其中Ⅰ号主矿体赋存标高−30~−620m。主要为磁铁矿，其次为变复成分角砾岩、变粉砂黏土岩、变凝灰岩等，均受强烈蚀变与矿化，其力学性质大都较差，多属较软岩甚至极软岩。岩石吸水能力强，属较软岩、软化岩。质量指标较差，总体上属块状结构岩体。

（6）三叠系中统周冲村组灰岩块状结构工程地质岩组。分布于 5 号线以南矿体的下盘，岩性主要为灰岩、角砾状灰岩、白云质灰岩，并夹有钙质粉砂岩、膏盐层。角砾状构造灰岩多位于顶部，角砾成分主要为泥质灰岩、灰岩，胶结物主要为钙泥质及硅质。下部主要为灰白色石膏化灰岩夹角砾状灰岩。岩石吸水能力较强，属较软岩，软化岩，岩体质量较差。

1.4.4.2 矿区不良地质条件

A 矿区构造对工程地质条件的影响

宏观上钟九铁矿位于钟姑复式背斜中段隆起部位，处于背斜的轴部。主应力为挤压应力，背斜西翼主应力方向由西而东，东翼相反。受此构造挤压，背斜轴部地层三叠系中统周冲村组灰岩与黄马青组页岩破碎。垂向上一般上部比下部裂隙发育，从标高-370m 向下岩层一般趋于完整，裂隙不发育。

矿区西北 F_1 断层为一逆断层，为挤压性断裂，沿断裂面两侧，岩体极为破碎，局部可见构造角砾岩。

矿区外围 F_3 为张扭性断裂，对矿床工程地质条件的影响主要表现为断裂及其羽裂使岩层破坏进一步加强。矿区各工程地质岩组岩体完整性较差，与上述构造作用密切相关。

矿床所处构造位置，工程地质条件最主要的变化是岩体完整性遭到破坏。它与水力作用一起，使矿床工程地质条件更趋于复杂。

B 矿区蚀变作用对工程地质条件的影响

该区蚀变作用强烈，均局限于次火山岩体附近地段。分为两个蚀变带：近矿蚀变外带—浅色蚀变带和近矿蚀变内带—深色蚀变带。蚀变作用主要表现为三叠系中统周冲村组灰岩的大理岩化，黄马青组砂页岩的角岩化以及姑山组火山碎屑沉积岩普遍发育的接触变质作用，使矿床顶板（近矿蚀变内带）各工程地质岩组物理力学极不均一，多数蚀变使岩石力学强度减弱，较硬岩改变为软岩甚至极软岩。在工程地质方面产生较大的负面作用，主要表现为使岩体力学强度降低，并加大岩石软化系数，从而使矿体及其顶底板稳定性减小。井巷工程在此层中常发生冒顶片帮，造成事故。

1.4.4.3 岩石的结构特征及地质条件评价

A 矿岩物理力学性能参数

(1) 矿石体重：3.14t/m³；岩石体重：2.50t/m³；

(2) 硬度系数：2~9；

(3) 松散系数：1.6。

B 地质条件评价

矿区岩土体的结构类型主要是散体结构、碎裂结构、层状和块状结构，见表1-6。

由表1-6可知：第四系松散层为各类土体组成，结构松散，稳定性稍差。所含黏性土与粉细砂互层，具流砂性质。动荷载下可发生液化。其他岩组均为Ⅳ类基岩组成，岩体质量均属差~较差，岩体完整性均属较破碎。组成矿体顶、底板岩组及矿体本身大都为较软岩，仅黄马青组属较硬岩。矿床范围内无稳定岩体，大都属较稳定。姑山组由火山碎屑沉积岩组成，岩石胶结程度不一，为碎裂结构体，受蚀变作用强烈，物理力学性质极不均一，属不稳定岩体，主矿体多以此层作顶板，顶板工程地质条件差。矿床所处构造位置——背斜的轴部，应力集中，又受断裂破坏。矿体顶板与近矿蚀变内带大致位置相当，蚀变作用强烈，多数蚀变使岩石力学强度减弱。矿体上部多为块状结构体，下部则多为碎裂结构体。

表1-6 钟九矿区岩土体结构类型及特征

岩组	岩体结构类型	结构面特征	结构体特征		水文地质特征	岩体变形及破坏特征	与矿体关系
			形态	饱和抗压强度			
第四系散体结构工程地质岩组	散体结构	孔隙发育，呈松散未胶结状态	泥、土等	无实际意义	含水丰富，导水差异显著	不稳定，具显著的塑性特征，整体强度低，坍塌滑移、压缩变形均可产生	直接顶板、间接顶板
白垩系下统姑山组火山碎屑沉积岩碎裂状结构工程地质岩组	碎裂结构	各级结构面均发育，彼此交切，杂乱无序。结构面多被充填，呈现密闭型镶嵌组合，结合力弱	碎屑和大小不等形状不同的块状	$R_b = 1.26 \sim 92.89MPa$，平均值25.09MPa，蚀变地段强度明显减小	富水性，导水性弱，有渗透问题，由引起的。干蚀变作用软化，泥化作用明显，可使岩石软化、崩解	不稳定，特别是软弱夹层可能出现压缩、挤出底鼓现象，易产生挠折。剪切滑移迁就结构面组合及软弱层强度	主要顶板、次要底板
三叠系中统黄马青组砂页岩层状结构工程地质岩组	层状结构	层理清晰，软弱夹层平行分布。断层及与岩体接触带附近呈碎裂状构造特征	组合板体、板体、块体、柱状体等	$R_b = 28.63 \sim 68.84MPa$，平均值44.09MPa	断层及与岩体接触带附近裂隙水丰富，富水性及岩性及遇水性强可使软岩软化	较稳定。岩体的变形受整体特性控制。软弱、破碎段可产生压缩、挤出底鼓等，剪切迁就就结构面滑移及岩面抗剪强度	直接底板、间接底板

续表 1-6

岩组	岩体结构类型	结构面特征	结构体特征		水文地质特征	岩体变形及破坏特征	与矿体关系
			形态	饱和抗压强度			
燕山晚期次火山岩块状结构工程地质岩组	块状结构	以Ⅳ、Ⅴ级结构面为主，受构造挤压、剪切，浅部结构密度大。多闭合粗糙，有一定结合力	规则块体、多角形块体	物理力学性质极不均一，平 $R_b=9.61\sim78.97MPa$，均值30.27MPa	浅部裂隙水丰富，往下减弱。可使岩石软化	较稳定。压缩变形大小形态与结构体有关，剪切滑移证就结构面抗剪强度及镶嵌能力，崩落坍塌等均可产生	直接或间接顶板
铁矿体及矿化带块状结构工程地质岩组	块状结构	同上。角砾状矿体结构面特征，粉状矿呈散体结构特征	规则块体、多角形块体、碎屑	物理力学性质极不均一，平 $R_b=5.27\sim67.26MPa$，均值24.70MPa	浅部裂隙水微弱，下部角砾状矿体含水丰富。可使岩石软化崩解	较稳定。压缩变形大小形态与结构度有关，剪切滑移证就结构面抗剪强度及镶嵌能力，崩落坍塌等均可产生	矿体
三叠系中统周冲村组灰岩块状结构工程地质岩组	块状结构	同上。角砾状灰岩结构面特征呈碎裂结构特征	规则块体、多角形块体、碎屑	物理力学性质极不均一，$R_b=8.36\sim33.86MPa$，平均值22.47MPa	岩溶裂隙水较丰富。可使岩石软化	较稳定。角砾状灰岩稳定稍差	主要底板，次要顶板

地下工程的跨度大于 5m，岩体一般无自稳能力，大都先发生松动变形，继而可发生中~大型塌方。地下工程埋深小时，岩体以拱部松动破坏为主，埋深大时，岩体可发生塑性流动变形和挤压破坏。综上所述，矿床工程地质勘探类型属于以较破碎的Ⅳ类较软岩为主，工程地质条件复杂的矿床类型。

1.5　水文地质

1.5.1　和睦山铁矿水文地质条件

1.5.1.1　矿床水文地质条件

矿区内第四系主要为冲、坡积层，1~15m 不等。对矿区地下水影响较小。基岩中周冲村组硬石膏层和新鲜完整的闪长岩为各地段的相对隔水层。各含水层特征如下。

A　第四系松散岩层相对隔水层

第四系松散岩层相对隔水层主要分布在山坡及山脚下，呈群状分布，由棕红色、黄褐色亚黏土、碎石组成。上部为粉质黏土层，主要成分为黏土，含少量碎石。在中部常见有灰白色、灰绿色黏土呈花斑状分布，厚度 10~26.6m。底部为亚黏土夹碎石，一般含量 10%~20%，厚度 0~10.17m，该层含水微弱为相对隔水层。

B　基岩裂隙含水层、岩溶裂隙含水层和隔水层

（1）三叠系中统周冲村组灰岩（T_2z）岩溶裂隙含水层。由灰白色、黄褐色薄层泥质灰岩、白云质灰岩，角砾状灰岩，钙质粉砂岩组成。矿区内主要出露于前观音山、后观音山南坡，后和睦山南坡也有少量出露。厚度不均，在后和睦山地段较薄，一般为 32.21~46.43m，后观音山较厚，一般为 63.88~85.09m，全区平均厚度为 62.43m，最大厚度为 155.53m，有 96% 的孔见到灰岩。总岩溶率为 0.15%，最大溶洞直径为 1.17m，溶洞发育深度在-100m 以上，-100~-150m 标高内只见有溶蚀裂隙，-150m 以下溶蚀裂隙更弱，岩溶发育由上而下逐渐变弱的规律很明显。从平面分布看，后和睦山地段灰岩较薄，岩溶发育差，在灰岩中仅有一个孔见到溶洞，11 个孔见到 17 处漏水点。后观音山灰岩较厚，有 6 个孔见到 12 个溶洞，主要分布在 20 号线和 21 号线间。有 9 个孔见到 22 处漏水点，富水性相对东部的后和睦山强。单位涌水量 0.0097~0.227L/(s·m)，渗透系数 0.01024~0.738m/d。水位标高 10m 左右，水质类型为 HCO-SO$_4$-Ca-Mg 型。属弱~中等富水岩溶裂隙含水层。

（2）三叠系上统黄马青组砂页岩（T_3h）裂隙含水层。呈灰白色、青灰色、紫红色、黄褐色，由钙质页岩、粉砂岩、中细砂岩、粗砂岩组成。主要分布在矿

区北部矿体上盘，岩石破碎，有效裂隙率 0.98% 左右，风化带发育深度 13.58~63.71m，平均为 38.45m。在深部含水不均匀，漏水段多分布在-150m 以上，单位涌水量 0.145~0.971L/(s·m)，渗透系数 0.086~1.13m/d。水位标高 10m 左右，水质类型为 $HCO-SO_4-Ca-Mg$ 型。属于不均匀的中等富水裂隙含水层。

（3）风化和近矿、含矿闪长岩裂隙含水层。矿区南部出露的或接近地表的闪长（玢）岩风化裂隙发育，裂隙率为 0.56%，岩石松软，裂隙发育深度平均-30m 左右，单位涌水量 0.206L/(s·m)，渗透系数 0.148m/d。北部近矿、含矿闪长岩接触带附近，裂隙发育，蚀变强烈，岩石破碎，平均厚度为 47m。由南向北沿接触带延深至-350m 左右，单位涌水量 0.489L/(s·m)，渗透系数 0.322m/d。水位标高 10m 左右，水质类型为 $HCO_3-SO_4-Ca-Mg$ 型。属于富水性中等的裂隙含水层。

（4）铁矿层裂隙含水层。矿体产于灰岩和闪长岩中或接触带上，其富水性与灰岩、闪长岩相同。1985 年地质报告认为铁矿体也属于富水性中等的裂隙含水层，但通过近 5 年矿体巷道掘进和采矿发现，和睦山矿体基本不含水，实际富水性与原地质报告差别很大。

C　断裂构造含水性

该区断裂构造主要为成矿前的断裂，如前观音山-后和睦山断裂，分布在岩体与黄马青组砂页岩和灰岩的接触带，东段后和睦断裂带有矿体发育，西段在前观音山切割黄马青组砂页岩和周冲村组灰岩，产状与矿体基本一致，破碎带宽 20~40m 不等。单位涌水量 0.227~0.489L/(s·m)，富水性中等。

D　闪长岩相对隔水层

矿体下盘的闪长岩，岩石新鲜，裂隙不发育，含水微弱，此层为矿区相对隔水层。

1.5.1.2　地下水的补给、径流和排泄条件

矿区范围内地下水主要接受大气降水的补给。雨季各层地下水均有回升，降水渗入到地下水流系统后，形成地下径流，在地貌深切地段以泉的形式排泄。

1.5.1.3　矿坑充水因素分析

后和睦山-后观音山铁矿床赋存于闪长岩与周冲村组灰岩接触带上，矿体产状与接触带基本一致。近北西走向，沿走向长 1350m，沿倾向最大延深 960m，矿体赋存标高为 70~-670m，矿体厚 2~108.3m，平均厚度 23m。除局部矿体外，均处在地下水位以下。矿体直接顶板及围岩为周冲村组灰岩，其厚度较大，水压高，透水性中~强。矿床属岩溶裂隙水为主，顶板直接进水，水文地质条件中等的矿床。

1.5.1.4　涌水量预测

坑道充水主要为基岩裂隙水，地表松散层主要为透水层，大气降水可通过松散层进入坑道。坑道涌水包括大气降水入渗补给和基岩裂隙水两部分。计算得到的和睦山铁矿-200m中段和-300m中段涌水量见表1-7。

表1-7　和睦山铁矿矿坑涌水量

中段标高/m	降雨径流渗入量/m³·d⁻¹		地下水量 /m³·d⁻¹	总涌水量/m³·d⁻¹	
	最　大	正　常		最　大	正　常
-200	31080	3108	8916	39996	12024
-300	39113	3911	10687	49800	14298

1.5.2　白象山铁矿水文地质条件

矿区南部为长江冲积平原，地势平坦，地面标高多在6~7m。北部为低山丘陵剥蚀堆积地形，一般标高50~200m，青山最高点为371.90m。区内地表水系十分发育，沟渠纵横交错，积水面积20%左右。矿区南北分别有水阳江与姑溪河。青山河向南、向北分别与水阳江、姑溪河相连，由南向北流经矿区。青山河全长46km，流域面积700km²，河面宽度200~600m，水面一般宽100m左右。最低水位标高0.64m，最高洪水位标高10.55m。历年最大流量为568m³/s，5~8月流量为105~445m³/s。

1.5.2.1　第四系含水层和隔水层

第四系含水层和隔水层分布于矿区南和西南的冲积平原，厚度一般为20~50m，由上而下分为5层：

(1) 全新统亚黏土与粉细砂互层弱含水层。分布于最上部，总厚度0~26.34m，平均12.3m，为浅灰褐~灰色薄层状亚黏土、粉细砂。细砂含量44%~66%，粉砂含量20%~46%，黏土含量6%~9%。饱水时具流动性。单位涌水量$q = 0.0087$L/(s·m)，渗透系数$K = 0.12$m/d。

(2) 全新统粉细砂含水层。位于互层状含水层之下，厚度0.47~31m，平均13.5m，向南与西南方向厚度逐渐变厚。矿区附近该层底部与亚黏土隔水层接触，18号线以南亚黏土隔水层缺失，该层与砂砾卵石层直接接触。主要成分由石英、长石粉细砂粒组成，次为云母、黏土等。粉砂含量8%~14%，细砂含量为78%~90%，黏土含量9%。单位涌水量$q = 0.13 \sim 0.15$L/(s·m)，渗透系数$K = 0.91 \sim 1.24$m/d。

(3) 全新统亚黏土隔水层。主要分布在白象山西面与南面近山边缘地带，部分出露地表。厚度 1.25~23.74m，平均 12.07m。在矿区范围内大部分覆盖在坡积层之上，部分夹在粉细砂和砂砾卵石层之间，构成不连续的隔水层。在矿区外围南、西侧该层缺失，导致粉细砂含水层与卵砾石含水层相接触。黏土含量为 21%~24%，粉砂含量 52%~64%。含有腐殖质，黏性强，具有隔水性，风干后较坚实。

（4）全新统砂砾卵石强含水层。分布于 2 号线以南、青山河以西，覆盖在坡积层或基岩之上，由北向南变厚，一般厚度 1.86~15.40m，平均 8.85m。顶板标高 -26.8~-41.8m；底板标高 -39.5~-48.3m。主要成分为灰白、灰色石英砂岩、石英岩和矽化页岩砾卵石和细~中粗砂。砾卵石的含量 18%~56%，细~中粗砂的含量 31%~69%，中砂含量最高达 15%~34%。$q = 0.81 \sim 17.35 \mathrm{L/(s \cdot m)}$，$K = 2.25 \sim 45.08 \mathrm{m/d}$，为第四系以及矿区中最强的含水层。

（5）更新统亚黏土夹碎石弱含水层。分布在山坡及基岩面之上，厚度 0~21.39m，平均 9.3m。顶板标高 39.25~-30.70m，底板标高 30.88~-32.70m，主要由坡积黄褐色亚黏土与石英长石砂岩、页岩碎石组成，局部有黄褐色亚黏土层分布。单位涌水量 $q = 0.0072 \sim 0.0084 \mathrm{L/(s \cdot m)}$，渗透系数 $K = 0.098 \sim 0.240 \mathrm{m/d}$。

1.5.2.2　基岩含水层和隔水层

基岩裂隙含水层按富水性可分为强、中、弱三类。强富水层为黄马青组杂色粉细砂岩，连续分布在 2~29 号线，平面范围与矿体分布基本一致。强富水层形态受背斜构造控制，与背斜轴部裂隙相对发育有关。顶板标高平均 -112m，底板平均 -224m，平均厚 112m，与矿体的平均距离约 100m。裂隙率平均为 2.72%，其中有效裂隙率平均 1.38%。背斜轴部 $q = 2.45 \sim 8.20 \mathrm{L/(s \cdot m)}$，$K = 1.49 \sim 10.89 \mathrm{m/d}$；西翼 $q = 0.30 \sim 0.94 \mathrm{L/(s \cdot m)}$，$K = 0.54 \sim 2.12 \mathrm{m/d}$；东翼导水系数 $K_M = 15 \mathrm{m^2/d}$。大口径群孔抽水试验证实含水层补给不充足，抽水最终日强含水层水位降幅 0.136~0.174m/d，矿体含水层降幅 0.16~0.21m/d，222 天后水位才完全恢复。

针对该层群孔抽水与恢复水位试验，揭露了矿区进水与隔水边界，证实了该层在平面分布上的有限性。南、西方向存在弱透水边界。其中南边界为 F_3 断层内充填的闪长岩体；西边界为相对完整的黄马青组砂页岩层。西部象山群石英砂岩含水层受 F_2 断裂带构造影响与矿区内含水层沟通，两者存在水力联系。矿床东、北面为隔水边界：东边界表现为万家山闪长岩体；北边界为背斜的倾伏端。群孔抽水试验还证明强富水层与更新统亚黏土夹碎石含水层和周围基岩裂隙含水层存在水力联系。在矿床外围还分布有其他强富水带（29 号线和 18 号线），但对矿坑充水没有直接影响。

中等富水层为矿体及其顶盘的蚀变角岩含水层，形态和分布与矿体基本一致，平均厚度143m，平均有效裂隙率0.22%。南部$q = 0.098 \sim 0.685$L/（s·m），$K = 0.079 \sim 0.960$m/d；17号线以北富水性减弱，$q = 0.009 \sim 0.028$L/（s·m），渗透系数$K = 0.0043 \sim 0.017$m/d。该层平均单位涌水量$q = 0.284$L/（s·m），渗透系数$K = 0.214$m/d。该层与上部强富水层有水力联系。

矿床南部的白垩系角砾熔岩、矿床东部和北部的象山群长石石英砂岩、矿床内强富水带以上的紫红色页岩和其下部的角岩化砂页岩均为弱含水层。单位涌水量的变化范围为$q = 0.0135 \sim 0.25$L/（s·m），渗透系数变化范围为$K = 0.012 \sim 2.2$m/d。各层富水性变化较大，与强富水带或矿体含水层有水力联系。

矿区内的主要断裂带（包括两侧的裂隙发育带）都具有导水作用，其导水性在量级上与所切过的岩层相似。

矿体下盘的闪长岩体为隔水底板。

1.5.2.3　含水层水质

第四系砂砾卵石强富水层水质类型为$HCO_3 \cdot SO_4$-$Ca \cdot Mg$，矿化度$0.92 \sim 1.6$g/L。铵根离子、亚铁离子和铁离子含量较高，分别为10mg/L、0.75mg/L和1.25mg/L。白垩系火山岩含水层水质较差，为SO_4-$Ca \cdot Mg$型水，矿化度2.11g/L。顶盘强含水层和矿体含水层的水质类型都为$HCO_3 \cdot SO_4$-$Ca \cdot Mg$，矿化度分别为0.25g/L和0.33g/L，pH $= 6.9 \sim 7.7$。强含水层东翼水的矿化度较高，为$SO_4 \cdot HCO_3$-$Ca \cdot Na \cdot Mg$型水，矿化度1.62g/L，反映水循环程度较弱。

1.5.2.4　矿坑充水因素

矿区大部分地势低平，地表水十分丰富。地表水是影响矿床开采的最主要因素。为了适应这一特定的水文地质条件，应采用充填采矿方法开采，保证地表不发生大面积陷落，减轻地表水对采矿的直接影响。

青山河流经矿区，切割互层的第四系亚黏土与粉细砂。矿床范围内河床下部有$25 \sim 35$m厚的第四系地层，包括$6 \sim 17$m厚互层状弱含水层和$5 \sim 20$m厚的黏土隔水层。地表水渗透补给量小，与基岩含水层无密切的水力联系。在采用充填法采矿，地表不发生大面积陷落的条件下，青山河水不会大量直接补给矿坑。但是，由于青山河常年流水，水面面积大，地表水可以经过第四系弱含水层直接补给基岩含水层或在矿区外围绕过亚黏土隔水层经砂砾石含水层间接补给基岩含水层，是矿坑充水的重要的补给源。

矿体上部连续分布的强含水层是矿坑充水的主要含水层，向上承接第四层含水层的越流补给，向下补给矿体含水层。矿山生产的中后期，该含水层将基本被疏干，届时矿坑充水主要来自地表水经第四系的渗入和周围含水层经弱透水边界的补给。

1.5.2.5　涌水量预测

（1）正常涌水量。正常涌水量指基岩强含水层基本被疏干后的矿坑常见涌水量。强含水层边界外的平均渗透系数 0.44m/d，按 1/4 大井进水计算，正常涌水量为 16000m³/d。

最大涌水量分两种情况。一种情况可能在强含水层疏干过程中出现，根据抽水数据，地质报告中采用回归分析、水动力学及有限元法计算了疏干期间的涌水量为 28000~36000m³/d。从矿山可能的疏干进度来看，实际最大涌水量不大于 30000m³/d。另一种情况为采矿引起的岩石移动破坏第四系黏土层时，砂砾卵石含水层直接补给矿坑，矿坑总的涌水量可能达到 30000m³/d。

（2）天窗可能补给量。基岩强含水层与第四系含水层 0.2km² 的接触天窗范围没有砂砾卵石层分布，仅有较弱的第四系含水层。按该范围 500m 河段河水沿 $K=0.121$m/d 的黏土粉砂含水层直接下渗计算，或按黏土碎石含水层（$K=0.24$m/d）半大井法进水计算，天窗的最大补给能力约为 2000m³/d。DK1 群孔抽水和水位恢复观测资料也反映该天窗的补给量不大。

白象山铁矿井下基建期间矿坑实际涌水量平均为 33840m³/d，属于大水矿山。

1.5.3　姑山露天转地下开采水文地质条件

1.5.3.1　含水层水文地质特征

矿区含水层按含水空间特性分两大类，即第四系孔隙潜水含水层和基岩裂隙潜水含水层。

A　第四系孔隙潜水含水层

该层分布于矿床四周，其规律是由姑山向外逐渐变厚，主要受基岩地形控制，基岩地形似一穹隆，一般外展 300~400m 即逐渐平缓。为此第四系层厚亦随之而稳定。一般厚度 40~60m，个别基岩低凹处达 75.07m。

其岩相沉积规律为横向一致，纵向递变，颗粒自下而上由粗变细。即下部卵石层为该区主要含水层，含水丰富；中部为亚砂及亚黏土层，偶夹砂层，弱含水；上部为黏土，极微透水。

第四系为富水性随深度递增的不均质潜水混合含水岩层，各层共一潜水位。一般位于地面以下 1~2m，标高为 7m 左右。底部强富水之卵石层具有相对承压性。

B　基岩裂隙潜水含水层

按基岩各层富水性，将其分为三个富水亚类：

（1）黄马青破碎页岩——强富水层。主要分布于东及东北部，构造发育，层间裂隙含水。渗透系数 $K=3.104\sim3.704m/d$。

（2）黄马青石英砂岩——中富水层。该层分布极少且零星，为黄马青页岩中之夹层，以含风化裂隙潜水为主。根据抽水试验结果，渗透系数 $K=0.794m/d$。单位涌水量 $q=0.1028L/(s\cdot m)$。

（3）矿体、高岭土化辉长闪长岩及其他近矿围岩——弱富水层。该层为近矿的主要含水层，各种含水裂隙发育不匀，厚度一般 $80\sim160m$，平均厚度 137.35m，据抽水试验，渗透系数 $K=0.0409\sim0.0789m/d$，平均 $K=0.0774m/d$。

1.5.3.2　地下水的补给、径流与排泄

青山河河床底部有近 4m 厚的淤泥层阻隔，青山河对矿区地下水的补给量不大，大气降水为该区地下水的主要补给来源。第四系孔隙潜水接受大气降水的补给，基岩裂隙水主要接受孔隙水的补给。地下水的径流主要由南东向北西径流。孔隙潜水以地面蒸发和地下径流的形式排泄，孔隙承压水、基岩裂隙水以地下径流形式排泄。

露天采场的疏干排水使得露天采场周边一定的范围内地下水位出现了较大降幅和波动，形成了区域地下水降落漏斗。在姑山采场疏干排水漏斗内，第四系孔隙水水位动态曲线受降雨和疏干排水的共同影响，其中上部孔隙潜水受降雨、地表水直接补给大，受矿山疏干排水的影响较小；下部的孔隙承压水、基岩裂隙水受降雨直接补给有限，而受矿山疏干排水影响大。影响程度随着离露采场距离的增大而减弱。

1.5.3.3　涌水量预测

露天采场充水主要来源有大气降水和区域地下水径流，青山河等地表沟渠补给量小。地下开采时采场的主要充水因素为基岩裂隙水。预测的姑山露天转地下开采涌水量见表 1-8。

表 1-8　姑山露天转地下开采 -200m、-350m 中段井下涌水量估算表

中段标高 /m	基岩裂隙水涌水量/m³·d⁻¹		露天坑积水渗入量/m³·d⁻¹		矿坑总涌水量/m³·d⁻¹	
	正常	最大	正常	最大	正常	最大
-200	3637	4364	1500	2500	5137	6864
-350	7870	9444	1500	2500	9370	11944

综上所述，姑山铁矿床水文地质条件为复杂类型。

1.5.4 钟九铁矿水文地质条件

1.5.4.1 矿区水文地质条件

钟九铁矿全部埋藏在当地侵蚀基准面以下。其上覆盖有 4.3~54.42m 厚的第四系松散层，矿体的南与西侧直接被第四系松散层覆盖；矿体顶板及北、北北东侧分布不均质弱富水性岩层；矿体底板及南侧分布着不均质中等富水性岩层；矿体西侧分布着不均质强富水性岩层。矿区地下水有三种类型：孔隙水、裂隙水及岩溶裂隙水。各含水层特征分述如下。

A 孔隙水含水岩组

(1) 第四系全新统黏土、粉质黏土与粉细砂互层孔隙弱富水岩组（Q_4^{5al}）。分布整个矿区平原地带。层厚 0.98~44.30m，平均厚度 14.30m。第一亚层为黄褐色黏土、粉质黏土，该层透水性弱，为浅部隔水层。第二亚层为黏土、粉细砂互层，主要由灰至深灰色的薄层状粉质黏土与粉细砂组成，此层为相对的隔水层，地表水与地下水水力联系不密切。

(2) 第四系全新统粉细砂孔隙强富水岩组（Q_4^{4al}）。分布整个矿区平原地带。层厚 3.95~38.47m，平均厚度 19.96m，顶板平均标高为-2.86m，底板平均标高分为-22.82m。主要组成成分为石英质粉细砂。其次为云母、黏土等。该层透水性强，姑山一带渗透系数 K=16.13~25.10m/d，本矿区渗透系数 K=18.994m/d。

(3) 第四系全新统黏土、粉质黏土孔隙弱富水岩组（Q_4^{3al}）。主要分布在矿区北部，向南变薄至尖灭。层厚 0~30.33m，平均厚度 15.63m。顶板平均标高-14.10m，底板平均标高-29.72m。该层在北部层位较稳定，由灰白至灰黑色黏土、粉质黏土组成，上部一般含砂量较多，局部含少量砾石，具塑性。该层将下部的砂砾卵石层和上部的砂层分隔，在其上部细砂层位形成弱承压水或包气带水，在下部砂砾卵石层形成弱承压水。由于该层在南部缺失，未能将细砂层和砂砾卵石层两个强富水岩组分为两个水体，因而仅在局部起阻水作用。

(4) 第四系全新统砂砾卵石孔隙强富水岩组（Q_4^{2al+pl}）。层位稳定，与区域的砂砾卵石层连成一片。矿区内厚度 0.29~16.28m，南厚北薄，平均厚度为 5.87m，顶板平均标高-30.56m，底板平均标高-36.42m。砂颗粒成分主要由石英中粗砂组成，砾卵石颗粒成分主要由石英岩、石英砂岩、矽化页岩、灰岩、燧石组成。该层透水性强，姑山一带渗透系数 K=32.46~66.07m/d，而本矿区渗透系数 K=71.5058m/d，含水极丰富。此层为主要含水层。

(5) 第四系中上更新统残积坡积层弱富水岩组（Q_{2+3}^{1dl+pl}）。分布于周围的前钟山、后钟山、九莲山及平顶山山坡及山脚下。厚度 0.37~9.31m，呈黄褐色，由粉质黏土与碎石所组成，含有铁锰结核。透水性较弱，基本不含水。

B 裂隙水含水岩组

(1) 侏罗系中下统象山群砂页岩裂隙弱富水岩组（$J_{1-2}xn$）。仅在矿区西侧边缘有零星出露。渗透系数 $K = 0.3572m/d$，单位吸水量 $q = 0.1297L/(s \cdot m)$，富水性中等。

(2) 白垩系下统姑山组火山碎屑沉积岩裂隙弱富水岩组（K_1g）。姑山组是一套变火山碎屑沉积岩，多分布南矿体顶板。岩石一般完整，多呈柱状，裂隙不发育，透水性弱。岩层渗透系数 $K = 0.0258m/d$，单位涌水量 $q = 0.0372L/(s \cdot m)$。

(3) 三叠系中统黄马青组砂页岩裂隙强富水岩组（T_2h）。分布于矿区的东西两侧，组成钟姑背斜两翼，西翼地层倾向北西，东翼地层倾向北东。受 F_1 断层与岩（矿）体侵入构造作用岩层破碎，裂隙发育，透水性较强，为不均质强富水含水带，富水性强~中等。此层是矿坑北侧及西侧直接充水岩层，为本区主要充水岩层。

(4) 铁矿体及矿化带裂隙弱富水岩组。矿体及其矿化带岩石软硬不均，裂隙不发育，含水极弱且不均匀，透水性弱。

(5) 燕山晚期次火山岩裂隙中等富水岩组。该区岩体主要为侵入岩，在区域上属燕山晚期第二火山旋回末期的次火山岩体。岩性主要是钠长（石）闪长岩体及（富）钠辉石二长玢岩。它们沿钟姑复式背斜轴部断裂带呈 NNE 向岩枝分布，侵入最新地层为象山群地层，在钟九矿区则表现为舌状突出，分布于矿区北部。

C 岩溶裂隙水：三叠系中统周冲村组灰岩岩溶裂隙中等富水岩组（T_2z）

分布于南部矿体的下盘，南面直接被第四系砂砾卵石层覆盖，矿区地表未见出露。岩溶裂隙发育不均匀，其发育深度在标高 −64.827~−368.495m 以上，为岩溶裂隙水，具承压性。岩石裂隙面被地下水溶蚀，局部形成小溶孔与溶洞，溶洞直径一般达 0.2~0.6m。溶孔及溶蚀裂隙大都为无充填、半充填状态，为不均质中等富水岩层。该层是矿坑南侧及底板主要充水岩层。

1.5.4.2 矿区构造对水文地质条件的影响

钟姑矿田处于宁芜中生代断陷盆地南段。钟九铁矿位于钟姑复式背斜中段隆起部位，背斜轴部受断裂破坏。这些构造对矿区水文地质条件的影响表现如下。

A 褶皱构造

钟九铁矿位于钟姑复式背斜中段隆起部位，处于背斜的轴部。受此构造挤压，背斜轴部岩石破碎，透水性较翼部强。垂向上一般上部比下部裂隙发育，从标高 −370m 向下岩层一般趋于完整，裂隙不发育，透水性弱。沿两翼倾向地层大都渐趋完整，透水性减弱。受此构造应力作用，处于或接近背斜轴部导水性及富水性强。这一褶皱构造在其轴部形成了一条宽度有限狭长的、走向和轴线一致的破碎带—蓄水构造，对矿区地下水影响大。

B　断裂构造

矿区断裂构造较发育，主要表现为火山-侵入作用之前的基底断裂，矿区内断裂主要有两组：一组为北东向（北北东向）的挤压性断裂（F_1）；另一组为北西向（北西西向）的张扭性断裂（F_3）。其断层特征及对矿区地下水影响叙述如下：

F_1断层位于矿区西侧，是矿区成矿前的主要断层，为导矿和控矿的主要构造。下盘多由黄马青组砂页岩组成，上盘岩性复杂。岩石破碎、水蚀现象明显，有漏水现象，且具有导水能力。F_1断层在矿区北部导水性好南部导水性差。

F_3断层主要发育于前后钟山间，从矿区东北角横贯而过。它斜向切割了钟山山体（使之形成前后钟山）和钟姑断裂。形成的断裂带多被岩体充填，部分方解石脉被溶蚀成孔洞，有效裂隙率1.4%，下部有效裂隙发育程度逐渐减弱。单位涌水量$q = 0.219 \sim 0.368 L/(s \cdot m)$，渗透系数$K = 0.18 \sim 0.51 m/d$。具有导水性能，在矿区北部成为沟通各含水岩组的通道。

上述断裂加强了各水层之间的水力联系，加大了承接上层地下水补给通道和蓄水空间，并在局部加强了含水性不均一性，形成带状富集带。这一构造与褶皱构造一起共同作用，使得矿区水文地质条件趋于复杂，对矿床充水影响较大。

1.5.4.3　矿区地下水的补给、径流与排泄

该区地下水主要补给源为区域地下径流，其次为地表水和大气降水。地下水主要受垂直渗透补给。裸露地表的基岩与露出地表第四系松散岩层，直接受降水渗透补给，有一部分受地表水渗透补给。地下水排泄主要以地表水形式由区内沟渠通过青山河向矿区以外排泄。矿区地下水流速缓慢，地下水受到矿坑排水的影响明显。

1.5.4.4　含水岩组间水力联系及矿床充水因素

第四系孔隙各含水岩组特别是两个强富水孔隙含水岩组之间水力联系密切。砂砾卵石层直接覆盖在区内各岩（矿）层上，所含孔隙水能直接渗透补给下伏基岩各含水岩（矿）层。矿区的主要断层F_1也与砂砾卵石层直接接触，并切穿基岩各含水岩层，第四系孔隙含水岩组以此为通道，加强了与基岩裂隙（岩溶）水各含水层的水力联系。矿区内基岩裂隙（岩溶）水各含水层间通过接触带、不整合、断裂构造甚至砂砾卵石层，水力联系紧密，构成具有统一水位面的含水系统，具承压性，但承压水头值不大。矿区各含水岩组同处于钟姑复式背斜这一蓄水构造中，并通过F_1、F_3断层与矿区外围（翼部）各含水层发生水力

联系。

1.5.4.5 矿坑涌水量预测

估算结果为 -260m 中段地下涌水量正常 $44866m^3/d$，最大 $71049m^3/d$；-370m中段地下涌水量正常 $28173m^3/d$，最大 $44595m^3/d$。

1.6 环境地质

"环境地质"一词最早出现于20世纪60年代末、70年代初一些西方工业发达国家的文献中。那时这些工业发达国家已感到环境问题的迫切性，开始把滑坡、泥石流、地面沉降、城市地质等问题的研究列为环境地质研究的范畴。环境地质可以理解为对人类的生存、发展环境形成影响的地质、地质问题及其相关变化信息的集合。

1.6.1 区域地震与新构造运动特征

姑山矿区位于长江中下游-黄海地震带（A2区）。长江中下游-黄海地震带西弱东强，矿区处于该带的西部，矿区及其附近地震活动相对较弱。根据《中国地震动峰值参数区划图》（GB 18306—2015），矿区的地震动峰值加速度为 $0.05g$，对应的地震基本烈度为Ⅵ度。

区内新构造运动具有继承性、差异性和阶段性三大特征，自晚第三纪以来，区内新构造运动继承了本区基底构造，地壳运动主要是间歇性的差异垂直运动，表现为在总体隆起背景上，阶段性的相对隆起和夷平互现，部分地区抬升，部分地区沉陷。在早更新世，区内以持续上升为主；至中更新世之后，进入一个相对稳定时期；到晚更新世早、中期，区内新构造运动再度表现为持续上升，仅在山体周围堆积了残积物、坡积物；晚更新世中期以后，地壳下降后转为平静期；晚更新世末期至全新世中期，地壳再度持续缓慢上升，河流下切、溯源侵蚀作用强烈，形成了不同高度的山体和河谷多级阶地，且向平原方向倾斜。

矿区位于新构造运动大别隆起区和沿江（九江—芜湖）沉降区，勘查工作中未发现新构造运动迹象。

1.6.2 矿区稳定性评价与灾害地质评价

（1）矿区稳定性评价。区内断裂构造发育，但根据邻近矿区和勘探资料，矿区内尚未发现新构造期的活动断裂。根据国家标准《建筑抗震设计规范》（GB 50011—2010）的规定，该矿区的抗震设防烈度为Ⅵ度。

（2）矿区灾害地质评价。区内地势较缓，场地开阔，不具备泥石流形成条件。

勘查工作中未发现有毒、有害气体。井下温度随深度增加有所增加，变化幅度在正常波动范围内，未显示任何地热异常。

区内未发现崩塌、滑坡的现象。前钟山采场正进行山体剥离工程，切坡不合理可能导致山体滑坡。前钟山排土场位于矿区东南，有小范围滑坡隐患。

自然地理条件有利于地表水的汇集与排泄。

1.6.3 场地土液化性能评价

根据钻探揭露，矿区浅部分布较厚的粉土、粉砂层，均为饱和状态。这类土体在受到动荷载或震动（如地震）时，可导致其完全丧失抗剪能力和承载能力，即通常所说的砂土液化现象。勘查工作在矿区南部及北部分别取原状土样及标准贯入试验扰动样 53 件，根据室内土工试验颗粒分析，粉土黏粒含量百分率 $\rho_s =$ 14.0%~34.9%，按Ⅶ度地震烈度设防，可判定为不液化土。粉砂黏粒含量百分率 $\rho_s =$ 3.5%~12.4%，根据标准贯入试验及静力触探试验实测值与利用有关公式计算的临界值比较，大多数实测值均小于临界值，可产生液化。矿山设计和生产过程中应高度重视坐落在该层上的地表建筑和深开挖工程的基础及边坡处理，边坡附近建议采用面井（如井点排水）法疏干，防止流土流砂导致边坡失稳。

1.6.4 矿山开采对环境的影响

矿体局部埋深较浅，顶板工程地质条件差，邻近矿山生产表明，矿山开采造成的环境灾害主要是疏干排水引起的局部地面塌裂、地下水水位下降。本次设计采用充填法开采，对地表损害程度较低。

矿体主要类型为磁铁矿，含硫等有害成分，选矿试验未对其回收，可能对环境水有污染，需经处理，达到污水排放标准后才能排出矿区。矿区地下水水质较好，因此矿山开采排水不会造成地表水污染。但采场废石含少量有害化学组分，对废石堆放场附近地表水体有潜在污染风险，建议加强对其管理，并在其排放场底部外侧修建集水沟，防止地表水体青山河污染。经勘察，矿区无工业意义的放射性元素。

邻近矿区和尚桥矿曾委托安徽省放射性计量站对矿区 32ZT5、38ZT9 钻孔岩心进行 γ、δ+γ、γ 放射性监测及室内 ^{238}U、^{226}Ra、^{232}Th、^{40}K 比活度分析。所监测数据均低于《电离辐射防护与辐射源安全基本标准》（GB 18871—2002）和《有色金属矿产品的天然放射性限值》（GB 20664—2006）相关要求。

综上所述，矿区地质环境条件一般，属中等类型。

2 区域矿山开拓系统

为开发地下资源，需从地表掘进一系列的井巷工程通达矿体，使地面与井下构成一个完整的提升、运输、通风、排水、供水、供电、供气（压气动力）、充填系统（俗称矿山八大系统），以便把人员、材料、设备、充填料、动力和新鲜空气送到井下，以及将井下的矿石、废石、废水和污浊空气等提运和排除到地表。这些井巷工程的建立称为矿床开拓。

矿床开拓方案选择是矿山总体设计的重要内容之一，与矿山总体布置，提升、运输、通风、排水、供水、供电、供气、充填等生产系统，矿床赋存条件，矿山生产能力，采矿方法等密切相关。开拓系统选择基本要求是：

（1）确保良好的劳动卫生条件和生产安全条件。

（2）技术可靠，生产能力满足当前要求并充分考虑未来矿山提质扩能的可能性。

（3）基建工程量小，投资省，投产、达产快，经济效益好。

（4）不留或少留保安矿柱，尽量不压矿，以减少矿石损失。

（5）工业场地布置紧凑，外部运输条件好，尽量少占农田。

（6）保证矿山有2个以上独立的直达地面的安全出口。

姑山矿区位于长江中下游平原地带，不具备采用平硐开拓的条件；矿体埋藏较深，铁矿山生产能力普遍较大，不适宜采用斜井（包括胶带斜井）开拓，因此，包括和睦山铁矿、白象山铁矿、钟九铁矿均采用竖井开拓或竖井与斜坡道联合开拓。

大中型矿山一般采用主副竖井形式，主井布置箕斗或罐笼提升矿石，副井布置罐笼，提升人员、材料、设备和废石，并作为进风井和安全出口。主井采用罐笼提升时也可以作为进风井和安全出口（箕斗井不能作为进风井和安全出口）。

部分大中型矿山和小型矿山有时候也采用混合井形式，所谓混合井是指在井筒内同时布置箕斗和罐笼两种提升容器的竖井。与主副井形式相比，混合井具有箕斗和罐笼提升的双重优势，工程量少，地表工业场地集中，管理方便。混合井可采用箕斗、罐笼独立提升（两套提升系统，分别提升箕斗和罐笼）和箕斗、罐笼混合提升（一套提升系统，箕斗、罐笼串联提升，或者箕斗、罐笼互为配重并联提升）两种提升方式。混合井作为进风井时，可采用全断面、管道式和间隔式 3 种进风方式。不管采用何种方式，必须采取措施，保证风源质量，进风粉尘含量应控制在 $0.5mg/m^3$ 以内。

本章详细介绍和睦山铁矿和姑山铁矿罐笼主副井开拓系统，白象山铁矿和钟九铁矿箕斗主井、罐笼副井开拓系统，以及姑山铁矿露天挂帮矿平硐、盲竖井开拓系统。

2.1　和睦山铁矿罐笼主副井开拓系统

和睦山铁矿（包括后观音山矿段和后和睦山矿段）原设计生产规模为 70 万吨/年，于 2006 年底投入生产。

2.1.1　开拓系统

和睦山开拓系统由 4 条竖井和一条斜坡道组成，即主井、副井、措施井、回风井和斜坡道（见图 2-1）。

（1）主副井。主井、副井集中布置于龙山西端的东麓，矿体的北端靠近龙山选厂的山坡上，两井相距约 40m。主井直径 $\phi5.5m$，井口标高 +39.2m，井底标高 -340.09m，分别与 -200m、-300m 水平联通，采用单罐双层双车，负担矿石的提升；副井直径为 $\phi4.2m$，井口标高 +39.278m，井底标高 -330.327m，分别与 -200m、-300m 水平联通，采用单罐双层单车，主要承担人员、物料、废石、设备等的提升。副井内安装有梯子间。

（2）措施井。措施井位于矿床中部 19 号勘探线附近，直径为 $\phi4.2m$，井口标高 +20m，井底标高 -200m，分别与 -100m、-150m、-200m 水平联通。

（3）回风井。回风井位于矿体下盘 15 号勘探线附近，直径为 $\phi4.5m$，井口标高 +33m，井底标高 -147.8m，分别与 -50m、-100m、-150m 水平联通，井筒内安装有梯子间。

措施井和回风井都安装有临时提升设备。

（4）斜坡道。为了无轨设备的转移方便，在和睦山矿段增设了由地表至井下的辅助斜坡道，并承担部分矿石的运输。地表至 -50m 水平为主斜坡道，-50m水平以下为采区斜坡道。斜坡道断面为 3.6m×3.2m 和 3.2m×3.0m，地表标高 18m，井底标高 -300m，巷道采用 250mm 厚的素混凝土支护。

2.1.2　提升运输系统

主井配置 JKMD3.25×4 型落地多绳提升机提升双层双车单罐笼，罐笼底板面积 4200mm×1500mm（长×宽），自重 14500kg；选用 22.5t 多绳平衡锤，外形尺寸 2290mm×660mm（长×宽）。按班纯作业时间 4.92h，年提升能力可以达到 71万吨，如将班纯提升时间增加到 6~6.5h，年提升能力可达到 85 万~94 万吨。

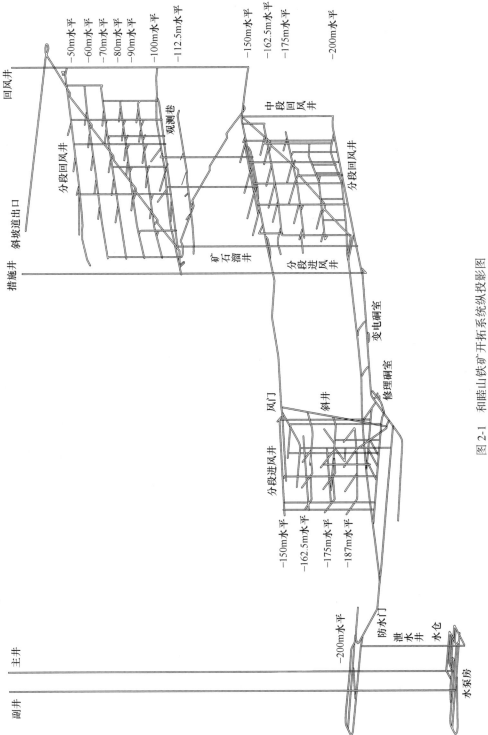

图 2-1 和睦山铁矿开拓系统纵投影图

副井配置 JKMD2.8×4 型落地多绳提升机提升双层单车单罐笼，罐笼底板面积 2500mm×1450mm（长×宽），自重 7500kg，每次可乘人数 30 人，选用 11t 多绳平衡锤，外形尺寸 1500mm×400mm（长×宽）。在完成人员、材料、设备、废石提升任务的同时还有一定的富裕能力，可辅助提升矿石 15 万吨/年。

措施井服务于−200m 水平以上中段，仅用作临时辅助提升。

井下运输为窄轨运输，轨距 600mm。矿石运输采用 ZK10-6/550 架线式电机车牵引 1.2m³ 固定式矿车；废石运输采用 ZK10-6/550 架线式电机车牵引 0.75m³ 翻转式矿车。

2.1.3　中段设置

和睦山铁矿由后和睦山矿段和后观音山矿段两个相对独立的区域组成。后和睦山矿段采用诱导冒落法和无底柱分段崩落法，设置−50m、−100m、−150m、−200m 四个水平；后观音山矿段原设计采用分段空场嗣后充填法，后变更为上向进路充填法、预控顶上向进路充填法，设置−150m、−200m、−250m 和−300m 四个水平，如图 2-1 所示。

2.1.4　通风系统

矿井采用副井、措施井进风，主井、斜坡道辅助进风，回风井回风的对角式通风系统。由于后和睦山矿段和后观音山矿段的生产水平相差 100m，分别在两个矿段的回风水平安装风机，即在后和睦山矿段−50m 水平回风道安装一台 K40-6-14 的风机，在后观音山矿段−150m 水平回风道安装一台 K40-6-20 的风机（见图 2-2）。新鲜风流由主、副井进入，经过各矿段的作业场所，污风排至各矿段的回风巷道，由回风井排至地表。

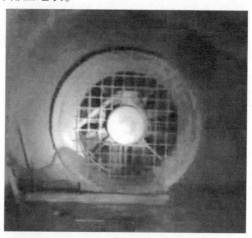

图 2-2　后观音山−150m 回风巷风机

2.1.5 排水系统

在-300m 水平设置泵房和三条水仓，泵房内安装了 6 台 KD450-60×7 型水泵。水泵流量 450m³/h，扬程 420m，电机功率 800kW。井下各中段的涌水通过泄水井排至-300m 水平，流至-300m 水仓，经-300m 水泵由主井排水管排至地表。为防止淹井事故的发生，分别在-200m 中段上盘重车运输线和-300m 中段石门外单轨运输巷道内设置了防水闸门。

2.1.6 和睦山铁矿改扩建工程开拓系统

和睦山铁矿原设计生产能力 70 万吨/年，为满足马钢（集团）控股有限公司对自产铁矿石的需求，和睦山铁矿于 2011 年开始启动扩建工程，生产能力由 70 万吨/年提高到 110 万吨/年，开拓系统也相应进行了调整。为了挖掘现有提升系统的潜能，充分发挥措施井的提升能力，将措施井临时提升设施更换为永久提升设施，同时将其井底标高延深至-325m 水平，能够服务-250m 中段和-300m 中段。因此，扩建工程开拓方案如下。

（1）竖井。在主副井提升设施不变的基础上，对措施井进行延深及提升设施进行改造，将该井井底延深至-325m 标高，原临时的提升设施更换为永久的提升设施，改名为"2 号副井"（原副井改名为"1 号副井"），采用双层单车单罐笼提升。罐笼底板面积 1800mm×1100mm，自重 3500kg，配置 2JK-3.0×1.5/30E 矿井提升机，在每班纯提升 5.5h 的情况下，可以完成 11 万吨/年矿石及上下班人员的提升任务。图 2-3 所示为和睦山扩改建工程 2 号副井断面配置图。

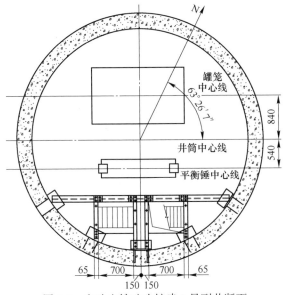

图 2-3　和睦山铁矿改扩建 2 号副井断面

（2）斜坡道。为了无轨设备转移方便及增加辅助运输能力，除利用已经形成的四条竖井提升外，还增设−200m水平至−300m水平的斜坡道，形成地表至井下−300m水平的斜坡道，该斜坡道与−50m、−100m、−150m、−200m、−250m、−300m等中段水平相通，承担辅助设备、材料的运输任务。

（3）提升能力分配。

1）矿石提升能力分配。根据扩建后矿山生产矿石规模为110万吨/年，其中，后和睦山采区50万吨/年，后观音山采区60万吨/年。提升井筒为主井、1号副井和2号副井。根据井筒的设备配置，各竖井的提升能力为：主井年提升能力为85万吨，包括后观音山采区的全部矿石60万吨，以及后和睦山采区的部分矿石25万吨；1号副井年提升能力为15万吨，为后和睦山采区的矿石；2号副井的年提升能力为10万吨，为后和睦山采区的矿石。

2）辅助提升分配。辅助提升包括全矿人员、材料及设备。提升运输设施为1号副井、2号副井及斜坡道。1号副井提升后观音山采区的全部人员；2号副井提升后和睦山采区的全部人员；斜坡道除运输无轨设备外，还运输全矿的设备及材料。

3）岩石运输能力分配。和睦山铁矿年采出废石11万吨，运输通道为斜坡道。矿山采出的废石不出坑，采用井下汽车经斜坡道运至后观音山采区，充填采空区。

2.2　姑山铁矿露天转地下罐笼主副井开拓系统

姑山铁矿为开采多年的露天矿山，现露天开采已结束，已开采至设计最低标高−148m，封闭圈标高+8m，露天坑东西约750m，南北约1000m。姑山铁矿地下开采范围内（−148~−350m）矿石资源储量为4688.17万吨，设计利用资源量为3740.34万吨。此外，安徽省国土资源厅于2016年12月26日下达《关于马钢集团姑山矿业有限公司姑山铁矿划定矿区范围批复》（皖国土资矿划字〔2016〕0031号）文件，将钓鱼山铁矿矿产地划入姑山铁矿矿区范围内进行统一开采。因此，为实现姑山铁矿资源综合利用及矿山生产顺利接续，金建工程设计有限公司受委托于2018年4月递交了《安徽省当涂县姑山铁矿矿产资源开发利用方案》，并通过审查，设计服务年限41年，生产能力为70万吨/年。由于姑山铁矿露天转地下开采目前处于基建开始阶段，本节仅对初步设计开拓系统展开介绍。

2.2.1　开拓系统

姑山铁矿开拓系统由4条竖井和1条盲斜井组成，即主井、副井、回风井、充填井和盲井（见图2-4）。

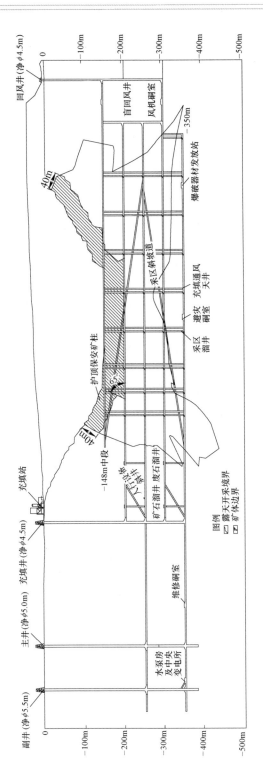

图 2-4　姑山铁矿露天转地下罐笼主副井开拓系统

（1）主副井。主井井口地面坐标（80 坐标系）为 $X = 83570.500$，$Y =$ 00976.790，位于钓鱼山工业厂区现有破碎站东侧，井口标高 +10.5m，井筒净断面 $\phi5.0m$，井底标高 −385m，井深 395.5m，井底标高 −385m，井内 −250m、−350m 均设双侧马头门；采用罐笼配平衡锤提升方式，担负矿山生产期间矿石提升及部分进风任务。主井井口地面坐标（80 坐标系）为 $X = 83570.500$，$Y =$ 03073.500，井口标高 +55m，井底标高 −643m，井深 698m。

副井井口地面坐标（80 坐标系）为 $X = 3480339.664$，$Y = 00808.119$，位于钓鱼山工业厂区现有破碎站南侧，井筒净断面 $\phi5.5m$，井口标高 +8.2m，井底标高 −385m，井深 393.2m；井内 −40m、−80m、−130m 设单侧马头门，−250m、−350m 均设双侧马头门；采用罐笼配平衡锤提升方式，担负矿山生产期间废石、材料、设备、人员提升及部分进风任务，并兼作安全出口。

（2）回风井。回风井井口地面坐标（80 坐标系）为 $X = 3478761.899$，$Y =$ 01299.767，位于露天境界以南，井筒净断面 $\phi4.5m$，井口标高 +12m，井底标高为 −282m，井深 294m，该井担负矿山生产期间回风任务，并兼作安全出口。

（3）充填井。充填井井口地面坐标（80 坐标系）为 $X = 3479847.993$，$Y =$ 501066.187，位于露天境界以北，净断面 $\phi4.5m$，井口标高 +12m，井底标高 −360.5m，井内 −30m、−148m、−200m、−250m、−300m、−350m 均设单侧马头门，负责充填管路日常检修，兼做安全出口。

（4）盲井。盲井井口标高 −300m、井底标高 −350m，净断面尺寸为 2.4m× 2.5m（宽×高）。

2.2.2　提升运输系统

2.2.2.1　主井提升

主井提升系统主要担负姑山铁矿全部矿石的提升任务，其中富矿 35 万吨/年，贫矿 35 万吨/年。主井净断面 $\phi5.0m$，采用单罐笼配平衡锤提升方式，副井净断面 $\phi5.5m$，采用单罐笼配平衡锤提升方式，罐笼底板尺寸（长）4100mm×（宽）1450mm 的双层罐笼（每层装载两辆矿车），罐笼自重 12000kg，选用 JKMD-2.8×4（Ⅲ）落地式多绳摩擦式提升机（配交流变频电机，功率 800kW，电压 1140V，转速 52r/min）、21200kg 平衡锤以及钢丝绳罐道等，并安装梯子间；井口及中段马头门处均设置推车机、托罐摇台、阻车器和安全门等操车设备。每次装载 4 辆 YGC1.2(6) 型固定式矿车，可完成矿石的提升任务。提升富矿时，每辆矿车有效载重 2600kg；提升贫矿时，每辆矿车有效载重 2200kg，可完成 35 万吨/年富矿和 35 万吨/年贫矿的提升任务，主井每天提升时间分别为 6.79h 和 8.42h。

图 2-5 所示为姑山铁矿罐笼主井断面图。

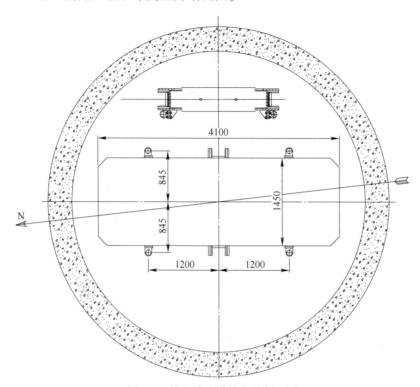

图 2-5　姑山铁矿罐笼主井断面图

2.2.2.2　副井提升

副井提升系统主要承担废石、设备、人员和材料的提升任务，其中废石提升量为 3.5 万吨/年。副井净断面 ϕ5.5m，考虑副井需要下放设备及长材料，所以提升容器选用底板尺寸为（长）4100mm×（宽）1450mm 的双层罐笼（中盘可拆卸），罐笼自重 12000kg，最大载人数 50 人，选用 JKMD-2.8×4（Ⅲ）落地式多绳摩擦式提升机（配交流变频电机，功率 800kW，电压 1140V，转速 52r/min）、21200kg 平衡锤以及钢丝绳罐道等，并安装梯子间；井口及中段马头门处均设置推车机、托罐摇台、阻车器和安全门等操车设备。提升废石时，罐笼每次装载 4 辆 YFC0.7（6）型翻斗式矿车，矿车几何容积 1.2m³，每辆矿车有效载重 2000kg。

2.2.2.3　充填井

充填井净断面 ϕ4.5m，井内敷设充填管路并安装梯子间，主要担负充填管路日常检修、更换及进风任务，同时兼作安全出口，确保紧急情况下作业人员迅速避险，提高安全应急效率。

2.2.2.4　盲井

担负-350~-300m回风任务，井内设人行踏步兼作安全出口。

2.2.3　中段设置

综合矿体赋存条件、矿岩稳固程度、采掘运输设备及选用采矿方法等因素，设计阶段高度为50m，自上而下划分-200m、-250m、-300m、-350m共4个生产中段，如图2-4所示。

2.2.4　通风系统

2.2.4.1　主扇

矿山采用主井、副井及充填井进风，回风井出风的侧翼对角抽出式通风系统。-350m以上中段生产时新风经主井、副井、充填井、中段运输石门、沿脉运输巷、充填通风天井、分段沿脉巷、分段联络巷进入各工作面，污风经回风天井、回风联络巷、回风平巷、回风石门（盲回风井）及回风井排出地表。

-350m中段生产期间风机设置在-300m回风石门风机硐室内，选择1台DK40-8-No.25型轴流式通风机（静压589~2605Pa，风量62.9~150.4m³/s，电机功率2×200kW，一用一备）；-300m以上各中段生产期间将-300m风机硐室内的风机移至-148m回风石门内风机硐室。

-350m中段生产时新风经主井、副井、充填井、沿脉运输巷道、分段沿脉巷、分段联络巷进入各工作面，污风经回风天井、回风联络巷、-300m中段回风平巷、-300m中段回风天井、-300m中段回风平巷、盲回风井、-148m回风石门及回风井排出地表。

钓鱼山矿床开采时采用副井进风、充填井出风的侧翼对角抽出式通风系统。井下各中段生产时新风经副井、中段运输石门、沿脉运输巷、充填通风天井、分段沿脉巷、分段联络巷进入各工作面，污风经回风天井、回风联络巷、回风平巷、回风石门（盲回风井）及充填井排出地表。-30m回风石门内设风机硐室，配置1台K40-4-No.1轴流式风机，功率为30kW，并备有相同规格、型号的电机，且反风率达60%以上。

2.2.4.2　局扇

井下贯穿风流无法到达、通风线路难以控制或局部风阻较大地段均需采用局扇或辅扇加强通风以确保作业环境安全。

姑山铁矿露天转地下开采设计局部通风地点主要为掘进、回采及支护工作面等，选用 15 台 JK58-1No.4 型局扇，配套电机功率为 15kW/台。

2.2.5　排水系统

2.2.5.1　坑内排水

矿山开采−350m 以上采用集中排水方式，涌水通过−350m 水仓集中排出，系统主要包括排水沟、泄水井（孔）、沉淀池、集水仓、泵房及其配套设施等。副井−350m 排水泵房内共配置 6 台水泵，其中 5 台 MD500-57×7 型卧式多级离心泵，单台水泵工作流量 500m³/h，扬程 399m、功率 800kW/台、电压 6kV，正常涌水时 2 台水泵同时工作，其余留作备用和检修，排水时间为 13.55h/d；最大涌水时，4 台水泵同时工作、1 台检修，排水时间为 18.68h/d；此外，泵房内另配置 1 台 550-421/11-1000/W-S 型潜水电泵，工作流量 550m³/h，扬程 421m，功率 1000kW/台，电压 6kV。

排水管选择 3 条 D351×10 型无缝钢管，管路沿副井井筒敷设。正常涌水时，2 条排水管同时工作，1 条备用；最大涌水时，3 条排水管同时工作。

主、副井井底各安装 2 台潜水泵，将井底汇水排至−350m 中段平巷水沟后自流至水仓；水泵型号 SQ20-35，流量 20m³/h，扬程 35m，电动机功率 5.5kW；排水管选择 D76×5 无缝钢管，共 2 条，1 用 1 备。

2.2.5.2　坑内排泥

水仓旁侧均设置 2 条沉淀池，坑内涌水进入水仓前先经过泥砂沉淀，溢流水进入水仓。每个沉淀池内布置 1 台飞力泵，飞力泵流量 40m³/h，扬程 10m，功率 4.7kW。排泥硐室内布置 1 台规格为 ϕ1500mm×1500mm 搅拌槽，搅拌槽处理量 40m³/h，功率 11kW；1 台柱塞泥浆泵，泥浆泵额定排量 40m³/h，排出额定压力 4MPa，功率 75kW。

2.2.5.3　防水闸门

矿区水文地质条件复杂，为防止井下泵房、中央变电所等关键设施发生被淹事故，设计于主、副井及各中段运输石门及避灾硐室入口处构筑防水闸门。

2.3　白象山铁矿箕斗主井与罐笼副井开拓系统

白象山铁矿是姑山矿业公司新建的大型地下矿山。中国有色工程设计研究总院于 2005 年提交了《马钢集团姑山矿业有限公司白象山铁矿初步设计》并通过审查，设计矿山生产规模 200 万吨/年。为适应今后生产扩能的需要，初步设计中的生产关键工程（主要是主井提升、井下破碎、风井以及选厂的中、细碎等）

能力均留有矿山生产规模发展到250万吨/年的余地。白象山铁矿自2005年开工建设，至2013年正式投入生产，并于2016年采选系统顺利达产。

2.3.1　开拓系统

白象山开拓系统由3条竖井、1条措施平硐和1条斜坡道组成，即主井、副井、回风井、措施平硐和斜坡道。图2-6所示为白象山铁矿主、副井现场图，图2-7所示为白象山铁矿开拓系统纵投影图。

图2-6　白象山铁矿箕斗主井（后）、罐笼副井（前）

（1）主井。主井井口地面坐标（80坐标系）为 $X = 83570.500$，$Y = 03073.500$，井口标高+55m，井底标高−643m，井深698m。在−495m、−535m、−578m、−643m水平分别设回风马头门、破碎站大件道马头门、箕斗装矿硐室、粉矿回收马头门。−613m水平上方（井筒最下层梯子平台处）设安全通道口。

有轨运输水平设于−495m水平，服务−495m以上各个中段。破碎硐室设于−540m水平，设2台颚式破碎机。

（2）副井。副井井口地面坐标（80坐标系）为 $X = 83490.000$，$Y = 02990.00$，井口标高+34m，井底标高−533m，井深567m，与主井相距约110m。

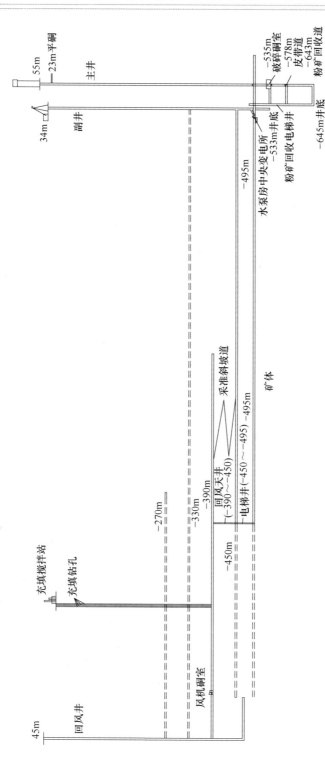

图 2-7 白象山箕斗主井、罐笼副井开拓系统纵投影图

分别在-390m、-450m 设单侧马门头，在-495m 双侧马头门，在-495m 水平上方设管子斜道。井筒内设有管缆间和梯子间，梯子间作为安全出口之一。

-495m 水平副井车场旁布置井下水泵房和中央变电所。

-470m 为首采中段，该中段为无轨运输水平，和副井联通，巷道净断面尺寸为 4.4m×3.7m，采用厚 200mm 的混凝土路面，中段内底板标高-470m 左右。

（3）措施平硐。为保证地表井塔与井下工程施工互不干扰，以缩短矿山建设期，在地表+23m 标高增设了一条长 150m 的措施平硐与主井相连。

（4）回风井。回风井井口地面坐标（80 坐标系）为 $X = 81375.010$，$Y = 03503.690$，井口标高为+39.5m，井底标高为-473m，井深 512.5m。回风井净直径为 $\phi5m$，分别在-390m、-470m 设单侧马门头。井筒内设有梯子间。

（5）斜坡道。采区各中段之间设有采准斜坡道，连接中段巷道和分段巷道，采准斜坡道坡度为 15%，净断面尺寸为 4.5m×3.5m。

主斜坡道由-330m 水平直通地表+23m，断面尺寸为 4.7m×4.1m，目前正在施工。

2.3.2　提升运输系统

2.3.2.1　主井提升

矿山设计生产规模为 200 万吨/年时，主井提升系统担负矿山 6061 吨/天的矿石提升任务和 250 吨/天的废石提升任务。提升能力考虑了今后矿山生产规模发展到 250 万吨/年的余地。

主井净直径为 $\phi5.3m$，内配 18t（12m³）双箕斗，主要提升矿石和废石。由塔式布置的 JKM-3.5×6(Ⅲ)E 多绳摩擦式提升机（配 ZKTD258/56-2240 型电机，功率 2240kW，电压 800V，转速 53r/min）提升矿石、废石，能力为 290 万吨/年，包括未来发展增加 50 万吨/年产能的提升矿石和废石能力。

矿、废石通过-470m 主运输中段运输到破碎站上方的主溜井，矿、废石经破碎后进入矿仓。在矿仓下安装 1 台振动放矿机给装矿胶带运输机喂料，由胶带运输机通过分配溜槽将矿、废石装入计重漏斗，最后装入箕斗提升至地表。振动放矿机的生产能力为 1000t/h，振动电机功率为 10kW。主井井筒配置如图 2-8 所示。

2.3.2.2　副井提升

副井担负废石、人员、部分材料和设备的提升任务。副井井筒净直径 $\phi6.5m$，内配 5180mm×3000mm 双层单罐笼，配 31343kg 平衡锤，一次可提升 150 人，采用落地式 JKMD-3.25×6(Ⅲ)E 型（功率为 800kW、型号为 ZKTD214/

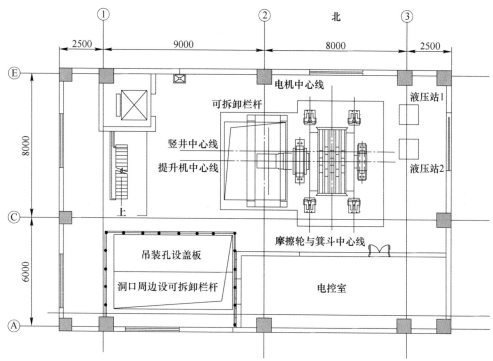

图 2-8 白象山铁矿箕斗主井配置断面

45）提升机，负责完成人员、材料、设备的提升，并作为生产期间的风、水管及电缆进出井。副井井筒配置如图 2-9 所示。

2.3.2.3 坑内运输及破碎系统

主运输中段−495m 水平为有轨运输。矿石和废石的运输，需要共 3 列由 14t 电机车双机牵引轨距 900mm、有效载重量为 17t 的 6m³ 底侧卸式矿车 11 辆组成的列车完成。运到主井旁侧的矿石溜井后在−535m 水平的井下破碎站进行破碎。−495m 中段有轨运输线路采用环形布置，破碎站装备 1 台国内制造的型号为 PXZO913 旋回式破碎机（见图 2-10），破碎后的矿石经−583m 水平的胶带运输机运到计量漏斗，装入主井的箕斗提升至地表矿仓。

2.3.3 中段设置与盘区划分

2.3.3.1 中段划分

白象山铁矿经数次优化后，最终确定−500m 为运输水平（实际标高−495m），−470m 为出矿水平，设−470m、−430m、−390m、−330m 四个中段，−270m 为回风水平，采用上行式回采顺序。

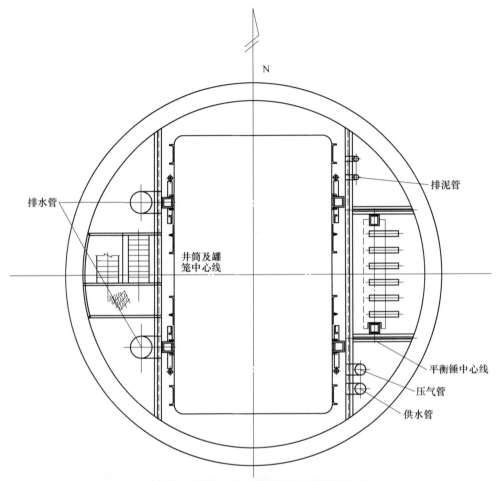

图 2-9   白象山铁矿罐笼副井配置断面

图 2-10   白象山铁矿-510m 水平破碎机

2.3.3.2 盘区划分

根据矿体形态分布及变化规律，结合-500m 运输水平及溜井分布，将矿体划分为盘区进行开采。由于各中段、各分层矿体变化较大，因此，不同中段盘区划分数量并不相同。以-462m 分层为例，矿体总计划分为 19 个盘区（见图 2-11），其中东一区 9 个盘区，西一区 4 个盘区，西二区 6 个盘区。01、02 盘区为东一区东部厚大主矿体，03~09 盘区为东一区狭长矿体，进路沿走向布置，盘区宽度 80~90m；10~13 盘区西一区缓倾斜厚矿体，进路沿走向布置，盘区宽度 80m 左右；西二区缓倾斜厚矿体以-500m 运输水平 5~10 号穿脉为界划分为 14~19 盘区，盘区宽度 100m，矿房矿柱垂直矿体走向布置，并与 F_2 断层之间保留一定的防水保安矿柱。

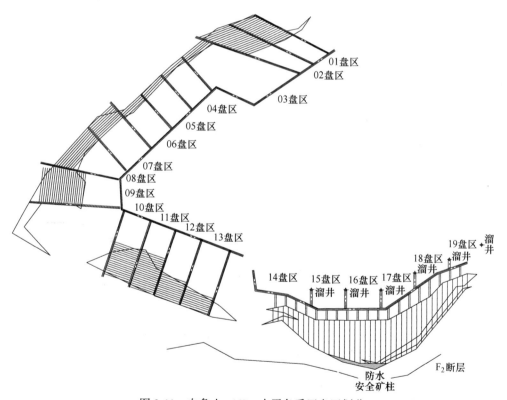

图 2-11 白象山-462m 水平各采区盘区划分

-430m 水平各采区矿体划分成盘区 20 个（见图 2-12），东一区、西一区盘区（01~13 盘区）划分进路布置与-462m 水平一致；西二区以-500m 运输水平 5~10 号穿脉为界划分成 6 个盘区（14~19 盘区），盘区宽度 100m，分段凿岩阶段出矿嗣后充填法矿房矿柱垂直走向布置；为保证该区矿体回采不导通 F_2 断层，在靠近断层部位除留设必要的防水保安矿柱外，另在保安矿柱之外沿断层走向布置一个宽度为50m的盘区（即20盘区）。

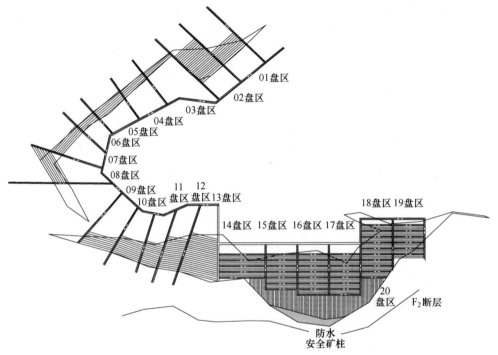

图2-12　白象山-430m水平各采区盘区划分

2.3.4　通风系统

白象山铁矿采用副井进风，回风井抽风的对角通风方式。新鲜风流是由位于矿床北端偏东的副井（净直径φ6.5m）进入-450m水平，经穿脉、天井进入采场，冲洗采场后由天井回到-390m中段回风巷道，由位于矿床南端偏东、净直径5m的出风井排出。主扇风机站设在-390m总回风道（内装两台DK-Ⅱ-8-No.26型风机）。在开采到上面中段，即-390m、-330m中段时，可将主扇风机移至-330m中段，或将污风引到-390m总回风道由主风机排出。

在贯穿风流不能到达的工作面、通风难以控制或风阻较大的地方均需采用局扇或辅扇来进行局部通风，主要有破碎硐室（-535m）、皮带道（-578m）、粉矿回收道（-643m）。在破碎硐室选用1台JK40-1No.8型（30kW）辅扇进行通风，将风流沿主井排至地表。选用JK55-2No.4.5型（10kW）局扇6台，其中4台工作，2台备用。选用JK55-2No.4型（5.8kW）局扇30台，其中24台工作，6台备用。

2.3.5 排水系统

（1）坑内主排水系统。坑内正常涌水量 16000m³/d。最大涌水量 30000m³/d、最小涌水量 9600m³/d，采矿充填溢流和生产废水共 1000m³/d。要求排水设备的能力为正常涌水时 850m³/h，最大涌水时 1550m³/h。水泵房设在 −495m 水平，副井井口标高为 +34m，需要排水高度约 529m。

选用 Dkm450-60/84×9 型水泵 5 台，水泵参数为 $Q = 450m³/h$，$H = 540m$，电机功率 1000kW，电压 10kV。正常涌水时，2 台工作，2 台备用、1 台检修，18.9h 内可以完成排水任务；最大水量时 4 台工作 17.2h 内可以完成排水任务。

排水管沿副井敷设，管路规格为 φ426mm×13mm 无缝钢管，共设 2 根。

（2）主、副井井底排水设施。主井井底标高为 −643m，在主井井底水平设粉矿回收道，在粉矿回收道内设沉淀池和井底水泵房，选用水泵 D80-30×5 型 2 台，1 用 1 备。单台水泵流量为 40m³/h，扬程为 160m，电机功率为 30kW。水泵将井底涌水及汇水沿电梯井排至主水泵房，排水管为 φ102mm×5mm。

主井井底水泵房选用 80WQA 型潜污泵 1 台，30m³/h，130kg，电机功率 5.5kW，扬程 $h = 12m$。

副井井底设 2 台 80QWN50-40-9.2 型污水潜水电泵，1 台工作，另 1 台备用。污水潜水电泵流量 $Q = 50m³/h$，扬程 $H = 40m$，电机功率 9.2kW。副井井底设水位自动控制，根据水位的变化，自动将副井井底的水排至 −495m 水平。

（3）坑内排泥。坑内排泥主要是清理水仓时处理沉积于水仓内的淤泥。排泥硐室设在 −495m 主排水泵房附近。排泥硐室内装备 2 台 2DGN-30/8 型油隔离泥浆泵，流量 30m³/h，压力 8MPa，配套电机 Y315L2-8，功率 110kW。清理水仓时，水仓中的淤泥用高压水枪稀释后，由 80WQA 型潜污泵扬入搅拌槽，搅拌均匀后送至油隔离泥浆泵吸入口，然后经敷设于副井内的排泥管直接排至地表尾矿浓密池。排泥管采用 φ102mm×10mm 的无缝钢管 2 根。

2.4 钟九铁矿箕斗主井与罐笼副井开拓系统

本着可持续发展战略思想，在马钢集团"十三五"规划方针的指导下，姑山矿业公司决定对钟九铁矿进行开发利用，并委托金建工程设计有限公司于 2018 年 7 月完成《马钢集团矿业有限公司安徽省当涂县钟九铁矿 200 万吨/年采选建设工程初步设计》，设计规模 200 万吨/年，服务年限 31 年。由于钟九铁矿尚且处于基建时期，本节仅对初步设计开拓系统展开介绍。

2.4.1 开拓系统

钟九铁矿开拓系统由 1 条主井、1 条副井、1 条回风井、2 条盲回风井和 1 条辅助斜坡道组成，如图 2-13 所示。

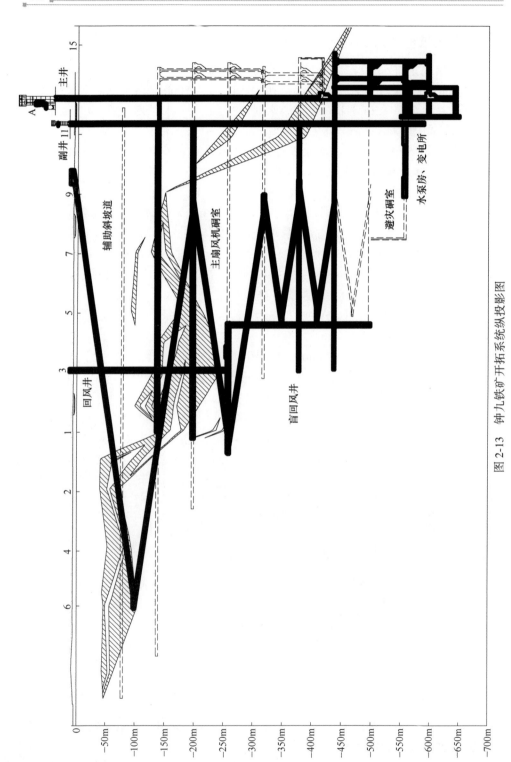

图 2-13　钟九铁矿开拓系统纵投影图

矿区最高洪水位标高龙山桥为 12.36m，主井、副井、辅助斜坡道口标高均高于最高洪水位 1m 以上，回风井地表标高 6.8m，需将井筒往上砌筑 7.2m 至+14m 标高，以满足井筒口高于最高洪水位 1m 以上的要求，确保矿区生产期间的安全。

（1）主井。主井井筒净直径 ϕ4.5m，井口标高+40m，井底标高−645m，井深 685m。主井在−300m、−600m 分别设置皮带装矿水平，在−575m 设置井下粗破碎水平，在−645m 设置粉矿回收水平。皮带道宽 3.8m，高 3.3m，粉矿回收水平巷道宽 2.7m，高 2.7m。

（2）副井。副井担负全矿人员、材料、设备等的提升和下放任务，并负责矿区的主进风任务。副井井筒净直径 ϕ7m，井口标高+15m，井底标高−590m，井深 605m，副井在−80m、−140m、−200m、−260m、−320m、−380m、−500m、−560m 水平设置单侧马头门，在−440m 水平设置双侧马头门，井筒内设梯子间，作为矿山安全出口。

（3）回风井及盲回风井。回风井井筒净直径 ϕ6m，井口标高+14m，井底标高−80m，井深 94m，在−80m 水平设置单侧马头门。

盲回风井 1 井筒净直径 ϕ6m，井口标高−80m，井底标高−260m，井深 180m，在−80m、−140m、−200m、−260m 水平设置单侧马头门。

盲回风井 2 井筒净直径 ϕ6m，井口标高−260m，井底标高−500m，井深 240m，在−260m、−320m、−380m、−440m、−500m 水平设置单侧马头门。

回风井、盲回风井 1 和盲回风井 2 井筒内均设置梯子间，作为矿山安全出口。

（4）辅助斜坡道。辅助斜坡道地表开口标高+14m，地底标高−440m，净断面（宽×高）为 4.0m×3.8m，直道段坡度 12%，弯道段为平坡。辅助斜坡道与各生产中段通过平巷联通，作为大型设备上下的通道，并负责辅助进风任务，同时为矿山安全出口。

2.4.2　提升运输系统

2.4.2.1　主井提升系统

主井井筒净直径 ϕ4.5m，采用 200mm×200mm 方钢罐道，主井配置 18m³ 底卸式箕斗，自重 32.5t，有效载重 31t，平衡锤自重 48t，采用 JKM-4×6（Ⅲ）E 塔式多绳摩擦式提升机，配套 TDBS 型交流变频同步电机（功率 2500kW，电压 3150V，转速 50r/min），主井担负全矿矿石、废石的提升任务，提升工作时间为 18h/d 时，可满足 200 万吨/年的矿石提升和 30 万吨/年的废石提升要求。

主井设置两个箕斗装载点，第一个装载点担负−260m 中段以上矿、废石的提升任务，皮带道标高为-300m；第二个装载点担负-260～-560m 中段之间矿、废石的提升任务。井下分别设置矿石仓和废石仓，矿仓底部设悬吊式振动给矿机，向胶带运输机供矿，由胶带运输机装入计量装置，而后由重量计量装置装入箕斗。皮带道标高分别为-300m 和-600m。每个皮带道设置一条阻燃型带式输送机，带宽 1200mm，驱动电机功率 30kW，皮带水平输送距离 45m。

2.4.2.2　副井提升系统

副井井筒净直径 φ7m，采用 200mm×200mm 空心方钢罐道，副井配置罐笼和平衡锤互为配重的提升系统，罐笼采用底板尺寸为长 4800mm×宽 2000mm 的双层滚轮罐耳罐笼，罐笼自重 14000kg，平衡锤自重 19000kg，最大载重量 10000kg，最大载人数 80 人。采用 JKM-3×4(Ⅰ)E 塔式多绳摩擦式提升机，交流变频电机（功率 710kW，电压 660V，转速 598r/min）。副井担负全矿人员、材料、设备等的提升和下放任务，并负责矿区的主进风任务。

2.4.2.3　坑内运输系统

有轨运输水平采用架线式电机车运输，矿石运输采用 CJY10/7G 型架线式电机车双机牵引 14 辆 YCC4(7) 型单侧曲轨侧卸式矿车组成列车组，一列车长 64.5m，一列车有效载重 99.4t，电机车将矿石列车牵引至卸载站后，通过卸载曲轨将矿石自动卸入矿石溜井。

废石运输采用 CJY10/7G 型架线式电机车单机牵引 14 辆 YCC2(7) 型单侧曲轨侧卸式矿车组成列车组，一列车长 47.25m，一列车有效载重 35.5t，电机车将废石列车牵引至卸载站后，通过卸载曲轨将废石自动卸入废石溜井。

矿石运输线路：采场溜井→沿脉运输巷→主井井底车场→矿石卸载站。

废石运输线路：采场溜井→沿脉运输巷→主井井底车场→废石卸载站。

2.4.3　中段设置

综合矿体赋存条件、矿岩稳固程度、采掘运输设备、矿床开拓系统及选用采矿方法等因素，设计阶段高度为 60m，自上而下划分-140m、-200m、-260m、-320m、-380m、-440m、-500m、-560m 共计 8 个生产中段。每个中段内设 4 个分段，分段高度为 15m。

2.4.4　通风系统

矿山采用副井主进风，辅助斜坡道辅助进风，回风井和盲回风井接力回风的对角单翼式通风方式。

井下各中段生产时新风经副井和辅助斜坡道、中段运输石门、沿脉运输巷、中段进风天井、分段沿脉巷、分段穿脉巷进入各工作面，污风经回风天井、回风联络巷、回风石门、盲回风井、回风井排出地表。

不同时期主扇风机的设置情况见表 2-1，井下贯穿风流无法到达、通风线路难以控制地段选用 12 台 JK40-1No. 7 型局扇，并配合架设风门、风窗及空气幕等措施加以改善。

表 2-1 钟九铁矿设计主扇风机设置情况

机站编号	机站位置	机站风量 /m³·s⁻¹	井巷通风阻力/Pa	风机型号	台数	备注
1	−260m 盲回风井井口	252	1954	DK62-8-No. 27	2	生产期第 1~4 年
2	−440m 溜破系统回风天井联巷	34	410	K40-6-No. 16	1	生产期第 1~4 年
3	生产中段回风石门	122	912	DK62-8-No. 26	1	生产期第 5~31 年
4	生产中段盲回风井石门	130	824	K40-6-No. 20	1	生产期第 5~31 年
5	分段回风天井联巷	60	100~384	K40-8-No. 22	2	生产期第 1~31 年

2.5 姑山铁矿挂帮矿平硐、盲斜坡道开拓系统

姑山露天坑开采结束之后，姑山矿业公司为了接续生产，自 1995 年起先后实施了露天坑挂帮矿开采一期和二期工程。一期工程西南矿体采用平硐开拓方式、浅孔留矿嗣后充填采矿法，设计规模 20 万吨/年，已于 2013 年全部结束，采空区已充填。二期工程开采于 2011 年开始动工，生产能力 50 万吨/年，目前处于正常生产状态，预计 2020 年开采结束。本节以姑山铁矿二期开采为例，介绍露天挂帮矿平硐-盲斜坡道联合开拓系统。

2.5.1 开拓运输系统

姑山铁矿露天坑二期挂帮矿开拓系统由 2 条平硐和 1 条盲斜坡道（采区斜坡道）组成，如图 2-14 所示。

2.5.1.1 平硐

（1）平硐 PD1（见图 2-15）。硐口布置在露天开采北部边帮 −130m 标高处，硐口坐标：$X = 501291.848$，$Y = 3479506.870$，净断面 12.97m²。

−130m 中段生产时，平硐 PD1 担负矿石、充填废石、材料的运输，以及人员、设备的进出任务，兼做安全出口和进风平硐。

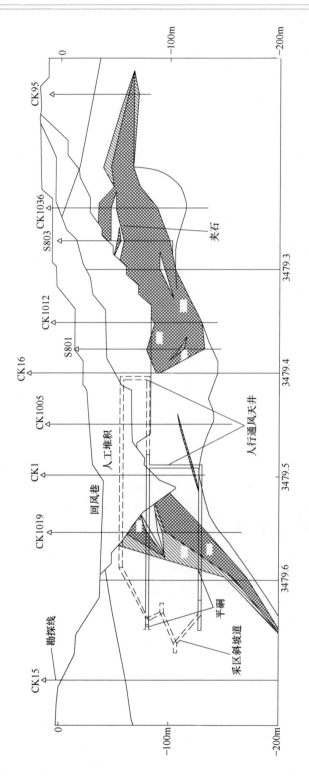

图 2-14 姑山铁矿二期挂帮矿开拓系统纵投影图

-82m 中段生产时，做安全出口和回风平硐。

（2）平硐 PD2。硐口布置在露天开采北部边帮-82m 标高处，硐口坐标：$X=501469.590$，$Y=3479603.984$，净断面 12.97m²。

-130m 中段生产时，平硐 PD2 做安全出口和回风平硐。

-82m 中段生产时，平硐 PD2 担负矿石、充填废石、材料的运输，以及人员、设备的进出任务，兼做安全出口和进风平硐。

图 2-15　姑山铁矿露天挂帮矿开拓-130m 平硐口

2.5.1.2　采区斜坡道

采区斜坡道自-130m 水平延伸至-58m 水平，与各个分段运输巷相连，净断面 12.97m²，坡度 12%，缓坡段坡度 3%。采区斜坡道布置在开采矿体北部。采区斜坡道担负设备、人员的进出，以及材料、充填废石的运输。

2.5.1.3　井下无轨运输

井下采用无轨运输系统，坑内采出的矿石由 2m³ 铲运机运至矿石溜井，在矿石溜井下部安装 DZF 振动出矿机装入 10t 运矿卡车，直接运至坑外。Ⅱ期开采配置 10t 运矿卡车 3 台，其中 2 台运矿、1 台运岩，可以满足 50 万吨/年的矿石运输要求和 10.75 万吨/年的废石运输要求。

2.5.2　通风系统

姑山铁矿二期挂帮矿开采采用端部并列式通风系统，采取集中抽出式通风方式。

-130m 中段生产时，风机站设在平硐 PD2 硐口，新鲜风流由平硐 PD1 进入，经穿脉、通风泄水井进入采场，冲洗工作面的污风经矿块另一侧的通风泄水井进入 -82m 中段穿脉，经平硐 PD2 排至地表。

-82m 中段生产时，风机站设在平硐 PD1 硐口，新鲜风流由平硐 PD2 进入，经穿脉、通风泄水井进入采场，冲洗工作面的污风经矿块另一侧的通风泄水井进入 -58m 回风巷，经人行通风天井、平硐 PD1 排至地表。

回风平巷安装一台 K40-6-No. 22 型矿用节能风机，风量 $Q = 61.3 \sim 113.4 \text{m}^3/\text{s}$，全压 $H = 372 \sim 1716$ Pa，叶片角 29°，电动机 Y355L-6 型，功率 $N = 250 \text{kW}$，转速 $n = 980 \text{r/min}$，电压 380V，机组重量 8924kg。主扇配备相同型号的备用电机。

为确保独头掘进工作面和阻力大的采矿作业面有足够的新鲜风流，选用局扇进行局部辅助通风，选用 JK58-1No. 4 型局扇 3 台、JK58-1No. 4. 5 局扇 3 台，4 台工作，2 台备用。

为抑止粉尘，采用湿式凿岩；装卸矿及其他产尘点采用喷雾洒水；巷道壁定期清洗。

2.5.3　排水系统

姑山矿露天挂帮矿开采，露天坑底低于 -82m 水平约 84m，经过露天采场的常年排水和二期挂帮矿 -130m 至 -82m 中段的多年生产，矿床水的静储量已被疏干，并形成较大的降深漏斗，涌水量主要来源于第四系和基岩裂隙含水层补给，单位时间补给量有限，-130 ~ -82m 中段总出水量约 600m³/h。

所有涌水往下自流，最后从 -130m 水平平硐排出地表，通过露天坑底泵站排出。

3 大水矿床综合防治水技术

　　矿山水害是制约我国矿产资源生产开发的主要因素之一，不仅会造成人员伤亡和财产损失，而且会产生一系列的环境污染问题。我国矿山防治水技术起源于 20 世纪 50 年代，受到当时的社会环境和条件限制，整体技术水平一直处于初期的探索阶段，虽然经过了 60 年代和 70 年代的发展，但仍难满足生产的需要。自 80 年代初开始，我国较大矿山水害事故频发，造成了严重的生命和财产损失。这使人们开始意识到，当务之急是加强矿山的防治水研究并尽快拿出行之有效的解决办法。在此背景下，我国矿山防治水研究得到空前发展，许多新技术、新方法应运而生，防治水技术水平得到显著提高，并取得了良好的社会、经济、环境效益。

　　姑山区域地表不仅存在居民生产生活区、地表水体、公路、电力设施等重要工业、农业设施，而且地表水系发育，青山河及相关支流、灌溉渠道、鱼塘等构成了复杂的地表水网络；同时，地下水体也异常丰富，属于典型"三下开采"中水体下采矿的矿山。地下开采导致上覆岩层移动破坏，沟通上部含水层、含水断层或者地表水体时，将引起矿坑瞬时大量涌水，导致淹井事故发生，同时造成地面大量塌陷，所以矿山在采矿过程中的突水灾害、排水疏干及地表设施保护等均是矿山采矿期亟待解决的防治水技术问题。实际上，白象山铁矿和姑山铁矿露天转地下工程基建期间已多次发生突水事故。

　　本书以白象山铁矿为对象，介绍了基建期主、副井防治水技术方案，研究实施了姑山区域含水矿床井下疏、堵、避一体化综合防治水技术（即通过含矿层内的采场、巷道、疏干钻孔将矿层内的弱富水区、中等富水区及部分强富水区的水进行疏排，控制疏排的水量与井下排水能力匹配；对于穿过大断层的主要巷道、采准工程及局部矿体顶板采用注浆堵水；对于含矿层内的极强富水、与大断层破碎带接近或导通的含矿层强富水区采用留设隔水矿柱），实现了矿坑不突水淹井、地表不塌陷、河流不改道，以期为区域其他矿山及国内外类似矿山的资源开发利用提供参考经验。

3.1 基建期主、副井防治水技术

　　白象山铁矿主、副井水文地质条件复杂，涌水量大：主井施工至 $-124.9\mathrm{m}$（井深 $177.9\mathrm{m}$）时，单孔（$\phi91\mathrm{mm}$）探水眼涌水量为 $99\mathrm{m}^3/\mathrm{h}$；副井在井深 $151.8\mathrm{m}$（$-117.8\mathrm{m}$ 标高）时井筒的涌水量达 $144.72\mathrm{m}^3/\mathrm{h}$。为防止主、副井掘进

过程中淹井，确保两条井筒安全掘进到位，需采用超前探水、工作面预注浆、后注浆相结合的综合防治水方案。

3.1.1 工作面超前探水

根据井筒的工程水文地质情况，结合井筒掘进工艺，本着稳妥可靠、可操作性强、工期短、经济节约的原则，采用工作面短探与长探相结合的探水方案。工作面短探快速灵活，对井筒的掘进循环影响小，但探测的深度小，需逐循环分层向下进行；工作面长（深孔）探需采用深孔钻机，占用井筒掘进的循环，速度慢、成本高，但一次探测的深度可达数十米至几百米。

3.1.1.1 工作面短探方案

如图 3-1 所示，工作面超前短探方案主要用于粉砂质泥岩及泥质粉砂岩弱含水层及闪长岩隔水层，利用伞钻打孔，成孔直径为 $\phi42mm$，探水孔深度为 6m，孔间距为 1.2m 左右，主井共布设短探孔 12 个，副井布设 15 个，探水孔起点距井筒开挖边界 200mm，落点超出井筒开挖边界 200mm 左右，钻孔的倾角为 82°。

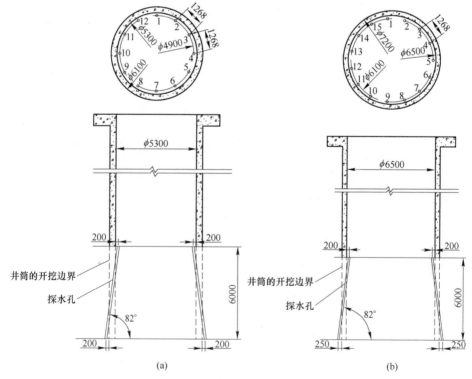

图 3-1 工作面超前短孔探水方案

（a）主井；（b）副井

当探水孔的涌水量超过 3m³/h 时，要在探孔的两侧加密探孔，如果加密的探孔探出大水，在注浆堵水后，采用潜孔钻深孔探水。

3.1.1.2　工作面长探（深孔）探水方案

工作面超前长探（深孔）探水的设计参数如下：

（1）钻孔直径。开孔直径不小于 $\phi108$mm，终孔直径不小于 $\phi91$mm。

（2）孔口管的结构、长度及埋深。采用 $\phi108$mm 无缝钢管作孔口管，管壁厚度大于 3mm，为保证孔口管的抗拔力，在管的外径上焊接螺旋状的 $\phi6$mm 钢筋，孔口管的上端焊接法兰，与高压闸板阀相接。孔口管长度不小于 4m，埋深不小于 3.5m。

（3）孔口管的固结方式。对于岩层相对稳固段，开孔后下入，采用水泥-水玻璃双液注浆固结；对于作业面破碎岩层，除采用双液注浆固结外，尚须视情况增设锚杆加固。

（4）钻孔深度。钻孔的深度为 30m，实际施工过程中可根据作业面下部含水层的位置、止浆岩帽的完整性及井筒掘进循环作适当的调整。

（5）钻孔起点、落点及倾角。为便于施工，孔口离井筒的开挖边界以 0.5m 左右为宜，为保证注浆效果，钻孔的落点要超出井筒开挖边界 0.5m。钻孔的倾角为 88°。

（6）止浆岩帽厚度。止浆岩帽的厚度不小于 6m，如岩帽破碎，在钻孔过程中要采用注浆对止浆岩帽进行加固，止浆岩帽加固可靠后方可揭露下部的含水层。

（7）探水孔的个数。探水孔的个数与浅孔探水方案相同，主井为 12 个，副井为 15 个，对于涌水量大于 10m³/h 的钻孔，要在其两侧视情况加密探水孔。

（8）深孔探水安全装置。由于主、副井地质条件复杂，单孔涌水量可能达 100m³/h 以上，最大水压力可达 6MPa，除了保证井筒 200m³/h 的排水能力外，还要在探水过程中根据钻孔设备及自身施工经验设计钻杆止退装置及孔口防喷装置。

3.1.2　工作面预注浆

3.1.2.1　注浆工程设计

A　注浆施工方案的选择

井筒工作面预注浆主要有以下三种方案：

（1）工作面一次打深孔揭穿下部含水层进行预注浆；

（2）工作面多分层打深孔揭露下部含水层，分段预注浆；

（3）利用超前探水的炮孔（小孔）短探短注。

各方案的优缺点见表 3-1。

表 3-1　主、副井工作面预注浆施工方案比较

施工方案类型	图 示	优缺点	注浆堵水效果	适用条件
方案1：工作面一次深孔注浆	井筒边界　隔水层　止水岩帽或混凝土止浆垫　含水层　注浆孔　井筒边界	优点： (1) 采用大型钻机成孔，钻孔的效率高； (2) 注浆堵水与井筒掘进工序倒换或止浆岩帽少。 缺点： (1) 大型深孔钻机下作业不灵活； (2) 分段注浆时，重复扫孔工作量大； (3) 当穿过多层含水层时，在隔水层内的无效钻孔量大	在同一个水平作业面分次分段揭露下部不同层位或标高的含水层，注浆堵水效果好，不易发生淹井事故	含水层埋藏深、含水层的层数多、含水层之间的层间距小，且层间无良好的隔水层
方案2：工作面多分层深孔注浆	止水岩帽或混凝土止浆垫　含水层　注浆形成的止浆岩帽　注浆孔	优点： (1) 钻孔设备轻便，移动方便，适合采用潜孔钻机成孔，钻进效率高； (2) 重复扫孔工作量小； (3) 无效钻孔少。 缺点： (1) 分段之间需要注浆搭接，增加了钻孔工作量； (2) 注浆堵水与井筒掘进工序倒换次数较方案1多	根据含水层的不同标高，分段进行深孔工作面预注浆，注浆堵水效果好，较方案1发生淹井可能性大，较方案3发生淹井的可能性小	含水层的层数多，含水层的厚度在30~50m左右，含水层之间的间距大

续表 3-1

施工方案类型	图　　示	优缺点	注浆堵水效果	适用条件
方案3：超前炮孔短探短注	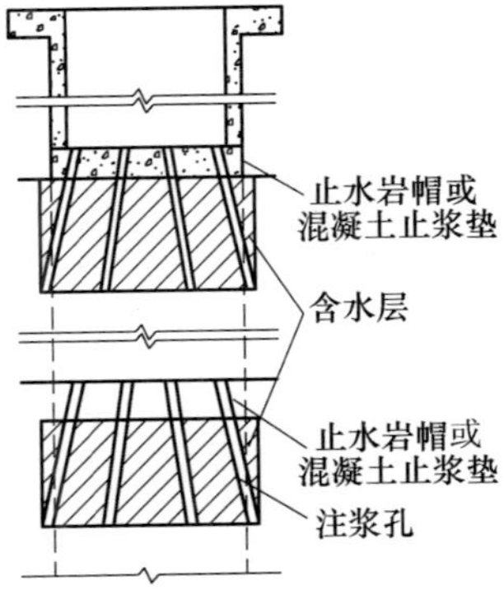	优点: (1)利用超前炮孔打孔探水注浆,不需要专用的注浆设备,操作方便灵活; (2)钻孔直径小,易于控制。涌水量小,钻孔揭露含水层时,涌水量小,易于控制; (3)钻孔过程中,不需专门的孔口管,探出水后可直接埋管注浆,因而施工工艺简单。 缺点: (1)注浆孔浅,一次注浆控制的深度小,因而注浆与井筒掘进工序倒换频繁; (2)当含水层埋设注浆管深度大、水压高时,打出含水层设注浆管的难度大	探出水后埋管注浆,在破碎岩层中注浆的密封效果不好;预留的止水岩帽较薄,探水大水后容易失控,发生淹井的风险较大	适应于弱含水层或局部的裂隙导水工作面预注浆,在高水压的强含水层中有较大的风险

止水岩帽或混凝土正浆垫
含水层

止水岩帽或混凝土正浆垫
注浆孔

　　综合考虑白象山铁矿主、副井筒工勘孔提供的工程地质和水文地质资料，井筒施工过程中的涌水情况，以及井筒的技术特征和掘进设备等因素，确定在粉砂质泥岩及泥质粉砂岩弱含水层及闪长岩隔水层中，采用方案 3——超前炮孔探水、短探短注的方案；其他情况下采用方案 2——工作面多分层深孔预注浆。

　　B　布孔与注浆段高

　　根据白象山主副井的勘察报告，含水岩层的裂隙倾角以 0°～30° 为主；由于工作面预注浆的注浆孔布置圈径比井筒的净径小，为了在井筒荒径轮廓线之外能够形成一定厚度的注浆帷幕，结合井筒工作面预注浆的钻孔设备，注浆孔采用径向斜孔。对于方案 1（超前炮孔短探短注），注浆孔的倾角为 82°，一次注浆的段高为 6m，每循环掘进 3m，留 3m 左右作为止浆岩帽；对于方案 2（工作面多分层深孔预注浆），注浆孔倾角为 88°，注浆段高为 30m 左右（注浆段高可根据钻孔设备的能力及含水层的位置作适当调整），注浆后掘进 24m，留 6m 作为止浆岩帽。

　　C　注浆参数设计

　　a　浆液扩散半径

　　浆液在注浆地层中的有效扩散半径的大小，直接关系到注浆孔孔距、孔数的确定，而浆液的扩散范围与受注地层的裂隙产状、裂隙开度、地下水的流速、注浆材料的流动性、注浆材料的凝结时间、注浆压力、注浆方式等诸多因素有关，目前尚没有可靠的公式计算其大小，实际上并不存在所谓理想的浆液扩散半径，只存在特定的地层、注浆材料及注浆参数条件下的浆液的最小扩散距离和最大扩散距离。对于相同注浆材料和注浆工艺而言，浆液扩散距离的大小不是一个数，而是一组与地层特征密切相关的值。该工程其值的大小应根据注浆试验和矿山类比法来确定，浆液扩散半径 $R = 2 \sim 6m$。

　　b　注浆孔的间距、数量及布置

　　综合考虑白象山铁矿浆液有效扩散半径、堵水帷幕的厚度、受注岩层岩裂隙的发育程度及连通性情况，确定主井注浆孔孔数为 12 个，副井为 15 个，孔间距为约 1.26m，沿井筒周边均匀布设。

　　c　注浆压力

　　注浆压力是浆液扩散的动力，是判别浆液在岩石裂隙中充填扩散挤密过程是否正常的主要依据。注浆压力随着注浆孔周围浆液的扩散、沉析、充填压裂等情况的变化而随时变化，一般分为三个力阶段：初期压力、过程压力和终值压力。

　　(1) 注浆初期压力 $p_初$。注浆初期，浆液浓度相对较稀，过水的岩层裂隙处于开放状态，因而对浆体的阻力小，浆液扩散相对远，所以初期的注浆压力不宜过大，通常不超过注浆段静水压力的 1 倍，本工程取 $p_初 = 1.5H$（H 为注浆段的静水压头）。

（2）过程压力。过程压力出现在注浆过程的中期，这个时期压力的作用是使浆液在岩层裂隙中逐层的充填、扩散，浆液浓度加大，黏度提高，注浆层过水断面减小，随之压力不断升高，因而过程压力不是一个定值，而是随时间在初期注浆压力到注浆终压之间的一变值。

（3）注浆终压。注浆终压出现在注浆末期，是注浆的结束压力，注浆终压根据经验公式计算：

$$p = (2 \sim 2.5) \frac{H\gamma}{100}$$

式中　p——注浆终压，MPa；

　　　H——受注点到静水位的高度，m；

　　　γ——水的密度，t/m³。

d　注浆分段高度

在一个注浆段高内，岩层裂隙发育不均，因此每个注浆孔无论是垂向上还是平面上，其可注性和吸浆量变化很大，为此，必须对每一个注浆孔根据岩石裂隙发育程度、孔壁的稳定性和注浆孔的出水情况等，适当划分为若干个注浆分段，进行分次打钻和分次注浆。当采用工作面超前炮孔短探短注时，注浆段高为 3m（注浆孔深为 6m，其中 3m 为止浆岩帽）；当采用多分层深孔工作面预注浆方案时，注浆分段高度为 5~10m，但当钻孔揭露的水量大于 20m³/h 时，即停钻注浆，此时不受注浆分段高度的控制。

e　注浆施工顺序

采用自上而下的分段下行式注浆方式，注浆孔分三序进行，主井：第一序孔 4 个、第二序孔 4 个、第三序孔 4 个；副井：第一序孔 5 个、第二序孔 5 个、第三序孔 5 个。

f　止浆岩帽或混凝土止浆垫

工作面预注浆时，为保证浆液在压力下沿裂隙有效扩散，并防止从工作面跑浆，该工程优先采用工作面预留止浆岩帽的方法，但当工作面岩层破碎且出现涌水时采用混凝土止浆垫。

（1）止浆岩帽。在预留止浆岩帽时，要准确掌握不透水岩层的埋藏深度、层厚及地质构造情况；井筒掘进到预定深度时停止掘进，对预留岩帽进行钻孔和耐压试验；用清水进行试压，如注水达到设计终压而岩帽无跑水现象，则证明止浆岩帽的质量合格；如遇少量跑水时，可以进行注浆加固。在利用止浆带（已注浆的岩层）充当止浆岩帽时，也必须进行耐压试验；止浆岩帽的厚度根据下式进行计算：

$$B = \frac{pD}{4[\tau]}$$

式中 B——止浆岩帽的厚度，m；

　　　　p——注浆终压，MPa；

　　[τ]——岩帽段岩层的抗剪强度，MPa。

经计算，井筒在井深 300m 以上，止浆岩帽的厚度为 4m；井深 300m 以下，岩帽厚度为 6m。

（2）混凝土止浆垫。当工作面岩石较破碎、裂隙发育、有涌水，不具备预留止浆岩帽条件时，则需砌筑人工止浆垫以代替止浆岩帽（见图 3-2）。止浆垫应采用强度高、封水止浆效果好并便于快速施工的材料，混凝土的标号不小于C250。砌筑止浆垫需铺设碎石滤水层，以便在维持排水条件下，保证止浆垫的施工质量。

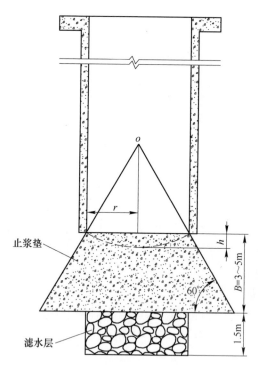

图 3-2　混凝土止浆垫结构示意图

止浆垫的厚度按下式计算：

$$B = \frac{pr}{[\sigma]} + 0.3r$$

式中 B——止浆垫的厚度，m；

　　　　p——注浆终压，MPa；

　　[σ]——混凝土 7 天允许抗压强度，MPa；

r——井筒净半径，m。

经计算，井筒在井深 300m 以上，止浆垫厚度取 3m；井深 300m 以上取 5m。

止浆垫的楔入角 α 按下式进行计算：

$$\alpha = 90° - \arcsin\frac{2hr}{r^2 + h^2}$$

式中　h——球面矢高，m。

经计算，止浆垫的楔入角 α 取 60°。

滤水层的厚度按下式进行计算：

$$M = \frac{Qt}{3.14\beta r^2} + 0.25$$

式中　M——滤水层的厚度，m；

　　　Q——井筒的涌水量，m^3/h；

　　　β——滤水层的孔隙率，%。

经计算，滤水层的厚度为 1.3~2.2m，取 1.5m。

止浆垫与井壁砌筑在一起，靠井壁支撑，用下式对井壁的强度进行验算。

$$[\sigma'] = \frac{p_0\left[(D + 2E)^2 + 4h^2\right]}{4(D + E)} \leq [\sigma]$$

式中　$[\sigma']$——井壁材料的实际压应力，MPa；

　　　D——井筒的净直径，m；

　　　E——井壁设计厚度，m；

　　　p_0——注浆终压（采用滤水层或加固段注浆时，用滤水层注浆的压力），MPa；

　　　h——球面的矢高，m。

经验算，井壁强度能够满足要求。

g　单孔注浆量及注浆段内井筒总注入量的估算

单孔注入量按下式估算：

$$q = \lambda\frac{\pi R^2 h\eta\beta}{m}$$

式中　q——单孔注浆量，m^3；

　　　λ——浆液损失系数，取 1.3~1.5；

　　　R——浆液扩散半径，取 2~6m；

　　　h——注浆段高度，m；

　　　η——岩层的裂隙率（孔隙率），%；

　　　β——浆液在裂隙内的充填系数，取 0.85；

　　　m——浆液的结石率，取 0.85~0.9。

注浆段内井筒的总注浆量按下式估算：

$$Q = Nq$$

式中　　N——注浆孔的数量，个。

以裂隙率3%、注浆段高为30m的主井为例，单孔注入量在58.7m³左右，井筒总注入量为705m³。

3.1.2.2　注浆孔施工

A　注浆孔的技术要求

（1）注浆孔直径。采用多分层深孔工作面预注浆时，开孔直径不小于ϕ108mm，终孔直径不小于ϕ91mm；采用超前炮孔短探短注方案时，钻孔直径为ϕ42mm。

（2）注浆孔的孔位偏差：不大于20cm。

（3）注浆孔的偏斜率：小1%。

（4）注浆孔的冲洗液：以清水为主，但遇到破碎、易塌孔的特殊地段可采用稀泥浆护壁。

（5）孔底的沉渣厚度：不超过1m。

（6）孔口管的下入深度：不小于3.5m，并采用水泥-水玻璃双液浆注浆固结。

B　钻孔设备选型

工作面预注浆宜采用效率高、体积小的轻便钻机。钻机的选型通常是根据含水层厚度、注浆方式、注浆段高来确定。根据白象山铁矿主副井工程水文地质资料和井筒施工单位（江西矿山隧道建设公司）的设备装备，超前炮孔短探短注采用伞钻；多分层深孔工作面预注浆采用潜孔钻机。

C　注浆孔的防斜与纠偏

由于岩层倾角、软硬层变化和操作技术等原因，注浆孔的钻进往往会发生偏斜。因此，注浆孔钻进应注意采取防斜措施，当发现偏斜较大或偏斜方位不符合要求时，应停止钻进，进行纠偏。

注浆孔的防斜技术措施：

（1）钻机平台搭设牢靠，力求钻机工作时保持平稳。

（2）钻机就位后，应垫稳及调整好钻机，使提引器中心、钻具中心、钻孔中心三者保持在一条直线上。

（3）随时校对立轴垂直度，加长粗径钻具，禁止使用弯曲钻杆和弯曲的粗径钻具。

（4）除开孔外，不得使用短小钻具，岩芯管的长度应保持在3.5m以上，并在钻进时合理使用钻进参数。

注浆孔的纠偏技术措施：采用直孔段设置止浆塞，注浆封堵斜孔段，待注浆材料凝固后（一般为 48h）采用轻压慢转，待新孔段的偏斜和方位均符合要求后再恢复正常钻进。

3.1.2.3 注浆工艺

（1）注浆材料。注浆材料的选取应大体上遵循以下几个原则：

1）浆液的流动性好、黏度低，能进入细小的过水裂隙。

2）浆液的凝结时间可以在几秒到几个小时范围内任意调节，并能准确控制。

3）浆液的稳定性好，在常温常压下长期存放不改变性质。

4）浆液无毒无嗅，对环境不污染，对人体无害。

5）浆液对注浆设备、管路、混凝土结构物、橡胶制品等无腐蚀性，易于清洗。

6）浆液固化时收缩性小，固化后与岩石有一定的黏结强度。

7）浆液结石体有一定的抗压、抗剪强度，抗渗性能好，抗冲刷性能好。

8）材料来源广，价格便宜；浆液配制方便，容易操作；抗老化性好，能长期抵抗酸、碱、盐的腐蚀。

白象山铁矿主、副井主要为岩层破碎带裂隙导水，采用水泥单液浆和水泥-水玻璃双液浆相结合，可以满足该工程的堵水要求。

水泥采用普硅 P. O. 32. 5 水泥；水玻璃浓度 40～42°Bé，水玻璃的模数不小于 3. 0。

（2）注浆施工工艺流程如图 3-3 所示。

（3）压水试验。压水试验的目的是为了了解受注岩层的单位吸水率和可注性，确定浆液的类型和初始浓度；同时，冲洗岩层裂隙面中的充填物和泥浆，提高浆液与岩层裂隙的黏结强度及注浆后的抗渗性能。

1）压水试验压力：比注浆终压大 0.5MPa；

2）压水试验的时间：10～20min；

3）压水试验的设备：注浆泵；

4）单位钻孔的吸水量 $q(L/(min \cdot m))$：根据下式计算，

$$q = \frac{Q}{H}$$

式中 Q——压水试验时最大压力的流量，L/min；

         H——受注段的高度，m。

（4）浆液初始浓度的确定及浆液变换。根据钻孔吸水量确定浆液起始浓度，注浆过程中先稀后浓逐级调节。如表 3-2 所示，一次单液注浆量大于 $15m^3$ 时采用单液间歇注浆或双液注浆，间歇时间为 20min 到 1h。

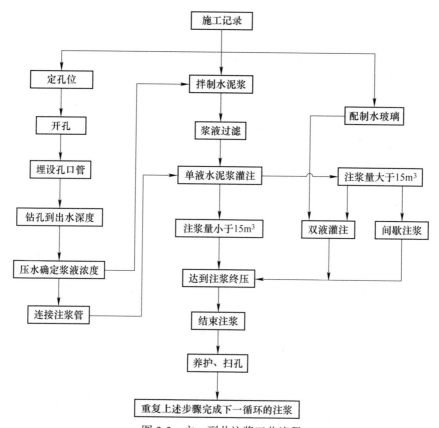

图 3-3　主、副井注浆工艺流程

表 3-2　浆液初始浓度的确定及浆液变换

单位钻孔吸水量/L·(min·m)⁻¹	浆液的起始浓度		浆液浓度的使用原则	单、双液浆的使用界限
	水泥单液浆	水泥-水玻璃浆		
1.5	4:1	体积比 (1:1)~ (0.3:1)	（1）使用双液注浆时，水泥浆的浓度为 (1.25:1)~ (0.8:1)。 （2）水泥浆浓度，先稀后浓。 （3）注浆过程中，压力不升，进浆量不减，应逐级加大浆液的浓度；反之，应逐级降低浆液的浓度。 （4）每更换一次浆液浓度，注浆持续时间为约 20min	（1）单位钻孔吸水量小于 7 时，采用单液浆；反之采用双液浆。 （2）当单孔的单液浆注入量大于 15m³ 时，可采用双液浆
3.0	2:1			
5.0	1.5:1			
7.0	1.25:1			
8.0				
9.0	1:1			
11.0	0.8:1			
13.0				
>15.0	0.6:1			

（5）养护、扫孔与复注时间的确定。一个注浆段注浆后，为了复注或下行继续钻进，钻具首先要穿过已注段（俗称扫孔）。当养护时间过长、扫孔速度慢时，可能出现孔斜；反之，时间过短会影响注浆质量。另外，每一个注浆段往往不可能一次就完成注浆工作，最少复注一次，多则几次。为达到注浆堵水的目的，根据不同的注浆材料，对养护、扫孔与复注时间的规定如下：

1）当采用高压浓浆灌注结束注浆时，注浆结束 6h 后开始扫孔。

2）当低压稀浆结束注浆时，注浆结束后 12h 开始扫孔。

3）当采用水泥-水玻璃双液注浆结束注浆时，注浆结束后 2h 可开始扫孔。

（6）注浆过程中异常情况的处理。

1）注浆中断。在注浆过程中，由于机械设备、输浆管道破裂、仪表失真等原因，迫使注浆中断，应及时采取措施，恢复注浆；若中断时间较长，对中断的孔段扫孔并进行复注弥补。

2）串浆。当发现串浆，应立即采取措施，将串浆孔用止浆塞封闭；待注浆孔灌浆结束后，对串浆孔进行扫孔、冲洗，而后继续钻进或进行灌浆。

3）冒浆。当发现冒浆，应立即降低注浆压力，采用小流量灌注；同时，加浓浆液浓度，添加水玻璃，加快浆液凝结。如果用上述措施效果仍不显著，继续冒浆，则要间歇注浆，待凝 5~8h 后，扫孔对该段进行重注浆。

4）大量吃浆段注浆。遇裂隙发育地段，发生大量吃浆时采取的主要措施有压缩注浆段段长、降低注浆压力、孔口自流注浆、投放粗骨料、限制进浆量、间歇注浆、水玻璃双液浆等措施。

（7）注浆结束标准。注浆过程正常进行的前提下，可依据以下两点结束注浆：

1）注浆压力均匀持续上升达到设计终压，同时钻孔吸浆量：单液小于 30L/min 时、双液小于 80L/min，稳压 20~30min，即可结束本次注浆。

2）在大裂隙岩层中注浆，经过浆液浓度的变换、双液浆的注入，注浆量达到设计要求，注浆仍达不到终压，暂时停注，养护 24h 后复注，直到符合上述标准。

图 3-4 所示为工人在进行工作面注浆现场作业。

3.1.2.4 注浆效果的检查

注浆是隐蔽性的工程，为保证注浆质量和堵水效果，应从开始施工直至注浆结束，对全过程的每个环节都注意质量的检查和鉴定。

（1）数据分析。通过对各序孔先后揭露的钻孔涌水量大小，注浆量、浆液浓度、注浆压力的变化，可以初步检查注浆效果。通常情况，一序孔、二序孔、三序孔揭露的涌水量、注浆量均呈递减的态势。

图 3-4　工作面注浆现场作业

（2）施工检查孔。后序孔可对前期孔作注浆检查，同时设计专门的检查孔，根据井筒断面大小不同，主井设置 3 个检查孔，副井设置 4 个检查孔，检查孔的位置根据注浆钻孔揭露的涌水情况，确定存在隐患的地方，检查孔的深度，不小于注浆孔的深度，该工程确定为 30m 左右。该工程深孔注浆钻孔采用潜孔钻，因而检查孔不取芯。

（3）注（压）水试验。注浆前进行压水试验（或注水试验），以检验各地层的渗透性强弱；注浆后应通过注浆孔或检查孔的注（压）水试验的渗透系数或透水率 q（单位吸水率）来判断注浆的质量。

3.1.3　井后注浆

由于白象山铁矿主、副井井筒工程水文地质条件复杂，在采用工作面超前探水和预注浆处理后，仍有可能在掘进过程中出现残余水量，甚至个别点发生大的涌水，因而，需采用后注浆法进行堵水。

A　井筒作业面集中大的涌水点堵水方案

如图 3-5 所示：

（1）先清理出水点附近 1m 范围内的浮碴、松碴，露出完整的基岩面。

（2）对准集中涌水点，直接用带高压闸板阀的无缝钢管引水，钢管的直径要与出水点的水量相匹配，引水管的长度以 1.5~2m 为宜。

（3）在清理干净的基岩面上，用风钻施工约 4 根长 2m 左右、直径 $\phi26mm$ 的锚杆，并用电焊机将锚杆与引水管焊接牢靠。

（4）用 $\phi16mm$ 螺纹钢编织 @200×200 的钢筋网片，网片规格为约 1m×1m，铺设于出水点的上方 0.5m，并与锚杆焊牢。

（5）在引水管的周围浇注厚度约 1m 厚的 C25 混凝土局部止浆垫。

（6）局部止浆垫养护 3 天后，在出水点 1m 范围以外，用风钻对准出水点的深部导水裂隙打斜孔导水。

（7）在斜孔中打入带马牙扣的注浆管，接管注浆，注浆材料采用水泥-水玻璃双液浆，水泥采用 P.O.32.5 普硅水泥，水灰比为 1∶1，水玻璃浓度为 42～45°Bé，模数不小于 3.0；水泥浆与水玻璃的体积比为（1∶1）～（1∶0.3）。

（8）观察引水管及局部止浆垫周围的返浆情况，当引水管返浆量接近注入量时，逐渐关闭引水管的高压闸板阀。

（9）当注浆管及止浆垫周围都不出现跑浆时，换用单液水泥浆灌注，单液水泥浆的水灰比仍为 1∶1。

（10）注浆终压为受注点静水压值的 2 倍，注浆到设计终压后，进浆量小于 30L/min，稳定 20min，结束注浆；并在附近打检查孔检查注浆效果，只有在确认井筒周边的裂隙可靠封堵后，才能恢复下掘。

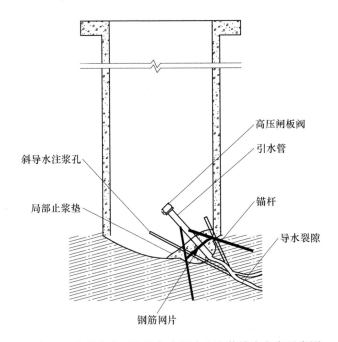

图 3-5 井筒作业面大的集中涌水点注浆堵水方案示意图

B 井壁大面积渗水的后注浆堵水方案

如图 3-6 所示，采用适当布孔、多孔导水、追踪水源的注浆方式。

（1）根据工作面出水点的情况，确定主要渗水区。

（2）在主要渗水区的上端和下端各设置一排隔离注浆孔，以防渗水区在注浆过程中沿井壁向上或向下窜通。隔离注浆孔的孔间距为 1.5m，孔深为约 2m，

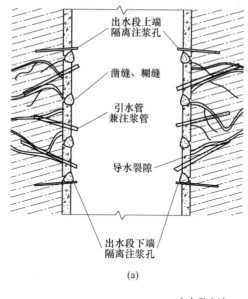

(a)

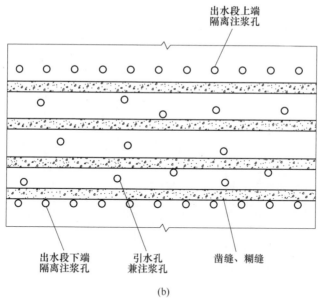

(b)

图 3-6　井壁大面积渗水后注浆方案示意图

（a）立面图；（b）展开图

沿井壁均匀布置。

（3）先对隔离注浆孔进行注浆，根据注浆过程中的跑浆情况，采用单液水泥浆和水泥-水玻璃双液浆相结合，浆液的配比同工作面集中点大出水的注浆堵水，注浆压应比静水压大 0.5MPa。

（4）根据作业面的渗水情况，对准大的出水点，用风钻打泄水孔，让大部分渗水从泄水孔流出，泄水孔深为 1~3m。

（5）沿井壁出水缝（通常为井壁的接荐处）或出水裂隙用凿子凿 V 形槽，对流水处首先塞置棉线，打入木楔。然后，用（1∶1）~（1∶0.5）的水泥-水玻璃胶泥封堵；胶泥一般采用模数为 2.4~2.8 的 51°Bé 水玻璃及 P. O. 32.5~42.5 新鲜的硅酸盐水泥，调制均匀呈胶泥状，黏结力大，硬化时间 5~9min，为注浆施工创造良好封闭条件。

（6）自上而下分层对泄水孔埋管注浆，注浆材料和注浆压力同隔离注浆孔。

3.2 复杂含水矿床控制疏干技术

根据矿坑涌水量预测，采用传统大疏干时，白象山矿坑水位降至 -390m 标高时矿坑涌水量将达到 65083m³/d，而井下排水系统的综合最大排水能力为 52800m³/d（2200m³/h），排水能力不足，将严重威胁矿山的安全生产，必须在前期开拓和采准时控制疏干水量，减少井下的总涌水量，使井下总矿坑涌水量控制在排水系统安全排放的范围内。

3.2.1 控制疏干技术原理

传统的矿床疏干方法是将疏干工程布设在强含水层或导水通道中，以在尽可能短的时间将矿区的地下水位降到开采标高或开采标高以下。控制疏干新技术的实质是利用局部帷幕注浆堵水和隔离矿柱（岩体），不直接疏排强含水层和大导水通道中地下水，而是在弱（中等）富水性的岩层或矿体中，设置疏干巷道或放水钻孔，使矿区地下水位缓慢下降，以可控的疏干排水量防止井下大流量疏干引发地下水快速下降，从而避免造成地表第四系土层因快速失水出现不均匀沉降及河床变形开裂，并以尽可能小的疏排水量保障采矿作业的安全。

白象山铁矿黄马青组杂色粉细砂岩强含水层位于矿体上部，矿山目前主采中段 -470m、-430m、-390m，距离下"天窗"垂向上相距有约 200m，含矿层的直接顶板普遍存在黄马青组角岩化砂页岩，且矿体本身具有一定隔水性，只要不人为设置强含水层疏干通道，强含水层内的水就不会直接对矿坑充水。与采矿相关断层破碎带虽然对矿山突水造成威胁，但其规模产状、准确位置、富水性等参数均已通过物探和钻探手段查清，且矿体龟壳状缓倾斜赋存形态，使得矿体与断层破碎带接触的部位所占的比例不大，因此，对于大断层破碎带附近矿体开采，采用局部帷幕注浆或留设隔离矿（岩）柱防止断层突水成为可能。如图 3-7 所示，疏干巷道利用采准巷道、疏干钻孔（随采准巷道的推进分

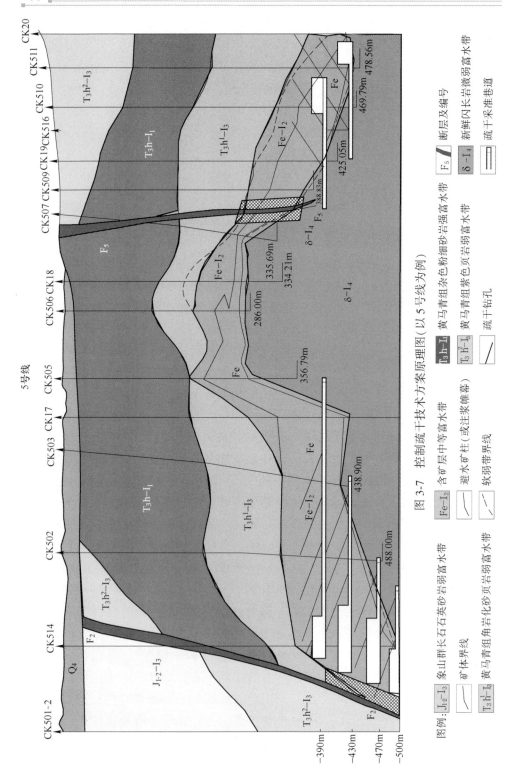

图 3-7 控制疏干技术方案原理图（以 5 号线为例）

图例：$J_{1-2}-I_3$ 象山群长石石英砂岩弱富水带 $\boxed{T_3h^2-I_3}$ 黄马青组杂色粉细砂岩强富水带 $\boxed{F_5}$ 断层及编号

$\boxed{T_3h-I_1}$ 含矿层中等富水带 $\boxed{T_3h^1-I_3}$ 黄马青组紫色页岩弱富水带 $\boxed{\delta-I_4}$ 新鲜闪长岩岩微弱富水带

$\boxed{Fe-I_2}$ 避水矿柱（或注浆帷幕） $\boxed{T_3h-I_3}$ 黄马青组角岩化砂页岩弱富水带 疏干采准巷道

矿体界线 软弱带界线 疏干钻孔

期布设），主要疏干含矿层（中等富水）中的裂隙水，上部黄马青组杂色粉细砂岩强含水层中的水通过角岩化砂页岩弱含水层及含矿层以越流的形式渗透补给，边开采边疏干，使地下水位在可控条件下缓慢下降。

根据 3.5.2 节分析结果，第四系潜水含水层地下水下降的速度控制在 2cm/d 以内时，地下水下降不会引发地表和河床不均匀沉降。第四系含水层由于存在下部亚黏土夹碎石微弱含水层，仅越流补给基岩承压含水层，在矿坑疏排水过程中会因不同步下降而出现水位脱节，表现出两层水的现象，但其水位下降速度可与基岩含水层的疏排水强度成正比。通过地下水动力学计算，基岩含水层的疏排水强度控制在 43200m³/d 时，第四系含水层地下水水位下降速度可控制在 2cm/d 以内。白象山铁矿开采初期地下水头压力高、静储量大，为控制矿山开采前期疏干水量，利用矿区平面富水性不均及矿区地下水边界条件的特征，设计了先北后南、先东后西的开采顺序，使矿坑的正常疏排水强度控制在昼夜涌水量 43200m³ 以内，同时在大断层破碎带附近采用留设防水矿柱或局部帷幕注浆（主要针对开拓巷道穿过大断层的情况），防止直接揭露大断层引发井下突水并引发地面产生不均沉降。

3.2.2 控制疏干强度和降深相关性分析计算

矿区第四潜水系含水层、亚黏土夹碎石微弱含水层和基岩承压水含水层构成了一个越流系统。在矿山疏排基岩承压含水层时，第四系潜水含水层将通过亚黏土夹碎石微弱含水层越流补给基岩承压水含水层，在第四系潜水含水层中形成一个降落漏斗，在漏斗中心区域地下水垂向越流补给下部基岩承压含水层，漏斗边界区域地下水水平侧向补给漏斗区域，阻止漏斗区域水位下降，其余部位地下水垂向越流补给与水平侧向补给兼而有之。随着基岩承压含水层疏排水强度增加，基岩地下水位逐步下降，当基岩承压含水层水位不低于第四系含水层底板时，第四系漏斗区域的地下水垂向越流补给量增加，第四系潜水含水层水位降幅增加；当基岩承压含水层漏斗中心区域地下水位逐步降低至第四系含水层底板以下时，第四系潜水含水层漏斗中心区域的越流量将增至最大，此时随着基岩承压含水层水位的进一步下降，第四系潜水含水层达到最大越流补给量的范围进一步扩大，原有的越流系统平衡打破，漏斗区域水平补给量的减小引起第四系地下水水位下降，漏斗外扩。

综上所述，基岩承压含水层疏排水强度的增加将引发第四系潜水含水层水位的下降，根据 3.5.2 节分析计算，当第四系含水层水位下降速度达到 2cm/d 以上时，地表将会出现沉降，故基岩承压含水层的疏排强度必须控制在某一范围内，使第四系含水层地下水下降速度小于 2cm/d。

3.2.2.1　越流补给时基岩疏排水强度与降深随时间的相关性分析

Hantush 和 Jacob 对越流系统中含水层的井流问题进行了详细研究，建立了有越流补给的承压水完整井公式（式（3-1）），并成为越流系统研究的基础公式，故采用越流补给的承压完整井公式，分析存在越流补给时含水层的不同疏排水强度下基岩含水层水位降深与时间的关系：

$$S = \frac{Q}{4\pi T}W\left(\mu, \frac{r}{B}\right) \tag{3-1}$$

其中：

$$W\left(\mu, \frac{r}{B}\right) = \int_u^\infty \frac{1}{y}e^{-y-\frac{r^2}{4yB^2}}dy \tag{3-2}$$

$$\mu = \frac{r^2\mu^*}{4Tt} \tag{3-3}$$

式中　　S——水位降深，m；

　　　　Q——疏排水强度，m³/d；

　　　　t——疏排水时间，d；

　　　　B——越流补给因素；

　　　　μ^*——给水度，参考《水文地质手册》选取给水度 $\mu^* = 0.04$；

$W\left(\mu, \frac{r}{B}\right)$——越流系统的井函数，通过查表求得；

　　　　T——导水系数，m³/d。

（1）黄马青组紫红色页岩弱富水带 T_3h^2-I_3：平均导水系数 $T = 17.5m^2/d$；（2）黄马青组杂色粉细砂岩强富水带 T_33-I_1：平均导水系数 $T = 179.9m^2/d$；（3）黄马青组角岩化砂页岩弱富水带 T_3h^1-I_3：平均导水系数 $T = 3.3m^2/d$；（4）含矿层中等富水带 Fe-I_2：平均导水系数 $T = 30.7m^2/d$；基岩含水层平均导水系数 $T = 58m^2/d$。

疏排水强度分别选取 5m³/min（7200m³/d）、10m³/min（14400m³/d）、25m³/min（36000m³/d）、30m³/min（43200m³/d）、40m³/min（57600m³/d）和 50m³/min（72000m³/d），通过越流补给承压水完整井公式（式（3-1）），可以获得越流补给时，上述疏排水强度下的矿区水位降深-时间的关系曲线图（见图 3-8），从而可以直观查看越流补给时上述疏排水强度下矿区年水位降深值。

3.2.2.2　无越流补给时基岩疏排水强度与降深随时间的相关性分析

白象山铁矿基岩各含水层地下水水力联系紧密，且具有统一的地下水流场，

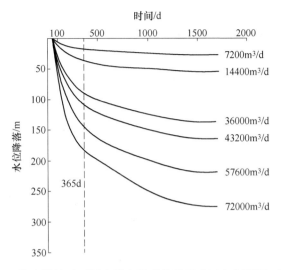

图 3-8 越流补给时不同疏排水强度条件下矿区水位降深-时间图

为同一含水层。无越流补给条件下的含水层试验分析主要采用泰斯（Theis）非稳定流分析法（式（3-4）），分析无越流补给时，含水层在不同疏排水强度下基岩含水层水位降深与时间关系：

$$S = \frac{Q}{4\pi T} W(\mu) \tag{3-4}$$

其中：

$$W(\mu) = \int_{\mu}^{\infty} \frac{e^{-y}}{y} dy \tag{3-5}$$

$$\mu = \frac{r^2 \mu^*}{4Tt} \tag{3-6}$$

从式（3-6）可以看出，随疏排水时间 t 的增加 μ 减小，而白象山铁矿属于长期疏排，μ 小于 0.01，当 $\mu \leqslant 0.01$ 时式（3-4）可以简化为式（3-7），其相对误差不超过 0.25%，可满足工程要求，故采用式（3-4）进行计算。

$$S = \frac{Q}{4\pi T} \ln \frac{2.25Tt}{\mu r^2} \tag{3-7}$$

式中 μ——给水度，基岩平均给水度 $\mu = 0.005$；其他参数同式（3-1）。

疏排水强度分别选取 5m³/min（7200m³/d）、10m³/min（14400m³/d）、25m³/d（36000m³/d）、30m³/min（43200m³/d）、40m³/min（57600m³/d）和 50m³/min（72000m³/d），通过非稳定流公式（式（3-7）），可以获得无越流补给时，上述疏排水强度下的矿区水位降深-时间的关系曲线图（见图 3-9），从而可以直观查看无越流补给时上述疏排水强度下矿区年水位降深值。

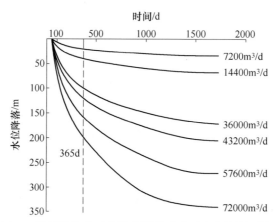

图 3-9   无越流补给时疏排水强度时矿区水位降深-时间图

3.2.2.3   越流补给时疏排水强度与第四系含水层水位年降深关系分析

通过越流补给和无越流补给时，$5m^3/min$（$7200m^3/d$）、$10m^3/min$（$14400m^3/d$）、$25m^3/min$（$36000m^3/d$）、$30m^3/min$（$43200m^3/d$）、$40m^3/min$（$57600m^3/d$）和 $50m^3/min$（$72000m^3/d$）这 5 种疏排水强度条件下的基岩含水层年降深计算与比较，可以获取上述疏排水强度下相对应的越流补给导致的基岩含水层水位上升量。根据地下水动力学，相同疏排水强度下的承压含水层水位降深可以利用式（3-8）修正得到潜水含水层水位，其精度基本满足工程要求。即可以通过式（3-8），将越流补给导致的基岩含水层水位上升量修正，而获得疏排水引起的第四系含水层水位下降量。

$$S' = S - \frac{S^2}{2H_0} \tag{3-8}$$

式中 S'——修正降深，m；

S——实际观测降深，m；

H_0——潜水流初始厚度，m。

通过式（3-8）将越流补给引发的基岩含水层上升量修正至上述疏排水强度影响下的第四系含水层年水位降深，如图 3-10 所示。

矿区的多年平均降雨量为 1100mm，降雨入渗系数为 0.3，折算为矿区年平均地下水补给量为 0.33m/a。根据 3.5.2 节疏排水引发的地面塌陷、沉降分析和防治计算，防止地表及河床不均匀沉降所允许的第四系地下水水位年最大降深为 7.3m/a（2cm/d），考虑降雨入渗补给，则允许的第四系地下水水位年最大降深为 7.66m/a。与第四系地下水年水位降深 7.66m/a 相对应的疏排水强度为 $30m^3/min$，即防止地表及河床不均匀沉降所允许最大疏排水强度为 $30m^3/min$（$43200m^3/d$）。

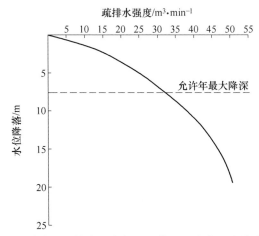

图 3-10　越流补给时疏排水强度与矿区第四系含水层水位降深关系图

3.2.3　控制疏干技术现场实施

3.2.3.1　控制疏干需解决的问题

在控制疏干防治水新技术应用之前，首先实施了 90 天的控制疏干试验计划，旨在解决以下三方面问题：

（1）局部帷幕注浆堵水、隔离矿柱（岩体）与局部疏干的控制疏干防治水新技术能否有效减小采场疏干水量，保障采掘生产过程中不发生突水事故。

（2）矿区地下水三维模型优化模拟的控制疏排水方案是否可行，将矿坑总的疏排水强度控制在 41948m³/d 以内，按照疏排水方案 90 天的控制疏干试验，矿区的地下水位降深控制在 20~30m 之间。

（3）疏干钻孔和疏干采场联合的疏干方式能否将矿坑的总疏排水强度控制在 41948m³/d 以内，并且随开拓工程推进布设的疏干钻孔与采场联合疏干能否达到控制疏干的要求，即在 90 天以内将矿区地下水水位降低 20~30m，为矿体开采提供条件。

3.2.3.2　试验部位的选取

白象山铁矿井下 -470m 和 -500m 具有较强的防排水能力，-470m 中段为矿山的主要采掘中段，且已完成了大部分的开拓和采准工程，部分区域具备了前期采矿的能力，故选取 -470m 中段作为本次控制疏干工业试验的中段，疏干试验的部位拟选定在 7 号线以北，包括疏干试验采场和疏干控制钻孔，疏干试验采场为一盘区、三盘区和四盘区；疏干控制钻孔分布在西部的 15~7 号线之间。

3.2.3.3 采场疏干和钻孔控制疏干强度分配

白象山井下控制疏干水量分为采场疏干水量和钻孔控制疏干水量，如式（3-9）所示，其中采掘作业大面积揭露导致的矿坑涌水 $Q_采$ 主要与采掘区域富水系数 K_i 及采掘矿石量 P_i 有关，这部分地下涌水主要由采场疏干，该部分疏水量由计划开采的矿量和局部防治水方案决定；设在探水（兼探矿）巷道内疏放水钻孔的疏水量 $Q_疏$ 由孔口阀门控制，则可依据采场调节疏干水量进一步控制矿坑疏干疏排水强度，使其满足控制疏干计划要求。

$$\begin{cases} Q_总 = Q_疏 + Q_采 \\ Q_采 = \sum_{i=1}^{n} \alpha_i \times K_i \times P_i \\ Q_采 \leq Q_计 \end{cases} \tag{3-9}$$

式中　$Q_总$——矿坑的总排水量，m^3/d；

　　　$Q_疏$——疏干系统疏干水量，m^3/d；

　　　$Q_计$——控制疏干计划疏排水量，m^3/d；

　　　α——经验系数；

　　　K_i——不同盘区的富水系数，m^3/t；

　　　P_i——不同盘区的采掘量，t。

A　采场疏干水量计算

该采场疏干区域为一盘区、二盘区、三盘区、四盘区和八盘区，其中二盘区和八盘区位于弱富水区，基本无明显涌水，故疏干试验期间的疏干采场分布在一盘区、三盘区和四盘区。盘区矿石富水性系数主要采用比拟法，依据富水性分区和前期开拓、采准期间的水文地质情况确定，各盘区矿山富水性系数赋值情况分述如下：

（1）一盘区疏干采场位于中等~强含水层，该区域采准工程已全面铺开，小范围已进行开采，采区矿体距离断层较远，矿体涌水主要来自于矿体内部夹石区的层间涌水，涌水量比较稳定，目前的矿体富水系数为28m³/万吨。后期大规模开采时涌水点将随着工作面的推进而向南及西南转移，新增涌水有限，矿体的富水系数将大幅下降，故一盘区经验系数 α 取值为0.41，即盘区大规模开采时的矿体富水系数为11.48m³/万吨。

（2）三盘区位于一盘区南部属于中等富水区，主要受矿体上盘混合矿体破碎含水带充水影响，矿体的富水性比较大，参考一盘区矿体富水性系数估算三盘区矿体富水性系数将达到20m³/万吨。

（3）四盘区疏干采场位于为弱~中等含水层，前期开拓和采准期间受 F_5 断

层及 F_6 分支断层影响涌水量较大，矿体的富水系数达到了 $16m^3/万吨$。经过对各断层产状的探查，在断层破碎带附近合理留设防水矿柱，后期大规模采掘时新增涌水量将显著减小，预计经验系数 α 将减小至 0.55，即盘区的矿体富水系数将减小至 $8.8m^3/万吨$。

白象山铁矿-470m 中段疏干试验 90 天内疏干采场计划采掘矿石量 24 万吨，按照上述各采场矿体富水系数计算，预计-470m 试验中段采掘区域的新增采场疏干水量为 $286m^3/h$（$6864m^3/d$），见表 3-3。

表 3-3　-470m 试验中段涌水量预测表

采　区	计划采矿/万吨	富水系数/$m^3 \cdot 万吨^{-1}$	预计增加涌水量/$m^3 \cdot h^{-1}$
1	12	11.48	137
3	4	20.00	80
4	8	8.80	69
合计			286

B　钻孔可控疏干水量计算

白象山控制疏干试验期间井下控制疏排水强度为 $41948m^3/d$，井下基建期间矿坑涌水量为 $33840m^3/d$，预计采场新增疏排水量将达到 $6864m^3/d$，故钻孔可控疏排水强度将由 $8108m^3/d$ 以内逐步减小至 $1244m^3/d$ 以内。

3.2.3.4　控制疏干试验实施

A　疏干工程实施

根据中段含矿层富水性分区，在中段的 15 号线以北主要以采场疏干为主，局部采用采场疏干与钻孔控制疏干相结合；15~7 号线西部厚大矿体采用布设在探水探矿巷道内疏干钻孔控制疏干。具体分述如下：

a　疏干采场

疏干试验采场位于一盘区、三盘区和四盘区，其布设形式为中段各盘区的进路采场，采场结构依据白象山中段采掘设计。疏干对象为矿体内部裂隙水和矿体内部夹层水，各采场疏干水通过集水沟集中至盘区主水沟，在盘区主水沟测量非可控涌水量，依据各盘区实测疏排水量调节钻孔控制疏干水量，控制总疏排水强度满足控制疏干计划要求。采场疏干及疏干巷道疏干涌水照片如图 3-11 所示。

b　钻孔控制疏干

疏干控制钻孔布设在探水探矿巷道内，共设计 5 个孔，西部的 11~7 号线之间（总长度 192m）运输大巷（兼前期探水探矿）布设 2 个：疏干孔 1（孔深

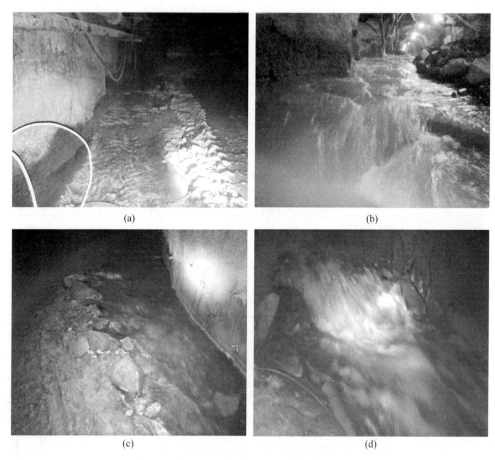

(a)　　　　　　　　　　　　　　　　(b)

(c)　　　　　　　　　　　　　　　　(d)

图 3-11　-470m 中段疏干照片

（a）一盘区采场疏干照片；（b）三盘区采场疏干照片；（c）四盘区采场疏干照片；（d）疏干巷道疏干照片

56m）和疏干孔 2（孔深 40m）；疏干孔 3、疏干孔 4 和疏干孔 5 共 3 个控制疏干孔布设于西部三盘区南部（15 号线附近），深入混合矿富水区域，拦截混合矿破碎富水带对于矿体的补给，减弱三盘区采场疏干的压力，3 个疏干孔累计钻探进尺 175m；1 号和 2 号钻孔最大疏水量为 190m³/h；3 号、4 号和 5 号最大疏干水量 150m³/h。西运输大巷迎头裂隙涌水量为 20m³/h。各疏干孔参数见表 3-4，疏干钻孔如图 3-12 所示。

B　防水矿柱工程布设与实施

-470m 中段防水矿柱留设为两个片区，第一片区为东部矿体 4 盘区 F_5 断层破碎带的下盘，为防止采矿揭露 F_5 断层引发突水而设置；第二片区为西部 5~13 盘区靠近 F_2 断层破碎带附近的矿体，以防止矿体开采导通 F_2 断层引发突水。防水矿柱留设厚度按照数值法和经验公式法计算选取，详见 3.3 节。

表 3-4 疏干钻孔参数

孔 号	X	Y	孔深/m	最大涌水量/$m^3 \cdot h^{-1}$
疏干孔 1	3482169	502495	56	110
疏干孔 2	3482167	502497	40	80
疏干孔 3	3482421	502631	60	45
疏干孔 4	3482428	502623	65	60
疏干孔 5	3482426	502630	50	45
裂隙水				20
合 计			271	360

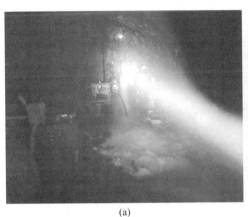 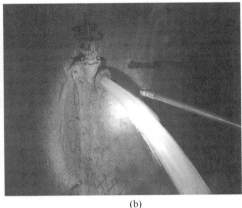

(a)   (b)

图 3-12 井下控制疏干钻孔照片

(a) 施工中的控制疏干钻孔；(b) 施工后的控制疏干钻孔

C 注浆工程布设与实施

白象山井下注浆工程包括预注浆和后注浆两种技术，预注浆主要针对即将穿过富水区和破碎带的巷道、采准工程及局部含矿层，如-470m 中段西南矿体为强富水层，且在矿体接触带和矿体内部夹石区域一般表现为局部破碎带、富水，故接近上述部位时采用预注浆局部堵水技术，封堵地下水，加固破碎带，保障巷道的掘进；后注浆主要是针对盘区采场和巷道工程局部的集中涌水，当采场或工作面的集中涌水量达到 $10m^3/h$ 及以上时将影响正常作业和充填工作，所以针对以上集中涌水点，通过下入 $\phi 32mm$ 孔口管进行高压注浆，封堵集中涌水点水，改善作业环境，防止采空区充填体的流失。

疏干试验期间，在中段西部巷道掘进至矿岩接触带时，为确保巷道的安全贯通，共实施了长度 10m 的巷道预注浆工程，共消耗水泥 30t；采场及巷道集中涌水点的后注浆封堵治理共 7 处，累计治理涌水量 77m³/h，具体见表 3-5，注浆治理后残余水基本消除，如图 3-13 所示。

表 3-5　残余集中涌水治理统计

中段	位置	散水点个数	治理前总涌水量/m³·h⁻¹	治理后总水量/m³·h⁻¹	封堵总水量/m³·h⁻¹
-470m中段	4 盘区	1	5	0	5
	4503 号进路	1	15	1	14
	1 盘区	3	40	5	35
	西沿迎头	2	25	2	23
总计		7	85	8	77

(a)　　　　　　　　　　　　　　(b)

图 3-13　西大巷治理效果对比图

（a）治理前；（b）治理后

3.2.3.5 控制疏干试验效果分析

A 各疏干采场防治水方案及实施效果分析

采区大范围揭露后，矿体上盘富水破碎带侧向补给含矿层，致使采场涌水量大增，本章通过在采区设置避水矿柱、超前疏水减压和局部注浆堵水有效结合控制采场的疏水强度，实施效果见表 3-6。在一盘区和三盘区采用来水方向截流疏干和局部集中涌水注浆治理的方法，在来水方向的南部 15 号线附近设置了 3 个截流疏干孔（疏干孔 3、疏干孔 4 和疏干孔 5），拦截混合矿含水层对一盘区和三盘区的侧向补给；同时在一盘区注浆封堵集中涌水点 3 个，直接减少采区疏排水 $35m^3/h$。通过实施上述采区防治水方案，一盘区采掘 12 万吨矿石，盘区涌水量减小了 $20m^3/h$；三盘区采掘 4 万吨矿石，盘区涌水量仅增了 $50m^3/h$，远小于类比预测的新增涌水量 $80m^3/h$；四盘区位于 F_5 断层破碎带下盘，故在充水通道 F_5 断层破碎带附近合理留设隔离矿柱，切断补给来源，同时利用注浆封堵采场集中涌水点，采区防治水方案实施后，采区完成 8 万吨矿石且疏干水量未增加。由此可见，控制疏干试验期间，通过控制疏干综合防治水方案的实施，大幅减小了各盘区涌水量，一盘区、三盘区和四盘区依采掘计划，累计完成采矿量 24 万吨。

表 3-6 疏干采场防治水方案及实施效果统计表

盘区	采掘计划 /万吨	实际采掘量 /万吨	防治水方案	预测增加涌水量 $/m^3 \cdot d^{-1}$	实际增加涌水量 $/m^3 \cdot d^{-1}$
一盘区	12	12	截流疏干与注浆结合	137	−20
三盘区	4	4	控制疏干孔截流减压	80	50
四盘区	8	8	合理留设矿柱与注浆	69	0

B 疏干采场和疏干钻孔控制疏干强度实施效果分析

疏干试验期间，疏干钻孔结合采场控制疏排水强度，进一步利用阀门控制钻孔疏干的疏排水强度，调节井下总的疏排水强度，两者的观测统计见表 3-7 和表 3-8。随着防治水方案的实施将采场新增疏排水强度控制在了 $30m^3/h$（$720m^3/d$）以内，远小于计划的 $286m^3/h$（$6864m^3/d$）；疏干钻孔依据采场疏排强度的变化，将疏干水强度控制在了 $160\sim330m^3/h$（$3840\sim7920m^3/d$）。90 天的疏干试验期间矿坑平均疏排水强度为 $1646m^3/h$（$39504m^3/d$），最大疏干强度控制为 $1740m^3/h$（$41760m^3/d$），满足控制疏干计划在 $41948m^3/d$ 以内的要求。

C 控制疏干条件下地下水位的变化

在控制疏干试验期间利用 −390m 中段 2 个测压孔和 −470m 中段的 5 个测压孔

表 3-7　疏干巷道控制疏干试验水量观测统计

时间/d	孔　号						
	1 号	2 号	3 号	4 号	5 号	迎头	合计
1	80	70	45	60	45	20	320
14	60	50	40	40	30	20	240
30	60	50	35	40	20	20	225
45	60	50	35	30	20	20	215
60	60	50	0	30	10	20	170
90	50	50	0	30	10	20	160

表 3-8　−470m 中段疏干水量观测数据统计

时间/d	盘区非可控疏干水量/m³·h⁻¹				疏干巷道疏排水量	总疏干量
	1 盘区	3 盘区	4 盘区	小计	/m³·h⁻¹	/m³·h⁻¹
1	200	150	200	550	330	1740
14	200	160	200	560	240	1660
30	190	160	200	550	225	1635
45	190	180	200	570	215	1645
60	180	200	200	580	170	1610
90	180	200	200	580	160	1600

观测采区水位变化情况（见图 3-14），其中−390m 的 1 号和 2 号测压孔位于 7 号线附近的 70 号穿脉，−470m 中段的 1 号和 2 号测压孔位于疏干巷道内 7 号线附近，3 号、4 号和 5 号位于 15 号线附近。观测统计结果见表 3-9，从水压观测结果推算采区水位可以得出采区 7 号线以北的地下水水位开始处于−300~−310m 之间，

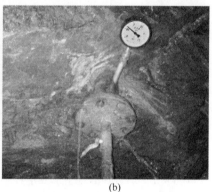

(a)　　　　　　　　　　　　　　　　(b)

图 3-14　矿区部分水位（压）监测点照片

（a）−390m 中段 1 号测压孔照片；（b）−470m 中段 1 号测压孔照片

控制疏干试验开始后，采区水位明显下降，90 天时 7 号线以北采区水位下降至 −330m 标高左右。根据观测水压推算，7 号线以北基岩水位在控制疏干试验 90 天内平均水位下降了 23m 左右，达到了控制疏干阶段对水位降深 20~30m 的要求。

表 3-9　疏干试验期间井下水压观测资料统计　　　　　　　　（MPa）

时间/d	−390m		−470m				
	1 号	2 号	1 号	2 号	3 号	4 号	5 号
1	0.83	0.82	1.65	1.64	1.60	1.61	1.60
14	0.75	0.75	1.62	1.60	1.60	1.60	1.60
30	0.71	0.72	1.55	1.53	1.50	1.50	1.40
45	0.68	0.69	1.50	1.48	1.50	1.40	1.40
60	0.63	0.65	1.43	1.42	1.40	1.40	1.40
90	0.60	0.61	1.40	1.40	1.40	1.40	1.40

通过控制疏干新技术调整了疏干采场疏排水强度，同时又利用布设在开拓工程中的疏干钻孔进一步控制了矿坑总的疏排水强度，使其控制在疏干方案要求范围以内，并且可以将采区地下水位降至采矿工程要求的范围以内。说明控制疏干新技术中的防治水方案是适用矿山生产现状和要求的，局部帷幕注浆堵水、隔离矿柱（岩体）与局部疏干联合的采区防治水方案是可靠的，疏干方法、工艺是有效的，疏干工程的布设是合理的。

3.2.4　控制疏干技术工程应用效果评价

白象山铁矿通过采用隔水矿柱和注浆堵水降低采场疏干水量，利用阀门控制钻孔的疏水量，达到了疏排水量可控、矿区基岩地下水位按预设的速度下降、不破坏第四系及河床的完整性的目的。依据各盘区的矿体富水性的不均及不同的充水来源和补给通道，合理采用疏、堵、避形成控制疏干系统，大幅减少了采区及矿坑涌水量，相比于传统的大疏干方案减少矿坑涌水量 35% 左右，改善了作业条件，提高了采掘效率，使矿山在 2015 年 5 月达产；而且为各盘区的回采工作创造了相对安全的条件，使矿石贫化损失减低，采区回采矿石量提高。据矿山统计，在 −470m 中段、−430m 中段和 −390m 中段累计提高 5% 的矿石回采量。采场空区充填在没有成股的富水下进行，没有出现充填料随水大量流失的现象。此外，地表及含水层水位监测数据显示，第四系含水层地下水变化幅度较小，沉降监测表明地表不均匀沉降，现采区 7 号线以北水位已降至 −390m 标高，两者存在 280m 左右水位差，说明控制疏干技术有效地控制了基岩地下水位下降对第四系地下水流场的影响，降低了对第四系含水层和地表的影响，达到了地面不发生大的不均匀沉降和不塌陷的防治水目标。

3.2.4.1 矿坑疏排水效果分析

控制疏干方案充分利用采场疏干、疏干巷道和疏干钻孔相结合的方式，缩减了疏干工程量，同时疏干巷道和疏干钻孔的布设充分利用矿山的开拓工程和探矿钻孔，相比于矿山传统的大流量疏干工程，节约了65%疏干工程。依据控制疏干计划，在保障采矿安全开采的前提下，利用疏干钻孔将矿坑总疏干水量控制在42000m³/d以内，逐步平缓疏放基岩地下水，现已将7号线以北采掘区域水位下降至-390m标高左右，相比于大疏干减少矿坑涌水量约35%左右，整体防治水效果明显。

3.2.4.2 控制疏干保障采矿生产

（1）超前探水预警。白象山铁矿含矿层受断层破碎带及其分支破碎带控制富水性分布极不均匀，故在采掘作业时根据中段富水性分区图，在靠近强~极强富水区时在工作面布置短探孔，根据工作面的短探资料设置"采掘警戒线"，防止因采掘沟通富水区而引发突水事故，已累计施工工作面短探孔10000多个，针对-390m水平30号穿、70号穿，-430m水平50号穿，-470m水平四盘区等多处水量达到150m³/h以上富水区域预测成功，有效防止了因采掘工作推进沟通富含水区而引发突水事故。

（2）采掘生产。从图3-15可以看出，通过控制疏干新技术的实施，白象山铁矿在2013年-470m中段试验采场顺利首采矿石量49.83万吨；2014年在-390m，-470m和-500m中段共采出矿石量90万吨；矿山于2015年5月顺利达产，综合全年的生产情况，月平均采矿、采准工程40485m³，全年累计开采矿石量185万吨。说明通过控制疏干新技术的实施，降低了采区水位，改善了作业条件，使主要采掘工作区域处于无水或小水的条件，提高了采掘作业效率和采掘矿石量。

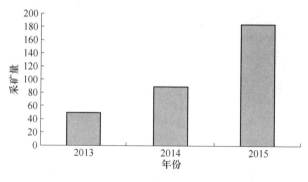

图 3-15   年度总采矿量

3.2.4.3 控制疏干提高矿石回采量

针对白象铁矿矿体、围岩的岩石力学特征，结合矿区的渗流场条件，以流-固耦合理论为依据，模拟分析了矿区合理的矿柱厚度留设区间，相比于传统经验法，在水压 4~4.5MPa 条件下减少防水矿柱 2m，且在防水矿柱的布设方面立足于含矿层富水性分区，提高布设的针对性，减少因断层推测或位置变化引起的盲目性，增加了采区强~极强富水区的回采矿石量。同时根据流场变化及各盘区水文地质条件因地制宜选择矿柱留设厚度，如-470m 的三盘区，通过在三盘区的地下水补给方向（南部）设置疏干钻孔，截流三盘区和一盘区的地下水补给，降低三盘区和一盘区采区涌水量和水压，减少了防水矿柱厚度，提高了矿石回采量。根据矿山统计，通过控制疏干新技术的实施，提高了-470m 中段四盘区、一盘区、三盘区，-430m 中段五盘区和-390m 中段六盘区、三盘 3 个中段 5%的矿石回采量。

3.3 强含水断层破碎带注浆堵水技术

大断层规模大、富水性强，结构松软，如图 3-16 所示，直接揭露容易引发淹井事故，且大流量疏排水可能引发大断层内充填物和第四系土颗粒的流失，引发地面塌陷和大的沉降，特别是矿区地表青山河河床一旦发生塌陷和大的变形沉降，将破坏河床下部的第四系隔水层，出现河水贯入矿坑引发突水淹井事故。因此，对大断层破碎带进行注浆堵水是唯一的选择。根据该区域大断层破碎带的探查结果分析，注浆堵水主要存在以下难点：

（1）断层破碎带规模大、富水性强，钻孔揭露时单孔最富水量达 250m³/h。

（2）断层突水水压高。根据地下水位计算，-470m 中段的水头压力接近 5MPa。

（3）组成断层破碎带成分的特性复杂，浆液扩散困难，难以形成可靠的隔水帷幕。断层破碎带主要由细晶斑岩、角砾岩和泥化闪长岩构成，其中主要含

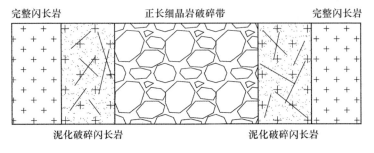

图 3-16 断层内部结构模式

水、导水部分是中部的细晶斑岩和角砾岩；而上下盘两侧的泥化闪长岩破碎带虽然含水较弱，但强度极低，在没有大的扰动状态下，呈密实状态，即使两个相邻注浆孔相距只有 1m，在 10MPa 以上的压力作用下，也不一定能串通，因而浆液注入泥化闪长岩中十分困难。一旦通过钻孔或爆破揭露，泥化闪长岩卸压后会迅速膨胀、泥化成为黏泥，并随涌水喷出钻孔，产生突水涌泥现象。

（4）断层充填介质力学性能差，形成的注浆隔水帷幕体容易出现失稳，造成二次突水事故。断层内充填的泥化闪长岩以其抗压能力低、塑性变形能力强的特点，在开挖应力和地下水联合作用下，易发生结构破坏，形成导水通道和地层薄弱面，引发突水突泥、坍塌变形等地质灾害。因此，断层注浆不仅要满足堵水要求，而且要通过注浆对软弱介质进行加固。

（5）断层破碎带在各中段的平面位置均为推测，往往与实际有较大出入，在矿山基建和采矿过程中，一旦揭露断层则易发生突水；此外，断层破碎带采用注浆堵水通过后，由于受掘进采动地压的影响，注浆帷幕遭到破碎或削弱，不足以抵抗高水压的情况下，易发生片帮、塌落，引发二次突水。

本章介绍了强含水断层破碎带注浆堵水的关键理论与设计，对类似地下大水矿山富水断层的治理提供依据。

3.3.1　注浆压力及有效扩散半径

注浆孔布置的间距、数量、布设方式及注浆堵水加固的质量是由浆液在破碎带内的有效扩散半径决定的，而浆液的扩散与注浆压力密切相关。由于注浆理论研究远远滞后于工程实践，目前断层破碎带无论是注浆堵水还是注浆加固，浆液扩散有效半径和注浆压力的选取主要依靠工程经验，具有盲目性和不确定性，难以指导白象山铁矿断层破碎带注浆堵水的设计和施工。因此，研究断层破碎带内的注浆扩散有效半径和注浆压力，在此基础上指导注浆堵水设计与施工，具有理论和实用价值。

3.3.1.1　注浆压力的理论计算

在相同的注浆材料和注浆工艺条件下，劈裂注浆的压力大小决定注浆堵水及加固的范围。如果浆液的压力低于泥化闪长岩的劈裂压力，则浆液只会对破碎带发生挤密作用，而不会发生劈裂现象，浆液的有效扩散半径小，加固范围有限；但劈裂注浆压力也不是越大越好，如果以过高的注浆压力作用于泥化闪长岩破碎带，可能导致浆液沿着产生的劈裂缝单向扩散，沟通地表或沿地下某一薄弱部位无效流失，难以达到均匀加固地层及防渗的效果。因此过低和过高的注浆压力都不适用于泥化闪长岩的劈裂注浆，只有采用恰当的注浆压力，使浆液在受注地层中通过不断的低压压密、高压劈裂反复交替过程，才能在地层中的不同部位不同方向形成劈裂浆脉，最终达到对设计注浆范围内的岩土体进行有效的加固和防渗的目的。

A 注浆的模型及假设条件

泥化闪长岩断层破碎带内劈裂注浆是一个先压密后劈裂再压密再劈裂的过程。开始注浆时，注浆压力小，浆液具备的能量不大，不能劈裂地层，因而浆液都聚集在注浆孔口附近，形成以注浆孔口为中心的球形或柱形浆泡。随着后续浆液的不断注入以及注浆压力的持续增大，浆泡将逐渐向四周扩张且土体也进一步受到压缩而最终屈服，这一过程可以视为圆孔扩张过程。当浆泡对土体的压密作用达到 Tresca 屈服条件时，土体发生塑性变形、破坏，继而发生劈裂流动现象。

基于以上的分析，作如下假设：

（1）劈裂注浆的鼓泡压密阶段可以视为扩孔问题，按照平面应变条件来处理。

（2）土体为各向同性的理想弹塑性材料，且土体的屈服不受静水压力的影响。

（3）圆孔在无限大的土体中扩张，圆孔扩张前土体中存在等向压力 p_0。

（4）泥化闪长岩位于地下水位以下，等同于饱和土体，初期压密扩孔时土体的体积保持不变。

（5）在弹性区中采用弹性小变形理论，在塑性区中采用大变形理论。

（6）当注浆压力大于初始应力与扩张应力增量之和时，土体将出现拉应力；而当拉应力超过土的抗拉强度时，土体将产生开裂，此时的灌浆压力就是初始劈裂灌浆压力。

（7）当土体在注浆压力作用下，大小主应力正好换位时，如果上述条件成立，则出现劈裂时的灌浆压力就为二次劈裂灌浆压力值。

对于因浆液扩张而受到挤压的土体，其应力分布分为塑性区和弹性区，如图3-17 所示。图中：a_0 为钻孔半径；a_u 为注浆压密后扩孔半径；r_p 为塑性区半径；p_u 为作用在圆孔内壁上的极限灌浆压力；p_0 为作用在无限远处的静止土压力；r_0 为土体中某一点的半径；u_p 为弹塑性边界处的微小位移，σ_r、σ_θ 分别为径向应力和环向应力。

B 注浆起劈压力及注浆终压的计算推导

轴对称条件下的应力平衡微分方程为：

$$\frac{\mathrm{d}\sigma_r}{\mathrm{d}r} + k\frac{\sigma_r - \sigma_\theta}{r} = 0 \tag{3-10}$$

式中　k——应力调整系数，当 $k=1$ 时为柱形扩孔，当 $k=2$ 时为球形扩孔；

　　σ_r，σ_θ——分别为径向应力和环向应力；

　　　　r——扩孔半径。

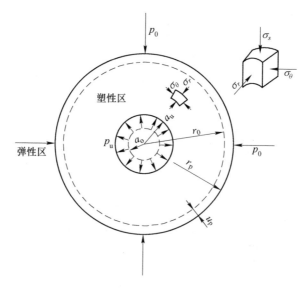

图 3-17　注浆压力分析计算模型图

在注浆初期压密过程中，受注土体弹性变形服从小变形理论，小变形理论为：

$$\varepsilon_r = -\frac{\mathrm{d}u}{\mathrm{d}r}; \qquad \varepsilon_\theta = -\frac{u}{r} \tag{3-11}$$

式中　ε_r——径向应变；

　　　ε_θ——环向应变。

弹性区中的应力场分布（$r \geqslant r_p$），在弹性区中，根据轴对称问题的解答和边界条件：$\sigma_r \mid_{r=r_p} = \sigma_{r_p}$，　$\lim\limits_{r \to \infty} = p_0$；可得弹性状态下土体的应力场及径向位移为：

$$\begin{cases} \sigma_r = (\sigma_{rp} - p_0)\left(\dfrac{r_p}{r}\right)^{k+1} + p_0 \\[3mm] \sigma_\theta = -\dfrac{\sigma_{rp} - p_0}{k}\left(\dfrac{r_p}{r}\right)^{k+1} + p_0 \\[3mm] u = \dfrac{(1+\nu)(\sigma_{rp} - p_0)}{E_s} \cdot \dfrac{r_p}{k}\left(\dfrac{r_p}{r}\right)^{k} \end{cases} \tag{3-12}$$

式中　ν——土体的泊松比；

　　　E_s——土体的压缩模量；

σ_{rp}——弹塑性交界处的（r_p处）的径向应力；

$\sigma_{\theta p}$——弹塑性交界处的（r_p处）的切向应力。

由式（3-12）可得弹塑性交界处的径向位移 u_p 为：

$$u_p = \frac{(1 + \nu)(\sigma_{rp} - p_0)}{E_s} \frac{r_p}{k} \qquad (3-13)$$

注浆前期压密阶段，属于岩土的扩孔问题，注浆孔扩张的剪应力为：

$$q = \frac{\sqrt{k + 2}}{2}(\sigma_r - \sigma_\theta) \qquad (3-14)$$

对于塑性区，在屈服后服从大变形理论，大变形理论为：

$$\varepsilon_r = -\ln\left(\frac{\mathrm{d}r}{\mathrm{d}r_0}\right); \qquad \varepsilon_\theta = -\ln\left(\frac{r}{r_0}\right) \qquad (3-15)$$

式中 r_0——土体塑性区内任意一点的半径；

r——在扩张过程中由初始半径 r_0 扩张到 r。

塑性区内土体某一点由初始半径 r_0 扩张到 r 时的体积应变表达式为：

$$\varepsilon_V = \varepsilon_r + \varepsilon\theta \qquad (3-16)$$

又因为圆孔扩张时土体不排水，故弹性区中土体的体积不变，即：

$$\varepsilon_r = -k\varepsilon_\theta \qquad (3-17)$$

联立式（3-15）~式（3-17）可得：

$$r^{k+1} - r_0^{k+1} = a^{k+1} - a_0^{k+1} \qquad (3-18)$$

在弹塑性交界区上，式（3-18）可写为：

$$r_p^{k+1} - (r_p - u_p)^{k+1} = a^{k+1} - a_0^{k+1} \qquad (3-19)$$

将式（3-13）代入到式（3-19）并忽略 u_p/r_p 的高阶项可得：

$$\left(\frac{a_0}{a}\right)^{k+1} + \frac{q_p}{G\sqrt{k + 2}}\left(\frac{r_p}{a}\right)^{k+1} = 1 \qquad (3-20)$$

式中 G——土体的剪切模量，其表达式为：$G = E_s/[2(1 + \nu)]$；

q_p——弹塑性区交界处的偏应力。

式（3-20）表明了扩孔半径 a 和塑性区半径 r_p 之间的关系。

由于注浆时初始扩孔半径为 0，故当 $a_0/a \to 0$，扩孔半径 $a \to a_u$ 时，式（3-20）可以表示为：

$$\left(\frac{r_p}{a_u}\right)^{k+1} = \frac{G\sqrt{k + 2}}{q_p} \qquad (3-21)$$

在塑性区根据 Mohr-Coulomb 强度准则，土体屈服函数为：

$$\sigma_r = M\sigma_\theta + \sigma_c \qquad (3-22)$$

$$\sigma_c = 2c\cos\varphi/(1 - \sin\varphi)$$

$$M = (1 + \sin\varphi)/(1 - \sin\varphi)$$

式中　c——土体的内聚力；

　　　φ——内摩擦角。

在弹塑性交界区中，利用边界条件：$\sigma_r\Big|_{r=r_p}=\sigma_{r_p}$，$\lim\limits_{r\to\infty}\sigma_r=p_0$ 可得弹塑性交界区的极限应力场为：

$$\begin{cases}\sigma_{r_p}=\dfrac{(k+1)Mp_0+k\sigma_c}{M+k}\\[3mm]\sigma_{\theta_p}=\dfrac{(k+1)p_0-\sigma_c}{M+k}\end{cases}\tag{3-23}$$

由式（3-14）和式（3-23）可知，在弹塑性交界区中的八面体剪应力为：

$$q_p=\frac{\sqrt{k+2}}{2}(\sigma_{r_p}-\sigma_{\theta_p})=\frac{\sqrt{k+2}}{2}\cdot\frac{(k+1)(M-1)p_0+\sigma_c(k+1)}{M+k}\tag{3-24}$$

则根据式（3-21）知扩孔半径 a 和塑性区半径 r_p 之间的关系为：

$$\left(\frac{r_p}{a_u}\right)^{k+1}=\frac{G\sqrt{k+2}}{q_p}=\frac{2G(M+k)}{(k+1)[(M-1)p_0+\sigma_c]}\tag{3-25}$$

竖向应力 σ_s 为：

$$\sigma_s=(\sigma_\theta+\sigma_r)\nu\tag{3-26}$$

考虑土体单元中切向和竖向应力以及超孔隙压力的作用，并假设土的抗拉强度等于 σ_t，根据假设可知，土体竖向劈裂和水平向劈裂时的初始超孔隙水压力应分别满足下列条件：

竖向开裂：

$$\Delta u_i=\sigma_\theta+\sigma_t\tag{3-27}$$

水平开裂：

$$\Delta u_i=\sigma_s+\sigma_t\tag{3-28}$$

式中　Δu_i——土体单元超孔隙水压力值。

由圆孔扩张理论并结合 Henkel 孔隙水压力公式推导劈裂灌浆浆液扩张产生的初始超孔隙压力如下。

对于柱形扩孔有：

$$\Delta u=c_u\left[2\ln\frac{r_p}{r}+(1.73A_f-0.58)\right]\tag{3-29}$$

对于球形扩孔有：

$$\Delta u=c_u\left[4\ln\frac{r_p}{r}+(2.04A_f-0.67)\right]\tag{3-30}$$

式中　A_f——Skempton 孔隙压力压系数；

　　　c_u——土体的不排水强度。

由式（3-29）、式（3-30）可以看出，劈裂灌浆浆液扩张产生的初始超孔隙水压力仅与塑性区半径 r_p/a_u、孔隙压力系数 A_f、土的不排水强度 c_u 和距孔穴中心的距离 r 有关，而与原位应力无关。

当 $r=a_u$ 时，可得孔壁上的超孔隙水压力。

对于柱形扩孔有：

$$\Delta u = c_u\left[2\ln\frac{r_p}{a_u} + (1.73A_f - 0.58)\right] \tag{3-31}$$

对于球形扩孔有：

$$\Delta u = c_u\left[4\ln\frac{r_p}{a_u} + (2.0A_f - 0.67)\right] \tag{3-32}$$

将式（3-25）代入式（3-31）和式（3-32）即可得到球孔和柱扩孔时的超孔隙水压力理论计算公式，对于柱形扩孔有：

$$\Delta u_z = c_u\left[2\ln\left(\frac{1.73G}{q_p}\right)^{\frac{1}{2}} + (1.73A_f - 0.58)\right] \tag{3-33}$$

对于球形扩孔有：

$$\Delta u_q = c_u\left[4\ln\left(\frac{2G}{q_p}\right)^{\frac{1}{3}} + (2.0A_f - 0.67)\right] \tag{3-34}$$

（1）求解浆液竖向劈裂压力。设整个土体中作用的初始应力为 p_0，根据水力压裂、圆孔扩张以及孔隙水压力理论可知，当浆液劈开土体时，土体的应力仍然服从 Mohr-Coulomb 强度准则。

当浆液竖向劈裂土体时，有：

$$\sigma_r - p_0 = M\sigma_\theta + \sigma_c \tag{3-35}$$

竖向劈裂压力 p_u 根据边界条件：$\sigma_r|_{r=a_u} = p_u$，将式（3-27）代入到式（3-35）中有：

$$p_u = \frac{(\Delta u_i - \sigma_t)(1 + \sin\varphi) + 2c\cos\varphi}{1 - \sin\varphi} + p_0 \tag{3-36}$$

对于注浆圆柱孔扩张，根据式（3-33）和式（3-36）可得竖向劈裂注浆压力 p_u：

$$p_u = \frac{\left\{c_u\left[2\ln\left(\frac{1.73G}{q_p}\right)^{\frac{1}{2}} + (1.73A_f - 0.58)\right] - \sigma_t\right\}(1 + \sin\varphi) + 2c\cos\varphi}{1 - \sin\varphi} + p_0 \tag{3-37}$$

对于注浆球形孔扩张，根据式（3-34）和式（3-36）可得竖向劈裂注浆压力 p_u：

$$p_u = \frac{\left\{c_u\left[4\ln\left(\dfrac{2G}{q_p}\right)^{\frac{1}{3}} + (2.0A_f - 0.67)\right] - \sigma_t\right\}(1 + \sin\varphi) + 2c\cos\varphi}{1 - \sin\varphi} + p_0$$

$$(3-38)$$

（2）求解浆液水平劈裂压力。当浆液发生水平劈裂时，有：

$$\sigma_r - p_0 = M\sigma_z + \sigma_c \tag{3-39}$$

$$\sigma_z = (p_u + \sigma_\theta)\nu = \nu\left(p_u\frac{M+1}{M} - \frac{1}{M}\sigma_c\right) \tag{3-40}$$

联立式（3-39）和式（3-40）有：

$$p_i = p_u(M+1)\nu + (1-\nu)\sigma_c + p_0 \tag{3-41}$$

对于注浆圆柱孔扩张，根据式（3-33）和式（3-41）可得水平劈裂注浆压力 p_i：

$$p_i = \left[\frac{(\Delta u_z - \sigma_t)(1 + \sin\varphi) + 2c\cos\varphi}{1 - \sin\varphi} + p_0\right](M+1)\nu + (1-\nu)\sigma_c + p_0$$

$$(3-42)$$

对于注浆球形扩张，根据式（3-34）和式（3-41）可得水平劈裂注浆压力 p_i：

$$p_i = \left[\frac{(\Delta u_q - \sigma_t)(1 + \sin\varphi) + 2c\cos\varphi}{1 - \sin\varphi} + p_0\right](M+1)\nu + (1-\nu)\sigma_c + p_0$$

$$(3-43)$$

由以上各式可知，如果知道被注岩土的压缩模量 E、泊松比 ν、内摩擦角 ϕ、内聚力 c、扩孔形式 k、超孔隙水压力、土体抗拉强度 σ_t、不排水强度 c_u 等参数，就可以求出注浆时产生竖向和水平向劈裂的注浆压力值。

C 断层破碎带注浆压力计算示例

以 F_5 断层为例，计算 -470m 中段注浆压力：根据 -470m 中段四盘区的 4-1 号孔、4-2 号孔两个探孔资料，断层宽度为 12.5m，由泥化闪长岩和正长斑岩组成，累计单孔最大涌水量为 209.4 m^3/h。-470m 中段 F_5 断层泥化闪长岩物理力学性质见表 3-10。

表 3-10 -470m 中段 F_5 断层泥化闪长岩物理力学性质

岩样编号	孔隙压力系数	抗拉强度 /kPa	容重 $\gamma/\text{kN} \cdot \text{m}^{-3}$	孔隙比 e	压缩系数 /MPa^{-1}	压缩模量 E_s/MPa
1	0.42	1.26	27.7	0.572	0.27	17.47
2	0.39	0.97	27.5	0.633	0.25	18.33
3	0.45	1.42	27.9	0.609	0.28	17.24

将表 3-10 中的具体参数代入到本节的理论公式中，计算得出的注浆压力，见表 3-11，注浆终压为水平劈裂压力。

表 3-11　−470m 中段 F_5 断层注浆压力计算结果

岩样编号	初始应力 p_0/kPa	c_u/kPa	c/kPa	φ/(°)	竖向劈裂压力/MPa		注浆终压/MPa	
					柱状扩孔	球形扩孔	柱状扩孔	球形扩孔
1	4125	217.3	42.4	24	8.24	8.77	15.23	16.74
2	4125	227.3	41.5	23	9.43	10.26	16.34	17.56
3	4125	199.4	39.4	21	7.97	8.66	14.64	15.50
平均	4125	214.66	41.1	22.66	8.54	9.23	15.40	16.6

3.3.1.2　有效扩散半径的理论计算

浆液在受注断层破碎带内的有效扩散距离，决定着注浆孔的布置、注浆工程的质量和注浆成本的控制，是注浆设计施工中的重要参数。准确计算浆液有效扩散半径，对于保证施工质量、提高施工效率具有重要的意义。

A　浆液扩散的基本原理及假设条件

如前所述，浆液对断层破碎带的劈裂作用是由多个"劈裂—降压—升压—劈裂"循环组成的。假设在浆液挤压土体发生剪切破坏的瞬间，浆泡劈裂断层破碎带形成足够长的劈裂缝，浆液沿劈裂缝流动，随着浆液锋面不断的前移，并最终凝固而形成狭长型的劈裂脉，因此，可以将劈裂流动视为在"裂隙空间"由压强梯度推动着的能量耗散的流动。当压力梯度不足以克服浆液的屈服应力时，浆液即停止流动，在这种情况下，可以通过提供更高的能量（压强）强迫推动浆液锋面继续前移。增加压强梯度，意味着输出压强的提高，由于压力梯度不断耗散的缘故，锋面距离注浆孔越远，所需要耗散的能量（压力）越多，距离注浆管出浆孔越近的浆液的压力越大，同理，浆液锋面的压强最小。当注浆管出口的压力大于计算劈裂压力 p_0 时，浆液将不会沿着已有的劈裂缝前进，由于注浆孔周围的土体被劈裂破坏，因此将形成新的劈裂缝和锋面流动。此时，对应于已有的劈裂缝内浆液，锋面运移长度即为断层破碎带内的浆液最大扩散半径，如图 3-18 所示。

根据以上分析对模型做以下近似假设：

（1）在建模中忽略中间劈裂过程，假设一次劈裂形成了足够长的劈裂缝，浆液传动的时间为浆液在平均流速下锋面到达最大传浆半径的时间。

（2）认为劈裂通道侧壁处不存在浆液的渗透作用，注浆过程中的浆液全部存在于劈裂通道内部。

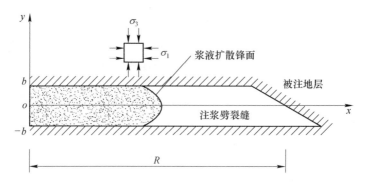

图 3-18　浆液扩散模型图

（3）浆液为不可压缩、各向同性的流体，浆液本构符合牛顿内摩擦定律，且在劈裂流动过程中流型保持不变。

（4）忽略地层应力的不均匀性及重力对劈裂注浆扩散过程的影响，劈裂通道以注浆孔为中心沿垂直于小主应力的方向扩展。

（5）注浆浆液在劈裂通道内的流动形式为层流运动，忽略注浆孔附近浆液紊流运动对浆液扩散的影响；劈裂通道侧壁处满足无滑移边界条件，即通道侧壁处的浆液流速为 0。

B　浆液扩散半径的计算公式推导

根据 Navier-Stokes 方程，浆液流体的模型可表示为：

$$\frac{\partial u}{\partial t} = -\frac{1}{\rho}\frac{\mathrm{d}p}{\mathrm{d}x} + \nu\frac{\partial^2 u}{\partial^2 y} \tag{3-44}$$

式中　ρ——流体密度；

　　　p——注浆压力；

　　　u——浆液的运移速度；

　　　ν——浆液的黏滞系数。

将浆液简化为定常流动，$\dfrac{\partial u}{\partial t}=0$，则有：

$$\frac{\mathrm{d}p}{\mathrm{d}x} = \rho\nu\frac{\partial^2 u}{\partial^2 y} = \mu\frac{\partial^2 u}{\partial^2 y} \tag{3-45}$$

式中　μ——动力黏性系数；

对于该偏微分方程，边界条件为：

$$\begin{cases} y = b,\ u = 0 \\ y = -b,\ u = 0 \end{cases} \tag{3-46}$$

积分得：

$$\frac{\mathrm{d}u}{\mathrm{d}y} = \frac{1}{\mu}\frac{\mathrm{d}p}{\mathrm{d}x}y + C_1 \tag{3-47}$$

$$u = \frac{1}{2\mu}\frac{\mathrm{d}p}{\mathrm{d}x}y^2 + C_1 y + C_2 \tag{3-48}$$

由边界条件得：

$$\begin{cases} \dfrac{1}{2\mu}\dfrac{\mathrm{d}p}{\mathrm{d}x}b^2 + C_1 b + C_2 = 0 \\ \dfrac{1}{2\mu}\dfrac{\mathrm{d}p}{\mathrm{d}x}b^2 - C_1 b + C_2 = 0 \end{cases} \tag{3-49}$$

解方程组得：

$$C_1 = 0, \qquad C_2 = -\frac{1}{2\mu}\frac{\mathrm{d}p}{\mathrm{d}x}b^2 \tag{3-50}$$

因此有：

$$u = -\frac{1}{2\mu}\frac{\mathrm{d}p}{\mathrm{d}x}(b^2 - y^2) \tag{3-51}$$

可以看出浆液的流速为抛物线分布，其平均速度为：

$$u_{\mathrm{m}} = \frac{1}{2b}\int_{-b}^{b} u\mathrm{d}y = \frac{1}{2b}\left[-\frac{1}{2\mu}\frac{\mathrm{d}p}{\mathrm{d}x}\left(b^2 y - \frac{y^3}{3}\right) \right]_{-b}^{b} = -\frac{b^2}{3\mu}\frac{\mathrm{d}p}{\mathrm{d}x} \tag{3-52}$$

最大流带位于注浆流体的中间：

$$u_{\max} = -\frac{b^2}{2\mu}\frac{\mathrm{d}p}{\mathrm{d}x} \tag{3-53}$$

浆液锋面的运移前进过程中，浆液的动力黏性系数 μ 是随着时间变化的，而不是一个常量，根据相关试验，浆体黏性时变型的理论有：

$$\mu(t) = \mu(0)\mathrm{e}^{kt} \tag{3-54}$$

式中　k——浆液黏性时变系数，该系数与浆液的类型、配比相关。

白象山铁矿井下注浆堵水主要采用水泥浆为主，其水灰比以 1∶1 为主，根据水泥浆黏性时变试验研究有：

$$\mu(t) = 11.37\mathrm{e}^{0.0138t} \tag{3-55}$$

根据式（3-52），有：

$$\int_{p}^{c}\mathrm{d}p = \int_{0}^{R} -\frac{3\mu u_{\mathrm{m}}}{b^2}\mathrm{d}x \tag{3-56}$$

等式左边积分上限 c 为水泥浆（宾汉姆流体）的屈服应力，积分下限 p 为注浆终压。

浆液锋面的运移时间：

$$t = \frac{x}{u_{\mathrm{m}}} \tag{3-57}$$

将式（3-55）、式（3-57）代入式（3-56）得：

$$p - c = \frac{3u_m^2 \mu(0)}{b^2 k}\left(e^{\frac{kR}{u_m}} - 1\right) \tag{3-58}$$

整理得：

$$R = \frac{\mu_m}{k}\ln\left[\frac{(p-c)b^2}{2471u_m^2} + 1\right] \tag{3-59}$$

在注浆过程中，依据质量守恒定律，浆液在劈裂通道内部任意扩散断面上的单位时间流量与单位时间注浆总量 q 相等，在单位裂缝宽度上，其关系可表示为：

$$q = 4b^2 u_m \tag{3-60}$$

将式（3-60）代入式（3-59）得：

$$R = \frac{q}{4b^2 k}\ln\left[\frac{(p-c)b^6}{154q^2} + 1\right] \tag{3-61}$$

式（3-61）中 b 为劈裂缝宽的一半，浆液劈裂通道宽度 $2b$ 即是土体的压缩变形量，因此有：

$$b = \frac{p_u - \sigma_3}{2E_s}D \tag{3-62}$$

式中　σ_3——受注地层最小主应力；

　　　p_u——注浆起裂压力；

　　　D——注浆应力影响范围。

水泥浆的屈服强度 c 根据试验得出，单位时间的注入量 q 可根据注浆泵已给定的注浆泵压和流量关系，采用插值法得出在注浆压力 p_u 时 q 的大小。

C　典型中段断层破碎带浆液扩散半径计算示例

仍以 -470m 中段穿过 F_5 断层为例：p_u 取柱状扩散型式的竖向劈裂压力；受注地层最小应力 σ_3 根据计算为 4.125MPa；压缩模量根据芯样试验取得，见表 3-10；注浆应力影响范围 D 值取 0.5m；b 值（浆液的劈裂缝半宽）根据式（3-62）计算得出；该部位拟注水灰比为 1:1 的水泥浆，k 值取 0.0138；浆液的屈服强度 c 值根据试验取为 1.563kPa；单位时间的注入量 q 可根据注浆泵已给定的注浆泵压和流量关系，采用插值法得出在注浆压力 p_u 时 q 的大小；计算结果见表 3-12。

3.3.2　地面定向注浆孔技术

为确保地面注浆孔落到设计的靶区，引入定向钻孔技术用于地面注浆。地面定向钻进（directional drilling，DD）技术为有目的地使钻孔轴线由弯变直或由直

表 3-12   −470m 中段 F_5 断层浆液扩散半径计算结果

岩样编号	σ_3/MPa	p/MPa	c/kPa	E_s/MPa	k	b/m	q/min^{-1}	R/m
1	4.125	16.74	1.563	17.47	0.0138	0.045	11.22	0.57
2	4.125	17.56	1.563	18.33	0.0138	0.048	10.48	0.50
3	4.125	15.50	1.563	17.24	0.0138	0.040	12.10	0.59
平均	4.125	16.6	1.563	17.68	0.0138	0.044	11.27	0.55

变弯，使钻孔轨迹按照一定的设计要求钻精确进至目标位置的一种钻探方法。其原理为利用冲洗液介质驱动孔底马达带动钻头回转破碎岩层；同时，利用随钻测量系统将实时测量的底孔信息传输至防爆计算机或孔口监视器，根据设计要求以及现场施土情况，通过调节螺杆马达工具面向角，实现控制钻孔施土轨迹变化，使钻孔轨迹准确钻进目标区域。定向钻技术先进性主要体现在钻孔轨迹可控，定向钻孔轨迹设计与施工技术是该技术成功应用的基础。定向钻孔轨迹设计与施工技术主要由钻孔轨迹设计方法、钻孔轨迹预测技术、钻孔轨迹控制技术组成。首先需根据钻孔施工目的及地层条件合理设计钻孔轨迹，然后在施工中利用钻孔预测技术对钻孔轨迹进行预测，最后参照预测结果并结合钻孔轨迹控制技术，采用合适的钻孔轨迹控制措施使钻孔按设计轨迹施工。地面定向注浆钻孔按照孔身剖面形状可分为"J"形定向钻孔、"S"形钻孔、树状分支钻孔和垂直定向钻孔几种类型，如图 3-19 所示。

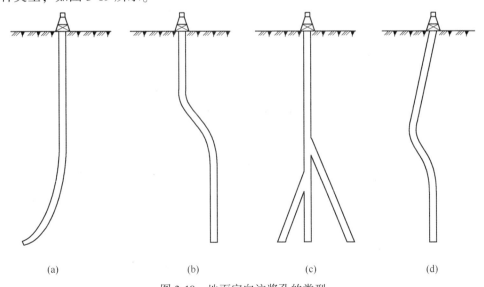

(a)   (b)   (c)   (d)

图 3-19   地面定向注浆孔的类型

（a）"J"形定向钻孔；（b）"S"形钻孔；（c）树状分枝钻孔；（d）垂直定向钻孔

3.3.2.1 钻孔轨迹设计方法

地面定向钻轨迹设计需首先确定钻孔轨迹计算方法和描述钻孔轨迹主要轨迹参数，然后根据施工目的确定钻孔类型及目标层位，按照轨迹进行设计。

A 钻孔轨迹计算方法

地面定向钻轨迹可通过对钻孔测点的孔深、倾角、方位角进行计算求得其空间三维坐标值，进而确定钻孔轴线空间位置。钻孔轴线轨迹常用的计算模型：假设测量孔段为直线，长度等于相邻两测点之间钻孔轴线长度，该直线的倾角和方位角分别等于上下两测点倾角和方位角的平均值。整个钻孔轨迹仍是空间折线。通过表征钻孔轴线空间形态的孔深 ΔL、倾角 θ 和方位角 α 三个主要参数，可计算出各测点的主设计方位方向位移 X、上下位移 Z、左右位移 Y，具体钻孔轨迹空间位置关系如图 3-20 所示，其计算方法如下。

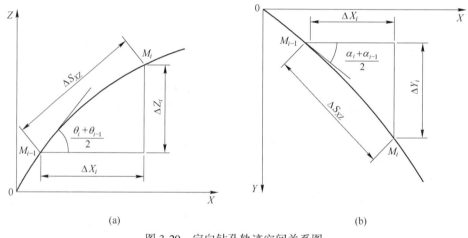

(a)   (b)

图 3-20　定向钻孔轨迹空间关系图
(a) 垂直面投影；(b) 水平面投影

M_i 为第 i 个测点，$i=1$，2，$\cdots$，n；ΔX_i、ΔY_i、ΔZ_i 分别为测点 M_i、M_{i-1} 在 X、Y、Z 轴投影点间距，m；ΔS_{XZ}、ΔS_{XY} 分别为测点 M_i、M_{i-1} 在垂直面、水平面投影点间距，m；

$$
\begin{cases}
X_n = \displaystyle\sum_{i=1}^{n} \Delta L_i \cos\left(\dfrac{\theta_i + \theta_{i-1}}{2}\right) \cos\left(\dfrac{\alpha_i + \alpha_{i-1}}{2} - \lambda\right) \\[4mm]
Y_n = \displaystyle\sum_{i=1}^{n} \Delta L_i \cos\left(\dfrac{\theta_i + \theta_{i-1}}{2}\right) \sin\left(\dfrac{\alpha_i + \alpha_{i-1}}{2} - \lambda\right) \\[4mm]
Z_n = \displaystyle\sum_{i=1}^{n} \Delta L_i \sin\left(\dfrac{\theta_i + \theta_{i-1}}{2}\right)
\end{cases}
\tag{3-63}
$$

式中　X_n——M_n 主设计方位方向位移，m；

　　θ_i，θ_{i-1}——分别为 M_i、M_{i-1} 的倾角，(°)；

　　　　λ——主设计方位角，(°)；

　　ΔL_i——M_i、M_{i-1} 两测点距离，m；

　　Y_n，Z_n——分别为测点 M_n 的左右、上下位移，m。

因此定向钻孔轨迹设计主要是对钻孔各测点孔深、倾角、方位角等参数进行设计。定向钻孔常用测量间距为 6m，钻孔设计时相邻测点间距一般为 6m。

B　钻孔轨迹参数设计

定向钻孔轨迹设计的基本原则是在实现注浆堵水的前提下，确保定向钻孔安全、经济、优质、高效施工。钻孔轨迹设计时，现场勘查施土区域地表的地形、钻孔所穿岩层条件、地层走势、地质构造，根据注浆孔开口和落点的位置，确定出合适钻孔类型，结合地面注浆堵水工程平面图，分析出钻孔轨迹处地层倾角变化，为钻孔轨迹设计提供参考。具体钻孔轨迹参数设计准则如下：（1）最大限度满足注浆堵水设计要求，达到设计目的。（2）在保证质量、提高经济效益的前提下，依据施工条件，选择易钻的孔型。（3）尽可能利用地层的促斜规律，减少人工造斜的工作量和困难。（4）在设计计算中合理确定造斜率和最大弯曲角，尽量减少造斜孔段的长度，增加常规钻进进尺（包括垂直钻进、自然稳斜和降斜钻进）。（5）确保安全钻进。首先是选择恰当的造斜点，尽可能避开松散、破碎岩层，难以避开时，应先加固后造斜；其次是造斜孔段的曲率不宜过大，应保证粗径钻具安全旋转，以免引起断钻杆事故，或由于钻杆与孔壁摩擦产生"键槽"导致卡钻事故。

钻孔轨迹参数设计的条件、内容和步骤：

（1）地面注浆定向孔的给定条件：1）钻孔地面位置坐标、高程；2）目标点的坐标和埋深；3）突水断层破碎带的产状参数；4）允许钻孔偏离目标点的范围；5）定向注浆钻孔的水平控制范围；6）地面孔位允许移动范围等。

（2）设计内容和步骤：1）根据给定的条件计算钻孔设计方位角、垂深、总水平位移；采用判定式选择孔型后，计算最小造斜率以确定施工的可行性。2）选择造斜点，确定增斜率、降斜率和方位变化率（空间弯曲型）。3）用解析法或作图法求出钻孔最大弯曲角。4）进行孔身计算，包括各孔段的顶角、方位角、孔深、垂深、水平位移、两孔间距（群孔施工）等值。5）画出垂直剖面和水平投影图，并圈出控制区。

3.3.2.2　钻孔轨迹预测技术

通过研究定向钻造斜规律，得出工具面向角是改变钻孔轨迹的主要因素，通过定向钻施工经验总结出钻孔轨迹预测方法，指导定向钻轨迹控制。

A　定向钻孔造斜规律

在定向钻孔施工过程中，通过调节螺杆马达弯接头（或弯外管）朝向（即工具面向角）改变钻头碎岩方向，改变钻孔轨迹变化趋势，具体体现在改变钻孔轨迹倾角、方位角大小（见图 3-21（a））。当工具面位于Ⅰ、Ⅳ区域时，其效应是增斜的；当工具面位于Ⅱ、Ⅲ区域时，其效应为降斜的。若工具面向角 $\Omega = 0$ 或 180°，其效应是造斜上仰强度最大或降斜强度最大。当工具面位于Ⅰ、Ⅱ区域时，其效应是增方位的；当工具面位于Ⅲ、Ⅳ区域时，其效应为降方位的。若工具面向角 $\Omega = 90°$，则为增方位强度最大；若 $\Omega = 270°$，则为降方位强度最大。

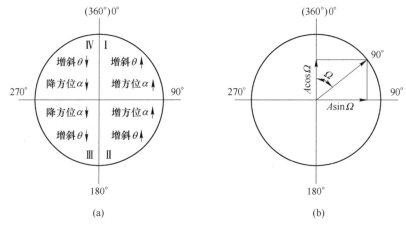

图 3-21　工具面向角对钻孔造斜倾角与方位角的影响

（a）造斜趋势分布；（b）造斜强度分解

B　定向钻孔轨迹预测方法

根据实钻轨迹与设计轨迹偏差变化，一般每隔 6m 调整螺杆马达弯接头（弯外管）指向（即工具面向角）改变钻孔倾角、方位角，从而使钻孔轨迹按设计方向钻进，因此螺杆马达不同的工具面是改变钻孔轨迹主要影响因素，合理选择螺杆钻具工具面向角是定向钻轨迹控制关键所在。利用定向钻造斜规律预测钻孔轨迹有以下技术要点。

（1）不同的工具面向角 Ω 使造斜强度 A 在水平、垂直方向投影（见图 3-21（b）），产生倾角分量：$\Delta\alpha = A\sin\Omega$，方位角分量：$\Delta\theta = A\cos\Omega$。工具面向角与 0° 夹角越小，倾角增量越大，工具面角与 90° 夹角越小，方位角增量越大。

（2）螺杆钻具造斜强度 A（钻孔全弯曲强度）一般每 6m 取值 2°~6°，螺杆钻具造斜强度受地层普氏系数（$0.5 < f < 6.0$）影响，硬度越大造斜强度越小。

（3）螺杆钻具因重力作用产生降斜效果，在普氏系数较小的地层中其降斜作用更明显。

（4）由于测斜探管位于钻头后方约 6m 处，工具面改变影响钻孔轨迹的效果需待钻进 6m 后测量数据来体现，因此，应根据测点测斜数据和工具面向角预测出钻头处倾角、方位角。

（5）考虑测点前 6m 孔段工具面造斜效果对后 6m 测点测斜数据影响，后 6m 测点倾角、方位角变化受前 6m、后 6m 的 2 个孔段工具面综合造斜效果影响。

在定向钻进施工中，应在螺杆马达工具面改变钻孔轨迹基础上，根据工具面向角与实测钻孔倾角、方位角，分析出地层硬度、重力作用、前孔段工具面对钻孔造斜影响关系，以便准确预测不同工具面向角钻进时钻孔轨迹变化情况。

3.3.2.3　钻孔轨迹控制技术

地面定向钻孔轨迹合理控制的目的：（1）确保钻孔轨迹平滑，避免钻孔摩擦阻力过大增加施工风险；（2）可确保钻孔按设计轨迹施工。

地面定向钻轨迹控制主要通过分析钻孔测斜仪实测数据、设计轨迹数据得出钻孔在目标层的空间位置，利用定向钻孔造斜规律预测不同螺杆钻具工具面钻进时的钻孔轨迹变化趋势，选择合理螺杆马达的工具面向角来控制钻孔轨迹按设计方向延伸。因此定向钻孔轨迹控制的基本工作是选择合适的螺杆钻具工具面向角。根据定向钻孔轨迹变化情况定向钻施工主要分为造斜钻进、稳斜钻、降斜钻进。造斜钻进是钻孔设计轨迹在某一孔段需偏离原钻孔方向，朝另一方向钻进，实现钻孔方位、倾角相应变化；稳斜钻进是钻孔设计轨迹在某一孔段保持原钻孔方向钻进，即保持钻孔倾角、方位角在稳定设计值附近。在实际定向钻进时，根据轨迹控制需要，常采用如图 3-22 所示的工具面向角造斜效果，通过不同工具面组合来实现不同轨迹控制需求，具体钻孔轨迹控制情况如下：

（1）稳斜钻进。对于地面注浆定向孔的主孔段，其钻孔走势与岩层走向接近垂直，岩层大部分是近水平分布，即倾角接近 0°，因此钻孔施工中对钻孔倾角的控制精度要比方位角高，稳斜钻进主要是使钻孔倾角稳定在设计值附近，方位角在设计值左右变化。常采用稳斜工具面向角组合；增方位稳斜（右）＋降方位稳斜（左）为基本单元孔段循环调整工具面向角按设计参数稳斜钻进，基本单元孔段长 3m 或 6m，为降低岩孔钻具摩擦阻力取其基本单元孔段为 3m。

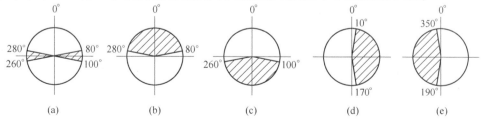

图 3-22　实钻常用工具面向角造斜效果

（a）稳斜；（b）增斜；（c）降斜；（d）增方位；（e）降方位

（2）增倾角造斜钻进。常用于钻孔设计倾角增加、实钻轨迹上下位移小于设计轨迹 1m 以上且实钻倾角不大于设计倾角值 1°、预留分支点增斜等情况。一般采用增斜工具面，其增斜幅度需根据设计要求及地层造斜特性选定，缓增倾角时增斜工具面靠近 80°或 280°，对于急增倾角时工具面靠近 0°。

（3）降倾角造斜钻进。常用于钻孔设计倾角降低、实钻轨迹上下位移高于设计轨迹 1m 以上且实钻倾角大于设计倾角值 1°，或开分支孔情况，其降斜幅度需根据设计要求及地层造斜特性选定，一般降斜工具面向角为 100°~140°或 220°~260°。缓降倾角时工具面靠近 100°或 260°，对于急降倾角，工具面靠近 180°。

（4）增方位造斜钻进。常用于钻孔设计方位角增加、向右开分支孔绕障情况，增方位（右）＋增方位（右）＋降方位（左）为基本单元循环调整工具面向角按设计参数增方位造斜钻进。急增方位时增加增方位（右）孔段长度。

（5）降方位造斜钻进。常用于钻孔设计方位角降低、向左开分支孔绕障情况，降方位常用工具面组合：降方位（左）＋降方位（左）＋增方位（右）为基本单元循环调整工具面向角按设计参数降方位造斜钻进。急降方位时减少降方位（左）孔段长度。

在实际控制钻孔轨迹时，应根据实钻轨迹测量数据与钻孔设计轨迹空间关系分析钻孔轨迹控制需要的工具面向角组合，利用适合地层特性的钻孔轨迹预测方法，预测出所选用的工具面向角产生的钻孔轨迹变化情况，选择钻孔轨迹，按钻孔设计方向钻进工具面向角施工，确保实际钻孔轨迹在设计钻孔轨迹上下和左右一定范围内波动。此外应避免钻孔长距离朝单一方向造斜，防止钻杆弯曲角度过大，造成钻具摩擦阻力过大，增加钻孔施工风险。图 3-23 所示为白象山铁矿地面注浆工程启动现场。

图 3-23　白象山铁矿地面注浆工程启动现场

3.4 高水头大断层避水矿柱留设技术研究

近年来我国大水金属矿山开发数量大幅增加，在矿山开发过程中由于井巷工程沟通断层或断层活化导致井下突水事故时有发生，如安徽省的马鞍山铁矿、黄屯硫铁矿等矿山均发生过断层突水事故。厚大断层破碎带作为特殊的地质体，一般自身富水，当与含水层接触时又具有良好的导水性，故断层突水时呈现出涌水量大、涌水速度快和危害性大的特点。为了防止此类断层突水事故发生，留设断层防水矿柱往往成为最经济、最安全的防治方法。近年来我国在防水矿柱合理留设方面，通过流固耦合理论研究、数值模拟和相似材料模拟研究取得了丰富的研究成果，本次高水头作用下避水矿柱留设研究主要借鉴前人关于流固耦合理论研究和数值模拟研究成果，利用 Phase2 数值软件建立数值模型，模拟井下采场采掘过程对高压导水断层的影响与破坏机理，研究合理的防水矿柱厚度，并结合经验公式法提出适合于矿山水文地质和工程地质条件的防水矿柱厚度。

3.4.1 高压导水断层地质模型

3.4.1.1 高压导水断层围岩系统

白象山铁矿开采深度在 400m 以下，深层地下围岩表现为高地应力，在地下采掘作业过程中，原岩应力场被开挖扰动破坏，卸荷岩体对于岩石材料的各向异性特征和抗拉强度等附加荷载岩体更为敏感，在卸荷条件下，表现为围岩应力在开挖方向卸荷松弛，卸荷变形明显，裂隙扩展，岩体损伤，张、剪性破裂特征显著等，特别是出现拉应力后，结构面的力学条件发生了本质的变化，导致岩体力学参数急剧下降，卸荷变形剧增。

高压导水断层自身裂隙节理发育，岩石破碎，"X"状排列的剪切节理和张节理会在断裂的一盘或两盘的岩体中生成。故在断层附近区域采掘作业时，上述卸荷作用将更加显著，而且受高压导水断层影响，采场围将受到地下水的静水压力、动水压力以及水对岩石的侵蚀冲刷及物理化学作用。在上述流固耦合作用下，围岩的稳定性大幅下降，一方面使断裂发生重新活动，断裂两盘从黏接状态变为断开状态，原来已"胶结"的断裂面重新剪开；另一方面是使断层活化程度增大，断面延展性增大，断层两盘作剪切错动，破碎带的导水性增强，导致采掘区域涌水量大幅增加，甚至导致突水事故发生。所以探讨上述特定的导水断层围岩系统的应力、应变及其对采掘作业的影响规律，分析和评价高压导水断层的防水岩柱及其稳定性，对矿山的安全生产具有重要意义。

3.4.1.2　地质模型的抽取与概化

数值模拟是在建立地质体物理模型（地质体）、力学形态及本构模型的基础上，采用数值计算的方法，求解地质体（随时间）变形、应力及破坏状态的变化过程，进而描述地质体变形破坏，乃至运动的全过程。数值分析结果的可借鉴性很大程度上取决于对模型建立的正确性和选取参数的可靠性。因此，在工程地质数值分析中，必须首先对地质原型进行分析与研究，并建立正确合理的地质模型。

数值模拟过程中，在尽可能周全考虑模型所涉及的影响因素的同时，还应考虑软件的实际分析运算能力，所以必须将已抽取的地质模型简化，抓住主要矛盾。将断层带区域范围的岩体作为主要研究对象，并且把岩层岩体性质、材料参数、模型内部作用条件、边界条件等单一化、理想化，得到概化（念）模型，从而达到针对性地分析解决实际问题的目的。

A　地质模型的建立

西南矿体分布在 9~2 号线之间，作为矿山的主矿体是矿山后期的主要开采区域。而 F_2 断层在 7~1 号线处紧挨西南矿体，为矿体的间接顶板，5 号线处距离矿体最近，距矿体边界约 4m。-470m 巷道掘进揭露 F_4 断层破碎带的突水事故给矿山带来了沉痛的教训，而 F_2 断层破碎带规模远大于 F_4 断层破碎带，且采掘作业揭露面积及爆破作业影响范围远大于巷道掘进揭露面积及爆破作业影响范围，一旦采掘作业沟通 F_2 断层将引发重大安全事故，所以分析西南矿体高压含水断层防水矿柱合理厚度具有重要意义。

如图 3-24 所示，5 号勘探线处于西南矿体中部，属于典型剖面线，且矿体边界距离 F_2 断层最近，所以选取 5 号勘探线西南矿体部分作为数值模拟的地质模型。在综合分析 F_2 断层局部水文地质条件的基础上，圈定模拟范围，设定边界条件，构建"导水断层围岩系统"。基于 Phase2 流固相互作用的渗流计算模式，分析开挖距断层一定距离及揭露断层突水时的应力、应变等围岩体状况，并初步掌握可能出现的突水工况。

B　地质模型的概化

-470m 中段是矿山开采西南矿体的首采中段，故选择 -470m 中段作为模拟开采中段。矿山采用分层进路充填采矿法，采场高度控制在 7m，由东向西开采，逐步接近 F_2 断层，如图 3-25 所示。

断层简化：依据 5 号勘探线剖面图断层倾角 75°~80°，断层带脉宽 10~20m，在 -470m 中段断层与矿体接触，断层面为理想化的平面。

根据"上三带"理论（冒落带、裂隙带和弯曲沉降带）发育高度、"下三带"理论（底板导水破坏带、有效隔水层保护带和承压水导升带）发育深度和

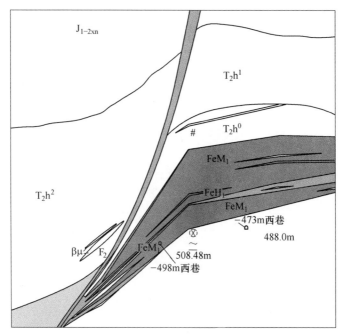

图 3-24 F$_2$ 断层与西南矿体模拟范围

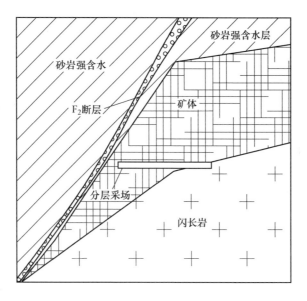

图 3-25 采场逼近导水断层概化模型

模型中断层及采掘作业的影响范围的经验值，合理确定数值计算模型的大小和边界，计算模型的高度范围为-300~-600m，长度为 311m：（1）垂直方向上-470m

水平向上高度取 170m，向下取 130m，垂直方向总高度 300m；（2）水平方向上，根据-470m 中段与 F₂ 断层的空间位置取 311m。模型采用三角形网格剖分，共 1500 个网格单元，模型如图 3-26 所示。

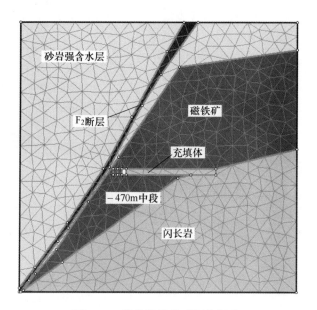

砂岩强含水层

F₂ 断层

磁铁矿

充填体

-470m 中段

闪长岩

图 3-26　数值计算模型网络划分

3.4.2　避水矿柱厚度计算经验公式

我国煤炭部门针对断层防水矿柱留设厚度进行了大量的研究，积累了丰富的经验，总结形成了防水矿柱留设厚度计算的经验公式。金属矿山防水矿柱留设厚度研究较少，所以防水矿柱厚度计算主要依据《煤矿防治水规定》中的经验公式（式（3-64））。

$$L = 0.5KM \sqrt{\frac{3p}{K_p}} \tag{3-64}$$

式中　L——矿柱留设宽度，m；

　　　K——安全系数，一般取 2~5；

　　　M——分层采高，m；

　　　p——水头压力，MPa；

　　　K_p——矿体的抗拉强度，MPa。

目前，白象山铁矿-470m 中段西南矿体的静水压力为 4.5~4MPa，上向进路分层采高为 7m，矿体的抗拉强度 4.41MPa。将以上参数代入式（3-64）得到防水矿柱留设厚度为 12m。

3.4.3 避水矿柱厚度数值模拟分析

3.4.3.1 模拟方法与思路

A 渗流岩体模拟的假设条件

（1）假设岩体为多孔介质，流体在裂隙介质中符合达西定律，同时满足 Biot 方程。

（2）不考虑固体颗粒的压缩性。

（3）断层破碎带岩体为软弱岩体，属于同一种均质各向同性的弹塑性材料。

（4）忽略地下水对岩石的水化学作用。

（5）其他采掘作业对模型范围没有影响。

（6）采掘作业是在完全没有支护的情形下进行的。

B 力学边界条件及初始地应力场

模型底部设定为固定约束，限制水平和竖向位移；沿断层走向边界即前后边界采用水平约束，取 x 方向位移为零。

模型左右边界也采用水平约束，取 y 方向位移为零；模型顶部压力简化为等效荷载。

根据勘察报告中地层分布表，考虑作用于模型岩体顶部边界上铅直方向的荷载为模型上部 306m 厚所有地层岩体自重（自重计算按表 3-13），上覆岩层重量 $q = -\Sigma \rho_i g$，则整个模型施加上覆压力的等效荷载为 $-8.0957 \times 10^6 \text{Pa}$（$\approx -8.1\text{MPa}$）（模型中负号代表压应力）。

白象山铁矿并无实测地应力数据，按照白象山铁矿实测深部闪长岩泊松比计算所得的侧压力系数为 0.25 左右，而按照文献的线性回归经验公式计算所得 500m 深度侵入岩的侧压力系数为 1.0 以上，这里取低值 0.5 进行初始地应力场。

表 3-13 模型上覆岩层统计

地层标高/m	地层名称（从上到下）	岩石性质	厚度/m	平均密度/kg·m⁻³
+6～-13	Q	第四系	19	2500
-13～-262	T_3h^2	紫红色粉砂质泥岩	249	2650
-262.0～-300	T_3h^1	杂色粉细砂岩	38	2690

C 渗流边界条件

根据矿山地下水位观测 2013 年 5 月 F_2 断层上盘水位标高在 -20m 左右（SR5/1），F_2 断层下盘模型边界位于矿区的 SR11/1 与 SR9/1 之间，SR11/1 与

SR9/1 的地下水位分布为-60.78m 和-59.65m。综合以上实测水文地质资料将模型的渗流边界水位分别设置为-20m 标高和-60m 标高。

D　本构模型

模型中的地质材料分别为砂岩、磁铁矿、充填体、闪长岩和断层破碎带，F_2 断层在深部由黄马青组砂页岩角砾组成，被闪长岩、硅质、铁质所胶结，强度较大。故将上述地质体按照弹塑性材料考虑，均采用理想弹塑性本构模型。岩土体本构模型取基于 Mohr-Coulomb 准则的理想弹塑性模型：

$$f_s = \sigma_1 - \sigma_3 \times (1 + \sin\varphi)/(1 - \sin\varphi) + 2c[(1 + \sin\varphi)/(1 - \sin\varphi)]^{1/2}$$
$$= (\sigma_1 - \sigma_3) - 2c\cos\varphi - (\sigma_1 + \sigma_3)\sin\varphi \tag{3-65}$$

该模型适用于材料在剪切下屈服，剪应力只取决于最大主应力 σ_1、最小主应力 σ_3，而第二主应力 σ_2 对材料屈服不产生影响，材料达到屈服后，其应力不再随应变而变化，塑性阶段的应变只有塑性应变。

拉应力破坏准则：

$$f^t = \sigma^t - \sigma_3 \tag{3-66}$$

式中　　σ^t ——抗拉强度。

当 $f^t < 0$ 时，材料将发生剪切破坏，材料在达到屈服极限后，在恒定的应力下将产生塑性变形。

E　材料参数

根据矿山的地质条件，参考矿山的勘察资料和采矿设计资料，将计算模型设置为 5 种力学介质，各介质的物理力学特征见表 3-14。

表 3-14　白象山铁矿矿岩及充填体物理力学参数

介质	容重 /kg·m⁻³	弹性模量 /GPa	抗压强度 /MPa	抗拉强度 /MPa	内摩擦角 /(°)	泊松比	渗透系数 /m·s⁻¹	黏结力 /MPa
砂岩（上盘）	2540	56	40	3.85	49.8	0.22	7×10⁻⁶	9.3
磁铁矿（矿体）	3570	59	60	4.41	48.5	0.2	3×10⁻⁶	9.54
闪长岩（下盘）	2280	32	15	4.05	49.6	0.22	6.2×10⁻⁸	3.26
F_2 断层	2000	2	10.2	1	35.7	0.21	2×10⁻⁵	3.96
充填体	1850	0.21	1.75	0.21	44.7	0.15	2×10⁻⁴	0.47

3.4.3.2　模拟计算防水矿柱厚度

A　分布模拟方案

在-470m 中段西南矿体开展采掘作业，随着采掘作业的推进，防水矿柱厚度逐步减小，采掘区域的应力和裂隙带将发生变化，所以模型主要模拟防水矿柱厚度变化过程中在应力场和地下水流场条件下的变形、位移等情况。

基于上述情况,以-470m 中段为例,分别进行不同状态下的应力和地下水流场的平衡计算:原始状态和防水矿柱厚度分别为 15m、10m、5m,模拟过程中,采掘施工时按照采矿要求及时充填。

B 应力场分析

从图 3-27 可以看出,采掘作业后,岩体中的应力进行重新分布,在采区周围形成应力的局部集中,且在深部岩体内部的开挖会导致开挖区周边产生较大的应力集中,-470m 工作面推进过程中最大主应力由 25MPa 左右增加到了 35MPa 左右,随着防水矿柱厚度的减小,最大主应力逐步增加,应力集中影响区域也大幅增加。

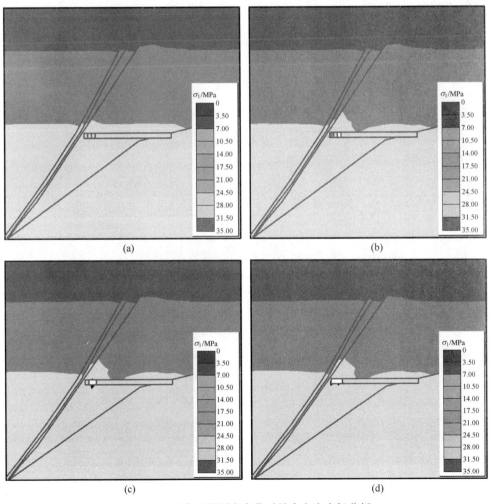

图 3-27 防水矿柱厚度变化时最大主应力场分析

(a) 原始最大主应力场;(b) 防水矿柱 15m 时最大主应力场;

(c) 防水矿柱 10m 时最大主应力场;(d) 防水矿柱 5m 时最大主应力场

C　位移场分析

从图 3-28 可以看出，随着工作面的推进，顶底板的位移逐渐增大，且位移影响区域向采区顶底板的更大范围扩散。当防水矿柱厚度大于等于 10m 时，其顶底板的最大位移小于 3mm，影响区域的主要位移在 1~2mm，且主要位于矿体以内；当防水矿柱厚度减小到 5m 时，顶底板的最大位移达到了 5mm 左右，且 2~4mm 的主要位移区域扩展到了 F_2 断层，即 2~4mm 的采掘影响裂隙带将沟通 F_2 断层，在 F_2 富水破碎带与采区之间形成地下水的补给通道，并导致 F_2 断层水大量补给采区，影响采区安全生产。综合以上分析可以看出，随着防水矿柱厚度的

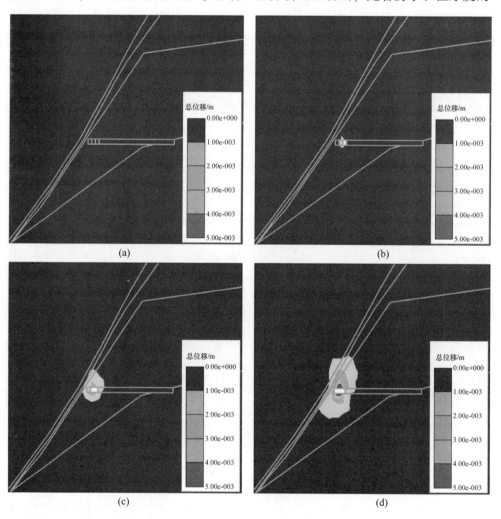

图 3-28　防水矿柱厚度变化时位移场分析图

（a）原始位移场；（b）防水矿柱 15m 时位移场；（c）防水矿柱 10m 时位移场；（d）防水矿柱 5m 时位移场

减小，防水矿柱更容易破坏，当防水矿柱厚度大于等于 10m 时，防水矿柱是安全的，防水矿柱厚度进一步减小到 5m 时其防水保护作用将被破坏，故防水矿柱的厚度必须大于 5m。

3.5 疏干排水地下水位控制技术

3.5.1 疏干排水引起的地面塌陷及防治

无论是采矿过程中揭露下"天窗"的强含水层和上述四条大的断层，还是采矿后期产生崩落沉陷带，均会引发井下大的突水，造成地表第四系土层及河床的水土流失，引发地面塌陷。为此，对白象山矿开采可能引发的地面塌陷及其防治技术措施进行研究，具有至关重要的意义。

3.5.1.1 矿区地表塌陷机理分析

A 大裂隙突水引发地面塌陷

根据地质报告及矿山开采以来揭露的工程水文地质资料：F_2、F_4、F_5、F_6 四条大的断层，断层的规模大，属张性断裂，与上部的黄马青组杂色粉细砂岩强含水层及第四系含水层直接沟通，富水性和导水性强；F_2、F_4 断层破碎带紧邻矿体，构成矿体顶板，F_5、F_6 自北东向西南穿过矿体。一旦开采直接揭露（或塌方引发间接揭露）上述四条大的断层，矿坑将会出现大的突水。一旦发生井下大突水，裂隙充填物易随水流涌出，如不能及时控制井下突水水量，地下水潜蚀作用将往上波及到上伏松散土层，则第四系土粒和砂粒在水流潜蚀掏空作用下，沿出水裂隙涌入矿坑，造成矿区第四系土层下部水土流失，产生地下隐伏空洞，从而引发地面塌陷。特别是 F_2 断层，一旦出现大的突水，可能波及分布在矿区 9 号线以南的青山河河床，河床塌陷会引发河水倒灌矿坑的重大危害。

B 强含水层疏干引发地面塌陷

杂色粉细砂岩为矿区的强含水层，裂隙发育，在上"天窗"部位（2~7 号线）直接同第四系土层相连，在下"天窗"部位（1~5 号线）与矿体直接相连，如果在今后开采过程揭露强含水层，不仅会发生大的突水淹井事故，而且大流量、高流速的地下水流会将上"天窗"上的土粒或砂粒随水流涌进矿坑，造成第四系下部土体流失，形成隐伏空洞，产生地面塌陷。

C 采矿崩落沉陷引发地面塌陷

在今后开采过程中，如果采矿方法设计不当，在地面出现大的崩落沉陷带，沉陷边界处河床第四系土层将因不均匀沉降而错断，导致河床与"天窗"之间的隔水体（黏性土）出现破坏，河水直接倒灌进入"天窗"部位的强含水层，这样不仅会产生水土流失,引发大面积的地面塌陷,同时还会引发井下大突水灾害。

3.5.1.2　矿区地表塌陷的防治

针对白象山矿床可能出现地面塌陷的三大诱因和机理,只要从以下几个方面采取技术措施,就可以避免今后矿床开拓开采过程中出现地面塌陷。

(1)避免采矿开拓工程直接揭露大的断层破碎带。依照地质报告及前期采矿工程的揭露,与矿山相关密切的 F_2、F_4、F_5、F_6 四条大的断层的均为徒倾角,延伸达500m以上,F_5、F_6 断层连续性差,反复尖灭,各中段推测断层的位置变化大,虽然在-470m、-390m中段对 F_4、F_5、F_6 三条断层进行部分揭露,但在下一步-500m、-430m中段采掘过程中,仍应进行可靠的超前探查,进一步完善其参数及富水导水特征。F_2 断层目前井下尚未有工程揭露和控制,下一步要布设相应探水工程,查清其规模、产状、充填物状况和导水性能,以及各中段分布的准确位置。采矿时尽可能利用隔水岩柱(或矿柱),避免对其直接揭露。

(2)一旦出现断层破碎带突水立即进行注浆封堵。无论是巷道的开拓,还是采矿工程,均要探水注浆行进,不能侥幸,特别是在大裂隙带附近,探水孔要设置好防喷器。不论是探水孔、巷道,还是采场,一旦发生断层破碎带突水,必须立即进行注浆封堵,防止长时间大流量疏排断层破碎带内水。

(3)采用含矿层内控制疏干。尽管白象山矿勘探期间布设的钻孔多、网度密,但各含水层之间的实际界线与钻孔剖面图上所画的地质界线会有出入,因而疏干钻孔的布设位置、孔深、方位应根据今后实施过程中井下揭露的工程水文地质情况进行调整,切忌把疏干孔布设在强含水层中或大的断层破碎带中。

(4)采用充填法采矿。采用充填采矿方法,整体上能保持采场顶板的稳定性,可以防止采矿崩落沉陷引发的地面塌陷。

(5)建立地表沉降观测系统。在地表重要的设施周围,特别是青山河9号线以南的河床设立合适的观测点,对地表的沉降量进行长期系统的观测。

3.5.2　疏干排水引起的地面沉降及防治

3.5.2.1　疏干引起地面沉降的机理

第四系土体可以看成是由土粒、孔隙水和气体组成的三相体,对于地下水位以下的土层可以看成是饱和含水的土层,土体中的孔隙完全被水充满,可以认为是由固相的土粒和液相的孔隙水组成的两相体。疏干前，第四系土体所受的荷载由土粒和孔隙水共同承担，在开采过程中，土体中的孔隙水被疏干或者部分疏干。孔隙水被排出（或部分排出），孔隙水承担的应力减小，土粒承担的应力增加，即土的有效应力增加，从而使土产生固结压密。疏干范围的土体的固结压密向上位移，反映到地表面上会产生下沉和水平位移，由于矿区开采疏干过程中平面上各部位的第四系的厚度、岩性以及与下部疏干放水孔的水力联系程度不同，矿体上部各部位地下水位的降深也不尽相同，因而第四系将产生不均匀沉降。

3.5.2.2 地面沉降计算及沉降观测

根据目前掌握的资料，地面疏干引起地面沉降计算尚处于探索阶段，没有成熟模式可参照，本节应用随机介质理论计算地面沉降。

A 第四系土层地下水疏干后的固结压密

由土粒、孔隙水和气体组成的天然土体具有孔隙，土的松密程度可用土的孔隙比 e 或者孔隙率 n 表示：

$$e = \frac{V_v}{V_s}$$

$$n = \frac{V_v}{V_v + V_s} = \frac{V_v}{V} \tag{3-67}$$

式中　e——孔隙比；

　　　n——土体孔隙率；

　　　V_v——土体中孔隙的体积，V_v 由孔隙水和空气的体积构成；

　　　V_s——土粒体积；

　　　V——土体总体积。

孔隙比或孔隙率越大，土体中孔隙体积越大，土体越松散，疏干后土体沉降变形越大。土的压缩性用土的压缩系数 α_v 表示，图 3-29（a）所示为土的压缩曲线（e-p 曲线），α_v 指压缩曲线的割线坡角的正切，即：

$$\alpha_v = \frac{e_1 - e_2}{p_2 - p_1} = \frac{\Delta e}{\Delta p} \tag{3-68}$$

式中　e_1，e_2——分别是压缩曲线与 p_1、p_2 相对应的孔隙比；

　　　Δe，Δp——分别为孔隙比和应力增量。

压缩系数越大，压缩曲线越陡，则土的压缩性越高，但是压缩系数 α_v 不是常量，它将随着压力的增加以及压力增量取值的增大而减小。

土体的压缩性还可以用土的压缩指数 C_c 表示。从土的 e-$\lg p$ 曲线（见图 3-29（b））可以看出，在较高的压力范围内，土体的 e-$\lg p$ 曲线近似为一直线，此时，定义土的压缩指数 C_c 如下：

$$C_c = \frac{e_1 - e_2}{\lg p_2 - \lg p_1} = -\frac{\Delta e}{\lg\left(\dfrac{p_1 + \Delta p}{p_1}\right)} \tag{3-69}$$

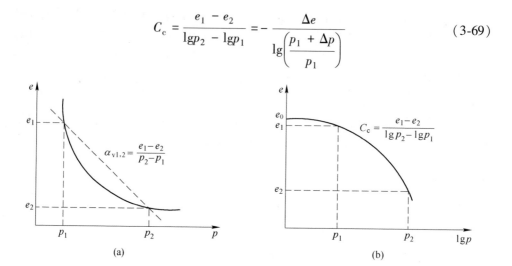

图 3-29　土的压缩性曲线图

（a）$e\text{-}p$ 曲线；（b）$e\text{-}\lg p$ 曲线

如图 3-30 所示，地下水水位线为 $Z = H_0$，H_0 以下为饱和土体，即由土颗粒和液相的孔隙水组成的两相体。在饱和岩土中 Z 处取一单元土体 $\mathrm{d}\xi\mathrm{d}s$，单元体所受的总应力为 p_1，其中孔隙水所承担的应力即孔隙水应力为 p_w，则土体所承担的应力：

$$\delta = p - p_w \tag{3-70}$$

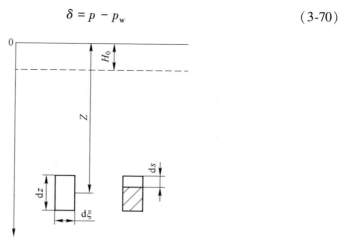

图 3-30　土体的固结压密

疏干降水前，单元土体所受的总应力为上覆土体的自重，即：

$$p = H_0\gamma_0 + (Z - H_0)\gamma_f \tag{3-71}$$

式中　γ_0——地下水位线以上土体容重，kN/m^3；

　　　γ_f——地下水位线以下土体容重，kN/m^3。

单元体 $\mathrm{d}\xi\mathrm{d}s$ 处孔隙水应力为 p_w，则：

$$p_w = (Z - H_0)\gamma_w \tag{3-72}$$

式中　γ_w——孔隙水容重，$\gamma_w = 9.81\mathrm{kN/m}^3$。

由式（3-70）~式（3-72）可得单元岩土体的有效应力为：

$$\xi = H_0\gamma_0 + (Z - H_0)(\gamma_f - \gamma_w) \tag{3-73}$$

深度 Z 处单元土体中的孔隙水疏干后，土体内的应力发生变化，孔隙水承担的应力转移到土粒承担，使得作用在土粒上的有效应力增加。设疏水完成后，孔隙水应力降为 0，则有效应力增量 ΔS 为 Δp：

$$\Delta p = (Z - H_0)\gamma_w \tag{3-74}$$

设 e_0 为疏水前土体的初始孔隙比，Δe 为疏水后土体的孔隙比的改变量，由式（3-68），微段 $\mathrm{d}z$ 因疏水而产生的竖向压缩固结为 $\mathrm{d}s$：

$$\mathrm{d}s = \frac{\alpha_v \Delta p}{1 + e_0}\mathrm{d}z \tag{3-75}$$

将式（3-74）代入式（3-75），得到：

$$\mathrm{d}s = \frac{\partial \nu(Z - H_0)\gamma_w}{He_0}\mathrm{d}z \tag{3-76}$$

土体的压缩性用压缩系数 C_c 表示，根据式（3-69）、式（3-71）和式（3-73），可得：

$$\mathrm{d}s = \frac{C_c}{1 + e_0}\lg\left[\frac{H_0\gamma_0 + (Z - H_0)\gamma_f}{H_0\gamma_0 + (Z - H_0)(\gamma_f - \gamma_w)}\right]\mathrm{d}z \tag{3-77}$$

将式（3-76）和式（3-77）写成统一的形式：

$$\mathrm{d}s = C(Z)\mathrm{d}z \tag{3-78}$$

式中：

$$C(Z) = \frac{\partial \nu(Z - H_0)\gamma_w}{1 + e_0} = \frac{C_c}{1 + e_0}\lg\left[\frac{H_0\gamma_0 + (Z - H_0)\gamma_f}{H_0\gamma_0 + (Z - H_0)(\gamma_f - \gamma_w)}\right]$$

则单元体在深度 Z 处疏水后产生的体积压缩 $\mathrm{d}\xi\mathrm{d}s$ 为：

$$\mathrm{d}\xi\mathrm{d}s = C(Z)\mathrm{d}\xi\mathrm{d}s \tag{3-79}$$

B　第四系土层地下水疏干后引起的地表移动及变形

白象山矿在今后疏干降水开采过程中，必然会以矿区某一位置（特别可能存在于"天窗"附近）为中心形成一个降落漏斗。假定上部土体与水为各向同性，上部水源的补给为各向同性，则降落漏斗为以某一位置为中心的对称旋转曲面，如图 3-31 所示。

设地下水初始水位为 $Z=H_0$；降落漏斗中心位置的降深最大，其值为 h_0，距降落漏斗中心的距离增大，降水深度减小。降落漏斗的曲面方程在直角坐标系中可设为：$Z=f(x,y)$，考虑曲面的轴对称，可以建立如图 3-32 所示的柱坐标系，在该坐标系中，对单元体取坐标 (ξ,θ,η)，对地表及土体取坐标 (ρ,θ,Z)，对于地下水位线以下 (ξ,θ,η) 处一单元体，其体积为 $\mathrm{d}\xi\mathrm{d}\theta$。柱坐标系中，降水漏斗的曲面方程可表示为 $Z=f(\rho)$。降水漏斗曲面方程 $Z=f(\rho)$ 有如下特点：

（1）当 $\rho=0$ 时，有极大值，即：

$$Z_{\max}=f(0)=H_0+h_0 \tag{3-80}$$

（2）$\rho\to\infty$，$Z\to H_0$（原始水位线），即：

$$\lim f(\rho)=H_0 \tag{3-81}$$

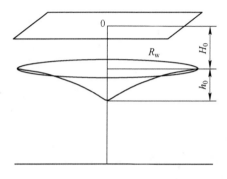 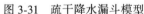 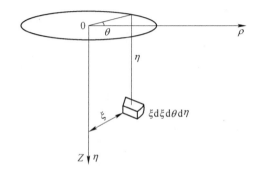

图 3-31　疏干降水漏斗模型　　　　　图 3-32　柱坐标下单元体

根据疏干降水的实际情况，降落漏斗存在一个边界，边界即位于降落漏斗的半径 R_w 处，图 3-31 所示的降落漏斗曲面可用旋转抛物面近似表示。如前所述，第四系土层中孔隙水被疏干，引起土体的固结压密反应到地面形成沉降。饱和土中的孔隙完全被水充满，这种多孔隙含水饱和体可以视为固液两相的随机介质，土粒的移动应服从于随机过程。土层疏干范围内各单元被压缩形成的微沉降向上传播，在地表面上叠加后，便形成地面沉降和变形。

在图 3-32 所示的柱坐标系中，根据随机介质理论，单元开挖至 $\mathrm{d}\xi\mathrm{d}\theta$ 引起的距离漏斗中心垂直抛物线为 ρ 处的单元下沉 $W_e(\rho)$ 为：

$$W_e(\rho)=\frac{1}{r_2(\eta)}\exp\left[-\frac{\pi}{r^2(\eta)}(\rho^2+\xi^2-2\rho\xi\cos\theta)\right]\mathrm{d}\xi\theta\xi\eta \tag{3-82}$$

其中，$\gamma(\eta)$ 为处于深度 η 处单元体的主要影响范围，它与 η 线性相关，即：

$$\gamma(\eta)=\frac{\eta}{\tan\beta} \tag{3-83}$$

式中 β——地层主要影响范围角;

η——水平的单元体 $\mathrm{d}\xi\mathrm{d}\theta$ 因抽水而产生一固结压缩 $\mathrm{d}s$,η 水平上的固结范围为以漏斗轴线为中心,$\rho(\eta)$ 为半径的圆形区域。

假定含水土体降水后体积的缩小仅反映为其本身的竖向压缩,这样,一个单元体 $\xi\mathrm{d}\xi\mathrm{d}\theta\mathrm{d}\eta$ 因降水而产生的体积缩小量为 $\mathrm{d}\xi\mathrm{d}Q\mathrm{d}\eta$,由式(3-79)可知:

$$\xi\mathrm{d}\xi\mathrm{d}\theta\mathrm{d}s = C(\eta)\xi\mathrm{d}\xi\mathrm{d}\theta\mathrm{d}\eta \tag{3-84}$$

η 水平因降水引起土体固结导致的距离漏斗轴线为 ρ 处地表面一点的微下沉 $W_e(\rho、Z)$ 为:

$$W_e(\rho,\ Z) = \int_0^{2h}\int_0^{\gamma(\eta)} \frac{1}{\gamma^2(\eta)}\exp\left\{-\frac{\pi}{\gamma^2(\eta)}\left[(\rho-\xi)^2 + 2\rho\xi(1-\cos\theta)\right]\right\} C(\eta)\xi\mathrm{d}\xi\mathrm{d}\theta\mathrm{d}\eta \tag{3-85}$$

在静水位 H_0 以下,疏干漏斗曲面以上部分的各个土体单元均会发生固结压密,这一区域称为降水域,降水域内各单元固结压密向上传播并在地表面进行叠加,在地面产生沉降与变形。根据式(3-83)和式(3-85)可得到在地表距离漏斗轴线为 ρ 的点由于疏干降水形成的下沉 $W(\rho)$:

$$W(\rho) = \int_{h_0}^{H_0+h_0}\int_0^{2\pi}\int_0^{\gamma(\eta)} \frac{\tan^2\beta}{\eta^2}\exp\left\{-\frac{\pi\tan^2\beta}{\eta^2}\left[(\rho-\xi)^2 + 2\rho\xi(1-\cos\theta)\right]\right\} C(\eta)\xi\mathrm{d}\xi\mathrm{d}\theta\mathrm{d}\eta \tag{3-86}$$

降水域内各单元的固结压密向上传播,并在地表面进行叠加后将在地表产生水平位移。先考虑单元水平位移 $U_e(\rho)$,在图 3-32 所示的柱坐标系轴对称条件下,应有:

$$\begin{cases} \varepsilon_\rho = \dfrac{\partial U_e}{\partial \rho} \\[2mm] \varepsilon_\theta = \dfrac{U_e}{\rho} \\[2mm] \varepsilon_z = \dfrac{\partial W_e}{\partial Z} \end{cases} \tag{3-87}$$

其中 ε_ρ、ε_θ、ε_z 分别为沿 ρ 方向(径向)、垂直于 ρ 方向(切向)和沿 Z 轴方向的应变。假定土粒不可压缩,则:

$$\varepsilon_\rho + \varepsilon_\theta + \varepsilon_z = 0 \tag{3-88}$$

图 3-32 柱坐标系中,η、Z 轴重合,对于单元体,应有:

$$\frac{\partial U_e}{\partial \rho} + \frac{U_e}{\rho} + \frac{\partial W_e}{\partial Z} = 0 \tag{3-89}$$

当地表面上与降落漏斗轴线的距离 P 为无穷大时，水平位移应为 0，即 $P\rightarrow\infty$ 时，$U_e(\rho)=0$，根据这一边界条件，解方程（3-89）得到：

$$U_e = \frac{1}{\rho}\int\rho\,\frac{\partial W_e}{\partial \eta}\mathrm{d}\rho \tag{3-90}$$

这样由于降水域内土体固结引起的距离漏斗轴线为 ρ 地表一点的径向水平位移 $U(\rho)$ 为：

$$U(\rho) = \int_{h_0}^{H_0+h_0}\int_0^{2\pi}\int_0^{\gamma(\eta)}\frac{1}{\rho}\left[\int\rho\,\frac{\partial W_e}{\partial \rho}\mathrm{d}\rho\right]C(\eta)\xi\mathrm{d}\xi\mathrm{d}\theta\mathrm{d}\eta \tag{3-91}$$

最大沉降发生在水位降深最大处，即漏斗中心，根据计算：$W(\rho)_{max}=0.593$m，水平位移。

$$U(\rho)_{max} = 0.094\text{m} \tag{3-92}$$

由于第四系土层属于松散体或塑性体，且厚度达30m以上，结合我国部分城市排水引起的地面沉降实例分析，在地下水位降速控制在每天10cm以内，地面沉降表现为均匀沉降。白象山铁矿采用控制疏干新技术，当第四系土层内地下水位下降的速度控制在每天约2cm时，计算得出的第四系土层因地下水下降到基岩面的沉降量恰为0.593m，仍近似于均匀沉降，将不会对地表河流河床产生较大的威胁。因此，第四系含水层地下水水位下降速度控制在2cm/d以内。但井下工程揭露 F_2、F_4、F_5、F_6 四条大的断层发生的突水，会造成断层破碎带上部的第四系颗粒大量流失，不仅在地表产生不均匀沉降，还可能引发地面塌陷。根据2015年10月布置在矿区地面130个沉降观测点的沉降观测，目前地面沉降量最大只有2.7cm，地表设施及青山河床均处于安全状态。

3.5.3　疏干排水过程中地下水位动态监控技术

矿区地表共有21个长期水文观测孔，其中第四系含水层有水位观测孔8个，基岩含水层有水位观测孔13个；矿区井下共有10个基岩水压监测孔，其中5个分布在-390m中段，5个分布在-470m中段，-470m中段基岩水位监测孔为疏干孔兼测压孔，故矿区地表、井下累计共有31个地下水水位（压）观测孔。青山河是白象山铁矿的主要地表水体，流经矿山的西南部，处于矿区疏干半径以内，大范围疏干导致河流水大量补给地下水，引起矿坑涌水量大幅度增加，甚至发生突水淹井事故。为防止发生上述安全事故，矿山通过分析疏干过程中基岩地下水流场和第四系地下水流场的变化，控制疏干过程对第四系含水层的影响，采用控制措施防止破坏第四系下部相对隔水层的稳定性，并结合青山河在矿区上下游的水位监测数据综合判断控制疏干对青山河的影响，确保井下安全生产（青山河水位监测点及降雨量检测点布置如图3-33所示）。

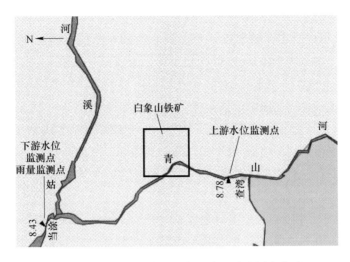

图 3-33 青山河水位监测点及降雨量监测点布置

3.5.3.1 控制疏干对第四系含水层地下水流场影响分析

白象山铁矿 2011 年 1 月 1 日~2016 年 7 月 1 日日降雨量统计及降雨量累计统计如图 3-34 所示。由图可见，每年 4~9 月为雨季，7 月为峰值期，2011 年 1 月 1日~2016 年 7 月 1 日的累计降雨量为 6050mm，即年平均降雨量为 1100mm。

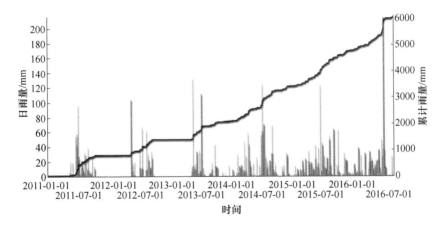

图 3-34 白象山铁矿降雨量观测统计

白象山铁矿第四系含水层共有 8 个地下水位观测孔，分别是 SQ6/3、SQ5/1、SQ9/1、SQ12/1、SQ6/1、SQ1/1、SQ11/1 和 SR6/1Q，通过对第四系地下水位的监测分析第四系地下水流场变化情况，研究控制疏干对第四系地下水流场的影响，防止第四系水位的大幅下降引起地表水体的大量补给，导致井下涌水大量增加。从图 3-35 可以看出，除 SQ9/1 外，其余第四系水位观测孔曲线主要受降雨入渗补给影响，根据矿区的统计资料显示第四系互层一般在雨后 20 天左右水位达到最高。钻孔 SQ9/1 水位在 2008 年开始呈明显下降，随后由于矿山井筒淹井水位恢复到自然水位，2010 年恢复生产后，下半年水位再一次开始明显下降，到 2011 年 9 月后，基本稳定在 -18m 左右。SQ5/1 和 SQ1/1 水位从 2012 年开始除受季节变化外钻孔水位呈现出小幅下降，其中 SQ5/1 水位下降趋势较明显，整体下降在 3m 左右。将第四系钻孔水位观测资料绘制成第四系含水层地下水流场图（见图 3-36），从第四系地下水流场随疏干时间的变化可以看出，2008～2011年第四系含水层漏斗中心水位下降速度相对较快，2011～2015 年第四系含水层疏干漏斗范围相对扩展，但漏斗中心水位下降速度相对较慢，逐步趋于稳定。

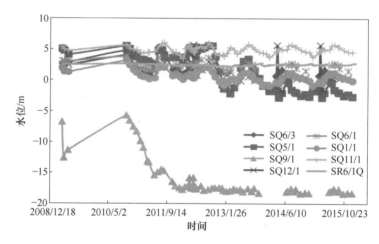

图 3-35　第四系含水层地下水位观测曲线

　　根据第四系含水层观测资料和第四系含水层地下水流场图推测第四系降落漏斗中心水位处于 SQ9/1 孔区域，将该孔的第四系含水层观测曲线与该区域的基岩含水层观测曲线（SR9/1 孔观测曲线）进行对比分析（见图 3-37）可以看出，2011 年之前两孔水位比较接近，之后随着井下疏排水量的增大，基岩水位大幅下降，而同期的第四系水位仅略有下降，基本稳定在 -18m 左右，两者之间水位差在 280m 左右。对图 3-38 第四系含水层地下水流场与基岩含水层地下水流场三维空间模拟对比进行分析，2015 年时白象山矿区基岩含水层已经形成明显的降落漏斗，其与第四系含水层地下水流场差距明显，存在巨大的水位差，在空间上呈现水明显的 "两层水" 状态。

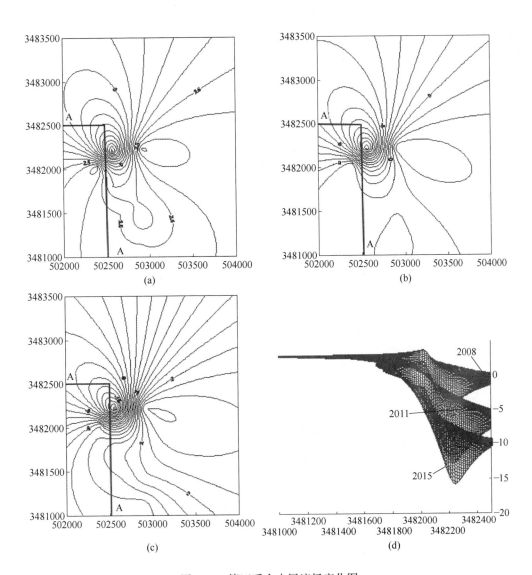

图 3-36 第四系含水层流场变化图

(a) 2008 年第四系含水层等水位线；(b) 2011 年第四系含水层等水位线；

(c) 2015 年第四系含水层等水位线；(d) A—A 剖面第四系含水层水位下降曲线

3.5.3.2 控制疏干对青山河的影响

青山河在矿床范围内切割了第四系亚黏土与粉砂岩互层，河床下部有 25～35m 厚的第四系松散岩层，其中 6～17m 厚互层；5～20m 厚的亚黏土隔水层，

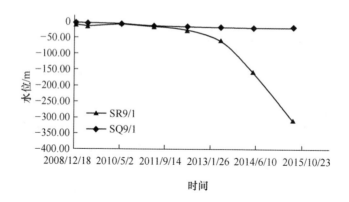

图 3-37　SQ9/1 与 SR9/1 观测水位曲线对比

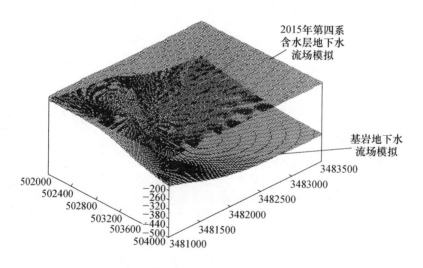

图 3-38　2015 年第四系地下水流场与基岩地下水流场三维对比

　　勘探期间测试亚黏土隔水层渗透系数为 0.00017m/d，天然状态下地表水体补给量较小。矿山通过控制井下疏排水强度，使第四系含水层与基岩含水层保持"两层水"状态，控制疏排水对第四系及青山河床稳定性的影响。从图 3-39 降雨量与青山河上下游监测点水位曲线可以看出，每年 4～9 月降水量占全年的 72%，其中 7 月为峰值期，该时段也是青山河的洪水期，最高水位在 12～13m 标高，2 月左右降雨量最少，青山河也为枯水期，水位在 5m 标高左右，以上表明青山河水位变化主要受季节降雨控制。

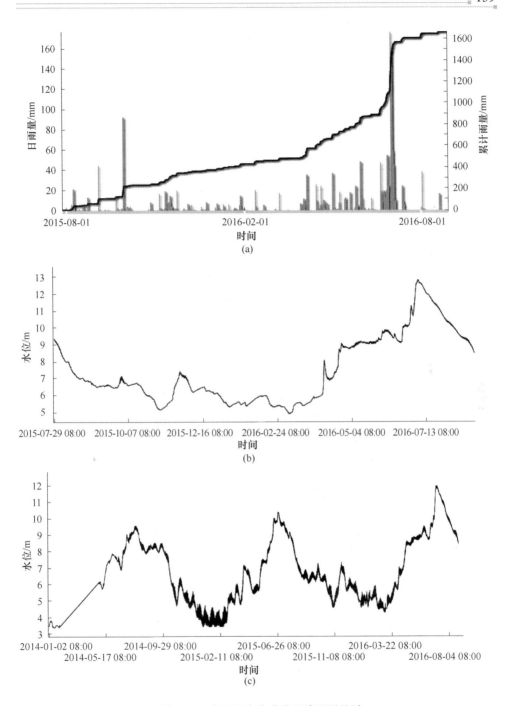

图 3-39 青山河水位曲线及降雨量统计

（a）2015-08-01~2016-08-01 降雨量统计；（b）青山河上游监测点水位曲线；

（c）青山河下游监测点水位曲线

3.6　突水事故案例分析及处置方案

　　白象山铁矿自 2005 年开工建设以来先后发生过 4 次较大的突水事故，姑山铁矿露天转地下工程 2017 年开工以来，已发生 1 次井下突水事故，所幸姑山矿业公司指挥正确，抢救及时，措施得当，未造成人员伤亡和大的经济损失。

3.6.1　白象山铁矿-470m 中段平巷突水事故

　　2006 年 8 月 28 日，-470m 中段平巷约距风井井筒 84m 处在出渣过程中突然从掌子面的一个残眼中发生水、气、砂喷涌，随后，掌子面又喷出第二股水流，推测最大瞬时涌水量达 928m³/h。从矿区地质构造图分析，-470m 中段巷道在85m 处与 F_4 断层相交，F_4 断层通过地表填图和 CK601、CK212 证实为成矿后断层，倾向东南，倾角 85°，张性断裂，正长斑岩脉充填，破碎带宽为 5~10m，从地表向下延伸至 500m 以下，是地下水的良好通道。掌子面放炮后距离 F_4 断层破碎带仅 1~2m 距离，随着出渣的进行，巷道迎头的岩帽无法承受前方 F_4 断层破碎带地下水体的巨大推力，掌子面的薄弱环节被打开，造成突水。图 3-40 所示为白象山-470m 中段突水现场。

图 3-40　白象山铁矿-470m 中段突水现场

　　姑山矿业公司委托淄博翔宇勘探有限责任公司对风井淹井进行治理，采用地面两个定向钻孔对-470m 巷道突水点进行注浆封堵，于 2006 年 12 月 5 日开钻施工，2007 年 3 月 5 日结束，恢复了被淹风井。

　　2007 年 10 月，淹井恢复及平巷清理工作完成后，淄博翔宇勘探有限责任公司承担-470m 中段 F_4 断层破碎带的注浆堵水，工程自 2007 年 10 月 31 日开钻，至 2007 年 12 月 27 日结束，历时 58 天。共施工注浆钻孔 16 个，孔深在 31~36m之间，完成钻探进尺 549.70m。查明了 F_4 断层在-470m 中段破碎带的起止深度为 13.6~26.5m，断层带厚度为 12.9m。注入单液水泥浆 40.9m³、黏土水泥浆 24.8m³，注浆结束后，施工一个检查孔，孔内的涌水量为 5.7m³/h。后来打开 7 个注浆钻孔同时放水，开始时的总水量为 30.6m³/h；放水 7 天后，总水量降为 17.8m³/h。

3.6.2 白象山铁矿–390m 中段突水事故

第二次突水发生于 2009 年 4 月 4 日下午，在距离风井井筒中心 90m 处巷道顶板（F₄ 断层位置）出现涌水，水量为 30~40m³/h，水量持续加大，到 4 月 5 日凌晨，突水水量已达 800m³/h（见图 3-41）。该次突水是由于在 –390m 中段巷道穿过 F₄ 断层 2 个月后，巷道的混凝土支护体在水压的作用下，出现冒落，导致与 F₄ 断层导通，具体分析如下：

（1）F₄ 断层，曾由 3 家专业注浆单位注浆堵水，历时近一年。采用放射状布孔，形成的帷幕在突水位置距巷道轮廓线仅有 2m，注浆帷幕厚度不够是这次出水的主要原因。

（2）突水位置正处在断层接触带，严重高岭土化闪长岩注不进去浆液，强度较低，闪长岩遇水膨胀形成较大的膨胀应力是出水的又一重要原因。

（3）巷道施工过程中进行了矸石充填及施工后进行水泥浆液充填，但充填滞后及顶部局部没有充填接顶密实也是出水的一个原因。

（4）主观上对岩性认知度不够，施工方案的细节没有进一步很好落实也是一方面原因。

图 3-41 白象山铁矿–390m 中段突水现场

突水事故发生后，姑山矿业公司与中国矿业大学深度合作，针对–390m 水平巷道过 F₄ 断层区域施工制定了以下措施：

（1）超前地质探测。采用地质钻探（结合管棚施工）的方法对待开挖地段及开挖后的围岩进行探测与分析，初步掌握待掘地段岩层及超前注浆加固效果，在确定无潜在透水威胁后，制定完善的掘进与支护施工技术方案和参数。

（2）超前预加固技术。由于该地段前期突水的影响，造成该段岩层结构严重破坏，虽然后期采取注浆方法对突水地段进行了有效堵漏加固，形成了一定厚度的防渗帷幕，但形成的防渗帷幕结构相对较复杂，在形成掘进断面后未实施有效支护前的地层压力和渗透水压的共同作用下，极易导致冒顶及透水事故的发生。因此，采用超前预加固的方式对待开挖地层进行有效支护，形成有效承载与隔水帷幕，保证形成掘进断面后围岩的基本稳定，为实施有效的初次支护创造条件。

（3）掘进过程中控制爆破技术。由于注浆和超前预加固形成的承载与防渗帷幕结构脆弱，可能无法承受掘进过程中剧烈爆破作用的影响，因此，必须尽量采用人工掘进的方法进行施工，慎重采用爆破措施，即使采用爆破方法进行掘进施工，也应采用爆破方法掏槽后再采用人工方法进行掘进施工，以尽量减轻对围岩的挠动。

（4）初次支护结构。在完成爆破掘进施工后，可及时采用型钢支架配合金属网（钢筋网）、喷射混凝土等组成的联合支护方式。在施工中严格控制循环进尺，要求及时完成初次支护，防止出现空顶现象。在施工过程中，出现涌水点或较大渗漏点，可埋设导水管后，再喷浆封闭。

（5）二次防渗加固技术。在初次型钢支架与喷网支护基础上，应及时进行二次支护与加固。二次支护结构可采用全断面格栅拱架钢筋混凝土衬砌结构，既解决巷道后期承载的问题，又满足巷道高防渗性的要求。另外，在完成二次衬砌支护后，可通过预埋的注浆管对衬砌壁后及破碎围岩进行二次补强注浆加固。

而对于二次衬砌结构，一方面要求满足高渗透水压的作用要求，另一方面还要满足围岩和支护结构长期稳定的要求，因此，要求提高衬砌混凝土的强度等级和抗渗等级，改善混凝土的耐久性，同时在初次支护与二次衬砌间铺设防水材料，并加强混凝土浇灌过程中接茬处防水处理。

3.6.3　白象山铁矿-495m 副井突水事故

第三次突水是 2011 年 4 月 18 日副井-495m 北马头门在小断面导硐扩帮后，左侧顶板裂隙涌水约 70m³/h，随后采用泄水孔进行疏放（见图3-42），最终北马头门总水量达到 250m³/h。此次突水主要是巷道掘进地层为杂色粉砂岩，该地层为矿区的主要含水层，巷道掘进采用超前探水注浆然后再刷大工作面的掘进方式，然而由于杂色粉砂岩强含水层在深部以细裂隙及微细裂隙为主，浆液扩散半径有限，造成帷幕厚度较薄，加之巷道在后期刷大过程中又破坏了部分防水帷幕层，导致防水帷幕工程失效而引发突水。

图 3-42 白象山铁矿-495m 副井突水现场

3.6.4 白象山铁矿-470m 中段临时水仓突水

2014 年 9 月 1 日~10 日，-470m 中段 2 号临时水仓突水（见图 3-43），特点如下：

（1）矿坑最大涌水量大，高达 1960 m^3/h，正逐步接近矿坑井下排水最大设防能力 5280m^3/d（2200m^3/h），严重制约了井下掘进和采矿工程的开展，同时影响矿山的安全生产。

（2）井下涌水水压高。矿山通过近年的疏排水，地下水位出现了一定的降幅，但根据-470m 中段的部位测压孔资料，大部分出水点水头压力在3MPa以

(a)   (b)

图 3-43 白象山铁矿 2 号水仓突水现场
(a) 2 号水仓左侧；(b) 2 号水仓右侧

上，高水压一旦发生突水，其控制技术难度大，处理时间长，施工成本高，对井下的开拓采矿构成较大威胁。

（3）开拓和采矿过程中揭露的导水破碎带裂隙，存在注浆困难，注浆后难以形成有效的帷幕保护层，导致矿坑涌水量日益增加。

发现突水问题后，姑山矿业公司和白象山铁矿领导与现场技术人员争分夺秒，完成了如下工作：

（1）在临时 2 号水仓的外端施工形成约 8.5m 厚的混凝土挡水墙（不含内侧和外侧的水泥围堰），在临时 1 号水仓（距临时 2 号水仓巷约 6m）施工形成 4m 厚的混凝土挡墙，如图 3-44 所示。

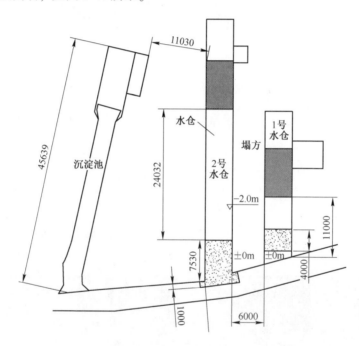

图 3-44   -470m 东大巷临时水仓挡墙封堵平面图

（2）在突水 2 号临时水仓设 $\phi108mm$ 引水管 13 根，注浆管 2 根，引水管内侧的间距及分布如图 3-45 所示，外端的分布如图 3-46 所示。

（3）利用已预理的注浆管，采用注浆法加固 1 号临时水仓混凝土挡墙顶部未接合的空间，达到挡墙与巷道顶板可靠胶结的目的。

（4）利用采矿充填料，充填 1 号临时水仓的空区。

（5）通过预理在塌方顶部的注浆管，进行注浆，充填塌方区上部充填料未完全充填的空区，达到完全充填 1 号临时水仓空区的目的，杜绝 2 号水仓关水升压时往 1 号水仓突水转移的隐患。

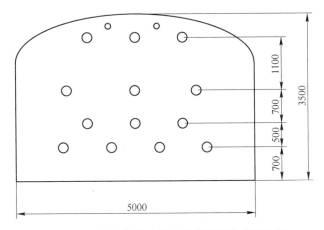

图 3-45 2 号水仓挡水墙内侧引水管分布平面图

图 3-46 2 号临时水仓挡水墙外侧流水照片

（6）利用 2 号临时水仓混凝土挡墙顶部预埋的注浆管，灌注水泥-水玻璃双液浆，充填混凝土挡墙与顶板之间空隙。

（7）在 2 号临时水仓混凝土挡墙的周边（含拱顶及底板）以 500mm 间距均匀布设注浆加固孔，孔深 4～5m，埋设注浆管灌注化学浆液。注浆压力不小于 8MPa。

（8）2 号临时水仓混凝土挡墙施工完养护 7～10 天，之后进行引水管关水试验，关水试验由下到上分序进行，先关闭下部目前的 7 个流水孔，再关闭第三排的 3 个引水孔，留第四排的 3 个引水孔泄水，检查 2 号水仓混凝土挡水墙在一定压力下的渗水情况，以及左边沉淀池及右帮 1 号水仓有无异常情况。如出现异常情况，打开已关闭的泄水孔阀门，对异常部位再次进行注浆加固处理。

（9）如果没有明显的股流状渗水，且周边情况正常，紧接着关闭第四排的 3 个引水管及上部的 2 根注浆管，使挡墙内的水压迅速升高，再一次检查 2 号水仓混凝土挡水墙在出水水头不断回升条件下的渗水情况，以及左边沉淀池及右帮 1 号水仓有无异常情况。如出大的股状水，或散的渗水水量超过 30m³/h，参照第（8）步，对异常部位进行加固处理。

（10）如关水 2h 后无异常情况，立即组织对 2 号水仓空区的充填。

3.6.5　姑山铁矿露天转地下充填井-350m 出水

2019 年 4 月 14 日，姑山铁矿露天转地下工程充填井-350m 南巷位置，井筒水位涨至-342m 水平，并以平均 55.55mm/min（51.11m³/h）的速度上涨，如图 3-47 所示。

图 3-47　姑山铁矿充填井-350m 南巷位置出水

发现突水问题后，施工单位立即将临近排沙潜水泵（简称"排沙泵"）运送至充填井现场，并安装在-300m 水平进行排水作业。因排沙泵电机能力不匹配导致电流过高、电缆发热，停机维修后，-300m 水平巷道底板积水深度约 30cm，水位基本平衡。姑山矿业公司和施工单位技术领导经过紧急会议后，采取了如下措施：

（1）在排沙泵水口增加小直径的软管及阀门控制排水流量，保持排沙泵正常作业工况。

（2）安装潜水泵至井底水窝（排水量为约 72m³/h），与排沙泵同时排水。

（3）由于井口水池排水即将储满，水池排水口来不及排放，为避免溢水影响临近的充填车间基础坑施工，施工方采用风筒临时接排水。

（4）调拨了一台轮式铲运车，协助施工方在垂直通往挂帮矿充填站的道路安装了一根新排水钢管，配合软管用以增加充填井口排水通道，防止井口水池溢水。

（5）充填井水位降至−350m 水平后，立即恢复−350m 临时变电所，并安装两台排水能力为 100m³/h 的卧泵，对−350m 巷道内淤泥进行清理。

（6）充填井下三岔口用沙袋筑挡墙，用导水管将水导至井筒。

图 3-48 所示为此次出水抢险现场图。通过以上措施，2019 年 4 月 18 日 21 点 30 分左右，充填井水位降至−350m 水平，在 2019 年 4 月 29 日时，只需开启一台泵即可维持井下水位平衡。在此基础上，制定了注浆堵水措施，成功解决了出水问题。

| (a) | (b) |

图 3-48　抢险作业现场

（a）沙袋导水；（b）地表排水

4 大水软破多变矿床安全高效开采技术

我国金属矿开采历史悠久，在古代就具有了较为规范合理的开采技术，但在近代，我国金属矿的开采技术相对西方国家长期处于落后水平，生产工具单一，基本依靠人力进行作业，进入 20 世纪 50 年代后，我国金属矿开采技术才得以迅速发展。开采技术根据矿体开掘作业空间的位置可分为露天开采和地下开采，随着近地表矿产资源的逐渐枯竭，目前我国地下金属矿山约占矿山总数的 90% 左右。采矿技术（方法）在矿山生产中占有十分重要的地位，对矿山生产的许多安全经济指标，如矿山生产能力、矿石贫损率、生产成本及作业安全性等都具有重要的影响。因此，采矿技术的合理性直接关系到矿山企业的经济效果和安全生产状况。

姑山区域铁矿资源开采历史悠久，开采方式多样，包括姑山铁矿露天开采、姑山铁矿露天转地下开采、露天坑挂帮矿开采和地下开采。姑山铁矿露天开采已于 2012 年开采结束，目前正在进行露天转地下开采基建工程施工。姑山区域地下矿床开采技术复杂、矿岩稳固性差、节理裂隙发育、矿体形态复杂、尖灭再现现象突出、开发利用难度极大，主要体现在：（1）井下水文地质情况复杂，巷道掘进过程中难以避免出现突然出水现象（主要是白象山铁矿、钟九铁矿），因此，不宜贸然采取大空场作业方式；（2）矿体形态变化较大，矿体边界不清，要求采用的采矿方法应具有较好的探采结合功能；（3）矿体稳固性较差，大断面掘进容易出现冒顶、片帮事故，必须全断面支护。因此，必须针对这类矿床，开展针对性回采技术研究，以期在确保回采作业安全的前提下，达产、稳产，提高矿山经济效益。

本章总结了姑山区域多样化开采技术经验，详细介绍了露天转地下开采关键技术、大水软破矿床地下开采技术选择与创新、露天挂帮矿开采技术。

4.1 姑山铁矿露天开采技术

姑山铁矿自 1954 年恢复生产以后，逐渐发展成为一个年产 100 万吨的大型露天矿山，采用公路-汽车开拓运输方式，台阶高度 12m，边坡角 35°～42°，运输公路宽度 15m。目前姑山铁矿露天开采已经结束，形成东西长约 1100m、南北宽约 1000m 的圆形露天坑，其最低开采标高已至 -148m（设计最低开采标高），如图 4-1 所示。

开采工艺流程主要为：潜孔钻（KQ-200）穿孔爆破—电动挖掘机（WK-4）铲装—矿用汽车（SGA3722）运输。

图 4-1　姑山铁矿露天坑

4.2　露天转地下关键技术

随着露天开采的逐步推进，露天境界内的矿床资源消耗殆尽，包括姑山铁矿在内的许多矿山转入了地下开采，其中，露天转地下保安矿柱是露天转地下开采安全的重要保证。因此，确定经济、安全的保安矿柱厚度，以确保地下开采过程露天坑的稳定性，避免露天坑积水通过裂隙影响地下开采技术条件，是实现露天向地下开采平稳转换的关键。

4.2.1　露天坑保安矿（岩）柱

4.2.1.1　露天境界保安矿（岩）柱

通过结构力学简化梁法，将井下采空区顶板岩体简化为两端固定的平板结构，其岩体自重及附加坑底回填体为上覆岩层载荷，按照结构受弯考虑，选取岩体抗拉强度作为控制指标，根据材料与结构力学理论计算得到露天境界顶柱厚度与空区跨度之间的关系：

$$H = \frac{KB\left(\gamma B + \sqrt{\gamma^2 B^2 + 8\sigma q}\,\right)}{4\sigma} \tag{4-1}$$

式中　H——境界矿柱厚度，m；

　　　B——采空区跨度，取 60m；

　　　γ——境界矿岩柱容重，24.5kN/m³；

　　　σ——岩体抗拉强度，4000kPa；

q——附加载荷，kPa；

K——安全附加影响系数，$K = 1.2$。

经式（4-1）计算，姑山露天坑境界保安矿柱 $H = 13.2$m，考虑开采范围内矿体与露天坑空间位置关系，参考矿山多年来挂帮矿开采保安矿柱留设实践经验，设计以露天坑边坡境界为基准面外推 40m 范围内留设保安矿柱。

4.2.1.2　露天坑底隔水保安矿柱

根据《采矿设计手册》（中国建筑工业出版社，1989）中针对水体下采矿的主要技术措施，为避免开采活动形成的冒落带、导水裂隙带波及露天坑底引发透、突水事故（见图4-2），必须留设隔水矿柱以确保井下安全生产。

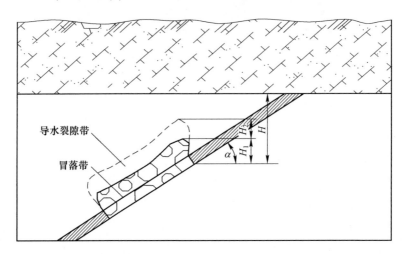

图 4-2　冒落带、导水裂隙带示意图

隔水矿（岩）柱最小厚度：

$$H \geq H_1 + H_2 \tag{4-2}$$

式中　H——隔水矿（岩）柱，m；

H_1——保护层厚度，m；

H_2——导水裂隙带高度，m。

按开采倾斜软弱矿体计算保护层厚度、导水裂隙带高度：

$$H_1 = 5\frac{m}{n} = 5 \times \frac{50}{16} = 15.63\text{m} \tag{4-3}$$

$$H_2 = \frac{100m}{3.1m + 5.0} \pm 4 = \frac{100 \times 50}{3.1 \times 50 + 5.0} \pm 4 = (31.25 \pm 4)\text{m} \tag{4-4}$$

$$H \geq H_1 + H_2 \geq 47 \pm 4$$

式中　*m*——法向采厚，m；

　　　　n——分层数，个。

此次设计选用分层、分段和进路充填采矿法，开采强度、爆破影响较小，顶板暴露面积、暴露时间较少，而空区充分充填接顶的条件下采动引起的冒落带范围基本忽略不计，故隔水护顶矿柱高度为43~51m。考虑到井下开拓中段划分及工程布置情况，设计以−148m露天坑底为边界按照岩石移动角65°圈定、留设隔水护顶矿（岩）柱，其厚度为52m。

4.2.2　露天坑底加固

通常地下采空首先引起山坡地表移动，当地表移动到一定程度时，山坡坡顶附近拉裂，出现拉裂缝，坡脚附近剪切破坏，出现剪切破坏带，当山坡破坏比较严重时，拉裂缝与剪切破坏带贯通或近于贯通，山坡滑动面的抗滑力急剧下降，从而导致失稳。地下采空区引发山坡失稳的研究是一个有机的整体，必须严格按照科学步骤来操作，而露天采场底部的加固工作尤为重要，在整个过程中起着巨大的安全作用和环保作用。此外，加固主要考虑材料的力学特征，而防渗主要考虑材料的渗透特性，坑底加固将对坑底防渗起到一定作用，尤其厚度较大时，作用尤为显著。

露天坑底加固的目的：加固露天边坡的坡脚，起到边坡加固作用；增加露天坑底与空区之间岩体的完整性，提高围岩的整体强度；充填变形裂隙，减少地下水的入渗。

4.2.2.1　坑底加固分区方案

从环境保护和安全方面考虑，为保证坑底加固的完整性和有效性，同时兼顾加固成本，露天采坑底部拟采用来自露天采场北侧（封闭圈外）充填站的胶结尾砂自流进行加固处理的加固技术方案。露天坑底加固过程遵循的基本原则为：分区加固，阶段施工，安全可靠，经济合理，施工简易，保障环保。

A　露天坑分区方法

（1）根据矿产资源开发利用方案，矿山地质环境问题的类型、分布特征及其危害性，矿山地质环境影响评估结果，进行矿山地质环境保护与恢复治理分区。

（2）按照区内相似、区间相异的原则，矿山地质环境保护与恢复治理区域划分为重点防治、次重点防治区、一般防治区，见表4-1。

（3）按照重点防治区、次重点防治区和一般防治区的顺序，分别分析防治区的面积，区内存在或可能引发的矿山地质环境问题的类型、特征及其危害，以及矿山地质环境问题的防治措施等。

表 4-1　矿山地质环境保护与治理恢复分区表

现状评估	预测评估		
	严重	较严重	较轻
严重	重点区	重点区	重点区
较严重	重点区	次重点区	次重点区
较轻	重点区	次重点区	一般区

B　露天坑分区范围

根据姑山矿露天采场坑底现场情况，考虑到胶结加固充填料的流动性和施工方便，将坑底加固区分为 A、B 两个区，底坑外非重点加固区为 C 区，如图 4-3 所示。

A 区：面积约 20392.41m²，周长约 576.9m，加固标高 -140.0m 以下。

B 区：面积 15113.1m²，周长约 523.6m，加固标高 -140.0m 以下。

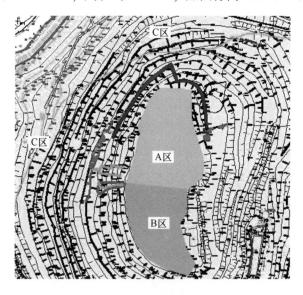

图 4-3　坑底加固工程分区

4.2.2.2　坑底加固方案

此次坑底加固针对 -140m 标高以下采用固化尾砂进行充填，兼具防渗功能。为保证坑底加固的完整性和有效性，同时兼顾加固成本，此次坑底加固的深度范围为 -140m 以下，固化尾矿的灰砂比为 1∶6，7 天抗压强度不小于 2.0MPa，渗透系数不大于 1.2×10^{-7} cm/s。A 区、B 区的坑底加固剖面如图 4-4 和图 4-5 所示。

现状露天采场西帮底部边坡较陡，且岩性较差，坑底加固后，不但能够增加顶板安全厚度，减少下渗水量，而且能够对西帮坡脚进行加固，增加边坡稳定性。

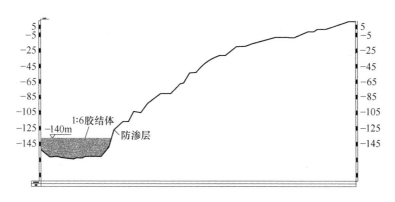

图 4-4 A 区坑底加固剖面图

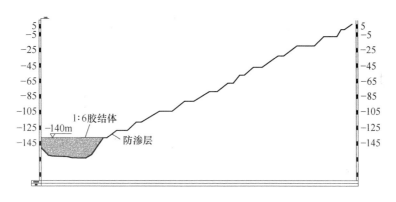

图 4-5 B 区坑底加固剖面图

4.2.2.3 坑底胶结充填工艺

A 充填能力和加固时间

根据《当涂县姑山铁矿 70 万吨/年露天转地下建设工程初步设计》（金建工程设计有限公司），充填系统的设计充填能力为 150~180m³/h，工作时间 4.74~5.69h/d。

充填系统按最大每天实际工时 5.69h 计算，充填能力按最大 180m³/h 计算，年工作日为 330 天时，加固−140.0m 标高以下区域所需时长约 3.3 年。

B 胶结充填料制备工艺

尾砂浓缩装置采用深锥浓密机，胶结材料的存储采用胶结料仓，胶结材料的计量和输送选用微粉秤，充填料浆的搅拌选用两段卧式搅拌，充填料浆通过充填井输送至井下。

全尾砂经深锥浓密机浓密后，高浓度底流进入搅拌设施，溢流通过回水管自流至充填站附近回水池，同时由胶结料仓向搅拌设施中输送胶结料，经搅拌设施连续均匀搅拌后，制备成浓度适中、流动性良好的充填料浆，由充填管路通过充填井自流输送至露天采坑待充填区域。为了加快细颗粒在深锥浓密机中的沉降，通过自动加药机向浓密机中添加絮凝剂。

C　胶结充填管道输送线路

坑底加固胶结料浆输送线路和输送方案的选择主要从安全和经济方面考虑。综合考虑线路长度、工程造价、施工周期得出最佳方案，如图4-6所示，输送线路全程长约1225m。因充填站位于露天采场北侧，故采场北侧边坡较西侧边坡缓，北侧边坡较西侧边坡稳定。北侧边坡局部进行过加固处理，边坡上布置有管道和排水沟；西侧边坡局部高岭土化严重，并有塌滑体存在，−140.0m标高以下几乎无平台存在，边坡台阶高度最大30.0m。北侧边坡和西侧边坡最大边坡高度186.0m，北侧边坡总体边坡角28°左右，西侧边坡总体边坡角36°左右。采场运输道路入口位于露天采场封闭圈西北侧，由北侧边坡至东侧边坡折返式下到边坡下部，说明北侧和东侧边坡较西侧边坡安全。沿东侧部分边坡输送道路铺设约

图4-6　坑底加固胶结尾砂输送线路

605m，输送角度约为 3°~6°，难以满足自流角度；同时考虑到沿东侧边坡运输道路铺设过程中弯头多，沿程的阻损大，因此需要结合现场实际情况沿部分东侧边坡坡面铺设以提高输送坡度。并且，在部分因调整坡度而距地表较高的敷设段，采用钢支架结构的管墩方式，以充分利用浆体自流输送的优点，节省输送浆体的动力流失，节约运营成本。

管道内径为 200mm，钢管厚度 8mm，MC 尼龙厚度 8mm。

4.2.3 露天坑防渗

将露天采空区改建为矿山固体废弃物储存场地，固体废弃物的排放对地下采场必定产生压力，增加采空区上方覆岩的变形和破坏。固体废弃物在吸纳大气降雨量时，隔离层的岩石结构可能因多年的露天开采而遭到破坏，节理裂隙增加，若尾矿穿过这些节理裂隙流入地下采场，将使采场排水量增大，甚至会产生地下泥石流，淹没巷道，轻则使生产无法进行，重则造成重大安全事故。此外，固体废弃物的渗滤水器透水也难以控制，其与大气降水的入渗也会影响井下采矿生产和环保，因此必须根据露天采空区实际特点进行防渗措施。

4.2.3.1 常规坑底防渗技术措施

露天采场闭坑后，对堆存尾矿的物料进行防渗措施设计时，需要对露天采坑底部和边坡面进行清理、平整。在采坑底部浇注钢筋混凝土后再铺设一层土工膜，土工膜应选用抗破坏强度、抗拉强度和延伸度高的，在土工膜上再浇注一层混凝土保护层，或者在采坑底部铺放一层一定厚度的黏土，铺平并辗压平坦；验收合格后，再在黏土层上铺放土工膜。对岩石物理力学性质差、裂隙发育、破碎严重的边坡面，应使用块石混凝土进行加固，并在坑内边坡面上铺放一层柔性防渗材料，增强防渗效果。

防渗材料的选择与露天坑防渗的高效性、经济性、环保性紧密相关。

4.2.3.2 露天坑防渗材料

目前国内外常见的防渗膜有 HDPE 复合土工膜材料和 TSP 新型环保物质防渗材料。

HDPE 复合土工膜材料符合《垃圾填埋场用高密度聚乙烯土工膜》(CJT 234—2006) 标准要求，具有抗拉强度高、防渗性能好、变形能力强、质量轻、施工方便、造价低等优点，已广泛应用于尾矿防渗工程中。采用 HDPE 膜技术的主要成本在边坡处理费用，对于边坡的清杂、平整、爆破、挖方、相邻过渡要求高的，国内平均边坡处理成本约 200 元/m²，综合成本约 280 元/m²。

新型环保矿物质防渗材料 TSP 是一种应用于垃圾填埋场、工业渣库、工业厂区、污染场地、河道等工民建领域的矿物质防渗材料。TSP 材料自 1996 年开始大规模工程应用，已累计服务 30 多个国家，为数千项工程提供可靠的环境保障。国内采用 TSP 新型防渗材料的边坡处理成本约为 120 元/m²。

中钢集团马鞍山矿山研究院有限公司联合其他科研机构，发明了一种以尾矿作为基本原料的复合尾砂新型防渗技术，获得了"一种基于尾矿复合防渗材料的边坡、坑底、基底防渗方法"和"一种复合尾矿砂塑性防渗材料及其施工工艺"两项发明专利。该技术充分利用尾矿中细粒矿物质的化学特性，在外加化合物作用下，通过物理、化学反应形成不透水的高分子胶状物，该高分子不与酸、碱和其他盐分起化学反应，且有良好的和易性。该材料可喷射胶结，能应用于高陡边坡，特别适用于露天采坑边坡防渗，解决了困扰技术界的难题。根据边坡工程地质条件的不同，此项技术施工成本约为 35~50 元/m²。

因此，姑山铁矿露天坑防渗采用复合尾砂防渗新发明材料。

4.2.3.3　露天坑防渗实施方案

此次露天坑基地防渗方案的基本原则：分片防渗，阶段施工，材料就近，经济合理。采用的复合尾矿防渗材料的组分及质量分数为：稳定剂 3.3%~4.8%（氯化钙和四水硼酸钠的混合物），保湿剂 3.3%~4.8%，水玻璃 10.0%~15.2%，水泥 10.0%~15.2%，尾矿浆 60.0%~73.0%。采用以下工艺、步骤对边坡、坑底、基底进行防渗施工。

图 4-7 所示为复合尾矿砂塑性防渗材料用于高陡边坡防渗处理时的喷射施工示意图，施工工艺流程如图 4-8 所示。

（1）防渗材料的准备及拌合。按照上述配比将稳定剂、保水剂、水玻璃、水泥、尾矿浆混合搅拌均匀，制备出防渗拌合料 5。

（2）受喷面的处理。对露天矿山高陡边坡 1 的表面进行清理，清除大块岩石、浮土。

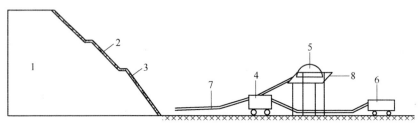

图 4-7　防渗处理设备及工艺示意图

1—露天高陡边坡；2—防渗材料层；3—边坡受喷面；4—湿喷机械；5—防渗拌合料制备；

6—空压机；7—喷射管道；8—送料平台

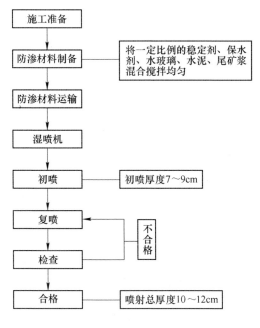

图 4-8　防渗处理设备及工艺流程

（3）防渗拌合料的输送、喷射。利用空压机 6 或其他动力，并通过送料平台 8 将一定比例配合的防渗拌合料 5 送入湿喷机械 4 中，再通过管道 7 输送，并以高速喷射到边坡受喷面 3 上凝结硬化而成一种防渗材料层 2。

（4）防渗拌合料 5 的输送应以最少的转载次数、最短的时间从搅拌地点运至喷射地点，以保持防渗拌合料的匀质性，不离析、不分层。

（5）输送到喷射地点的防渗拌合料 5 应该自上而下分段、分部、分块进行喷射，初喷厚度在 7~9cm，行间搭接长度 4~8cm；复喷亦分段进行，先喷平凹面，再喷凸面，每段长度 4.5~7.0m；最终形成防渗材料层的厚度为 10~12cm。

（6）喷射质量的检查。喷射结束后，对喷射的防渗材料层 2 进行检查，对少喷、漏喷处进行补喷，直至合格。

4.2.3.4　防渗效果评价

采用防渗措施前后，露天转地下−350m 排水的量有较大的变化，其中涌水量最大的年份在尾矿回填的第 30 年。采用防渗技术措施后，地下水涌水量在最大涌水量时能减少 52% 左右。采矿整个生产周期按 40 年计，总减少排水 2.31 亿立方米，尾矿库使用周期按照 45 年计，共减少下渗流量为 2.81 亿立方米。防渗前后，地下涌水量对照如图 4-9 所示。可见，采用防渗技术措施，经济效益显著。

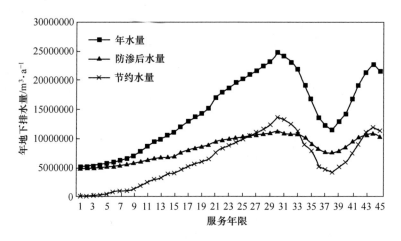

图 4-9   防渗前后地下涌水量对照

4.3   大水软破多变矿床地下开采技术

4.3.1   传统采矿方案研究

矿体和围岩的稳固性是影响地下采矿方法选择因素——地质条件的核心，是各种赋存环境共同作用的集中体现，决定着采场的地压管理方法、矿块的构成要素等。

（1）矿体和围岩的稳固性特征。和睦山铁矿矿石以疏松块状、粉状为主，属松软、不稳定级；少量块状，坚硬。矿体顶板主要岩性为灰岩、砂岩、页岩，局部有闪长玢岩，闪长玢岩呈半坚硬及松软，其他岩性一般为坚硬、完整，但节理裂隙发育，整体稳定性差。矿体底板主要岩性为闪长岩，靠近矿体处的闪长岩以半坚硬为主，少量软弱，总体稳定。

白象山铁矿主矿体基本稳定，但矿体夹石层和矿体顶底板围岩局部具有软化岩石特征，位于上下盘 20m 范围内存在一个近矿围岩不稳定带，是影响矿山开采的主要工程地质问题。

钟九铁矿矿体顶板与近矿蚀变内带位置大致相当，蚀变作用强烈，多数蚀变使岩石力学强度减弱。矿体上部多为块状结构体，下部则多为碎裂结构体。

总体而言，姑山区域矿体和围岩稳固性差。

（2）不良地质条件分析。

1）地表水系。矿区内地表水系发育，沟渠纵横交错，积水面积 20% 左右。矿区南北分别有水阳江与姑溪河。青山河向南、向北分别与水阳江、姑溪河相连，由南向北流经矿区。

2）第四系含水层和隔水层。第四系含水层和隔水层分布于矿区南和西南的冲积平原及白象山坡脚，厚度一般为 20~50m，由上而下分为 5 层（白象山铁矿第四系含水层和隔水层分布如图 4-10 所示），即全新统亚黏土与粉细砂互层弱含水层、全新统粉细砂含水层、全新统亚黏土隔水层、全新统砂砾卵石强含水层和更新统亚黏土夹碎石弱含水层。

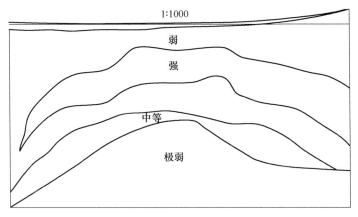

图 4-10　白象山铁矿 15 号勘探线剖面第四系含水层和隔水层分布

3）基岩含水层和隔水层。经矿区水文地质勘探线综合分析，矿区矿体及顶板为基岩裂隙含水层，按富水性可分为强、中、弱三类。白象山铁矿矿体下盘的闪长岩体为隔水底板，如图 4-11 所示。

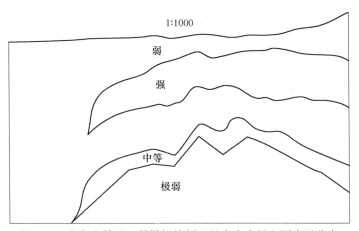

图 4-11　白象山铁矿 9 号勘探线剖面基岩含水层和隔水层分布

4）矿坑涌水因素。矿体上部连续分布的强含水层是矿坑充水的主要含水层。向上承接第四系弱含水层的越流补给，向下补给矿体含水层。矿山生产的中后期，该含水层将基本被疏干，届时矿坑充水主要来自地表水经第四系的渗入和周围含水层经弱透水边界补给。

5）断层。矿区内断裂构造较发育，而且矿区内的主要断裂带（包括两侧的裂隙发育带）都具有导水作用，因此，水体下开采除要保证垂直（深度）方向上一定的安全深度外，在水平方向上，也要与导水结构保持一定的安全开采距离，从而避免在侧翼承压水条件下，因安全距离过小，导致断层突水。

综上可见，姑山区域工程地质、水文地质条件复杂、矿体产状变化大，属于大水软破多变矿床，针对这类矿床的安全高效回采技术研究直接关系到类似姑山区域地下矿山的可持续发展。

4.3.1.1　采矿方法初步选择

以白象山铁矿为例，主矿体赋存在闪长岩与砂页岩接触带的内带，其形态受矿区背斜构造控制。两翼倾角 5°~35°，厚度变化较大，一般 5~40m，平均34.41m，属缓倾斜至倾斜、中厚至厚大矿体，矿体禀赋特征复杂。

根据地表不允许陷落要求，排除崩落法；为了降低损失贫化、保障空区作业安全（矿岩含水，不同地段稳固性变化大），排除空场法；考虑到在采场内留设点柱不仅妨碍无轨设备运行，造成永久损失，而且在采矿过程极易被超剥，失去支撑作用影响回采安全，排除点柱充填法。因此，主体采矿可选留矿嗣后充填法、上向水平分层充填法或上向水平进路充填法（见表4-2）。

对于水平矿体倾角变缓，厚度较大的矿体（部分矿体厚度超过100m），可以采用分段凿岩阶段出矿嗣后充填法、VCR 嗣后充填法或侧向崩矿阶段空场嗣后充填法等中深孔回采方案，以提高回采效率，降低开采成本。鉴于白象山矿体稳固性较差，为了减少空区暴露面积和暴露时间，不宜采用阶段崩矿方式，可考虑采用分段凿岩阶段出矿嗣后充填法。

表 4-2　根据矿体产状可能采用的采矿方法

矿体种类	水平矿体 0°~5°	缓倾斜矿体 5°~30°	倾斜矿体 30°~50°	急倾矿体 >50°
极薄矿脉 <0.8m	壁式削壁充填法	壁式削壁充填法	上向倾斜削壁充填法	留矿法 上向分层削壁充填法
薄矿脉 0.8~5m	全面法 房柱法 壁式崩落法 壁式充填法	全面法、房柱法 壁式崩落法 壁式充填法 进路充填法	爆力运搬采矿法 分层崩落法 上向分层充填法 下向分层充填法	分段法 留矿法 分层崩落法 上向水平分层充填法
中厚矿体 5~15m	房柱法 壁式充填法	房柱法、分段法 分层崩落法 上向、下向进路 分段充填法 倾斜分层充填法	爆力运搬采矿法 分段法 分层、分段崩落法 分层、分段充填法 留矿嗣后充填法	分段法、留矿法 分层、分段崩落法 分层充填法 分段充填法 留矿嗣后充填法

矿体种类	水平矿体 0°~5°	缓倾斜矿体 5°~30°	倾斜矿体 30°~50°	急倾矿体 >50°
厚矿体 15~50m	分段法 阶段矿房法 分层崩落法 分段崩落法 阶段崩落法 分层充填法 阶段充填法	分段法 阶段矿房法 分层崩落法 分段崩落法 阶段崩落法 点柱充填法 阶段充填法	分段法 阶段矿房法 分层、分段崩落法 阶段崩落法 分层充填法 点柱充填法 上向分层充填法 阶段充填法	分段法 阶段矿房法 分层、分段崩落法 阶段崩落法 上向分层充填法 阶段充填法
极厚矿体 >50m	阶段矿房法 分段崩落法 阶段崩落法 阶段充填法	阶段矿房法 分段崩落法 阶段崩落法 阶段充填法	阶段矿房法 分段崩落法 阶段崩落法 阶段充填法	阶段矿房法 分段崩落法 阶段崩落法 阶段充填法

A 浅孔留矿嗣后充填法（方案Ⅰ）

（1）方案特征。本方案将阶段内矿体垂直走向划分成矿房和矿柱，分两步交替回采，先采矿柱，矿柱回采结束后，嗣后胶结充填，形成人工矿柱，然后在人工矿柱保护下回采矿房，矿房回采结束后进行非胶结充填。

回采时，自下而上浅孔凿岩爆破，崩落矿石从底部自出矿进路出矿，每次出矿量约占每次爆破矿石量的 1/3，其余 2/3 矿石暂时留在矿块里，充当下次工人作业的平台，矿柱回采结束后集中出矿，并进行嗣后充填。

该方法典型方案如图 4-12 所示。

（2）采场结构参数。阶段高度根据矿床的勘探深度、围岩稳定情况、矿体倾角等因素确定，一般以 30~50m 为宜。交替划分为矿房和矿柱，矿房宽 15m，矿柱宽 8m，长度为矿体的水平厚度。顶柱高度 2m，底柱高度按出矿设备确定，本方案采用 WJD-1.5 铲运机出矿，底部形成"V"形受矿堑沟，故设计底柱高度为 5m。

（3）采切工艺。采准工程主要包括掘进阶段运输平巷、斜坡道、通风人行天井、天井联络道、穿脉及装矿进路等工程。切割工程比较简单，包括掘进拉底巷道，形成拉底空间和"V"形堑沟，拉底巷道高 3m，宽 3m。

（4）回采。凿岩采用 YT28 凿岩机钻凿水平炮孔，炮孔深度 2m，炮孔直径 38mm。

每次爆破后通风时间不少于 40min，新鲜风流经阶段运输巷道、下盘通风人行天井及联络道进入采场，冲洗工作面后，经上盘通风人行天井排入上阶段平巷，经回风井排出。工作面炮烟排净后，安全工作人员进入采场检查顶板，清除

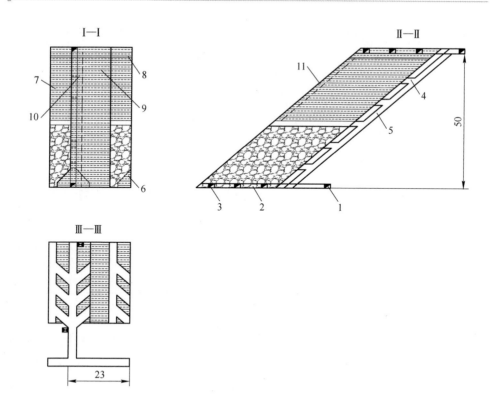

图 4-12　浅孔留矿嗣后充填法典型方案

1—阶段运输平巷；2—穿脉运输巷道；3—装矿进路；4—下盘天井联络道；

5—下盘通风人行天井；6—集矿堑沟；7—矿柱；8—顶柱；9—矿房；

10—上盘通风人行天井；11—上盘天井联络道

浮石。崩落矿石在采场进行二次破碎后，采用 WJD-1.5 型电动铲运机经过装矿进路将集矿堑沟内矿石铲卸溜井，在下阶段运输巷道装车后经主井提升到地表。

（5）方案评价。浅孔留矿嗣后充填法具有结构及生产工艺简单、管理方便、可利用矿石自重放矿、采准工程量小、充填效率高、采用浅孔爆破可有效控制爆破震动等优点。但该方法回采中厚以上高品位矿体时，矿柱矿量损失贫化大，工人在较大暴露面下作业，凿岩效率低、安全性差，平场工作繁重，积压大量矿石，影响资金周转。

（6）估算主要经济技术指标。

1）采场生产能力：145t/d；

2）千吨采切比：3.8m/kt；

3）贫化率：7%；

4）回采率：84%；

5）采矿成本：42 元/t。

B 上向水平分层充填法

（1）方案特征。将阶段矿体垂直走向划分为矿房和矿柱，分两步回采，铲运机出矿。首先以水平分层形式自下而上回采矿柱，依次进行分层胶结充填以维护上下盘围岩，创造不断上采的作业平台。矿柱回采并充填结束后，在尾砂胶结体形成的人工矿柱保护下用同样的回采工艺回采矿房并进行非胶结充填。为了方便铲运机出矿，减少矿石损失贫化，每分层用高配比胶结充填料进行胶面（厚度 300~400mm）。为确保后期阶段间顶底柱回采安全，矿房、矿柱第一分层均采用高配比胶结充填构筑较高强度人工胶结底柱。该方法典型方案如图 4-13 所示。

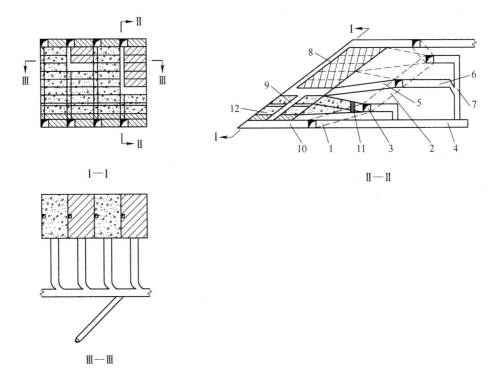

图 4-13 上向水平分层充填法典型方案
1—阶段运输平巷；2—斜坡道；3—分段运输平巷；4—装矿横巷；
5—分层联络道；6—卸矿横巷；7—溜井；8—充填回风井；9—泄水井；
10—穿脉；11—充填挡墙；12—人工假底

（2）采场结构参数。矿柱交替布置，长度为矿体水平厚度，宽度为：矿房 15m，矿柱 8m；顶柱 2~3m，分段高度 9m，每个分段负责 3 个分层，分层高度 3m，回采过程中最大控顶高度 6m。

（3）采切工艺。采准工程主要包括掘进斜坡道、阶段运输平巷、分段联络道、分层联络道、充填回风井、卸矿溜井及卸矿横巷、穿脉等。切割工程主要包括掘进拉底巷道，并以此为自由面扩帮至矿块边界，形成拉底空间。

（4）回采。凿岩采用 Boomer 281 型全液压凿岩台车（见图 4-14），炮孔深度 4m，炮孔直径 48mm。每次爆破后通风时间不少于 40min，新鲜风流经阶段平硐、斜坡道、分段联络道及分层联络道进入采场，冲洗工作面后，污风经充填回风天井，排入上阶段回风巷道，工作面炮烟排净后，安全工作人员进入采场检查顶板，清除浮石。崩落矿石在采场进行二次破碎后，采用 WJD-1.5 型铲运机铲装矿石，经分层联络道、分段联络道，运至溜矿井卸矿，装车后经主井提升系统提升到地表。每分层回采结束后及时进行充填，控制地压变化，阻止地表出现大变形。

图 4-14　Boomer 281 型全液压凿岩台车

（5）方案评价。上向水平分层充填法具有如下突出的优点：

1）浅孔崩矿，一次爆破量小，对采场稳定性影响较小；

2）采场分层回采、充填，能够及时控制上覆岩层变形；

3）回采顺序合理，有利于地压控制，提高采场回采作业的安全性；

4）阶段卸矿溜井同时服务于整个中段多个采场，采准工程简单；

5）采场布置灵活，能够有效控制矿石贫化损失。

该方法存在的缺点主要是分层充填，效率低、成本高，无轨设备运行频繁。

（6）主要经济技术指标。上向水平分层充填法标准矿块的单位采矿成本和主要技术经济指标见表 4-3 和表 4-4。

表 4-3　机械化上向水平分层充填法矿石生产成本

序号	成本项目	单　位	单位用量	单价/元	单位成本/元·t⁻¹
一	原、辅助材料				54.39
1	乳化炸药	kg	0.347	12	4.16
2	非电雷管	发	0.32	5.5	1.76

序号	成本项目	单 位	单位用量	单价/元	单位成本/元·t⁻¹
3	导爆管	m	1.85	2	3.70
4	钎杆	kg	0.01	40	0.40
5	钻头	个	0.01	265	2.65
6	轮胎	条	0.0001	5000	0.50
7	坑木	m³	0.0011	1818	2.00
8	柴油	kg	0.12	8.38	1.01
9	机油	kg	0.05	10	0.50
10	钢丝绳	kg	0.04	9.4	0.38
11	水泥	t	0.03	400	12.00
12	水	t	0.0328	0.8	0.03
13	圆钢	kg	0.07	4.3	0.30
14	泄滤水井材料				0.45
15	电	kW·h	33.64	0.7	23.55
16	其他				1.01
二	工资福利				14.35
合计					68.74

表 4-4 机械化上向水平分层充填法主要技术经济指标

序号	指标名称	单 位	数 值	备 注
1	品位:Fe	%	37.10	平均值
2	矿体水平厚度	m	60.00	
3	矿体倾角	(°)	20~40	
4	采场构成要素	m	60×32×30	
5	分层高度	m	3.0	
6	回采率	%	80.27	
7	贫化率	%	4.0	
8	千吨采切比	m/kt	3.8	自然米
9	铲运机生产能力	t/(台·班)	404	
10	单位炸药消耗量	kg/t	0.32	
11	采场生产能力	t/d	287	
12	采矿成本	元/t	68.74	

C　上向分层进路充填法

（1）方案特征。上向分层进路充填采矿法（见图 4-15）适用于开采矿石与围岩不稳固或仅矿石不稳固的较高品位矿体，目的是减小顶板暴露面积，提高回采工作的安全性。其特点是：自下而上分层进路回采，每一分层的回采是在掘进分层联络道后，以分层全高沿走向或垂直走向布置进路，间隔或顺序地进行进路采矿，采一充一，整个分层回采并充填结束后再转入上一分层回采。

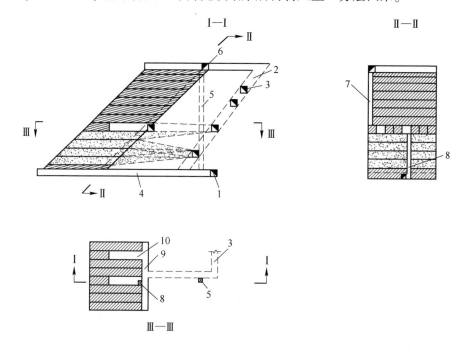

图 4-15　上向分层进路充填法典型方案

1—阶段运输平巷；2—斜坡道；3—斜坡道入口；4—穿脉；5—溜矿井；6—充填回风平巷；
7—充填回风井；8—泄水井；9—分层联络道；10—回采进路

（2）采场结构参数。根据采场结构参数优化结果，进路规格按 4m×4m 设计。根据矿体产状，采场沿矿体走向或垂直走向灵活布置。阶段高度 40~50m，分段高度 12m，每个分段划分为 3 个分层，分层高度为 4m，底柱 5m，顶柱 2~3m。

（3）采切工艺。主要包括掘进斜坡道、分段巷道、分层联络巷道、充填回风井、卸矿溜井及泄水进风井等。

（4）回采。用 Boomer 281 型单臂凿岩台车钻凿水平钻孔，采用光面爆破的布孔方式进行崩矿，WJD-1.5 型铲运机铲装矿石，经分层联络道运至溜矿井卸矿。进路采场系独头掘进，通风效果差，故必须加强通风，每次爆破结束后，用风筒将新鲜风流导入到工作面，清洗工作面后的污风亦用布置在进路入口处的风筒抽出，排至回风井，通风时间应不少于 40min。

进路回采完毕后进行充填，充填管用锚杆钢圈固定在进路顶板上，进路采场底部应预先铺设脱滤水管。

所有进路回采并充填完毕后，充填分层联络巷，然后统一升入上一分层。

（5）方案评价。该方案采准切割工程量少，采切比小；布置进路采场，矿石回采率高，损失贫化率低；采场暴露面积小，地压控制效果好，回采作业安全性高。但是进路回采工艺复杂、回采效率低、采场生产能力低；独头进路回采，采场通风困难，劳动条件差；进路充填准备及接顶工作复杂，充填效率低、费用高。

（6）估算主要经济技术指标。上向分层进路充填法标准矿块的单位采矿成本和主要技术经济指标见表 4-5 和表 4-6。

表 4-5 上向水平进路充填法矿石生产成本

序号	成本项目	单 位	单位用量	单价/元	单位成本/元·t^{-1}
一	原、辅助材料				54.67
1	乳化炸药	kg	0.37	12	4.44
2	非电雷管	发	0.32	5.5	1.76
3	导爆管	m	1.85	2	3.70
4	钎杆	kg	0.01	40	0.40
5	钻头	个	0.01	265	2.65
6	轮胎	条	0.0001	5000	0.50
7	坑木	m^3	0.0011	1818	2.00
8	柴油	kg	0.12	8.38	1.01
9	机油	kg	0.05	10	0.50
10	钢丝绳	kg	0.04	9.4	0.38
11	水泥	t	0.03	400	12.00
12	水	t	0.0328	0.8	0.03
13	圆钢	kg	0.07	4.3	0.30
14	泄滤水井材料				0.45
15	电	kW·h	33.64	0.7	23.55
16	其他				1.01
二	工资福利				14.35
合计					69.02

表 4-6　普通上向水平进路充填法标准采场主要技术经济指标

序号	指标名称	单　位	数　值	备　注
1	品位：Fe	%	37.10	平均值
2	矿体水平厚度	m	50	
3	矿体倾角	(°)	20~40	
4	进路规格	m	4×4	
5	回采率	%	95	
6	贫化率	%	4	
7	铲运机生产能力	t/(台·班)	200	
8	单位炸药消耗量	kg/t	0.37	
9	采场生产能力	t/d	147	每天 1 个循环
10	采矿成本	元/t	69.02	

D　分段凿岩阶段出矿嗣后充填法

(1) 方案特征与采场布置方式。矿房、矿柱垂直矿体走向布置，一步回采矿柱，胶结充填，形成人工充填体矿柱；二步回采矿房，进行非胶结充填或低标号胶结充填。

阶段高度为 40~50m，矿房、矿柱宽度均为 18m，长度为矿体水平厚度。柱回采时，将阶段划分为若干分段，在分段凿岩巷道内钻凿扇形中深孔，向切割槽侧向崩矿，崩落矿石落入采场底部的"V"形受矿堑沟，由铲运机自出矿进路内铲出。出矿底部结构采用堑沟式，每两个采场共用一条出矿巷道。

(2) 采切工程。如图 4-16 所示，采准工程包括出矿进路、出矿巷道、分段凿岩巷道、放矿溜井等。切割工作主要是形成切割天井、切割横巷和切割槽。在切割横巷内钻凿上向平行中深孔，以切割天井为自由面爆破形成切割槽。在堑沟拉底巷道钻凿上向扇形中深孔，爆破形成"V"形堑沟。

(3) 回采工艺。切槽工作完成后，在分段凿岩巷道中施工上向扇形中深孔，每次爆破 1~2 排炮孔，分段微差爆破，上下相邻分段之间一般保持上分段超前 1~2 排炮孔以保证上分段爆破作业的安全。落入采场底部"V"形堑沟的崩落矿石采用铲运机装运卸入溜井。采场大量出矿完毕后，按要求进行嗣后充填。

(4) 方案评价。该方案有以下优点：1) 适用于矿石和围岩中等稳固以上的厚大矿体；2) 可以多分段同时回采，作业集中，回采强度高，生产能力大；3) 作业在专用巷道内进行，安全性好。

该方案缺点有：1) 切割工程量大；2) 中深孔凿岩与爆破技术难度较大；3) 中深孔爆破对周围采场或充填体影响较大。

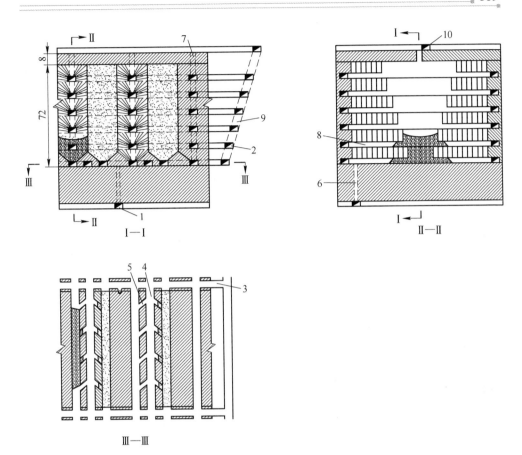

图 4-16 分段空场嗣后充填

1—阶段运输平巷；2—分段巷道；3—盘区巷道；4—出矿进路；5—装矿进路；
6—溜井；7—切割天井；8—分段凿岩巷道；9—斜坡道；10—充填联络巷

（5）主要经济技术指标。分段空场嗣后充填法标准矿块的单位采矿成本和主要技术经济指标见表 4-7 和表 4-8。

表 4-7 分段空场嗣后充填法矿石生产成本

序号	成本项目	单位	单位用量	单价/元	单位成本/元·t⁻¹
一	辅助材料	元			
1	炸药	kg	0.294	12	3.53
2	非电雷管	发	0.065	5.5	0.36
3	导爆管	m	0.588	2	1.18
4	钎头	个	0.019	265	5.04
5	钎尾	根	0.003	100	0.3
6	钎杆	根	0.019	320	6.08

序号	成本项目	单位	单位用量	单价/元	单位成本/元·t⁻¹
7	钻管	根	0.0021	150	0.32
8	连接套管	个	0.0276	150	4.14
9	润滑油	kg	0.0186	10	0.19
10	柴油	kg	0.11	8.38	0.92
11	坑木	m³	0.001	1818	1.82
12	轮胎	条	0.0002	5000	1
13	锚杆	根	0.0144	50	0.72
14	钢绳箕斗、罐笼	元			0.35
15	其他材料	元			1.56
16	电	kW·h	28.5	0.76	21.66
17	水	t	0.5128	0.8	0.41
二	人工工资	元			16.72
三	矿石生产成本	元			66.3

表 4-8   分段空场嗣后充填法主要技术经济指标

序号	指标名称	单 位	数 值	备 注
1	品位：TFe	%	37.1	平均值
2	采场构成要素	m	100×16×40	
3	综合回采率	%	66.0	
4	贫化率	%	4.6	
5	千吨采切比	m/kt	3.89	自然米
			13.09	标准米
6	铲运机生产能力	t/(台·班)	400	
7	单位炸药消耗量	kg/t	0.44	扇形孔
8	每米炮孔崩矿量	t/m	6.56	V 形堑沟
			7.3	-415m 分段
			7.66	-404m 分段
			7.39	采场综合
9	凿岩效率	m/月	2500	扇形孔
10	采场生产能力	t/d	354	
11	采矿成本	元	66.3	不含充填成本

4.3.1.2　采矿方法优化选择

采矿方法选择是一个涉及多层次、多因素、多目标、多指标的决策过程。对于这样复杂的系统工程，由于地质资料的误差、一些统计方法的局限性、某些价格指标的不确定性、只能定性而不能定量描述的影响因素以及不可预见的各方面因素等，使得采矿方案选择具有极大的模糊性、随机性和未知性。它的推理、判断大多是模糊推理、模糊判断，因而做出的决策也是模糊决策。

传统的采矿方案选择仅仅是由单个影响因素或几个因素各自直观评价而确定的，带有极大的经验成分，容易受到经验的左右而不能正确反映实际情况。目前，有些系统工程将模糊数学（FUZZY）应用于方案的选择中，为在复杂系统设计过程中把那些只能定性描述的模糊概念、模糊推理、模糊判断及模糊决策数学化、定量化提供了理论依据。但是，一方面该原理很少应用于采矿方案的优选，且仅利用模糊数学理论无法确定复杂的指标体系的权重，权重仅通过专家的主观评审选取，带有一定的主观性；另一方面，层次分析法（AHP）能够把复杂系统问题的各因素，通过划分相互联系的各有序层次，使之条理化，根据对一定客观现实的判断就每一层次相对重要性给予定量表示，利用数学方法确定表达每一层次全部元素相对重要次序的权值。因此，可以将层次分析法和模糊数学理论结合起来应用到采矿方案选择这个复杂的系统工程中，建立采矿方案综合评价指标体系，用层次分析法客观地确定各因素的权重，再根据模糊数学理论建立模糊综合评判，从而确定最优的采矿方案。

A　采矿方案综合评价指标体系构建

在矿山生产中模糊性现象很多，如地质条件复杂程度、顶板质量、安全状况、企业管理水平等。开采模式的选择是诸多因素的集合结果，所选用的方案是否优越，涉及诸多方面，是由多项指标决定的，必须对多种因素、指标进行综合分析，才能得出较为符合客观的结果。

模糊综合评判法应用模糊变换原理和模糊数学的基本理论——隶属度或隶属函数来描述中介过渡的模糊信息，考虑与评价事物相关的各个因素，浮动地选择因素阈值，作比较合理的划分，再利用传统的数学方法进行处理，从而科学地得出评价结论。

采矿方案评价是一个系统工程，建立评价指标体系是进行评价的基础工作，其科学合理性直接影响评估结果的准确性。在评价指标体系中，既有定量的参数，又有定性的参数，各因素之间相互影响、相互制约。评价指标选取的原则是以尽量少的指标，反映最主要和最全面的信息。利用层次分析法基本原理，可建立采矿方案综合评价（O）指标体系（即目标层），包括 3 个准则层，即经济指标（P_1），可以从吨采成本（X_1）、矿石回收率（X_2）、矿石贫化率（X_3）等角度分析；采矿地压控制程度（P_2），可以根据采空区最大暴露面积（X_4）及爆破对采场稳定性的影响程度（X_5）进行分析；技术指标（P_3），包括采切比（X_6）、方案灵活适应性（X_7）、通风条件（X_8）、实施难易程度（X_9）、采场生产能力（X_{10}）等。根据矿山的实际情况，建立 4 种采矿方案的综合评价指标体系及相应指标值，见表 4-9。

表 4-9　各方案的综合评价指标体系

目标层	准则层	指标层	方案 I	方案 II	方案 III	方案 IV
采矿方案综合评价 O	经济指标 P_1	采矿成本 X_1/元·t^{-1}	42	68.74	69.02	66.3
		回采率 X_2/%	84	80.27	95	66
		贫化率 X_3/%	7	4.0	4	4.6
	采场地压控制 P_2	采空区最大暴露面积 X_4/m²	650	900	200	900
		爆破对采场稳定性影响程度 X_5	较大	较小	较小	较大
	技术指标 P_3	千吨采切比 X_6/m·kt^{-1}	3.8	3.8	4.66	3.89
		方案适应性 X_7	较好	好	好	好
		通风条件 X_8	好	好	较好	好
		实施难易度 X_9	较难	易	易	较难
		生产能力 X_{10}/t·d^{-1}	145	287	147	354

B　层次分析法确定权重向量

在建立了递阶层次综合评价指标体系结构后，需要运用层次分析法解决决策中各因素的权重分配问题。计算步骤如下。

a　构造比较标度

依据两两比较的标度和判断原理，运用模糊数学理论，可得出如表 4-10 所示的比例标准。

表 4-10　比较标准意义

标准值	定义	说　明
1	同样重要	因素 X_i 与 X_j 的重要性相同
3	稍微重要	因素 X_i 的重要性稍微高于 X_j
5	明显重要	因素 X_i 的重要性明显高于 X_j
7	强烈重要	因素 X_i 的重要性强烈高于 X_j
9	绝对重要	因素 X_i 的重要性绝对高于 X_j

注：2，4，6，8 分别表示两相邻判断的中值；若因素 X_i 与 X_j 比较得 W_{ij}，则因素 X_i 与 X_j 比较得 $1/W_{ij}$。

b　构造比较判断矩阵

按照层次结构模型，每一层元素都以相邻上一层次各元素为基准，按上述标度方法两两比较构造判断矩阵，设判断矩阵为 $\boldsymbol{D}$，则按定义有：

$$\boldsymbol{D} = \begin{bmatrix} X_{11} & X_{12} & \cdots & X_{1n} \\ X_{21} & X_{22} & \cdots & X_{2n} \\ \vdots & \vdots & & \vdots \\ X_{m1} & X_{m2} & \cdots & X_{mn} \end{bmatrix} = \begin{bmatrix} \dfrac{X_1}{X_1} & \dfrac{X_1}{X_2} & \cdots & \dfrac{X_1}{X_n} \\ \dfrac{X_2}{X_1} & \dfrac{X_2}{X_2} & \cdots & \dfrac{X_2}{X_n} \\ \vdots & \vdots & & \vdots \\ \dfrac{X_n}{X_1} & \dfrac{X_n}{X_2} & \cdots & \dfrac{X_n}{X_n} \end{bmatrix} \tag{4-5}$$

对于两两比较得到的判断矩阵 $\boldsymbol{D}$，解特征根问题：$\boldsymbol{D} = \lambda_{\max}\boldsymbol{W}$，所得到的 $\boldsymbol{W}$ 经正规化后作为因素的排序权重。可以证明，对于正定互反矩阵 $\boldsymbol{D}$，其最大特征根 $\lambda_{\max}$ 存在且唯一，$\boldsymbol{W}$ 可以由正分量组成，除相差 1 个常数倍数外，$\boldsymbol{W}$ 是唯一的。实际上，对 $\boldsymbol{D}$ 很难求出精确的特征值和特征向量 $\boldsymbol{W}$，只能求它们的近似值。本节采用方根法进行计算。

（1）判断矩阵 $\boldsymbol{D}$ 的元素按行相乘，得到各行元素乘积 M_i：

$$M_i = \prod_{j=1}^{n} W_{ij} \tag{4-6}$$

（2）计算 M_i 的 n 次方根：

$$\overline{W_i} = \sqrt[n]{M_i} \tag{4-7}$$

（3）对向量 $\overline{W_i}$ 正规化：

$$W_i = \overline{W_i} \Big/ \sum_{j=1}^{n} \overline{W_j} \tag{4-8}$$

（4）计算判断矩阵的最大特征根：

$$\lambda_{\max} = \sum_{i=1}^{n} \frac{(\boldsymbol{DW})_i}{nW_i} \tag{4-9}$$

以上各式中，$i=1,2,\cdots,n$。

　　c　判断矩阵的一致性检验

　　判断矩阵是分析者凭个人知识及经验建立起来的，难免存在误差。为使判断结果更好地与实际状况相吻合，需进行一致性检验。判断矩阵的一致性检验公式为 $C_R = C_I/R_I$，其中 C_I 为一致性检验指标，$C_I = (\lambda_{\max} - n)/(n-1)$，$n$ 为判断矩阵的阶数，R_I 为平均随机一致性指标（取值见表 4-11）。

　　当 $C_R < 0.1$ 时，一般认为 $\boldsymbol{D}$ 的一致性是可以接受的，否则需要重新调整判断矩阵，直至满足一致性检验为止。

表 4-11   平均随机一致性指标取值

判断矩阵除数	1	2	3	4	5	6	7	8	9
R_I	0	0	0.58	0.90	1.12	1.24	1.32	1.41	1.45

d 计算权重向量

在 AHP 的使用过程中，无论建立的是层次结构还是构造判断矩阵，人的主观判断、选择、偏好对结果的影响极大，判断失误可能造成决策失误。AHP 的本质是试图使人的判断条理化，但所得到的结果基本依据人的主观判断，当决策者的判断过多受主观偏好影响，产生某种对客观规律的歪曲时，AHP 的结果显然就靠不住。要使 AHP 的决策结论尽可能符合客观规律，决策者必须对所面临的问题有比较深入和全面的认识。中南大学有关人员在查阅大量文献，并与现场工作者、有关专家学者协商基础上，构造表 4-12 所示的判断矩阵。

表 4-12   *O-P* 判断矩阵

O-P	P_1	P_2	P_3
P_1	1	1	3
P_2	1	1	2
P_3	1/3	1/2	1

判断矩阵按行相乘，得到行元素乘积：

$$M_1 = \prod_{i=1}^{3} b_{ij} = 1 \times 1 \times 3 = 3$$

$$M_2 = \prod_{i=1}^{3} b_{ij} = 1 \times 1 \times 2 = 2$$

$$M_3 = \prod_{i=1}^{3} b_{ij} = 1/3 \times 1/2 \times 1 = 1/6$$

对各个乘积分别开 n 次方，得到 $\overline{W_i}$：

$$\overline{W_1} = \sqrt[3]{M_1} = 1.44$$

$$\overline{W_2} = \sqrt[3]{M_2} = 1.26$$

$$\overline{W_3} = \sqrt[3]{M_3} = 0.55$$

将向量 $\boldsymbol{W} = (\overline{W_1}, \overline{W_2}, \overline{W_3})^T$ 归一化：

$$W_1 = \frac{\overline{W_1}}{\sum_{j=1}^{3} \overline{W_j}} = 0.44$$

$$W_2 = \frac{\overline{W_2}}{\sum\limits_{j=1}^{3} \overline{W_j}} = 0.39$$

$$W_3 = \frac{\overline{W_3}}{\sum\limits_{j=1}^{3} \overline{W_j}} = 0.17$$

则 $\boldsymbol{W} = (0.44,\ 0.39,\ 0.17)^{\mathrm{T}}$。

计算判断矩阵的最大特征根 λ_{max}:

$$\boldsymbol{BW} = \begin{bmatrix} 1 & 1 & 3 \\ 1 & 1 & 2 \\ 1/3 & 1/2 & 1 \end{bmatrix} \begin{bmatrix} 0.44 \\ 0.39 \\ 0.17 \end{bmatrix} = (1.34,\ 1.17,\ 0.52)$$

$$\lambda_{max} = \sum_{i=1}^{3} \frac{(BW)_i}{nW_i} = 3.04$$

求判断矩阵的一致性指标 C_I:

$$C_R = \frac{C_I}{R_I} = \frac{\lambda_{max} - 3}{3 - 1} = 0.02$$

得出 3 阶判断矩阵的平均随机一致性指标 $R_I = 0.58$,则判断矩阵的随机一致性比例 C_R 为:

$$C_R = \frac{C_I}{R_I} = \frac{0.02}{0.58} = 0.034$$

$C_R < 0.10$,说明判断矩阵具有满意的一致性,这样就完成了 P-P_i 判断矩阵的层次单排序计算。

同理,可得 P_1-P_{1j},P_2-P_{2j},P_3-P_{3j} 判断矩阵,见表 4-13~表 4-15,各二级评价指标的权重系数如下。

表 4-13 判断矩阵 P_1-P_{1j}

P_1	P_{11}	P_{12}	P_{13}
P_{11}	1	1	2
P_{12}	1	1	2
P_{13}	1/2	1/2	1

表 4-14 判断矩阵 P_2-P_{2j}

P_2	P_{21}	P_{22}
P_{21}	1	2
P_{22}	1/2	1

表 4-15　判断矩阵 $P_3\text{-}P_{3j}$

P_3	P_{31}	P_{32}	P_{33}	P_{34}	P_{35}
P_{31}	1	2	3	3	2
P_{32}	1/2	1	3	3	4
P_{33}	1/3	1/3	1	1	2
P_{34}	1/3	1/3	1	1	2
P_{35}	1/2	1/4	1/2	1/2	1

$P_1\text{-}P_{1j}$: $W_1 = [0.4, 0.4, 0.2]^{\mathrm{T}}$, $\lambda_{\max 1} = 3$, $C_{I1} = 0$, $R_{I1} = 0.58$, $C_{R1} = 0 < 0.1$;

$P_2\text{-}P_{2j}$: $W_2 = [0.667, 0.333]^{\mathrm{T}}$, $\lambda_{\max 2} = 2.001$, $C_{I2} = 0.001$, $R_{I2} = 0$, $C_{R2} = 0 < 0.1$;

$P_3\text{-}P_{3j}$: $W_3 = [0.353, 0.307, 0.127, 0.127, 0.086]^{\mathrm{T}}$, $\lambda_{\max 3} = 5.231$, $C_{I3} = 0.058$, $R_{I3} = 1.12$, $C_{R3} = 0.052 < 0.1$。最后可得层次总排序, 见表 4-16。

表 4-16　层次总排序权值表

P_{ij}	P_1	P_2	P_3	总排序权值 W
	0.44	0.39	0.17	
P_{11}	0.4			0.1333
P_{12}	0.4			0.1333
P_{13}	0.2			0.0667
P_{21}		0.667		0.2223
P_{22}		0.333		0.111
P_{31}			0.353	0.1177
P_{32}			0.307	0.1023
P_{33}			0.127	0.0423
P_{34}			0.127	0.0423
P_{35}			0.086	0.0287

C　模糊综合评判

模糊数学的综合评判主要涉及 4 个要素: (1) 因素集 X; (2) 方案集 A; (3) 隶属矩阵 R; (4) 权重分配向量 W。根据评价指标的不同, 模糊综合评判可分为一级模糊评价和多级模糊评价, 本次研究为二级模糊评价, 方法如下。

a　建立因素集 X 及方案集 A

设评选因素集 $X = \{X_1, X_2, X_3, \cdots, X_m\}$, 备选方案集 $A = \{A_1, A_2, A_3, \cdots, A_n\}$。对于给定的备选方案 A_j ($j = 1, 2, \cdots, n$), 可以表示成一个 m

维"向量"形式：$A_j = \{ X_{j1}, X_{j2}, X_{j3}, \cdots, X_{jm} \}$，其中 X_{jk}（$k = 1, 2, \cdots, m$）是方案 A_j 在因素 X_k 上的反映。X_{jk} 可以是数量（当 X_k 是数量化指标时），也可以是一种自然语言的定性描述。则 A_j 为集合中的方案且为 X 上的模糊子集。

b　建立因素集 X 的诸因素权重集 W

用上述层次分析法确定因素的权重集 $\boldsymbol{W}$。因素权重集 $\boldsymbol{W} = (W_1, W_2, W_3, \cdots, W_m)$ 是指各因素对于拟选定方法而言的重要及影响程度，且要求满足 $0 < W_k < 1, \sum\limits_{k=1}^{m} W_k = 1$。

c　隶属矩阵的确定

定量指标隶属度由隶属函数法确定，非定量指标采用相对二元比较法确定。

针对定量指标采用的隶属函数法是指对 n 个方案的 m 个指标组成的目标特征值矩阵为：

$$\boldsymbol{Y} = \begin{bmatrix} y_{11} & y_{12} & \cdots & y_{1n} \\ y_{21} & y_{22} & \cdots & y_{2n} \\ \vdots & \vdots & & \vdots \\ y_{m1} & y_{m2} & \cdots & y_{mn} \end{bmatrix}$$

式中，$i = 1, 2, \cdots, m$；$j = 1, 2, \cdots, n$。

定量指标可以分为收益性指标与消耗性指标两类。对于收益性指标，指标值越大越好；对于消耗性指标，指标值越小越好。目标相对隶属度公式如下：收益性指标公式 $r_{ij} = y_{ij}/\max y_{ij}$；消耗性指标公式：$r_{ij} = \min y_{ij}/y_{ij}$。对其进行规格化，得到目标相对隶属度矩阵：

$$\boldsymbol{R} = \begin{bmatrix} r_{11} & r_{12} & \cdots & r_{1n} \\ r_{21} & r_{22} & \cdots & r_{2n} \\ \vdots & \vdots & & \vdots \\ r_{m1} & r_{m2} & \cdots & r_{mn} \end{bmatrix} = (r_{ij})$$

式中，$i = 1, 2, \cdots, m$；$j = 1, 2, \cdots, n$。

对于非定量指标，则采用相对二元比较法。设系统有待进行重要性比较的目标因素集 $X = \{ X_1, X_2, X_3, \cdots, X_m \}$，对目标集 X 中的目标就"重要性"进行二元对比定性排序。将目标集中的目标 X_k 与 X_l 作二元对比，即若 X_k 比 X_l 重要，令排序标度 $e_{kl} = 1, e_{lk} = 0$；若 X_k 与 X_l 同样重要，令 $e_{kl} = 0.5, e_{lk} = 0.5$；若 X_l 比 X_k 重要，令 $e_{kl} = 0, e_{lk} = 1$（$k, l = 1, 2, \cdots, m$）。由此可得出二元比较矩阵 $\boldsymbol{E}$：

$$\boldsymbol{E} = \begin{bmatrix} e_{11} & e_{12} & \cdots & e_{1n} \\ e_{21} & e_{22} & \cdots & e_{2n} \\ \vdots & \vdots & & \vdots \\ e_{m1} & e_{m2} & \cdots & e_{mn} \end{bmatrix}$$

当 $0 \leqslant e_{ij} \leqslant 1$, $e_{ij} + e_{ji} = 1$, $e_{ij} = e_{ji} = 0.5$ $(i=j)$ 时，称矩阵 E 为关于重要性的有序二元比较矩阵，e_{ij} 为目标 i 对 j 关于重要性作二元比较时，目标 i 对于 j 的重要性模糊标度；e_{ji} 为目标 j 对于 i 的重要性模糊标度。将此矩阵按行排序，则 $\beta_i = \sum_{j=1}^{m} \beta_{ij}$ ($i \neq j$, $i = 1, 2, \cdots, m$)，序号表示了目标的相对重要性，根据排序查语气算子与定量标度表（表4-17），可得到非定量指标的隶属度。

表 4-17　语气算子与定量标度相对隶属度关系表

语气算子	定量标度	相对隶属度
同样	0.500~0.525	1.000~0.905
稍稍	0.550~0.575	0.818~0.739
略为	0.600~0.625	0.667~0.600
较为	0.650~0.675	0.538~0.481
明显	0.700~0.725	0.429~0.379
显著	0.750~0.775	0.333~0.290
十分	0.800~0.825	0.250~0.212
非常	0.850~0.875	0.176~0.143
极其	0.900~0.925	0.111~0.081
极端	0.950~0.975	0.053~0.026
无可比拟	1.000	0.000

结合白象山铁矿情况，根据收益性与消耗性定量指标的隶属函数法，对指标体系中的 6 个定量指标计算。定量指标的特征向量矩阵：

$$R_{1-6} = \begin{bmatrix} 42 & 68.74 & 69.02 & 66.3 \\ 84 & 80.27 & 95 & 66 \\ 7 & 4 & 4 & 4.6 \\ 650 & 900 & 200 & 900 \\ 3.8 & 3.8 & 4.66 & 3.89 \\ 145 & 287 & 147 & 354 \end{bmatrix}$$

对特征向量矩阵进行规格化得：

$$R_{1-6} = \begin{bmatrix} 1 & 0.611 & 0.609 & 0.633 \\ 0.884 & 0.845 & 1.000 & 0.695 \\ 0.571 & 1 & 1 & 0.870 \\ 0.308 & 0.222 & 1 & 0.222 \\ 1 & 1 & 0.815 & 0.977 \\ 0.410 & 0.811 & 0.415 & 1 \end{bmatrix}$$

根据二元比较法及语气算子与定量标度表4-17，可得：

（1）根据各采矿方案爆破对采场稳定性影响的特点，得特征向量矩阵：

$$E_1 = \begin{bmatrix} 0.5 & 0 & 0 & 0.5 \\ 1 & 0.5 & 0.5 & 1 \\ 1 & 0.5 & 0.5 & 1 \\ 0.5 & 0 & 0 & 0.5 \end{bmatrix} \begin{bmatrix} 1 \\ 3 \\ 3 \\ 1 \end{bmatrix}$$

则相对隶属度矩阵 $R_1 = [0.487 \quad 1 \quad 1 \quad 0.487]$。

（2）根据各采矿方案的适应性特点，得特征向量矩阵：

$$E_2 = \begin{bmatrix} 0.5 & 0 & 0 & 0 \\ 1 & 0.5 & 0.5 & 0.5 \\ 1 & 0.5 & 0.5 & 0.5 \\ 1 & 0.5 & 0.5 & 0.5 \end{bmatrix} \begin{bmatrix} 0.5 \\ 2.5 \\ 2.5 \\ 2.5 \end{bmatrix}$$

则相对隶属度矩阵 $R_2 = [0.250 \quad 1 \quad 1 \quad 1]$。

（3）根据各采矿方案的通风条件，得特征向量矩阵：

$$E_3 = \begin{bmatrix} 0.5 & 0.5 & 0 & 0.5 \\ 0.5 & 0.5 & 0 & 0.5 \\ 0 & 0 & 0.5 & 0.5 \\ 0.5 & 0.5 & 0.5 & 0.5 \end{bmatrix} \begin{bmatrix} 1.5 \\ 1.5 \\ 0.5 \\ 1.5 \end{bmatrix}$$

则相对隶属度矩阵 $R_3 = [1 \quad 1 \quad 0.487 \quad 1]$。

（4）根据各采矿方案的实施难易度，得特征向量矩阵：

$$E_4 = \begin{bmatrix} 0.5 & 0 & 0 & 0.5 \\ 1 & 0.5 & 0.5 & 1 \\ 1 & 0.5 & 0.5 & 1 \\ 0.5 & 0 & 0 & 0.5 \end{bmatrix} \begin{bmatrix} 1 \\ 3 \\ 3 \\ 1 \end{bmatrix}$$

则相对隶属度矩阵 $R_4 = [0.487 \quad 1 \quad 1 \quad 0.487]$。

综合以上可得到综合隶属度矩阵：

$$R = \begin{bmatrix} 1 & 0.611 & 0.609 & 0.633 \\ 0.884 & 0.845 & 1 & 0.695 \\ 0.571 & 1 & 1 & 0.870 \\ 0.308 & 0.222 & 1 & 0.222 \\ 1 & 1 & 0.815 & 0.977 \\ 0.410 & 0.811 & 0.415 & 1 \\ 0.487 & 1 & 1 & 0.487 \\ 0.250 & 1 & 1 & 1 \\ 1 & 1 & 0.487 & 1 \\ 0.487 & 1 & 1 & 0.487 \end{bmatrix}$$

d　综合评判

由评价矩阵 R（隶属度矩阵）以及因素权重 W，得方案集 A 的综合评价为：

$$B = WR = (W_1, W_2, W_3, \cdots, W_m) \begin{bmatrix} r_{11} & r_{12} & \cdots & r_{1n} \\ r_{21} & r_{22} & \cdots & r_{2n} \\ \vdots & \vdots & & \vdots \\ r_{m1} & r_{m2} & \cdots & r_{mn} \end{bmatrix} = (b_1, b_2, b_3, \cdots, b_n)$$

这里 $b_j = \sum\limits_{k=1}^{m} U_k r_{kj}$ 表示方案 A_j 的综合满意度或综合优越度。

由以上确定的权重向量及指标隶属度矩阵可得方案集 A 的综合评判向量为：

$$B = WR = (0.6336 \qquad 0.7322 \qquad 0.8367 \qquad 0.6589)$$

综上可得各方案的综合优越度为：方案Ⅲ，83.67%；方案Ⅱ，73.22%；方案Ⅰ，65.89%；方案Ⅳ，63.36%。即方案的优劣次序为方案Ⅲ＞Ⅱ＞Ⅳ＞Ⅰ。

换言之，姑山区域大水软破多变矿床地下开采的首选采矿方法为上向分层进路充填法，其次为上向水平分层充填法。留矿法由于矿柱矿量损失贫化大、作业安全性低等经济技术因素，综合优越度最差，不宜选用。

应该指出的是，虽然上向进路充填法安全性好，对姑山区域复杂矿体的开采技术条件适应性强，但其生产效率较低，生产成本较高，因此，在生产过程中，应根据矿体具体条件，对回采工艺进行优化。同时，在矿岩较稳固的合适地段（如白象山铁矿部分矿体）可以进行上向水平分层充填法和分段空场嗣后充填法的试验，根据试验情况，灵活选用，在确保安全的前提下，尽可能提高生产效率，提高矿山经济效益最大化。此外，钟九铁矿部分地段矿岩极为破碎，初步设计推荐了下向进路充填法，由于尚未施工验证，本书不再展开介绍。

4.3.1.3　采场结构参数优化

采矿方法确定后，采场结构参数即成为影响采矿方法使用合理性和经济性的重要经济技术指标。确定合理的采场结构参数和回采顺序是地下矿山安全、高效生产的前提，也是采矿设计中经常碰到的问题。采场结构参数受众多因素影响，其中既包括诸如矿岩抗压强度、抗拉强度、含水率等定量因素，也包括诸如矿岩稳固性、节理与裂隙发育状态、矿岩倾角与厚度变化情况等众多定性因素，而且后者往往在采场结构参数确定中占有更重要的地位。正是由于众多非定量因素的存在，使采场结构参数确定无法实现理论上的最优化，传统的模型试验及现场采矿试验均难以实现多种结构参数和回采方案的优化研究。

随着计算机的出现和发展，数值方法有了长足的进步，已成为岩石力学研究和工程计算的重要手段，为采场结构参数优化提供了一种数值模拟手段。在岩石力学中采用的数值方法先后有有限差分法、有限单元法、边界元法、半解析法、离散元法和无界元法等，各种数值方法都有各自的优缺点及适用条件。

目前，国内外已经有许多可以用于岩土工程分析的、比较成熟的有限元计算软件可供直接使用，如 ADIN、SAP、NCAP、NOLM83、UDEC、FLAC、ANSYS、MIDAS 等，其中 MIDAS 是一种可较好应用于三维情况下开采沉陷以及采空区稳定性计算的有限元系统，为采矿工程岩体稳定性计算和分析提供了有利的工具。

根据生产过程矿、岩实际暴露条件，和睦山铁矿后观音山矿段工程地质条件恶劣，矿体破碎、暴露时间短、暴露面积小、开采技术难度高。因此，矿山全面采用快采快充的上向进路充填法进行资源回采。本节运用有限元分析软件 MIDAS，模拟不同采场结构参数采场顶板及充填体的应力、变形情况，进而确定适合后观音山矿体开采技术条件的进路采场结构参数（进路规格）。

A 软件简介

MIDAS/GTS（岩土与隧道分析系统）代表了当前工程软件发展的最新技术，为隧道工程与特殊结构领域提供了一个崭新的解决方案。MIDAS/GTS 可以对复杂的几何模型进行可视化的直观建模，在后处理中，能以表格、图形、图表形式自动输出简洁实用的计算书。与其他工程软件相比有其独特的优点，不仅能够实现直观建模、自动划分有限元网络，而且其强大的分析能力和可视化图形用户界面都为用户提供了一个很好的人机交流平台。

MIDAS/GTS 与其他岩土隧道分析软件相比有其自身的特点：

（1）它不仅是通用的分析软件，而且是包含了岩土和隧道工程领域最近发展技术的专业程序，具有应力分析、渗流分析、应力-渗流耦合分析、动力分析、边坡稳定性分析、衬砌分析等多种分析功能，还有包括静力分析、施工阶段分析、稳定流分析、非稳定流分析、特征值分析、时程分析、反应谱分析等强大功能。

（2）程序提供了 Mohr-Coulmb 模型、Drucker-Prager 模型、Tresca 模型、von Mises 模型、Hoek-Brown 模型、Hyperbolic（Duncan-Chang）模型、Strain Softening 模型、Cam Clay 模型、ModifiedCam-Clay 模型、Jointed Rock Mass 模型等可供用户选择的各种本构模型，还可以由用户自定义本构模型，非常方便。

（3）MIDAS/GTS 具有尖端的可视化界面系统，提供了面向任务的用户界面，可以对复杂的几何模型进行可视化的直观建模。网格的自动划分，直观的施工阶段定义与编辑都为计算分析提供了方便。

（4）MIDAS/GTS 独特的 Multi-Frontal 求解器可提供最快的运算速度，这也是其强大的功能之一。在后处理中，它能以表格、图形、图表形式自动输出简洁实用的计算书。

MIDAS/GTS 软件以其使用方便、功能强大、运算准确快速而在岩土隧道工程领域迅速发展。

B　基本假设及矿岩与充填体力学参数

a　基本假设

鉴于井下开采技术条件复杂多变，为便于建模和分析计算，需作出如下假设：

（1）矿岩体假设为理想弹塑性体，在屈服点以后，随着塑性流动，材料强度和体积无改变。

（2）矿体和围岩为局部均质、各向同性材料。

（3）考虑到岩石的脆性，分析中涉及的所有物理量均与时间无关。

（4）不考虑应变硬化（或软化）。

（5）模型底面为全约束，侧面只可以在竖直方向上有变形。

（6）考虑到有限元程序局限性，假设场地内无构造活动影响，原岩地应力为大地静力场型，各岩层之间为整合接触，岩层内部为连续介质；模型中不考虑地下水活动影响，也不考虑岩层和矿体中的结构面、裂隙和软弱层的存在与影响。

（7）计算选定的载荷不随单元方向变化而改变，始终保持它们的最初的方向，表面载荷作用在变形单元表面法向，且可被用来模拟"跟随"力，大小就是上覆表土层的重量。

b　模型建立

根据以下原则，建立数值模型：

（1）以矿体产状、矿岩特性、回采过程和采空区状况，作为模拟计算的基本条件，并进行必要的简化，简化后矿体模型取平均厚度 50m，平均倾角 45°。

（2）模拟不同进路规格，同时对每种进路规格计算间隔回采最危险的状况，即 12 条进路同时回采（第二步回采）。

（3）根据弹塑性力学理论，开挖后应力变化的影响范围为所开挖范围的 3~5 倍。为了满足计算需要和保证计算精度，此次计算采用的模型尺寸取为所开挖范围的 3~5 倍，且在长度方向上全部简化为矿体。

（4）理论上讲，单元划分越细，计算结果越准确，但过细的单元划分会消耗大量的机时，且远离采空区的部位应力变化不大。因此，应根据后观音山矿段深部矿体实际情况，综合考虑计算精度及经济计算要求确定合理的网格划分。

（5）对上向进路充填法模拟了 10 种进路规格，见表 4-18。

表 4-18 进路规格数值模型几何尺寸

序　号	长度/m	跨度/m	高度/m
1	50	4	3
2	50	5	3
3	50	6	3
4	50	3	4
5	50	4	4
6	50	5	4
7	50	6	4
8	50	4	5
9	50	5	5
10	50	6	5

根据上述原则，建立回采过程模型尺寸为 X（宽）$\times Y$（高）$\times Z$（长）$= 600\mathrm{m} \times 600\mathrm{m} \times 1000\mathrm{m}$。采场网格划分及采场剖面图分别如图 4-17 和图 4-18 所示。

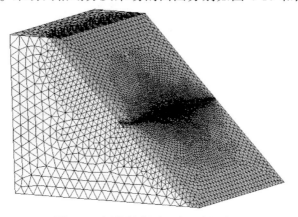

图 4-17 网格划分图（除上盘围岩）

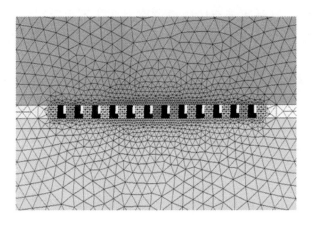

图 4-18 采场剖面图

c 矿岩及充填体力学参数

数值计算分析的准确性很大程度上取决于矿岩体基本力学参数是否准确。考虑到采场顶板主要的破坏形式是拉伸破坏（极少出现压缩破坏，因为矿岩抗压强度明显高于抗拉强度），因此模拟过程中采用的矿石抗拉强度取最小值，而抗压强度则取各数据的平均值。本次模拟采用的矿岩力学参数和充填体力学参数见表 4-19。

表 4-19 和睦山铁矿采场数值模拟物理力学参数

矿岩类别	弹性模量 /×10³MPa	抗压强度 /MPa	抗拉强度 /MPa	泊松比	密度 /t·m⁻³	黏结力/MPa	内摩擦角 /(°)
矿石	2.451	28.5	2.33	0.273	3.46	4.07	58.09
充填体	0.156	2.08	0.75	0.25	2.00	0.62	28.03
围岩	15.62	60.1	8.31	0.285	2.56	11.17	49.20

C 进路规格优化结果

合理的进路，应能在充分保证采场稳定性的前提下，尽量提高采场生产能力、增大回收率、降低贫化率。在数值模拟时主要分析采空进路、矿体直接顶板及胶结充填进路的稳定性，一旦其中任何一个组成要素不稳定必将导致采场处于危险状态之下。各进路模型的最大拉应力、最大压应力及垂直位移数值模拟结果见表 4-20 和图 4-19~图 4-26，分析上述图表可以得出如下结论：

（1）各进路模型采场上盘围岩顶板和矿体直接顶板上都出现了拉应力，上盘围岩顶板的最大拉应力为 1.947MPa（回采进路模型 6m×5m）、矿体直接顶板最大压应力为 27.653MPa（回采进路模型 6m×5m），但各模型上盘围岩顶板和矿体直接顶板最大拉应力均未超过各自的抗拉强度，均处于相对稳定的状态。

表 4-20 数值分析应力变形数据

回采进路模型（宽×高）/m×m	顶板最大拉应力/MPa	顶板最大压应力/MPa	顶板位移/cm	抗拉安全系数 η_1	抗压安全系数 η_2
4×3	0.834	13.795	0.875	2.794	2.066
5×3	1.173	17.681	0.887	1.986	1.612
6×3	1.258	18.235	0.902	1.852	1.563
3×4	0.919	15.886	0.918	2.535	1.794
4×4	1.159	17.502	0.945	2.010	1.628
5×4	1.392	20.575	0.985	1.674	1.385
6×4	1.678	25.223	0.988	1.389	1.130
4×5	1.415	24.749	0.946	1.647	1.152
5×5	1.715	26.392	0.987	1.359	1.080
6×5	1.947	27.653	0.993	1.197	1.031

（2）在两侧胶结进路充填体上只出现压应力，没有出现拉应力，应力状态较为理想。最大压应力为 17.502MPa（回采进路模型 4m×4m），小于胶结充填进路矿体的抗压强度，说明胶结充填体进路起到了良好的控制地压的作用。

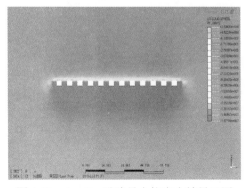 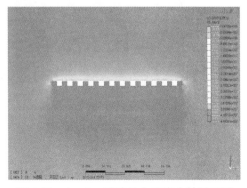

图 4-19 4m×3m 进路最大拉应力效果云图　　图 4-20 4m×3m 进路最大压应力效果云图

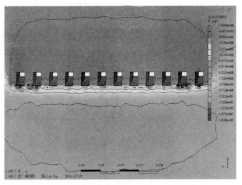

图 4-21　4m×4m 进路最大拉应力效果云图

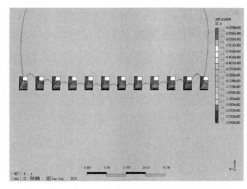

图 4-22　4m×4m 进路垂直位移效果云图

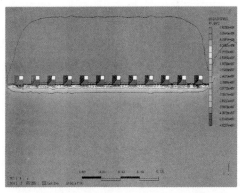

图 4-23　4m×6m 进路最大压应力效果云图

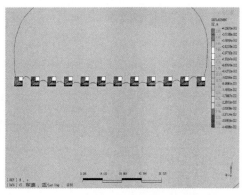

图 4-24　4m×6m 进路垂直位移效果云图

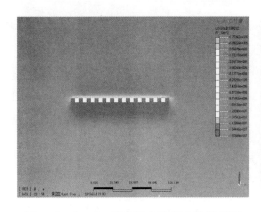

图 4-25　6m×5m 进路最大拉应力效果云图

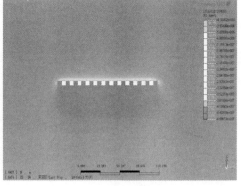

图 4-26　6m×5m 进路最大压应力效果云图

（3）开采完毕后，各进路模型下沉区主要集中在上盘位置处，且在很大面积上呈现均匀下沉状态，各方案地表垂直方向位移差别不大，一般为 3~4mm 左右，说明充填体起到了良好的控制地表沉降作用。

（4）随进路跨度的增大，各模型方案的最大拉应力和最大压应力逐渐增大，垂直方向的位移也逐渐增大，说明随着进路跨度的增大，采场稳定性越来越差。

（5）各模型顶板最大压应力和最大拉应力均未超过极限抗压强度和抗拉强度值，但矿石力学强度值满足要求并不能代表矿体强度值也能满足安全要求。这是由于节理、裂隙等地质弱面的存在，矿岩体的抗压强度和抗拉强度值要明显低于室内试验测定的矿岩石力学值，而真正代表矿岩稳固性的是包含弱面的岩体力学参数。遗憾的是，岩体力学参数难以直接量测，一般采用折减方法进行强度折减，但折减量受主观因素影响较大；另外，影响顶板安全性因素众多，如岩石力学性质、节理与裂隙发育情况、回采强度（暴露时间）、爆破参数（炮孔网度、一次爆破量）、支护方式、采场结构参数等，受数值模拟技术水平限制，模拟结果并不能保证百分之百准确。因此，为安全起见，可采用安全系数法进行采场顶板稳定性评价。安全系数定义为矿岩抗压强度（或抗拉强度）与顶板最大压应力（或拉应力）之比，各模型在矿体顶板条件下的抗拉和抗压安全系数见表4-20。

由于采场顶板主要受拉伸压力破坏，因此，在考虑表中各模型最大压应力和拉应力值的条件下，认为抗拉安全系数 $\eta_1 \geq 2$ 时顶板抗拉稳定性较好；而抗压安全系数 η_2 只要大于 1.0 即可认为顶板抗压稳定性好。按照此标准，并考虑效率和经济因素，进路规格 4m×4m 的上向进路充填法安全可靠性较高，经济指标也较理想，−200m 中段回采进路掘进和支护实践也证明了这一点。

综上所述，推荐后观音山矿段深部矿体采用上向进路充填法，进路规格 4m×4m（回采进路模型 4m×4m）。如果在开采过程中发现部分地段稳固性较好，可适当采扩大进路规格，甚至可采用小空场作业，以提高进路回采效率。

4.3.1.4 采空区极限暴露面积

A 采空区顶板岩石破坏机理

根据岩石力学有关知识，可以把顶板当做弹性梁来研究，其应力分布采用梁进行分析，梁中间产生的最大拉应力是造成未来空区顶板破坏的主要原因。

a 顶板围岩活动过程描述

采空区顶板经过无数次充分冒落之后，最后必将形成一个充满整个冒落带和采空区的冒落堆体，当这个冒落堆体的堆面刚好与围岩接触时，冒落过程结束。此后，冒落堆体进入与顶板围岩共同承载的阶段。也就是说，冒落堆体与顶板围岩之间的空间是采空区顶板围岩发生冒落的必要条件。如果没有空间，顶板围岩的活动方式就不会是冒落，而是在冒落堆体的支撑下发生极其缓慢的下沉，随着顶板围岩下沉值的增大，冒落堆体被逐渐压实后，支撑力也增大，最后形成力的平衡，顶板围岩与冒落堆体趋于稳定，顶板围岩的活动停止。

从上述顶板围岩活动过程可知，采空区顶板围岩的活动过程分为三个阶段，即围岩冒落阶段、围岩弯曲阶段和均匀下沉阶段。由于下沉阶段在生产结束后相当长时间内存在，对以后的生产活动基本上没有什么影响，因此，对采空区顶板岩石破坏机理分析，重点研究围岩冒落阶段。

b 采空区顶板围岩冒落

在冒落过程结束的一瞬间，冒落堆体的堆面与顶板围岩刚好接触，冒落堆体的堆面与顶板围岩的轮廓在此时刚好重合为一个面，这时候的冒落堆体可以看作凝聚力比较小的松散体，冒落堆面呈现拱的形式，作冒落体的纵向受力图进行受力分析，如图 4-27 所示。

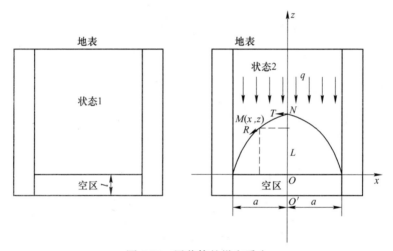

图 4-27　冒落体的纵向受力

以空区顶板中央为原点建立坐标系，在冒落的堆面与顶板围岩刚好接触时，顶板围岩上任一点 $M(x, z)$ 与顶点 N 的联机保持平衡，作用于 MN 上的外力有右半拱的水平推力 T、垂直均布载荷 q 和左半拱被截掉部分的反力 R，由拱的平衡条件 $\sum M_M = 0$，即对 M 点的力矩和为 0，有 $T(L - Z) = qxx/2$，即 $Z = -qx^2/(2T) + L$。

令 $A = -q/(2T)$，得：

$$Z = Ax^2 + L \qquad (4\text{-}10)$$

式中　L——冒落带的最大高度，即极限冒落高度，待定；

$\quad\quad$ A——方程系数，待定。

显而易见，式 (4-10) 为一元二次方程。

推而广之，对整个冒落空间而言，冒落堆面应是一个含无数系数不同的一元二次方程曲线的非标准二次曲面，而这个非标准二次曲面的方程为：

$$\begin{cases} B(x^2 + y^2) = Z - L \\ Z = Z_1 \end{cases} \qquad (4\text{-}11)$$

式中，系数 B 为系数 A 的集合；x 的取值范围为 $-a \leqslant x \leqslant a$；$y$ 的取值范围为 $-a \leqslant y \leqslant a$。

在冒落的瞬间，由于冒落堆体的堆面与顶板围岩的轮廓面重合，冒落堆体只受到本身重力的作用，冒落堆体内各点的密度只是相对于冒落堆体堆面的一次函数，即：

$$\rho_h = mh + \rho_{\text{堆面密度}} \tag{4-12}$$

式中 ρ_h——从冒落堆面下来 h 高度某点的密度；

     m——冒落堆体内各点品质；

     h——冒落堆体内任一点距离堆面的高度；

  $\rho_{\text{堆面密度}}$——堆面上岩石在理论上呈完全松散状态的密度。完全松散系数取地质报告中的 1.5，即 $\rho_{\text{堆面密度}} = \rho_{\text{原岩密度}}/1.5$。

根据：

$$\frac{\rho_{\text{堆面密度}} + \rho_{L\text{处的密度}}}{2} \times (L + l) = \rho_{\text{堆面密度}} L \tag{4-13}$$

整理得到：

$$L = \frac{l}{\dfrac{2\rho_{\text{原岩密度}}}{\rho_{\text{堆面密度}} + \rho_{L\text{处的密度}}} - 1} \tag{4-14}$$

式中 l——空区高度。

由式（4-14）可知，当 $\rho_{L\text{处的密度}}$ 最大时，L 达到最大值。

由于 $\rho_{L\text{处的密度}} < \rho_{\text{原岩密度}}$，取 $\rho_{L\text{处的密度}} = \rho_{\text{原岩密度}}$ 时，L 为理论最大，代入式（4-14）中，得：

$$L = 5l \tag{4-15}$$

上述函数表达式表明空区冒落的理论极限高度与空区的实际高度有关，它们两者之间呈一次函数关系，把式（4-15）代入式（4-10）中得：

$$Z = Ax^2 + 5l \tag{4-16}$$

根据式（4-10），当 M 点坐标中 $Z=0$ 时，$x=a$，有：

$$0 = Ax^2 + 5l$$

即：

$$A = -\frac{5l}{a^2}$$

代入式（4-11）中得到：

$$\begin{cases} -\dfrac{5l}{a^2}(x^2 + y^2) = Z - 5l \\ Z = Z_1 \end{cases} \tag{4-17}$$

式（4-17）就是最终的冒落堆体上任一剖面的方程，在理论状态下，它只与空区的高度 l 和空区在剖面上的跨度有关。

B 空区极限暴露面积

根据空区顶板岩石的破坏机理和材料力学的有关知识可知：

$$\sigma_{最大拉应力} = \frac{\frac{3}{4}(2a)^2 \rho_{原岩密度} g}{L} \qquad (4\text{-}18)$$

式中 a——剖面上空区跨度的一半。

把式（4-18）变形后得：

$$2a = \sqrt{\frac{4}{3} \frac{L \times \sigma_{最大拉应力}}{\rho_{原岩密度} g}}$$

令 $B_{计} = 2a$（空区跨度），则上式变为：

$$B_{计} = \sqrt{\frac{4}{3} \frac{L \times \sigma_{最大拉应力}}{\rho_{原岩密度} g}} \qquad (4\text{-}19)$$

由式（4-19）可知，空区极限宽度值是顶板最大拉应力的平方根函数。矿体密度为 3.46t/m^3，抗拉强度 2.33MPa（见表4-19），代入式（4-19）得：

$$B_{计} = \sqrt{\frac{4}{3} \times \frac{5l \times 2.33 \times 10^6}{3.46 \times 10^3 \times 9.8}} \approx 21.4\sqrt{l}$$

由于现实中的空区顶板是非理想状态，在回采过程中最易被炸药破坏，形成许多的节理裂隙，多裂隙岩体的极限跨度约为无裂隙岩体的极限跨度的 0.7~0.85 倍，为安全起见，应取小值，即 0.7，得：

$$B_{计} = 15\sqrt{l}$$

由于空区形状一般为方形或近似方形，空区最大暴露面积应等于 $\left(\dfrac{B_{计}}{\sqrt{2}}\right)^2$。

按照上述原理，和睦山铁矿后观音山矿段上向进路充填法最大允许暴露面积为 450m^2（进路规格 4m×4m，$I=4$）。因此，优化的采场结构参数安全性较高。

4.3.2 预控顶上向进路充填法

普通进路充填法由于采用巷道方式采矿，安全性好，布置灵活，便于探采结合，但由于回采进路均为独头巷道掘进，因此生产效率低、成本高、通风困难。为提高进路回采效率，根据和睦山铁矿、白象山铁矿地下矿山开采实际情况，发明了预控顶上向进路充填法，该方法将进路规格由普通上向进路充填法的 4m×4m 扩大为 4m×7m。

4.3.2.1 采场布置

预控顶上向进路充填法的实质是将上向水平进路充填法"自下而上单分层回采"变为"自下而上双层合回采"，是将空场法与充填法进行技术性融合，通过预先拉顶加固顶板，下向采矿形成较大空场，然后充填的一种采矿方法。其基本特征是，将两个分层作为一个回采单元，首先回采上分层（控顶层），采用措施加固顶板后，再回采下分层（回采层），两分层回采完毕后，进行充填。当该采场所有上下两层进路回采充填完毕后，再升层至上两个分层。

根据矿体厚度，有两种进路布置方式：

（1）当矿体水平厚度超过20~30m时，进路可垂直矿体走向布置（见图4-28）。

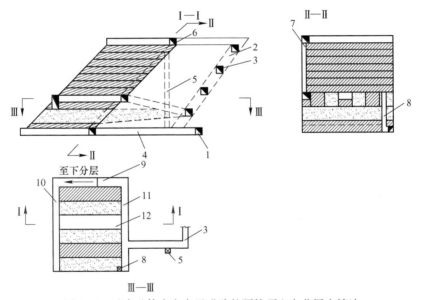

图 4-28　垂直矿体走向布置进路的预控顶上向分层充填法

1—阶段运输平巷；2—斜坡道；3—斜坡道入口；4—穿脉；5—溜矿井；6—充填回风平巷；7—充填回风井；8—泄水井；9—分层联络道；10—双进路高度联络道；11—单进路高度联络道；12—上分层回采进路

（2）如果矿体水平厚度小于20~30m，为充分发挥凿岩设备，尤其是凿岩台车的效率，进路一般沿矿体走向布置（见图4-29）。

4.3.2.2 预控顶技术

预控顶上向进路充填法进路高度达到7m，其安全性主要取决于高进路顶板的支护质量和支护效果，矿山常用的支护措施是喷锚支护（局部挂网）。由于矿岩稳固性差，回采进路基本上采用全断面、全进路喷锚网支护，锚杆直径20mm，锚杆长度1.8~2.4m，锚杆间距0.8m，如能通过优化研究，在保证回采作业安全

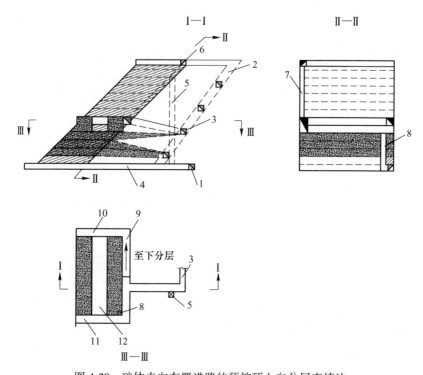

图 4-29   矿体走向布置进路的预控顶上向分层充填法

1—阶段运输平巷；2—斜坡道；3—斜坡道入口；4—穿脉；5—溜矿井；6—充填回风平巷；
7—充填回风井；8—泄水井；9—分层沿脉联络道；10—双进路高度穿脉联络道；
11—单进路高度穿脉联络道；12—上分层回采进路

的前提下，减少锚杆使用量，则可有效降低支护成本。

A   锚杆支护

a   锚杆类型

当前，国内外最有效、使用最广的锚杆支护方式是全长黏结树脂锚杆。所用的树脂锚固剂具有凝结时间短和锚杆强度高等优点，可以提供即时支护，而全长锚固所产生的锚固力也较高。

b   锚杆直径

螺纹钢锚杆直径 $\phi 20mm$。

c   杆体材料

为了充分发挥锚杆支护效果，有效避免顶板冒落事故的发生，锚杆杆体采用 20MnSi 左旋无纵筋螺纹钢加工。钢牌号为 MG600，端部平切，尾部采用滚丝工艺加工成可上螺母的螺纹段，杆体的表面凸纹应满足搅拌阻力和锚固要求。

d   托板与螺母

托板的作用是传递螺母产生的推力。在选择托板时要满足两个条件，即托板强度和结构要与锚杆杆体强度、结构相匹配。

蝶形托板比平板托板的承载效果好，故采用与锚杆强度相匹配的蝶形托板，并应由不小于 245MPa 的钢材制作，托板支撑抗压试验的强度应大于锚杆的设计锚固力。规格尺寸设计为 150mm×150mm×10mm。

采用安装方便的压片式螺母，即将螺母下端的一段螺纹扯掉，放入一定厚度的钢片，用压力机将该端螺母压出 3~6 个齿并将钢片锁住。该螺母抗拉强度平均可达 538MPa。

e　锚固剂

锚固剂的作用是将钻孔孔壁与锚杆杆体黏结在一起，使锚杆能够得到锚固力。锚固剂可以划分成树脂类和快硬水泥类两种。

快硬水泥药卷是传统的锚固剂，主要是由硫铝酸盐早强水泥、速凝剂、阻锈剂等按一定比例拌合均匀而成，使用厚质滤纸包装。

树脂锚固剂是一种新型的锚固剂，一般由特种聚合物树脂、高强填料、固化剂、促进剂及各种助剂等构成。在使用之前，通常将树脂系统、固化剂系统分别装在两个容器中。在使用时，按设计比例搅拌均匀，塞嵌或挤压进钻孔内，再插入锚杆杆体即可。

树脂锚固剂生效快、锚固力大、固化时间快、强度高且增长快，近年来广泛应用于锚杆支护系统。树脂锚固剂根据凝固时间可分为超快、快速、中快和慢速 4 种。其中超快、快速型锚固剂是目前应用较为广泛的快速锚固剂，其最重要的特点是凝胶时间短，强度增长快：锚固剂凝胶时间仅为 20~60s，固化后 3min 时的抗拉强度大于 30MPa，1 天后即可大于 80MPa。锚杆可即时上紧托板，实现快速安装。为强化预控顶效果，选用 CK2835 型锚固剂，锚固剂直径 28mm，长度为 350mm。

f　锚杆长度

研究表明，锚杆的极限承载力与锚杆长度并不呈线性关系。在锚杆系统未发生破坏之前，锚杆的极限承载力与锚杆长度呈近似线性关系。但当锚杆的长度大于临界锚杆长度时，在极限承载力范围内，适度增加锚杆长度可以有效提高锚杆的承载力，但显然并不表示锚杆越长锚固效果越好。

巷道顶板锚杆支护参数设计应根据具体的地质力学特征、巷道断面形状及大小、巷道的用途和服务年限等因素的不同，以不同的围岩控制理论为依据分别进行。

根据顶板岩层赋存特征，一般可将其分为两大类进行考虑：一是顶板岩层处于较完整的状态；二是顶板岩层处于较破碎的状态。两种条件顶板力学特征不同，锚杆支护参数应分别以连续梁（或连续板）的减跨理论以及软弱岩体的悬吊理论为依据，并结合巷道的实际有效跨度进行确定。

（1）连续梁（板）减跨理论。减跨理论认为，当巷道顶板为层状岩层时

（见图 4-30），其变形特性近似于梁或板的性质。裂隙体与破碎体组成的两帮易发生片帮、垮帮现象，且顶板岩层的弯曲变形将加剧对两帮顶角的挤压，使其进一步压碎，加剧片帮、垮帮程度，从而削弱两帮对顶板的支撑作用，使巷道有效跨度增大、顶板岩层弯曲变形加剧，最终形成"顶板弯曲变形→两帮挤压破碎→片帮、垮帮→两帮对顶板支撑减弱→顶板弯曲变形加剧→两帮破坏加剧"的恶性循环过程。

锚杆的作用是通过锚杆的轴向作用力将顶板各分层夹紧，以增强各分层间的摩擦作用，并借助锚杆自身的横向承载能力提高顶板各分层间的抗剪切强度以及层间黏结程度，使各分层在弯矩作用下发生整体弯曲变形，呈现出组合梁的弯曲变形特征，从而提高顶板的抗弯刚度及强度，如图 4-31 所示。

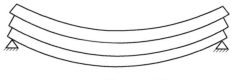

图 4-30　层状叠合岩层

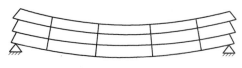

图 4-31　锚杆的组合梁作用

（2）软弱顶板悬吊理论。由普氏平衡拱理论可知，回采空间形成后，由于应力集中，顶板岩体的力系将失去原有平衡，顶板岩层必然出现弯曲、下沉，如果不进行支护，围岩将发生冒落现象，并形成一个暂时稳定的平衡拱。此时锚杆的作用就是利用其强抗拉能力将松软岩层或危石悬吊于上部稳定岩层之上，达到支护的目的，如图 4-32 所示。破坏线以下的顶板松脱带重量完全由锚杆悬吊在上部稳定

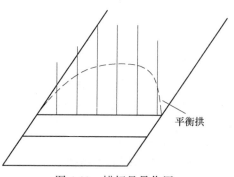

图 4-32　锚杆悬吊作用

的岩体上，为此，可根据悬吊重量确定锚杆的支护参数。

顶板处于较破碎状态时，应结合块体力学及散体力学的理论进行分析，并视冒落体截面的具体几何形状分别选择冒落体呈拱形截面、三角形截面以及关键层整体冒落三种基本形式对巷道顶板悬吊载荷及锚杆长度进行确定。

顶板锚杆的长度可按下式确定：

$$L = L_1 + h + L_2$$

式中　L——锚杆长度，m；

　　L_1——锚杆外露长度，一般取 0.05~0.1m，此处取 0.1m；

  h——锚杆有效长度，即围岩松动圈范围，根据矿岩稳固性，取 1.2~1.5m。

  将有关参数代入上式，可得白象山铁矿采用的 $L = 1.8 \sim 2.4\text{m}$ 锚杆基本满足要求。

  g 锚杆间距

  锚杆间排距根据每根锚杆悬吊的岩石重量确定，即锚杆悬吊的岩石重量等于锚杆的锚固力，通常按锚杆的等间等排距排列，根据设计规范，锚杆间距 D：

$$D \leqslant 0.5L = 0.9 \sim 1.2$$

  而按照悬吊理论，锚杆提供的悬吊力应大于松动岩块质量，即：

$$Q > KM$$

式中 Q——锚杆提供的悬吊力，20mm 锚杆极限锚固力约为 117kN；

   K——安全系数，树脂锚杆，$K = 1.5$；

   M——松动岩块质量，$M = \gamma LD^2 = 3.61 \times (1.2 \sim 1.5)D^2$；

   γ——矿石体重，$\gamma = 3.61\text{t}/\text{m}^3$。

  将各参数代入上式，得 $D \leqslant 1.21 \sim 1.35\text{m}$。

  综合上述两种算法，取锚杆间距 $D = 1.0\text{m}$。

  B 喷浆支护

  锚杆支护虽然可以通过悬吊作用防止大块松石冒落，但对受节理、裂隙破坏的细小松石效果不佳，必须辅以喷浆支护，提高整体支护效果。

  (1) 喷浆参数。水泥：砂：碎石 = 1：1.9：3.5；水灰比 0.45；喷射混凝土强度等级为 C20，喷浆厚度 100mm。

  (2) 喷浆设备。DZ-5D 喷浆机，工作压力 0.15~0.4MPa，喷射能力 5m³/h，最大输送距离 200m。

  C 挂网

  节理、裂隙发育地段，矿岩过于破碎地段，除喷锚支护外，还需悬挂金属网。金属网片采用 ϕ6mm 圆钢焊接成矩形网，规格为 1050mm×2050mm，网格 100mm×100mm，网片搭接长度 100mm。

  预控顶上向进路充填法控顶层的支护建议见表4-21。

表 4-21 巷道围岩松动圈分类及锚喷支护建议

围岩类别	围岩稳定性	松动圈范围 /cm	锚喷支护类型	锚喷参数计算法	备 注
I	稳定	0~40	喷混凝土		围岩整体性好，不易风化可不支护
II	较稳定	40~100	锚杆及局部喷射混凝土	锚杆悬吊理论	必要时可用刚性支架
III	中等稳定	100~150	锚杆及局部喷射混凝土	锚杆悬吊理论	刚性支架

围岩类别	围岩稳定性	松动圈范围/cm	锚喷支护类型	锚喷参数计算法	备　注
Ⅳ	不稳定	150~200	锚杆、喷层及局部挂金属网	锚杆组合拱理论	可缩性支架
Ⅳ	极不稳定	200~300	锚杆、喷层及局部挂金属网	锚杆组合拱理论	可缩性支架

4.3.2.3　采准切割

以白象山铁矿西区沿走向布置进路为例，说明预控顶上向进路充填法的主要采切工程（见图4-33）。

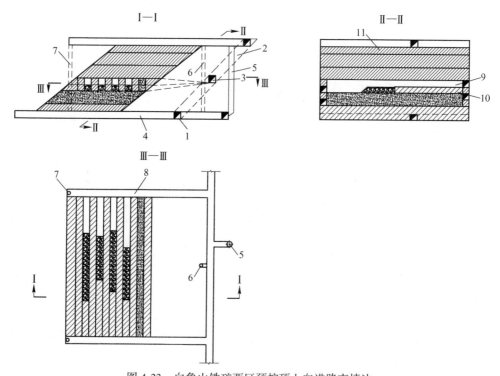

图 4-33　白象山铁矿西区预控顶上向进路充填法

1—阶段运输平巷；2—斜坡道；3—分段平巷；4—穿脉；5—溜井；6—充填回风井；7—进风泄水井；
8—分层联络道；9—控顶层；10—回采层；11—顶柱

（1）分段平巷。沿矿体走向布置，负责上下若干分层的回采，断面尺寸规格 4m×3.8m。

（2）分层联络道。分层联络道布置在盘区两端，作为盘区分界线，一条通达预控顶进路采场的下部分层（回采层），作为下部分层回采的联络道，另一条直达采场的上部分层（控顶层），作为预控顶进路回采的联络道。分层联络道断面规格要求满足铲运机运行安全、方便，断面尺寸规格 4m×3.8m。

（3）进风泄水井。联络道尽头（矿体上盘）布置进风井以改善各采场进路的通风效果，断面规格为 $\phi2.0\mathrm{m}$。该进风井同时兼做采场泄水井。

（4）充填回风井。充填回风井布置在矿体下盘，断面尺寸规格 $\phi2.0\sim3.0\mathrm{m}$。

4.3.2.4 回采工艺

上分层（控顶层）为巷道采矿；下分层（回采层）回采时，可以在回采层联络道内布置水平炮孔，以控顶层进路为自由面进行采场爆破，或者在控顶层内以回采层联络道为自由面钻凿垂直孔崩矿。

A 凿岩爆破

凿岩设备以凿岩台车为主，控顶层采用进口 Bommer 281 液压凿岩台车，钻凿水平炮孔，回采层采用国产气动凿岩台车，钻凿垂直下向炮孔。

B 出矿

出矿设备采用国产 $2\mathrm{m}^3$ 柴油铲运机，铲运机的最大理论出矿能力按下式计算：

$$Q_\mathrm{c} = \frac{28800u\gamma k}{mt}$$

式中 Q_c——铲运机理论出矿能力，t/（台·班）；

u——铲斗容积，$2\mathrm{m}^3$；

γ——矿石体重，$3.61\mathrm{t/m}^3$；

k——铲斗装满系数，$k=0.8$；

m——矿石松散系数，$m=1.8$；

t——铲运机铲装、运、卸一斗的循环时间，s：

$$t = t_1 + t_2 + t_3 + t_4 + t_5$$

t_1——装载时间，30s；

t_2——卸载时间，20s；

t_3——掉头时间，40s；

t_4——其他影响时间，s，取 35s；

t_5——空重车运行时间，s，$t_5 = 2l/v$；

$2l$——装运卸一次作业循环往返运距，至最近溜井平均运距 100m；

v——铲运机的运行速度，7km/h。

将有关参数代入上两式，得铲运机理论生产能力为 404t/（台·班）。

但生产实际中，影响铲运机出矿能力因素很多，主要为：

（1）装矿点与卸矿点之间的距离，即运距；

（2）矿堆的形状、块度分布及大块率；

（3）矿石的体重、松散性、干湿度等；

（4）运输巷道断面状况、弯道数量和弯道半径；

（5）井下通风条件、井下照明和司机视距；

（6）司机的技术熟练程度和操作水平，铲运机行驶坡度和路面状况等。

因此，还应对理论计算值进行修正，考虑工时利用系数（国内情况最低17.5%，最高达95%，平均为46.10%），根据相关资料，取修正系数0.5，由此得铲运机的实际生产能力可达200t/（台·班）。

C　通风

进路采场的回采属于独头作业，通风效果差，需安装局部风机，根据要求风机和启动装置安设在离掘进巷道进口10m以外的进风侧巷道中（见图4-34）。每次爆破结束后，将新鲜风流导入到工作面，进行清洗，通风时间不应少于40min，污风沿进路出采场经充填回风天井排入上阶段回风平巷，通过回风井排至地表。

依据有限贴壁射流有效射程理论（见图4-35），必须确保井筒端口离掘进巷道尽头的距离不能大于有限贴壁射流有效射程，否则会在掘进巷道尽头产生涡流扰动区，污风在巷道循环流动，通风效果极差。

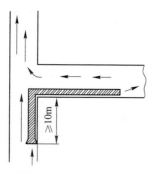

图4-34　局部通风示意图

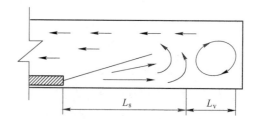

图4-35　有限贴壁射流有效射程和涡流扰动区

$$L_s = 4\sqrt{S}$$

式中　L_s——有限贴壁射流有效射程，m；

　　　S——掘进巷道的净断面积，m^2，取 $16m^2$。

代入数据得：$L_s = 16m$。

D　采场顶板地压管理

有效的采场顶板管理是保证回采作业安全的关键因素。采场爆破工作结束后，经过足够的通风时间并确保炮烟排除后，安全人员进入采场清理顶帮松石。顶板处理后，仍无法保证安全作业，需按照相应的要求进行支护，如布置锚杆等。二步回采的进路，由于受相邻充填采场充填质量难以保证、充填渗水等影响，矿岩稳固性比第一步回采的进路要差，顶板安全管理任务更加繁重。为保证下分层进路回采安全，预控层（上分层）进路应视矿体稳固情况采取相应的预加固处理措施。

除上述安全措施外，在生产过程中，要加强适时安全检查，保证每个工作班组有专职安全人员，在各生产工作面进行不间断安全巡查，发现问题，及时处理。

E　充填

进路回采结束后应尽快充填，尽可能缩短进路暴露时间。

（1）将设备移出采场。

（2）悬挂充填管。采用锚杆钢圈吊挂法，将长度 500mm 的锚杆一端切割好缝，并备好楔块，另一端与钢圈焊接固定；再将锚杆钢圈锚入预先布设在进路顶板中央位置的锚杆眼内，挂勾间距 3~4m（见图 4-36）。为了防止淋浆后料浆沉缩造成接顶不充分，采用两道充填管，其中一道用于最后的接顶充填。

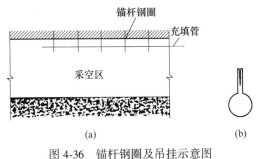

图 4-36　锚杆钢圈及吊挂示意图

（a）吊挂；（b）锚杆钢圈

（3）布设脱滤水管。沿长度方向在进路底板布设 2~3 条 $\phi80mm$ 的塑料脱滤水管，在滤水管钻凿 $\phi10mm$ 的小孔，孔间距为 100mm×100mm，再用土工布或 100 目滤布包扎好，以防止漏浆。

为防止充填引流水和洗管水进入进路采场，可于充填挡墙外安装放水三通阀排水，以提高充填体硬化速度和强度。

（4）构筑挡墙。在进路入口处构筑挡墙。由于充填体侧压较大，采用砖弧形充填挡墙方式（见图 4-37）。砌筑挡墙厚度 0.5m，并留设排水管口和充填观察窗。同时，在挡墙两侧与巷道接触用水泥砂浆密闭，防止跑砂。

（5）接通采场充填管路。从上中段回风充填平巷，通过充填回风天井，往采场接通充填塑料管。

（6）检查地表充填制备站与充填采场之间的通信系统。所有充填准备工作完成后，即可按配比进行采场充填。采用从进路端部往进路入口的后退式

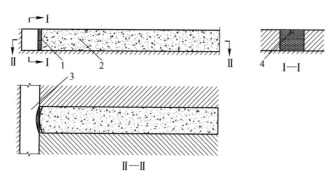

图 4-37　砖弧形充填挡墙

1—挡墙；2—碎石胶结充填体；3—分层道；4—观察窗

卸料进行充填。为了提高进路充填接顶质量，预先布置一条充填管进行接顶充填。

4.3.2.5　主要技术经济指标

预控顶上向分层进路充填采矿法采矿成本和主要技术经济指标见表 4-22 和表 4-23。

表 4-22　预控顶上向分层进路充填采矿法矿石生产成本

序号	成本项目	单位	单位用量	单价/元	单位成本/元·t^{-1}
一	原、辅助材料				59.67
1	乳化炸药	kg	0.37	12	4.44
2	非电雷管	发	0.32	5.5	1.76
3	导爆管	m	1.85	2	3.70
4	钎杆	kg	0.01	40	0.40
5	钻头	个	0.01	265	2.65
6	轮胎	条	0.0001	5000	0.50
7	坑木	m^3	0.0011	1818	2.00
8	柴油	kg	0.12	8.38	1.01
9	机油	kg	0.05	10	0.50
10	钢丝绳	kg	0.04	9.4	0.38
11	水泥	t	0.03	400	12.00
12	水	t	0.0328	0.8	0.03
13	圆钢	kg	0.07	4.3	0.30
14	泄滤水井材料				1.45
15	电	kW·h	33.64	0.7	23.55

序号	成本项目	单位	单位用量	单价/元	单位成本/元·t^{-1}
16	其他				5.01
二	工资福利				14.35
合计					74.02

表 4-23　预控顶上向进路充填法主要技术经济指标

序号	指标名称	单位	数值	备注
1	品位：Fe	%	37.10	平均值
2	矿体水平厚度	m	25	
3	矿体倾角	(°)	20~40	
4	采场构成要素		4×7×80	
5	分层高度	m	3.5×2	
6	回收率	%	96	
7	贫化率	%	3	
8	千吨采切比	m/kt	1.6	自然米
9	铲运机生产能力	t/(台·班)	200	
10	单位炸药消耗量	kg/t	0.35	
11	每米炮孔崩矿量	t/m	1.41	
12	采场生产能力	t/d	128.52	控顶层、每天1个循环
13	采矿成本	元/t	74.02	

4.3.2.6　方法评价

预控顶上向进路充填法采用预切顶方式，使进路高度翻倍，减少了不稳固顶板的支护工程量和支护成本（下分层无需支护），改善了下分层回采崩矿条件，减少了充填次数，可显著提高上向进路充填法效率。

由于采用预控顶措施，改善了矿岩稳固条件，为扩大进路规格提供了可能。在应用过程中，和睦山铁矿、白象山铁矿对进路规格进一步优化，使进路规格扩大为 6m×6m，取得了较好的效果。

4.3.3　小分段（预控顶）空场嗣后充填法

为提高上向进路充填法效率，降低充填成本，姑山矿业公司与中南大学合作发明了预控顶上向进路充填法，通过预控顶技术，将普通 4m×4m 进路扩大为 4m×7m，实际应用中进一步优化为 6m×6m。在此基础上，根据矿岩稳固性，在部分相对稳固地段将预控顶上向进路充填法进路规格进一步扩大，形成宽 6m、高 10.5m 的小分段空场嗣后充填法。

4.3.3.1 采场布置

小分段空场嗣后充填采矿法首先回采上部分（控顶层），采用措施加固顶板后，再回采下部分（回采层），待全部回采完毕后，进行充填。本盘区小分段采场全部回采充填完毕后，再上升回采高度。根据回采顺序优化结果，设计采用隔三采一的回采方式，一步回采空区采用高配比尾砂胶结充填，二步回采空区采用低配比尾砂胶结充填。

根据矿体赋存状况，小分段空场嗣后充填采矿法采场可沿矿体走向布置或垂直矿体走向布置，控顶层高度为 3.5m，回采层高度 6.5m，回采完毕后，空场高度达到 10m。

4.3.3.2 采准切割

小分段空场嗣后充填采矿法采准工程主要包括分段平巷及分层联络道、采场斜坡道、回风巷道、溜矿井、充填回风井及泄水井等（见图 4-38）。

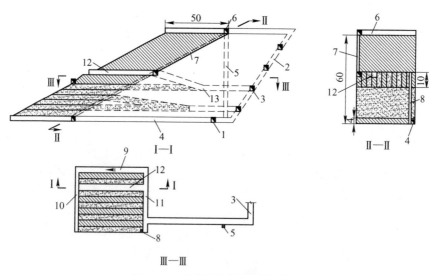

图 4-38　小分段空场嗣后充填法

1—阶段运输巷道；2—斜坡道；3—斜坡道入口；4—穿脉；5—溜井；6—充填回风平巷道；
7—充填回风井；8—泄水井；9—上下分层联络下山；10—下分层联络巷道；
11—上分层联络巷道；12—上分层回采进路；13—分段联络道

（1）分段平巷。分段平巷沿矿体走向布置，断面尺寸规格 4.5m×3.5m。

（2）分层联络道。分层联络道布置在盘区两端，作为盘区分界线，一条通达预小分段空场采场的下部分层（回采层），作为下部分层回采的联络道（出口巷道），另一条直达采场的上部分层（控顶层），作为小分段空场回采的联络道。

分层联络道断面规格要求满足铲运机运行安全、方便，断面尺寸规格4.5m×3.5m。

（3）进风泄水井。联络道尽头（矿体上盘）布置进风井以改善各采场进路的通风效果，断面规格为ϕ3.0m。该进风井同时兼做采场泄水井。

（4）充填回风井。充填回风井布置在矿体下盘，断面尺寸规格ϕ3.0m。

4.3.3.3　回采工艺

（1）回采顺序。上部分层（控顶层）为巷道采矿；下部分层（回采层）回采时，可以在回采层联络道内布置水平炮孔，以控顶层进路为自由面进行采场爆破，或者在控顶层内以回采层联络道为自由面钻凿垂直孔崩矿。

（2）凿岩爆破。凿岩设备以凿岩台车为主，控顶层采用进口Bommer 281液压凿岩台车，钻凿水平炮孔，回采层采用国产气动凿岩台车，钻凿垂直下向炮孔。

（3）出矿。每次爆破经充分通风排出炮烟后，利用2m³国产柴油铲运机（生产能力188t/（台·班））经采场分层联络道、分段运输平巷，运至最近溜井卸矿。

（4）充填。采场回采结束后，及时进行充填，以控制地压，阻止地表出现大变形。

4.3.3.4　主要技术经济指标

小分段空场嗣后充填采矿法采矿成本和主要技术经济指标见表4-24和表4-25。

表4-24　小分段空场嗣后充填采矿法矿石生产成本

序号	成本项目	单位	单位用量	单价/元	单位成本/元·t⁻¹
一	原、辅助材料				55.84
1	乳化炸药	kg	0.25	12	3.00
2	非电雷管	发	0.14	5.5	0.77
3	导爆管	m	1.4	2	2.8
4	钎杆	kg	0.01	40	0.40
5	钻头	个	0.01	265	2.65
6	轮胎	条	0.0001	5000	0.50
7	坑木	m³	0.0011	1818	2.00
8	柴油	kg	0.12	8.38	1.01
9	机油	kg	0.05	10	0.50

序号	成本项目	单位	单位用量	单价/元	单位成本/元·t⁻¹
10	钢丝绳	kg	0.04	9.4	0.38
11	水泥	t	0.03	400	12.00
12	水	t	0.0328	0.8	0.03
13	圆钢	kg	0.07	4.3	0.30
14	泄滤水井材料				1.45
15	电	kW·h	33.64	0.7	23.55
16	其他				4.51
二	工资福利				14.35
合计					70.19

表 4-25　小分段空场嗣后充填法标准采场主要技术经济指标

序号	指标名称	单位	数值	备　注
1	品位:Fe	%	37.10	平均值
2	矿体水平厚度	M	25	
3	矿体倾角	(°)	20~40	
4	采场构成要素		6×10×80	
5	回收率	%	96	
6	贫化率	%	4	
7	千吨采切比	m/kt	1.2	自然米
8	铲运机生产能力	t/(台·班)	188	
9	单位炸药消耗量	kg/t	0.25	
10	每米炮孔崩矿量	t/m	1.92	
11	采场生产能力	t/d	213.46	
12	采矿成本	元/t	70.19	

4.4　露天挂帮矿开采技术

姑山铁矿为接续生产,先后实施了挂帮矿开采一期和二期工程。一期工程已于 2013 年全部结束,采空区已充填;二期工程于 2013 年投产,目前处于开采收尾阶段。

根据矿床开采技术条件及水文地质条件,选用对围岩影响较小的充填采矿方法进行开采。结合矿山现有采矿工艺,考虑到设计范围矿体距地表较近,特别是西部邻近原露天回填岩土体,加之邻近地表第四系含水层,从控制爆破振动及防治水角度考虑,不适宜采用中深孔回采,为此,设计采用沿(中段平巷)走向布置浅孔留矿嗣后充填采矿法进行开采（见图 4-39）。

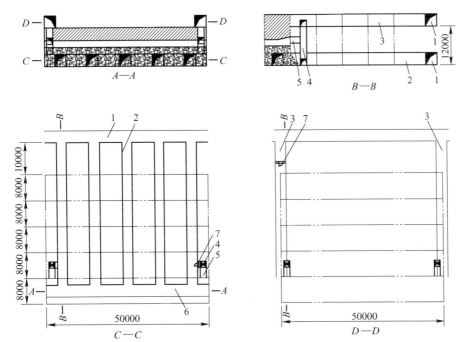

图 4-39　露天挂帮矿沿走向布置浅孔留矿嗣后充填采矿法

1—上下水平主平巷；2—装矿进路；3—充填回风巷；

4—人行天井；5—采场联络巷；6—切割平巷；7—风门

4.4.1　采场结构参数

采场沿中段平巷布置，矿块长 50m，高 10m，宽 8m。根据矿体回采边界距 -82m 中段平巷厚度不同，按每 8m 宽平行划分若干个采场，若干个平行采场组成一个盘区。

4.4.2　盘区采切工程布置

（1）垂直 -82m 中段平巷，每隔 10m 掘进一条装矿进路。

（2）垂直 -70m 水平平巷，对应采场两端，各掘进一条充填回风平巷。

（3）在 -82m 采场两端装矿进路内，距采场回采边界约 3m 位置，往上各掘进一条人行通风天井与 -70m 充填回风巷沟通，人行通风井中部掘进一条采场联络道与采场沟通。

（4）沿采场走向，掘进切割拉底平巷。

4.4.3 回采凿岩

从拉底平巷开始逆倾斜向上推进，自下而上进行回采。用 YSP-45 型凿岩机钻凿上向孔或 YT-28 型凿岩机钻凿水平孔落矿，矿石靠自重下溜。

凿岩孔径 $\phi 42mm$，排距及孔距均为 1m，按每 3m 为一个回采分层，每个采场分 4 层凿岩、落矿，每层炮孔数约为 400 个/1200m。按每台钻机每班凿岩 25 个，同时 4 台钻机作业组织，每层凿岩时间需 4 班。生产组织按凿岩两班、爆破一班考虑，每层凿岩爆破共需 2 天。

4.4.4 爆破

每次爆破约 200 个炮孔，每次爆破分 5~10 段，每段炸药量约 100~200kg，按一把抓接力绑扎传爆。

4.4.5 采场出矿

采场出矿分局部放矿和大量放矿两个阶段。每次爆破落矿以后，从采场下部装矿进路用电动铲运机铲出崩落矿量的 30% 左右，使回采工作面保持 1.8~2m 高的作业空间。放矿后要及时清理工作面松石，平整场地，为下一循环作业做好准备。当矿块全部采完以后，进行最终大量出矿，集中铲出所有存留矿石。

4.4.6 通风

采场工作面利用矿井主风流通风。新鲜风流由 -82m 水平主平巷经采场南侧装矿进路、人行通风天井进入采场工作面，污风由另一侧人行通风天井排至 -70m 充填回风平巷。

为避免风流短路，-70m 南侧充填回风平巷及 -82m 北侧人行通风天井底部需设置风门隔断。

4.4.7 顶板管理

对局部破碎地带采用锚网加固。平时生产中加强敲帮问顶工作。

4.4.8 充填

在采场矿石全部出完后，立即对各个装矿进路口砌筑充填挡墙。挡墙视情况采用砖砌或钢木支架方式。各个装矿进路充填挡墙砌筑完成后开始进行连续充填，充填料从 -70m 南北充填回风平巷充入。矿山现有充填站充填能力约为 300m³/d，一个标准采场空区为 4800m³/d，充完一个采场约需 16 天。

5 全尾砂胶结充填技术

充填采矿法采用固体废弃物对采空区进行充填，可以控制采空区地压、抑制围岩变形和减少地表沉降，在提高资源安全高效开采的同时，还能有效缓解矿山生产造成的环境压力，因此在很早之前已经受到了采矿现场工作者和研究学者的重视。充填采矿法矿山能否安全、稳定、经济地达到设计生产能力，除与回采工艺、采场结构参数是否适合矿山开采技术条件密切相关外，更多地取决于所采用的充填材料及其配比参数是否合理，所选取的充填质量指标是否满足充填采矿要求，所设计的充填系统（包括充填设备）是否稳定可靠运行，充填工艺是否简单可行。

国内外充填技术从 19 世纪末首次应用，至今已经历了 100 多年的发展，前后经历了干式充填、水砂充填和胶结充填三个代表性阶段。胶结充填中，尾砂胶结充填因具有良好的管道输送性能、较大的输送能力和较高的充填残余强度而得到广泛的应用。传统的尾砂胶结充填采用分级尾砂作为充填骨料，细泥或细颗粒经旋流器去除后排放到尾矿库，这部分细颗粒尾砂（约占比 50%）不仅降低了尾砂利用率，而且细颗粒增加了地表堆积难度，大幅度增加了尾矿库的维护成本，且细颗粒扬尘会造成更大的环境污染。在此背景下，全尾砂充填技术在矿山生产中得以快速发展。1999 年，湖南水口山康家湾矿建成了国内第一套立式砂仓全尾砂胶结充填系统，并成功应用至今；同年，湖北大冶有色建成该公司第一套全尾砂充填系统。进入 21 世纪后，国内的冬瓜山铜矿、安庆铜矿、新桥硫铁矿、金川矿业、会泽铅锌矿等大多数矿山也成功应用全尾砂充填技术，取得了良好的经济效益。

随着科学技术的飞速发展，磨矿设备升级带动选矿工艺水平不断发展，选矿尾砂超细化成为影响全尾砂充填工艺推广的难题。姑山矿业经过 10 余年的产学研联合攻关，解决了超细全尾砂充填技术难题，实现了超细全尾砂高效、可靠、经济充填。本章基于姑山区域矿山超细全尾矿，详细分析了姑山区域超细全尾砂充填性能研究结果，介绍了和睦山铁矿深锥浓密机+卧式砂池全尾砂充填系统、白象山铁矿立式砂仓全尾砂充填系统、钟九铁矿深锥浓密机充填系统（设计）和挂帮矿简易充填系统，总结了充填料浆人工假底构筑技术和基于季节变化的精细化充填技术，为类似矿山的超细全尾砂充填系统设计提供经验参考。

5.1　超细全尾砂充填性能分析

充填体质量很大程度上取决于充填材料的性质，国内外学者普遍认为组成材料的粒径、胶结材料类型及添加比例、浓度等对全尾砂充填体强度有较大的影响。合理的物理特性，尤其是粒度级配，决定了充填料浆的均匀性，直接影响充填体的整体强度。充填骨料中的化学成分在某些特定条件下参与水化反应，对充填体强度存在不容忽视的影响。

5.1.1　全尾砂基本物化性质

5.1.1.1　粒度分析

由于姑山区域地质条件相似，选矿工艺虽有差别，但尾矿物化特性相近，故采用姑山选厂混合矿超细全尾砂进行性质分析，研究成果作为其他矿山生产参考。采用 MASTERSIZER 型激光衍射粒度分析仪测定全尾砂粒级分布。测试方法为将烘干的全尾砂从试样中多点采样，放入激光粒度分析仪中的样品搅拌槽内，激活微机用户界面，启动设备，检测系统自动加水搅拌制成一定浓度的砂浆，采用超声分散，用泵将砂浆送入激光粒度分析仪的测试室，利用激光衍射原理进行测试，再由计算机进行数据处理，最后输出测试结果。由于 MASTERSIZER 型激光衍射粒度分析仪测定粒径范围为 $0 \sim 500\mu m$，因此，将 $+500\mu m$ 筛分称重，计算得到百分含量为 2.63%。$0 \sim 500\mu m$ 粒级组成结果见表 5-1。经分析，尾砂分布粒径如下：$d_{10} = 1.67\mu m$，$d_{50} = 9.51\mu m$，$d_{60} = 13.83\mu m$，$d_{90} = 50.13\mu m$，平均粒径 $= 19.08\mu m$。

表 5-1　全尾砂粒级组成（$-500\mu m$）

粒径/μm	−5	−10	−20	−50	−75	−100	−150	−180	+180
累计/%	30.36	50.47	65.6	81.53	93.85	94.85	100	100	100

5.1.1.2　物理力学性质测试

（1）尾砂相对密度。采用容量瓶法测定。即在标准容量瓶中，首先称取瓶重，再加水至标准刻度线，称取瓶和水的总重，然后倒出一部分水，称取一定量的干尾砂，加入到装有部分水的容量瓶中，摇匀后加水至标准刻度，浸泡 24h，液面因为有少量水分蒸发而下降，所以需再次加水至标准刻度，然后称取其质量，通过计算得到室温下尾砂的相对密度。尾砂相对密度测定如图 5-1 所示。

（2）尾砂容重。尾砂的松散容重采用定容称重法测定。即在标准漏斗中装入尾砂，下方放置一标准升桶，料自由下落，避免振动，桶满后刮平称重，数次

图 5-1 全尾砂相对密度测定

测定后计算得到尾砂松散容重。尾砂的密实容重采用定容称重法测定，即在标准漏斗中装入尾砂，下方放置一标准升桶，料自由下落，不断振动压实，桶满后刮平称重，数次测定后计算得到尾砂密实容重。

（3）尾砂的自然安息角。松散尾砂自然堆积状态时测定其自然坡面与水平面之间的夹角即得到尾砂的自然安息角。

尾砂相对密度、容重、孔隙率、自然安息角测定结果见表 5-2。

表 5-2 全尾砂相对密度、容重、孔隙率、自然安息角

材　料	相对密度	松散容重 /t·m⁻³	密实容重 /t·m⁻³	孔隙率 /%	自然安息角 /(°)
全尾砂	2.93	0.998	1.372	53.17	38

5.1.1.3 化学成分分析

尾砂中对充填体强度影响作用较大的主要化学成分有 CaO、MgO、Al_2O_3、SiO_2、S。采用化学分析方法测定全尾砂中的化学成分，测定结果见表 5-3。

表 5-3 全尾砂化学成分测定

化学成分	TFe	CaO	MgO	Al_2O_3	SiO_2	S	其他
含量/%	16	14.03	4.81	6.67	25.33	0.75	32.41

5.1.2 全尾砂自然沉降性能

全尾砂的沉降性能对充填体的物理性质具有较大影响，全尾砂自然沉降极限

浓度是充填料浆制备的主要依据之一。全尾砂一般在最初阶段常常处于饱和状态，在脱水的过程中，由于毛细压力和固体颗粒自重的作用，充填料浆体积减小，此过程就是充填料浆的自然沉降过程。全尾砂沉降性能测定采用量筒观测法如图 5-2 所示。为验证试验结果可重复性，分期取 3 组尾砂样品进行测试。起始浓度为 40% 的全尾砂浆沉降试验结果见表 5-4 和表 5-5。数据处理后得到沉降曲线如图 5-3~图 5-5 所示。从各图和表可以直观地看出清水净增量、清水总量、料浆量、清水和料浆总量、沉降后料浆浓度、沉降后料浆容重，各参数的变化过程及规律汇总于图 5-6。

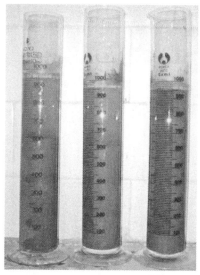

图 5-2　全尾砂沉降性能测定

表 5-4　全尾砂 1 号试样沉降试验记录

时间 /min	清水净增量 /mL	清水总量 /mL	料浆量 /mL	总量 /mL	沉降后料浆浓度/%	沉降后料浆容重/g·cm^{-3}
0（开始）	0	0	957	957	40	1.306
10	289	289	660	949	52.03	1.456
20	59	348	599	947	55.43	1.506
30	13	361	585	946	56.24	1.52
40	10	371	575	946	56.88	1.529
50	3	374	570	944	57.08	1.537
60	4	378	566	944	57.34	1.541
90	10	388	556	944	58	1.55
120	8	396	547	943	58.55	1.561
180	7	403	540	943	59.03	1.569
240	10	413	530	943	59.74	1.579
360	10	423	520	943	60.46	1.59
720	11	434	509	943	61.27	1.603
24h	3	437	506	943	61.5	1.607

表 5-5 全尾砂 3 号试样沉降试验记录

时间 /min	清水净增量/mL	清水总量 /mL	料浆量 /mL	总量 /mL	沉降后料浆浓度/%	沉降后料浆容重/g·cm⁻³
0（开始）	0	0	955	955	40	1.309
10	298	298	647	945	52.52	1.471
20	24	322	617	939	53.88	1.504
30	17	339	600	939	54.88	1.518
40	10	349	590	939	55.49	1.527
50	5	354	585	939	55.8	1.532
60	6	360	579	939	56.18	1.537
90	14	374	565	939	57.08	1.55
120	9	383	556	939	57.67	1.559
180	15	398	541	939	58.69	1.575
240	9	407	532	939	59.31	1.585
360	12	419	520	939	60.17	1.598
720	15	434	505	939	61.27	1.616
24h	4	438	501	939	61.58	1.621

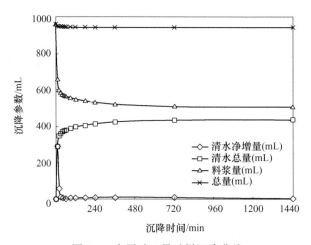

图 5-3 全尾砂 1 号试样沉降曲线

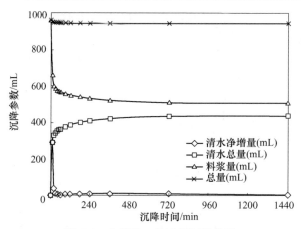

图 5-4　全尾砂 2 号试样沉降曲线

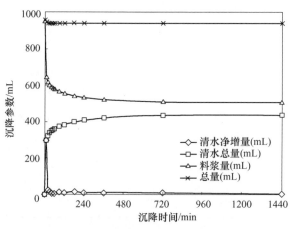

图 5-5　全尾砂 3 号试样沉降曲线

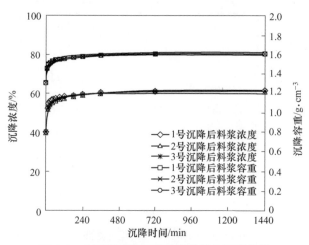

图 5-6　全尾砂试样沉降浓度曲线和容重曲线

5.1.3 全尾砂坍落度测试

充填料浆必须具备良好的和易性，以保证获得良好的输送效果。在进行配比试验之前测定全尾砂料浆塌落度，作为配比试验确定浓度的参考依据。

充填料浆坍落度测定方法是，将充填料浆拌合物分几次（一般是三次）用小铲均匀地装入坍落度筒内（坍落度桶内部尺寸为：顶部直径10cm，底部直径20cm，高度30cm），每次插捣数次，待顶层插捣完后，刮去多余的料浆并用抹刀抹平，双手均匀用力将筒拔起。从开始装料到拔起坍落度筒的整个过程应不间断地进行，并应在较短时间（一般是150s）内完成，其中，拔起坍落度筒的时间在5~10s内完成。充填料浆由于自重将会产生坍落现象，由坍落度筒顶到坍落的料浆顶部的距离（单位：cm或mm）就叫坍落度，作为流动性指标。

坍落度愈大表示拌合物的流动性愈大。全尾砂坍落度试验结果见表5-6。从试验曲线图5-7可以看到，随着料浆不断地被稀释，料浆坍落度不断增大。部分坍落度试验如图5-8~图5-10所示。

表5-6 全尾砂胶结料浆坍落度试验结果

质量浓度/%	浆料用料量		浆料坍落度/cm
	全尾砂/kg	水/kg	
78	12	3.385	干硬性
76	12	3.789	3.5
74	12	4.216	6.8
72	12	4.667	11.2
70	12	5.143	16
68	12	5.647	18.5
66	12	6.182	20.7
64	12	6.750	23.5
62	12	7.355	25
60	12	8.000	25.5
58	12	8.690	26
56	12	9.429	27
54	12	10.220	太稀

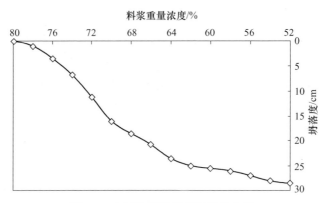

图 5-7　全尾砂料浆坍落度测定曲线

图 5-8　质量浓度 68%全尾砂料浆坍落度

图 5-9　质量浓度 64%全尾砂料浆坍落度

图 5-10　质量浓度 60% 全尾砂料浆坍落度

5.1.4　普通 32.5 水泥充填配比试验

胶结剂使用成本高昂，胶凝材料消耗费用占矿山充填成本的 60%~80%，充填料的合理配比是决定充填质量和经济效益的首要因素，采用全尾砂和 P.O.32.5 级硅酸盐水泥进行充填配比试验。根据影响充填体强度的主要因素、坍落度试验观察到的料浆流动情况，设计灰砂比 1:4、1:6、1:8、1:12 四组，料浆浓度分别为 58%、61%、64% 三组，共计 12 组不同材料配比试验，每组试验进行 3 天、7 天、28 天和 60 天四个龄期的强度测试，每个龄期浇注 3 个试块，共计 144 个试块。采用 7.07cm×7.07cm×7.07cm 的金属模浇注，终凝后拆模，将试块轻轻放入养护池进行保湿养护，养护温度调节到 20℃ 左右，整个过程严格按试验操作规程进行。

充填材料配比单轴抗压强度结果见表 5-7。从表中数据可以直观地看出随着龄期增长、水泥添加量增大、料浆浓度的提高，充填体强度增大。水泥添加量较少时，浓度对强度影响明显减小。部分试块破坏前后形态如图 5-11 所示。

表 5-7　姑山选全尾砂胶结充填配比试验结果汇总表

序号	灰砂比	试块编号	质量浓度/%	试块容重/g·cm⁻³			试块各龄期强度/MPa			
				3 天	7 天	28 天	3 天	7 天	28 天	60 天
1	1:4	513-1	58	1.699	1.720	1.729	0.087	0.190	0.406	0.71
2	1:4	513-2	61	1.726	1.697	1.745	0.101	0.216	0.519	0.88
3	1:4	513-3	64	1.751	1.727	1.777	0.149	0.257	0.661	1.18
4	1:6	513-4	58	1.671	1.631	1.710	0.063	0.101	0.250	0.40
5	1:6	513-5	61	1.723	1.647	1.706	0.088	0.153	0.360	0.60
6	1:6	513-6	64	1.781	1.735	1.763	0.102	0.204	0.441	0.708

续表 5-7

序号	灰砂比	试块编号	质量浓度/%	试块容重/g·cm⁻³			试块各龄期强度/MPa			
				3 天	7 天	28 天	3 天	7 天	28 天	60 天
7	1∶8	513-7	58	1.679	1.637	1.685	0.053	0.101	0.180	0.328
8	1∶8	513-8	61	1.751	1.685	1.720	0.087	0.149	0.253	0.453
9	1∶8	513-9	64	1.745	1.691	1.732	0.101	0.418	0.337	0.597
10	1∶12	513-10	58	1.632	1.586	1.641	0.049	0.053	0.094	0.19
11	1∶12	513-11	61	1.691	1.674	1.692	0.051	0.067	0.098	0.21
12	1∶12	513-12	64	1.745	1.715	1.731	0.061	0.143	0.163	0.32

图 5-11　部分试块压裂破坏前后对比

　　充填体组成材料的消耗量如表 5-8 所示，表中同时给出了充填料浆容重测定数据。

表 5-8　不同配比时全尾砂充填体组成材料消耗量

灰砂比	质量浓度/%	充填体容重/g·cm⁻³	单位体积材料消耗/kg·m⁻³	
			水泥	全尾砂
1∶4	61	1.730	233.2	932.83
1∶6	61	1.695	149.2	895.32
1∶8	61	1.690	115.3	922.31
1∶12	61	1.674	78.9	946.17

5.1.5 全尾砂充填性能评价

（1）全尾砂平均粒径为 19.08μm，其中 $-75μm$ 颗粒含量为 93.85%，$-20μm$ 细颗粒含量为 65.6%，$d_{10} = 1.67μm$、$d_{50} = 9.51μm$、$d_{90} = 50.13μm$、$d_{60} = 13.83μm$，属于超细全尾砂。

（2）与其他铁矿山比较，姑山铁矿全尾砂除颗粒极细外，其钙的氧化物（CaO）含量稍多，铝、镁氧化物（Al_2O_3、MgO）的含量较其他矿山少（如莱新铁矿、云驾岭铁矿），但比有些矿山的高（如草楼铁矿、诺普铁矿）；SiO_2 含量较少，与莱新铁矿、云驾岭铁矿相近，而只有草楼铁矿、诺普铁矿的一半。对比其他矿山充填体试块强度后发现，姑山选厂全尾砂充填体强度在同等可比条件下早期强度较低，其后期强度提高幅度不大，说明尾砂中的 SiO_2 含量较少，对其后期强度会产生负面影响。

（3）当料浆浓度为 64% 以上时，坍落度小于 23cm，料浆流动性差，管道输送阻力大，难于实现自流输送。当料浆浓度为 64%~58% 时，坍落度为 23.5~26cm，料浆流动性明显改善。但随着不断被稀释，浓度达到 56% 时料浆保水性能降低，此时的坍落度为 27cm，虽无明显的离析脱水现象，但表观浓度已经很低，所以可将充填料浆制备输送浓度确定为 64%~58%，相应的坍落度约为 23.5~26cm。

（4）对于质量浓度为 58% 的 3 天试块，灰砂比 1:4、1:6、1:8 的试块强度分别为 1:6、1:8、1:12 的 1.381、1.189、1.082 倍；对于质量浓度为 61% 的 7 天试块，灰砂比 1:4、1:6、1:8 的试块强度分别为 1:6、1:8、1:12 的 1.412、1.027、2.223 倍；对于质量浓度为 64% 的 28 天试块，灰砂比 1:4、1:6、1:8 的试块强度分别为 1:6、1:8、1:12 的 1.499、1.309、2.068 倍。超细全尾砂充填体强度低，当灰砂比为 1.4，质量浓度为 64% 时，28 天强度仅 0.661MPa，60 天强度也仅仅 1.18MPa，无法满足生产需求。

综上所述，姑山选厂混合全尾砂属于超细全尾砂，虽然有利于管道输送时降低磨损，但超细颗粒与普通 32.5 硅酸盐水泥结合性差，充填体强度低，无法满足矿山生产需求，必须寻求特种固结材料以满足矿山生产需要。

5.2 特种固结材料充填试验研究

特种固结材料，有时也称为胶固粉，通常是利用炼铁水淬废渣磨粉和炼钢废渣细磨粉状物质研制，在激发剂的作用下，充分激发其内在的活力，对于细泥状物料有良好的胶结作用。在超细全尾砂充填中，用其完全或部分替代传统水泥材料，能有效提高超细全尾砂充填体力学性能。由于特种固结材料复杂的物理化学机理，对各类全尾砂的适应情况不同，目前尚无相应的国家或行业标准参照，因此对于不同类型的全尾砂必须通过试验进行选择。

　　针对超细全尾砂充填体强度低，水泥单耗大的缺陷，姑山矿业通过调研与考察，分别与华南理工大学（以下简称华南理工）、河海大学、合肥工业大学（同泰公司）等胶固粉研究、生产单位展开合作，以白象山铁矿为试点，寻求适用于姑山矿区超细全尾砂的特种固结材料。

5.2.1　特种固化剂室内配比试验

5.2.1.1　实验主要过程

　　（1）在尾砂接料口用取样器铲取部分全尾砂，取好的样装入塑料桶，再在桶中取样用烘干法测试此时全尾砂浓度。

　　（2）按灰砂比 1:6、1:8、1:10 和 1:12 分别加入待选固化剂，用搅拌器强力搅拌浆料 1min 后，将搅拌均匀的料浆倒入 70.7mm×70.7mm×70.7mm 三联试模中，脱模后编号，放入恒温恒湿养护箱中进行养护。

　　（3）当养护达到试验龄期后，取不同灰砂比下不同品种固化剂的 3 个试块进行抗压强度实验，计算三者的平均值作为抗压强度，精确到 0.01MPa。

5.2.1.2　实验结果与分析

A　华南理工固化剂充填体强度

　　表 5-9 所列为采用华南理工 1 号、2 号固化剂制备的全尾砂充填体 3 天和 7 天的强度测试结果。由表可见，采用华南理工 1 号固化剂所制备的全尾砂充填试块，其 3 天和 7 天的抗压强度均为 0，显然 1 号固化剂在尾砂胶结充填体中没有起到胶结作用，完全不能满足井下填充对充填体的强度要求。华南理工 2 号固化

表 5-9　华南理工固化剂充填体强度测试结果

固化剂品种	灰砂比	浓度/%	抗压强度/MPa	
			3 天	7 天
华南理工1号固化剂	1:6	64	0	0
	1:8	64	0	0
	1:10	64	0	0
	1:12	64	0	0
华南理工2号固化剂	1:6	64	0.46	0.65
	1:8	64	0.26	0.46
	1:10	64	0.07	0.26
	1:12	64	0	0

剂制备的全尾砂充填料 3 天与 7 天强度也仅为 0.5MPa 左右。同时注意到，在灰砂比为 1：12 时，华南理工 2 号固化剂充填料 3 天与 7 天强度均为 0。因此，从以上实验结果分析来看，华南理工 2 号固化剂同样不适用于白象山铁矿。

B　河海大学固化剂充填体强度

表 5-10 所列为采用河海大学 1 号、2 号固化剂制备的充填体 3 天、7 天和 28 天的强度测试结果。由表可见，河海大学 1 号与 2 号固化剂充填体 3 天、7 天和 28 天强度均得到大幅度提高：当灰砂比为 1：6，浓度为 64%时，1 号固化剂充填体 3 天、7 天、28 天强度分别可以达到 2.18MPa、3.45MPa 和 4.17MPa，2 号固化剂充填体 3 天、7 天、28 天强度分别可达到 2.05MPa、3.01MPa、3.71MPa；当灰砂比降至 1：10 时，1 号和 2 号固结剂充填体强度的 7 天强度依然高于 1.5MPa，28 天强度可达 2.5MPa，胶结性能表现优秀。

表 5-10　河海大学固化剂充填体强度测试结果

固化剂品种	灰砂比	料浆浓度/%	抗压强度/MPa		
			3 天	7 天	28 天
河海大学 1 号固化剂	1：6	64	2.18	3.45	4.17
	1：8	64	1.16	2.10	2.88
	1：10	64	0.72	1.64	2.48
	1：12	64	0.46	0.79	1.65
河海大学 2 号固化剂	1：6	64	2.05	3.01	3.71
	1：8	64	1.20	2.40	2.97
	1：10	64	0.78	1.89	2.56
	1：12	64	0.46	1.24	1.82

C　嘉华公司固化剂充填体强度

表 5-11 所列为采用嘉华公司固化剂充填体 3 天、7 天的强度测试结果。由表可见，灰砂比为 1：8，料浆浓度为 55%时，嘉华公司固化剂充填体 3 天、7 天强度仅为 0.34MPa 和 0.58MPa，与华南理工固化剂相当，无法满足矿山生产需求。

表 5-11　嘉华公司固化剂充填体强度测试结果

固化剂品种	灰砂比	料浆浓度/%	抗压强度/MPa	
			3 天	7 天
嘉华公司 固化剂	1：8	55	0.34	0.58
	1：10	55	0.19	0.47

D　合肥工业大学（同泰）固化剂充填体强度

表 5-12 所列为采用同泰研发的固化剂与白象山铁矿目前在用固化剂制备的

全尾砂充填体的 3 天、7 天和 28 天强度测试结果（同批测试）。从表中可以看到，在相同灰砂比情况下，采用同泰研发的固化剂充填体不同龄期的抗压强度均高于白象山铁矿目前在用的固化剂充填体强度，特别在龄期为 3 天和 7 天时，强度优势更为明显。当灰砂比为 1 : 8 时，在用固化剂充填体 3 天、7 天和 28 天的强度仅为 0.35MPa、0.56MPa、0.89MPa；相同情况下，采用同泰固化剂充填体强度则为在用固化剂充填体对应龄期的 1.8 倍、1.7 倍和 1.3 倍，强度提升效果明显，其他灰砂比下表现类似，能够满足白象山铁矿的充填要求。

表 5-12　同泰固化剂充填体强度测试结果

固化剂品种	灰砂比	料浆浓度/%	抗压强度/MPa		
			3 天	7 天	28 天
白象山铁矿 在用固化剂	1 : 8	64	0.35	0.56	0.89
	1 : 10	64	0.17	0.33	0.49
	1 : 12	64	0.07	0.24	0.31
	1 : 14	64	0	0.16	0.26
同泰固化剂	1 : 8	64	0.64	0.96	1.17
	1 : 10	64	0.41	0.6	0.79
	1 : 12	64	0.25	0.47	0.36
	1 : 14	64	0.17	0.31	0.31

　　试验结果还表明，由于同泰固化剂充填体强度较高，可以用该固化剂以高灰砂比充填来取代在用固化剂以低灰砂比充填。图 5-12 所示是在用固化剂 1 : 8 充填体与同泰固化剂 1 : 10 充填体 3 天、7 天和 28 天抗压强度对比。可以看出，在 3 天与 7 天时，同泰固化剂充填体强度均超过在用固化剂充填体强度，28 天强度也与在用固化剂充填体接近。

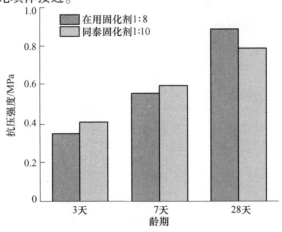

图 5-12　在用固化剂 1 : 8 与同泰固化剂 1 : 10 充填体强度对比

通过分析以上对室内对比试验结果发现，华南理工研发的 1 号与 2 号固化剂与嘉华公司固化剂效果相当，胶结效果差。华南理工 1 号固化剂在尾砂胶结充填体中没有起到胶结作用，所制备的充填体各龄期强度基本为零；华南理工 2 号固化剂所制备的充填体虽然具有一定强度，但强度远低于充填体强度需求，无法满足矿山对充填体的强度要求。

尽管河海大学所研发的 1 号与 2 号固化剂在实验中的强度远远高于预期，但其不具备批量工业化生产条件，成本高昂。

合肥工业大学（同泰公司）生产的固化剂的使用效果明显好于在用固化剂，且该固化剂已经大规模工业生产，综合成本较低，因此，白象山铁矿采用同泰固化剂作为特种固结材料。

E　同泰固化剂性能对比分析

为了进一步优化固化剂选择，以期在保证安全的前提下，实现经济效益最大化，姑山矿业公司经过多方考察，选择了同泰固化剂性质相近的材料（固维特公司固化剂）再次进行室内配比试验进行详细对比分析。对比的性能包括充填料浆的浓度、稠度、分层度、扩展度、不同龄期的抗压强度等。表 5-13 和表 5-14 分别为使用同泰固化剂和固维特固化剂配制的充填体的各项性能试验结果。灰砂比分别取 1∶6、1∶8 和 1∶10，质量浓度为 58%。

表 5-13　同泰固化剂充填体各项性能试验结果

编号	灰砂比	尾砂浓度/%	充填浆料					抗压强度/MPa		
			浓度/%	密度/kg·m⁻³	稠度/mm	分层度/mm	扩展度/mm	3 天	7 天	28 天
A_1	1∶6	58	51.8	1525	141	1	163	0.94	2.02	2.55
A_2	1∶8	58	50.8	1493	146	2	185	0.69	1.34	1.73
A_3	1∶10	58	50.3	1518	142	3	198	0.47	0.83	1.10

表 5-14　固维特固化剂充填体各项性能试验结果

编号	灰砂比	尾砂浓度/%	充填浆料					抗压强度/MPa		
			浓度/%	密度/kg·m⁻³	稠度/mm	分层度/mm	扩展度/mm	3 天	7 天	28 天
A_4	1∶6	58	51.8	1540	142	3	200	0.98	1.65	1.94
A_5	1∶8	58	50.8	1493	136	6	213	0.50	0.91	1.23
A_6	1∶10	58	50.3	1500	146	2	215	0.29	0.50	0.65

浆体稠度参照《建筑砂浆基本性能试验方法》（JGJ/T 70—2009），用砂浆稠度试验仪（见图 5-13）测定。浆体稳定性主要用分层度表示，参照《建筑砂浆基本

性能试验方法》（JGJ/T 70—2009），采用砂浆分层度仪（见图5-14）进行测定。

图 5-13 砂浆稠度仪

图 5-14 砂浆分层度仪

a 充填浆体密度对比

图 5-15 所示为同泰与固维特固化剂充填料浆密度对比柱状图，可以看出，在 1∶6、1∶8 和 1∶10 三种灰砂比下，同泰充填料的密度的密度差别很小，均在 1500kg/m³ 左右。

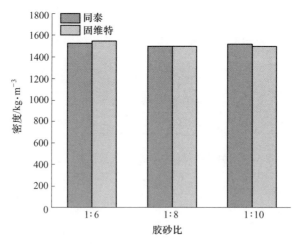

图 5-15 同泰与固维特固化剂充填料浆密度对比

b 充填浆体流动性对比

该试验浆料的流动性用稠度和扩展度两个指标来表示。图 5-16 所示为同泰与固维特固化剂充填料浆稠度对比，可以看出，在 1∶6、1∶8 和 1∶10 三种灰砂比下，充填料稠度均在 140mm 左右，有比较好的流动性。

从扩展度角度分析（见图5-17），在相同的灰砂比下，同泰充填料的流动性比固维特有所降低，但差别较小，且随着灰砂比的提高，扩展度差距缩小。

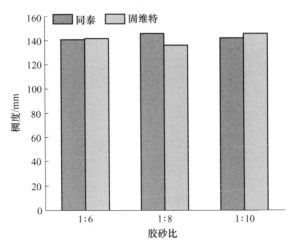

图 5-16 同泰与固维特固化剂充填料浆稠度对比

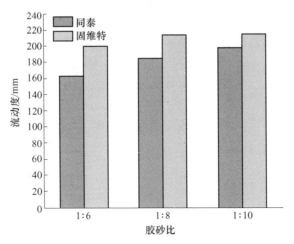

图 5-17 同泰与固维特固化剂充填料浆扩散度对比

c 充填浆体稳定性对比

图 5-18 所示为同泰与固维特固化剂充填料浆分层度对比。在 1∶6、1∶8 和 1∶10 三种灰砂比下，同泰充填料的分层度均小于固维特充填料，显示同泰充填料具有较高的稳定性。两种固化剂充填料的分层度绝对值最大仅为 6mm，分层现象轻微，表明两种固化剂在三种灰砂比下，充填料均不易分层离析，比较稳定。这是由于超细颗粒自重小，在胶凝固化过程中容易受缚于胶结体，降低了分层离析量。

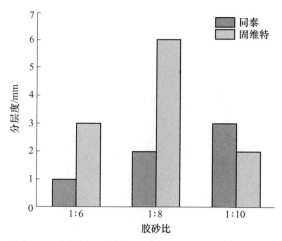

图 5-18　同泰与固维特固化剂充填料浆分层度对比

d　充填浆体抗压强度对比

图 5-19~图 5-21 所示为同泰与固维特固化剂充填体 3 天、7 天和 28 天立方体抗压强度对比。由图可见，灰砂比在 1:6 时，固维特充填体 3 天强度略高，但灰砂比在 1:8 和 1:10 时，同泰充填体的 3 天强度较高，并且强度差别比较大。总体而言，同泰充填体比固维特充填体有更好的强度性能。使用同泰固化剂，灰砂比 1:6 和 1:8 下，充填体 3 天、7 天和 28 天强度均达到了设计值（3 天≥0.5MPa，7 天≥1.0MPa，28 天≥1.5MPa），灰砂比 1:10 下，3 个龄期的抗压强度值也接近设计值。

由于同泰和固维特固化剂原材料成本相当，但同泰固化剂充填体强度明显较高，因此综合成本低、经济效益好。图 5-22 所示是同泰 1:10 充填体与固维特

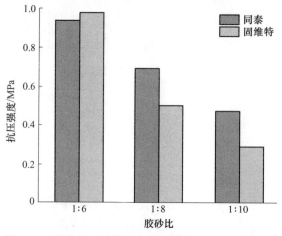

图 5-19　同泰与固维特固化剂充填体浆 3 天强度对比

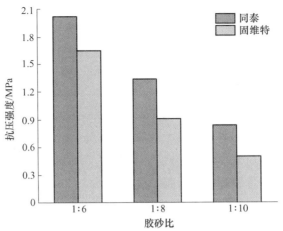

图 5-20 同泰与固维特固化剂充填体浆 7 天强度对比

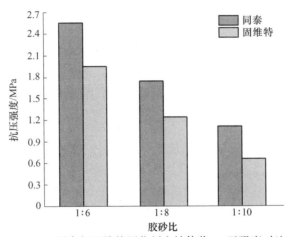

图 5-21 同泰与固维特固化剂充填体浆 28 天强度对比

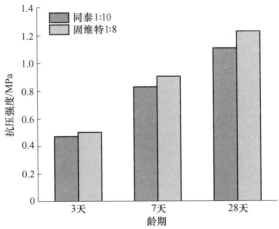

图 5-22 同泰 1∶10 与固维特 1∶8 充填体强度对比

1∶8充填体3天、7天和28天立方体抗压强度对比。可以看出，两者3天、7天和28天接近，用同泰固化剂以灰砂比1∶10充填与用固维特固化剂以灰砂比1∶8充填，在抗压强度上基本无区别，但固化剂用量低，综合效益高。

5.2.2　特种固化剂工业试验

选用合适的充填固化剂，是充填工艺的重要环节。上述研究表明，同泰固化剂有较好的性能和合适的成本。为了提高尾矿效率，改善充填体性能，降低充填成本，姑山矿业公司研究决定使用同泰固化剂进行工业充填试验，目的是验证特种固化剂的实际充填性能和应用效果。

5.2.2.1　试验地点

按照预先制定的试验方案，以白象山铁矿-390m中段727号、729号进路为试验点，检验一步采矿房充填效果；在白象山铁矿-330m中段选取充填试验矿房，检验人工假底。

5.2.2.2　固化剂井下充填性能

两次试验在不同时间多次取样，表5-15和表5-17是分别两次试验取样的浓度和抗压强度试验结果。

根据表5-15，对测试结果进行统计分析，得到现场充填体3天与7天的强度平均值，统计结果列于表5-16以及图5-23。结果表明，不同灰砂比下，充填体3天与7天的强度平均值均超过工业充填控制指标，满足工业充填要求，且充填接顶4天后矿柱掘进揭露充填体情况（见图5-24）表明，充填体表面较为平整，表面未出现明显的剥落现象，充填体完整性高，充填效果良好。

表5-15　同泰固化剂充填性能现场取样测试结果（第一次）

编号	取样时间	胶砂比	浓度/%		抗压强度/MPa		
			浓度壶法	烘干法	3天	7天	28天
B_1	9月2日12:00	1∶6	66	51	1.87	3.24	4.10
B_2	9月3日4:00	1∶6	66	50	1.1	2.17	2.43
B_3	9月5日11:00	1∶6	64	48	1.49	2.54	3.44
B_4	9月5日13:00	1∶6	66	51	1.43	3.07	3.61
B_5	9月4日13:00	1∶8	65	49	0.48	0.73	1.17
B_6	9月4日10:00	1∶10	64	47	0.35	0.65	0.91
B_7	9月7日13:00	1∶10	70	53	0.67	1.46	1.98
B_8	9月6日11:00	1∶12	64	48	0.27	0.51	0.63
B_9	9月6日14:00	1∶12	63	47	0.21	0.46	0.66
B_{10}	9月8日12:00	1∶12	63	48	0.15	0.31	—

表 5-16   同泰固化剂充填体强度现场取样测试结果统计分析（第一次）

灰砂比	强度最大值/MPa		强度最小值/MPa		强度平均值/MPa	
	3 天	7 天	3 天	7 天	3 天	7 天
1 : 6	1.87	3.24	1.1	2.17	1.47	2.76
1 : 8	0.48	0.73	0.48	0.73	0.48	0.73
1 : 10	0.67	1.46	0.35	0.45	0.51	1.06
1 : 12	0.27	0.51	0.15	0.31	0.21	0.43

表 5-17   同泰公司固化剂充填性能现场取样测试结果（第二次）

编号	取样时间	灰砂比	浓度/%		抗压强度/MPa		
			浓度壶法	烘干法	3 天	7 天	28 天
B₁	9 月 29 日 19:15	1 : 6	67	50	0.91	1.79	2.59
B₂	9 月 29 日 19:15	1 : 10	67	50	0.51	1.15	1.71
B₃	9 月 30 日 9:30	1 : 10	60	45.4	0.70	1.64	2.16
B₄	9 月 30 日 14:30	1 : 10	65	52.3	0.69	1.26	1.52
B₅	9 月 30 日 20:00	1 : 10	65	52	1.10	2.08	2.72
B₆	10 月 1 日 7:20	1 : 10	68	48	0.55	1.33	2.21
B₇	10 月 3 日 9:30	1 : 10	67	49.2	0.79	1.64	2.16
B₈	10 月 4 日 9:30	1 : 10	64	48	0.77	1.33	1.73
B₉	10 月 5 日 9:30	1 : 12	62	48	0.25	0.59	0.97

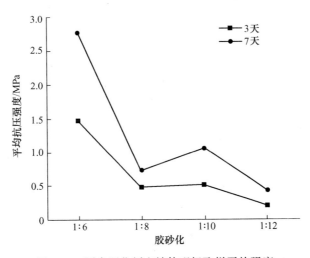

图 5-23   同泰固化剂充填体现场取样平均强度

图 5-24　充填接顶 4 天后矿柱掘进揭露充填体

　　根据表 5-17，对测试结果进行统计分析，得到 1：10 配比条件下，同泰公司现场充填体强度变化规律，如表 5-18 和图 5-25 所示。结果表明，充填体的 3 天、7 天和 28 天强度的最小值分别为 0.51MPa、1.15MPa 和 1.33MPa，最大值分别为为 1.1MPa、2.08MPa 和 2.72MPa，平均值分别为 0.73MPa、1.49MPa 和 1.90MPa，超过设计值（3 天≥0.5MPa，7 天≥1.0MPa，28 天≥1.5MPa）的要求。其 3 天、7 天和 28 天强度中值分别为 0.7MPa、1.33MPa 和 1.73MPa，强度富余较大。

　　在正常生产情况下，充填体强度存在一定的波动性，试验结果说明了这点。从表 5-18 对 1：10 充填体 7 次取样的情况看，3 天、7 天和 28 天强度标准差分别为 0.194、0.320 和 0.473，标准差偏高。主要是个别测试点（编号 B_5）强度较其他组高出很多，导致较高的标准差。总体上，强度波动满足充填要求。从试验结果看，强度都是正偏差，偏于安全。

表 5-18　同泰公司固化剂充填体强度现场取样测试结果统计分析（第二次）

龄　　期	最小值/MPa	最大值/MPa	中值/MPa	平均值/MPa	标准差
3 天	0.51	1.10	0.70	0.73	0.194
7 天	1.15	2.08	1.33	1.49	0.320
28 天	1.33	2.72	1.73	1.90	0.473

　　图 5-25 所示为同泰公司固化剂充填体强度随着灰砂比及龄期的变化情况，可以看出，随着灰砂比越大，强度越低；在相同灰砂比下，强度随着龄期增加而提高，并且强度发展仍然具有较大的空间。这些与理论以及前期室内试验结果一致。

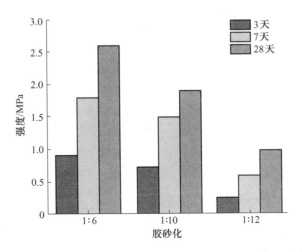

图 5-25　同泰公司固化剂充填体强度随灰砂比及龄期的变化

5.2.2.3　浓度监控结果

分别采用浓度壶和烘干法进行充填料的浓度试验。从表 5-15 和表 5-17 及相应的图 5-26 和图 5-27 可见，两次取样的同泰固化剂充填料的浓度变化范围分别为 47%~53%（烘干法测定）和 63%~70%（浓度壶测定），45.4%~52.3%（烘干法测定）和 60%~67%（浓度壶测定）。除个别点外，浓度波动控制在一定范围内，说明料浆制备稳定性较高，流动性良好。

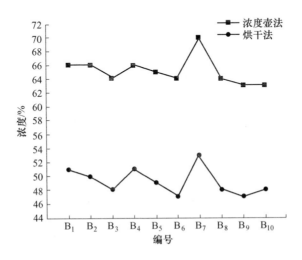

图 5-26　同泰固化剂充填料浓度现场取样测试结果

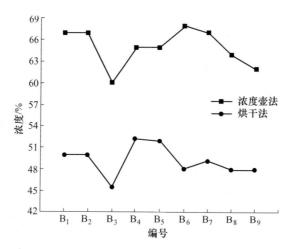

图 5-27　同泰公司固化剂充填料浓度现场取样测试结果

5.3　全尾砂脱水浓密方案

根据 5.1 节全尾砂物理实验结果，姑山区域（包括和睦山铁矿和白象山铁矿）全尾砂细泥含量高，属于超细全尾砂，因此，全尾砂的高效浓缩和稳定放砂技术是全尾砂充填系统的关键。纵观国内外全尾砂充填系统应用现状，选厂排出的低浓度全尾砂普遍通过泵送系统输送至充填制备站尾砂砂仓系统进行浓缩和储存。全尾砂砂仓包括卧式砂仓、立式砂仓和深锥浓密机三种形式。

5.3.1　卧式砂仓方案

卧式砂仓一般储存干物料，就全尾矿而言，选厂输出的全尾砂质量浓度一般为 10% ~ 20%，即使经过一段浓密机处理，尾砂浆浓度也仅能达到 40% ~ 55%，因此，在排入卧式砂仓前需要进一步脱水。细粒物料的过滤设备主要有压滤机、真空过滤机和陶瓷过滤机。陶瓷过滤机（见图 5-28）是新一代高效节能的固液分离机械，其基本原理与普通圆盘真空过滤机相似，关键区别是它采用多孔陶瓷过滤板作为过滤介质，相当于毛细管力作用。过滤过程中，只有水能通过过滤板，而空气始终不能通过，因而具有高效节能的优异性能。与传统圆盘过滤机相比，可节约能耗 80% 以上；同时该机还具有过滤物含水率低、穿孔少、耐酸、耐腐等特点，并采用自动化操作，劳动强度低、安全性好、工作环境整洁。

选厂全尾矿浆经浓密池浓密后的底流（质量浓度 50% 左右）输送至压滤机房，压滤制成含水率为 10% ~ 20% 的滤饼，压滤机房溢流水返回到浓密池，浓密池的溢流返回选矿厂作为选矿生产用水。滤饼进入卧式砂仓，用 5 ~ 10t 抓斗或电耙将尾矿装入稳料漏斗，由 2m 圆盘式给料机或振动放矿机向带式输送机供料，经皮带秤计量后卸入搅拌桶，与胶凝材料和水搅拌后，经过充填管道下放至井下采空区充填。图 5-29 所示为卧式砂仓制备站示意图。

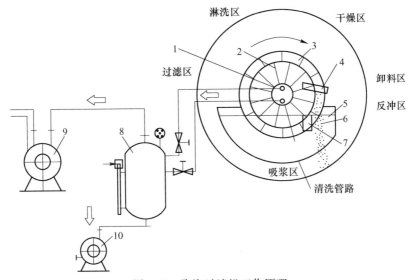

图 5-28 陶瓷过滤机工作原理

1—转子；2—滤室；3—陶瓷过滤板；4—刮板；5—料浆槽；6—滤饼；

7—超声波装置；8—真空桶；9—真空机；10—排渣机

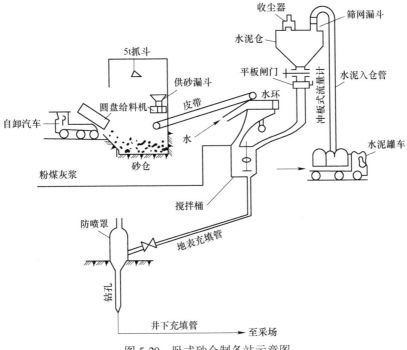

图 5-29 卧式砂仓制备站示意图

5.3.2 立式砂仓方案

5.3.2.1 立式砂仓工作原理

立式砂仓结构如图 5-30 所示。立式砂仓一般由仓顶、溢流槽、仓底及其仓内的造浆管件等组成。仓顶结构包括仓顶房，进砂管、水力旋流器（尾砂分级时），料位计和人行栈桥等；溢流槽位于仓口内壁或外壁，槽底有朝向溢流管接口汇集的坡度。溢流槽的作用是降低溢流的速度，并提高尾砂利用率；仓体是储砂的主要组成部分，一般用钢筋混凝土构筑或钢板直接焊接而成。由于过去采用的半球形仓底结构放砂浓度低，易板结，故现代立式砂仓一般均改为锥形放砂结构。一旦砂仓底部放砂管阀门打开，仓内沉积的饱和砂浆将在重力和压力的作用下，克服摩擦阻力、黏结力和管道阻力进行放砂。

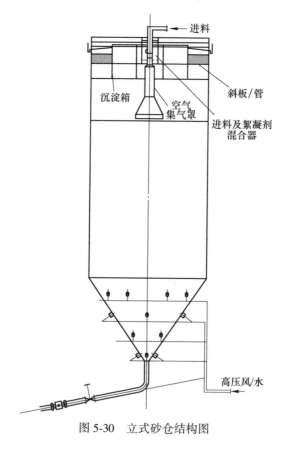

图 5-30 立式砂仓结构图

从土力学中已知水在尾砂内渗透流动过程中受到尾砂颗粒的阻力，从作用力与反作用力相等的原理，压力也作用于颗粒上，此时单位体积颗粒所受的压力总

和称作动水压力 p。p 在数值上与水流动过程中的单位体积上所受的阻力相等，但作用方向相反。取一圆柱体，其长度为 L，断面为 S，A_1 点的纵坐标为 Z_1，水头为 h_1，压力高度 $h_1 = H_1 - Z_1$；A_2 点的纵坐标为 Z_2，水头为 h_2，压力高度 $h_2 = H_2 - Z_2$，水头差为 $H_1 - H_2$。如图 5-31 所示，则水力坡度为：

$$i = \frac{(h_1 - h_2)\rho_0 g}{L} \tag{5-1}$$

当渗流从上而下，动水力等于颗粒在水中的重力 G_0，颗粒失重时，自下而上的力等于其重力，即：

$$p = G_0 \tag{5-2}$$

$$G_0 = \rho_k g - \rho_0 g = (\rho_k - \rho_0)g = i \tag{5-3}$$

当喷嘴中高压流体的压力大于尾砂颗粒在水中的质量时，尾砂失重、液化，而形成流态化，可由放砂口流出。此时流体的压力称为临界坡度，可用式（5-4）表示：

$$i_1 = (\rho_k - \rho_0)g \tag{5-4}$$

式中　ρ_k——固体颗粒的密度，kg/m^3；

　　　ρ_0——水的密度，kg/m^3。

由式（5-2）可知，造成尾砂流态化的关键在于压力，而不是水的流量，因而，在保证放砂浓度的前提下，可通过提高水压或风压来达到高浓度输送的目的。也就是说，提高立式砂仓放砂浓度首先得保证尾砂在液化过程中浓度不至于下降太多。因此在饱和砂条件下，如果能够利用高压风，而不是高压水来活化尾砂，则既可以达到流态化的目的，又可以实现高浓度输送的目标。

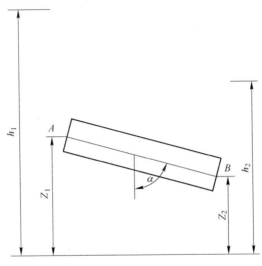

图 5-31　立式砂仓放砂动水力模型

5.3.2.2　立式砂仓结构参数研究

A　圆锥角的确定

确定圆锥角的大小主要是参考泥砂在水下堆积的休止角 θ_r。休止角是指当颗粒堆积，并处于静止状态下，形成的圆锥斜面与水平面之间的最大夹角。在某种程度上，休止角可以衡量颗粒的流动性质，表现了颗粒之间的黏附度。

从休止角的概念可看出圆锥形底部放砂形式比半球形底部放砂形式合理，半球形底部在周壁会出现板结现象，如图 5-32 所示。立式砂仓锥角越小，浓缩尾砂越容易放出，但锥角过小，会减少砂仓的有效体积；而锥角太大，高浓度的饱和尾砂受压后易结死，对放砂不利。综合考虑砂仓的有效容积和仓壁检修孔的高度，一般取锥角 $\theta = 60°$。

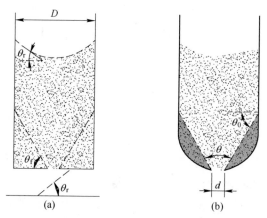

图 5-32　休止角和圆锥角的关系

B　立式砂仓结构尺寸

a　砂仓面积

理想条件下，矿浆在砂仓中的沉降过程是连续进行的，即由选矿厂排出的低浓度矿浆连续放入砂仓中心，固体颗粒沉降至底部浓缩，同时澄清水由砂仓上部溢流排走。在某种程度上，立式砂仓可近似看作浓缩池，其沉淀面积的计算方法有 3 种：（1）以浓缩机分级粒度为计算依据的表格计算法；（2）按表面负荷法计算；（3）按沉降速度计算，经实验和应用证明，按沉降速度精确度较高。

设 S_v 为平均供料体积比浓度，S_{vd} 为浓缩池底部排出的体积比浓度，设想浓缩池混合层固体速度有两个分量，一个是浑页面（固液分离界面）沉速 ω，另一个是浓缩体下向排出速度 U，这样固体通过量近似为：

$$G_0 = S_v(\omega + U)\gamma_s \tag{5-5}$$

在稳定状态下，任意时刻通过固体量与排出量相等，即：

$$G_0 = S_{vd} U \gamma_s \tag{5-6}$$

由式（5-6）和式（5-7），消去 U 得：

$$G = \frac{S_v \omega \gamma_s}{1 - S_v/S_{vd}} \tag{5-7}$$

因此，砂仓的面积可通过式（5-8）计算：

$$A = \frac{Q_s}{G} = \frac{QS_v}{\omega}\left(\frac{1}{S_v} - \frac{1}{S_{vd}}\right) \tag{5-8}$$

式中　Q——给矿矿浆流量，m^3/h。

式（5-8）中 ω 为有效沉降速度，可以通过压缩点的切线法进行计算，即在沉降曲线上，在压缩到高浓度时作压缩点切线，记录此时的沉降高度 ΔH 和时间 t，则 $\omega = \Delta H/t_u$，如图 5-33 所示。

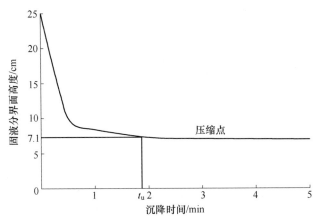

图 5-33　有效沉降速度计算取值示意图

b　砂仓高度

立式砂仓高度 H 可根据式（5-9）计算：

$$H = h_1 + h_2 + h_3 + h_4 \tag{5-9}$$

式中　h_1——砂仓锥体高度，锥角为 60°，直径为 9m，锥体高度为 7.5m；

　　　h_2——稳定放砂时，圆柱体内的最低沉砂高度，生产实践中，一般要保证圆柱体内有 3m 以上的沉砂高度；

　　　h_3——圆柱体储砂高度，立式砂仓同时具备储砂功能，应满足 1 天用砂需求；

　　　h_4——立式砂仓中溢流水层高度，取 2m。

通常，立式砂仓全尾砂充填系统需要设计 2 座圆柱-圆锥立式密闭型立式尾砂仓，一座工作，一座储砂备用。

5.3.3　深锥浓密机方案

5.3.3.1　深锥浓密机原理

深锥浓密机是继立式砂仓后尾矿浓密处理的关键设备，适用于处理细粒和微细粒物料，其最大特点就是可以获得较高质量浓度的底流，且生产能力大、稳定性高。据文献资料显示，云南驰宏矿业会泽铅锌矿最大底流浓度能达到76%~82%。

深锥浓密机自由沉降原理与立式砂仓基本一致，但加入了机械动力结构，如图5-34所示，其结构为中心传动式，主传动为低转速大扭矩涡轮减速机，壳体为钢筋混凝土高架式弹性结构或钢结构，采用深锥钢筋混凝土自防水结构。锥体上部配有控制系统、絮凝剂添加系统及尾矿给料口，均围绕中心竖轴旋转。轴下部装有螺旋、耙架、底流锥刮泥器，槽底有排膏器。

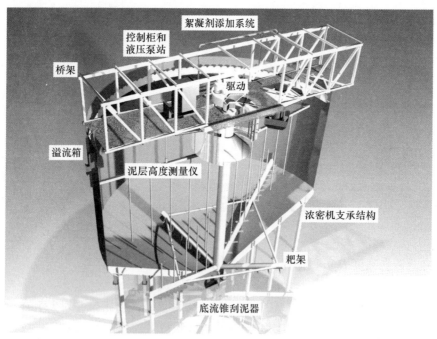

图 5-34　深锥浓密机结构（飞翼股份有限公司供图）

该设备的主要特点是：

（1）利用两相流在给料桶中分离的特性，设计了带有浓度自动稀释系统的叶片式给料桶（见图5-35），通过矿浆稀释装置使给入的矿浆得到更好的稀释。

（2）叶片型料筒底部为闭式设计，全尾砂浆切向进入给料筒，内置的垂直挡板可以有效抵消浆体产生的涡流，大幅度提高全尾砂浆在给料筒中的停留时间，大大提高尾矿的沉降速度，进而使设备获得较大的处理量。

（3）配备有特别的导流锥搅拌机构（耙架），可以破坏絮凝体的受力平衡，加速絮凝体的固液分离过程。大坡度的锥体结构使深锥中形成压缩区，便于絮凝体中水分挤压脱出，使系统获得较高的底流浓度。

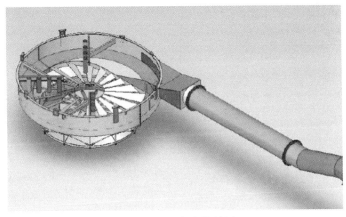

图 5-35　叶片式给料桶

5.3.3.2　深锥浓密机选型

根据全尾砂高浓度充填技术要求，深锥浓密机应保证在添加适宜的絮凝剂的情况下，底流浓度满足充填要求，溢流水澄清度小于 300×10^{-6}。构件主要包括：

（1）全跨度梁式桥架，带走道及栏杆和踢脚板；

（2）高效给料筒及高密度聚乙烯絮凝剂喷管；

（3）耙架，包括耙臂、驱动轴和底流锥刮刀等；

（4）单行星减速机，提供扭矩 150000N·m；

（5）具有扭矩变送器的液压式泥耙驱动和提升系统，电机功率为 5.5kW；

（6）底流锥；

（7）泥层质量（压力）传感器，泥耙扭矩检测，泥床层位探测器以及控制柜等仪器仪表。

5.3.4　全尾砂脱水浓密方案比较

立式砂仓、卧式砂仓和深锥浓密机方案优缺点比较见表 5-19。

姑山区域目前主要在用的有和睦山铁矿深锥浓密机全尾砂充填系统、白象山铁矿立式砂仓全尾砂充填系统。姑山铁矿挂帮矿简易充填系统主要以碎石为充填骨料，服务于姑山铁矿挂帮矿回收。钟九铁矿目前尚处于基建阶段，初步设计拟采用深锥浓密机全尾砂充填系统。

表 5-19   全尾砂脱水浓密方案优缺点比较

项目	指 标	立式砂仓方案	卧式砂仓方案	深锥浓密机方案
经济	投资成本	较高	低	高
	运行成本	较低	高	低
技术	安装维护	较难	易	较易
	工艺成熟性	高	高	较高
	自动化程度	高	较高	高
	溢流水含固量	较大	大	小（<300×10^{-6}）
	供砂浓度	较低	可任意调节	较高
环境	结构参数	大	较大	大
	环境污染	较小	大	小
综合评价	优点	工艺成熟，自动化程度高，便于工人熟练操作；占地面积小，环境污染小，节能环保	初期投资小，节约成本；工艺成熟，安装、维修方便；易于实现高浓度输送	理论上兼具立式砂仓和卧式砂仓的优点
	缺点	安装维修困难，基建时间长；供砂浓度较低且不稳定，难实现高浓度充填	全尾砂制成滤饼，运行成本高；滤饼运输费用高，且易造成环境污染；土建工程量大，占地面积大	可资借鉴的实例少

5.4 和睦山铁矿深锥浓密机+卧式砂池全尾砂充填技术

5.4.1 充填能力计算

5.4.1.1 充填工作制度

姑山矿业公司年工作日 $T=330\mathrm{d}$，每天 3 班连续作业。因此，设计充填工作制度为：每年 330 天，每天 3 班，每班 8h，其中纯充填作业时间 5h/班。

5.4.1.2 充填能力设计

年需充填体积

$$V_{\mathrm{a}} = \frac{Q}{\gamma}Z = 31 \text{ 万立方米} \tag{5-10}$$

式中 Q——年充填法矿石产量，$Q=110$ 万吨；

γ——矿石体重，$\gamma = 3.5t/m^3$；

Z——采充比，取 $Z = 1$。

日平均需充填料浆体积为：

$$Q_d = \frac{V_a}{T} \times k_1 \times k_2 = 1085m^3/d \qquad (5\text{-}11)$$

式中　T——年工作日数，$T = 330d$；

　　　k_1——沉缩比，取 $k_1 = 1.1$；

　　　k_2——流失系数，取 $k_2 = 1.05$。

按平均每天有效充填时间15h（三班作业，每班有效充填时间5h）计算，充填系统制备输送能力应不低于72m³/h。因此，遵循可靠、先进、积极、稳妥的设计原则，考虑设计冗余（1.1富余系数），设计充填系统能力为80m³/h。

5.4.1.3　深锥浓密机进砂流量

年充填尾砂需用量为：

$$T = V_a \times P_v = 29.08 \text{ 万吨} \qquad (5\text{-}12)$$

式中　P_v——单位充填体平均尾砂用量，$P_v = 0.938t/m^3$。

深锥浓密机进砂流量为：

$$F = T/(330 \times 24 \times C_d) \qquad (5\text{-}13)$$

式中　C_d——1m³尾砂浆中尾砂含量，t/m³。

不同进砂浓度深锥浓密机进砂流量结果见表5-20。从表中可知，深锥浓密机进砂流量随进砂浓度变化较大，当进砂浓度为15%~20%时，进砂流量为101.3~73.24m³/h。考虑井下充填作业的不平衡性和进砂浓度的波动性，设计进砂流量为120~150m³/h。

表 5-20　不同进砂浓度条件下深锥浓密机进砂流量

计算参数	计 算 结 果									
尾砂浆浓度 /%	15	16	17	18	19	20	21	22	23	24
尾砂浆容重 /t · m⁻³	1.111	1.119	1.128	1.136	1.145	1.154	1.163	1.172	1.181	1.190
尾砂浆中尾砂含量 C_d/t · m⁻³	0.167	0.179	0.192	0.205	0.218	0.231	0.244	0.258	0.272	0.286
进砂流量 /m³ · h⁻¹	141.8	132.3	123.4	115.5	108.7	102.5	97.1	91.8	87.1	82.8

5.4.2　充填动力方式

根据输送动力的不同，料浆管道输送分为自流输送和加压泵送两种方式。

自流输送是利用垂直管道内的浆体柱压力克服水平管道阻力，将料浆输送至待充地点。该输送方式工艺简单，无需人工动力，投资少，但输送浆体浓度相对较低，且因其动力是浆体柱压力，对输送倍线有较高要求。

根据国内外矿山经验，管道自流输送一般要求管路系统几何输送倍线小于5~7。几何输送倍线 N 按下式计算：

$$N = \frac{\sum L}{\sum H} \tag{5-14}$$

式中　$\sum H$——管道起点和终点的高差；

　　　　$\sum L$——包括弯头、接头等管件的换算长度在内的管路总长度。

加压泵送是在高差不足、输送倍线过大情况下，采用高压充填工业泵提供额外动力，将料浆加压输送至待充地点。该输送方式不受输送倍线限制，使用范围广，而且可输送高浓度或膏体充填料浆，能显著提高充填质量，缩短充填体养护时间，降低充填体脱水率；但充填泵送设备价格高昂，尤其是长距离高扬程高浓度浆体输送需要多级接力，泵送设备投资较大，可靠性低。

当地地面标高+27~+29m，充填站室内标高+28.5m，充填钻孔自地表施工至-150m 水平，在充填法开采范围内-150m 中段水平管道长 220~750m，充填倍线 2.5~5.5，-150m 中段以下充填倍线进一步降低，可满足充填料浆自流输送要求。因此，为了节约充填运营成本，和睦山全尾砂充填系统采用自流输送方式。

5.4.3　充填工艺流程

和睦山铁矿充填现采用一台 HTT-10 高浓缩体浓密机（该浓密机直径 10m，总高度约 18m）连续作业制，充填尾砂经由选矿厂进入浓密机，尾砂浆经高浓缩体浓密机浓密后进入 1 号、2 号卧式砂池存储，而溢流水浊度为 300×10^{-6}，则自流输送至选矿厂循环使用。卧式砂池中的全尾砂造浆均匀后，打开放砂阀，通过放砂管将高浓度全尾砂浆体输送至搅拌机中，与来自胶凝材料仓的胶凝材料在两级搅拌设施内搅拌均匀后，通过充填管道自流输送至井下待胶结充填的空区。和睦山铁矿充填工艺流程如图 5-36 所示，图 5-37 所示为和睦山铁矿充填制备站全貌。

5.4.4　深锥浓密机+卧式砂池浓缩方案

为解决超细全尾砂脱水问题，进行深锥浓密机全尾砂脱水试验，其结果表明，在全尾砂供砂浓度为 8%左右时，深锥浓密机底流浓度可达 55%以上，根据

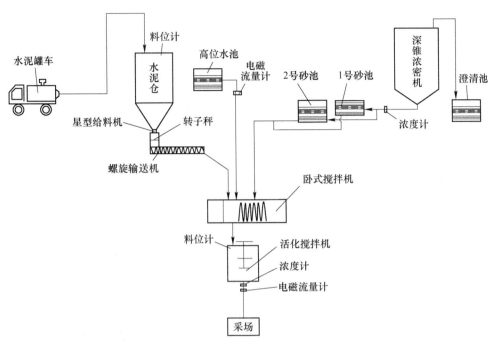

图 5-36 和睦山深锥浓密机全尾砂充填系统工艺流程

图 5-37 和睦山铁矿全尾砂充填制备站全貌

和睦山充填采矿法生产能力要求，选用一台 HTT10×15 深锥浓密机即可满足生产要求，该浓密机直径 10m，总高度约 18m。

深锥浓密机采用连续作业制，全尾砂进砂浓度 18% ~ 20%，流量在 120 ~ 150m³/h 之间，尾砂浆经深锥浓密机浓密后，底流浓度大于 55%，底流流量约 25 ~

$35m^3/h$，直接进入卧式砂池存储，溢流水浊度为 $300×10^{-6}$，自流输送至选矿厂循环使用。

布置两个卧式砂池，容积分别为 $672m^3$ 及 $480m^3$，两个砂池交替使用，以充分发挥系统能力。浓度大于 55% 的全尾砂浆在卧式砂池存满后，即可打开压气造浆喷嘴进行压气造浆。若高浓缩体浓密机底流浓度无法达到充填所需浓度，还可在砂池中进一步沉降，使其达到最大沉降浓度，砂面上的澄清水通过立式渣浆泵扬送至溢流回水管中，与高浓缩体浓密机溢流一并自流输送至选厂。待砂池中全尾砂造浆均匀后打开放砂阀，通过放砂管向搅拌机供给全尾砂浆。其放砂流量由放砂管上电磁流量计进行检测、电动夹管阀进行调节。

5.4.5　充填配套系统

5.4.5.1　胶凝材料储存输送系统

根据全尾砂充填强度配比试验结果，胶凝材料采用水泥替代品（特种固化剂），散装水泥仓直径 5.0m，总高约 21m，有效容积 $200m^3$，可储存水泥 260t，以满足充填系统连续运行要求。水泥仓顶设置人行检查孔、雷达料位计及透气式收尘器。

水泥仓底部设置有螺旋闸门及 LE250×2500 型双管螺旋给料机（配 7.5kW 电机）。充填时打开螺旋闸门，启动双管螺旋给料机即可向搅拌机定量供给固化剂，给料量由螺旋电子秤（ICS-2000A-C300）检测。双管螺旋电机采用变频调速，改变螺旋转速即可改变给料量，以满足不同灰砂比及生产能力的要求。

5.4.5.2　充填用水系统

充填站设置一条供水管道，由高位水池供给压力水，以供冲洗设备、疏通管道及调节充填料浆浓度。当充填料浆浓度过高时，可由调浓水供水线调节浓度。调浓水流量经电磁流量计检测，调浓水量由电动调节阀进行调节。

5.4.5.3　搅拌系统

全尾砂浆、水泥代用品适量调浓水经各自的供料线进入进料斗后供给搅拌机。搅拌机选用 SJO 3.00 型双卧轴搅拌机（配 Y225M-4 电机，45kW）+ GJ503 型高速活化搅拌机（配 Y225M-6 电机，30kW，图 5-38）两段连续活化搅拌。两段搅拌机用连接斗进行连接。充填料各组分经两段连续搅拌均匀后制备成浓度适中、流动性良好的充填料浆，而后进入测量管，并最终通过充填料浆下料斗、充填钻孔及井下充填管网自流输送至井下采场空区进行充填。为了防止大块进入充填钻孔并便于冲洗管道，下料斗设置有格筛及冲洗水阀。

图 5-38 和睦山搅拌系统：活化搅拌机

5.4.5.4 井下输送系统

搅拌均匀的充填料浆通过钻孔输送至井下待充填区域。钻孔直径 φ168mm，内套 φ146mm×15mm 16Mn 钢管，套管与钻孔之间的环状空隙用 42.5 级水泥浆填塞。

各中段主运输巷可采用内径为 110mm 的钢编高强复合管，进入采场后可采用内径为 100mm 的普通塑料管。

5.4.5.5 控制系统

为保证充填料浆制备浓度、流量及配比的准确及稳定，实现料浆的顺利输送，充填站设立了较完善的自控系统，以对充填系统各运行参数进行检测和调节，系统检测的参数包括：

（1）全尾砂放砂流量。电磁流量计检测，控制室数字显示。

（2）全尾砂放砂浓度。γ 射线浓度计检测，控制室数字显示。

（3）水泥代用品 A 组分给料量。螺旋电子秤检测、控制室瞬时流量及累计给料量数字显示。

（4）调浓水量。电磁流量计检测，操作室数字显示。

（5）充填料浆流量。电磁流量计检测，控制室数字显示。

（6）充填料浆浓度。γ 射线浓度计检测，控制室数字显示。

（7）水泥代用品 A 仓料位。雷达料位计检测，控制室数字显示。

系统调节的参数包括：

（1）全尾砂放砂流量。电动夹管阀调节，控制室手动操作或自动调节。

（2）水泥代用品 A 组分给料量。变频调速器调节，控制室手动操作或自动调节。

（3）调浓水量。电动调节阀调节，控制室手动操作。

上述系统运行参数还可由电子计算机进行数据采集、存储、模拟显示、制表、打印，以便对充填系统运行状况进行监控和管理。

为了对充填系统运行状况进行实时监控，设置 5 个摄像头（带云台）及彩屏显示器，分别监视砂仓、尾砂及固化剂进料平台、钻孔下料斗及厂房大门，同时设置大容量硬盘计算机。

图 5-39 所示为和睦山铁矿充填系统中控室。

图 5-39　和睦山铁矿充填系统中控室

5.4.5.6　系统运行参数

（1）充填料浆制备输送能力：$60 \sim 80 m^3/h$；

（2）充填料浆浓度：$62\% \sim 65\%$；

（3）系统连续稳定运行时间：$10 \sim 12h$；

（4）系统一次最大充填量：$600 \sim 800 m^3$；

（5）灰砂比：$1:4 \sim 1:20$ 可调。

5.4.6　主要设备与仪表

充填系统主要设备与仪表分别见表 5-21 和表 5-22。

5.4.7　充填系统投资估算

充填系统投资估算为 1751 万元，按建设设施构成见表 5-23。

表 5-21　充填系统主要设备

序号	设备名称	型号	数量/台	技术参数	电机型号	电机功率/kW	设备重量/kg·台⁻¹	外形尺寸/mm	备　注
1	高浓缩体浓密机	GTTl0×15	1			7.5+6.0			液压站电机 7.5kW 泥耙旋转电机 6.0kW
2	双轴搅拌机	SJO 3.00	1	生产能力 60~80m³/h, 最大 100m³/h; 搅拌叶片转速 46r/min	Y225M-4	45	7850	4736×2325×1095	高速活化搅拌机电机采用变频调速
3	高速活化搅拌机	GJ503	1	生产能力 60~80m³/h, 最大 100m³/h; 搅拌转速 980~1480r/min	Y225M-6	30	750	1733×600×900	
4	双管螺旋给料机（注）	LE250×2500	1	输送量 11~34m³/h; 螺旋转速 20~60r/min		7.5	1661	4780×920×683	电机加大为 7.5kW
5	螺杆式空压机	EAS-175	2	排气量 20.5m³/min; 排气压力 1.0MPa	Y315M-2	132	1080	2700×1700×1800	
6	液下泵（吊泵）	50ZY-35	4	流量 32.4~61.2m³/h; 扬程 33~36m; 效率 30%~45%	Y200L₁-6	18.5	约 500		全尾砂池及污水清池用
	合计				总装机容量（包括仪表照明合计 50kW） 484kW		总重 14421kg		

注：双管螺旋给料机采用变频调速器调速。

表 5-22 充填系统主要仪表

序号	仪器名称	规格型号	技术要求	数量/台
1	电磁流量计	DN125 测量管 711/A、橡胶衬里，不锈钢电极，Intermag 变送器	放砂流量及充填料浆流量检测，量程 $0\sim100m^3/h$，$4\sim20mA$ 输出	1
2	电磁流量计	DN80	量程 $0\sim50m^3/h$，$4\sim20mA$ 输出	1
3	电磁流量计	DN50 测量管 711/A Intermag 变送器	调浓水量检测，量程 $0\sim30m^3/h$，$4\sim20mA$ 输出	1
4	γ射线密度计		浓度测量，$4\sim20mA$ 输出	3
5	雷达料位计	西门子 Sitrans LR400	量程 $0\sim15m$，$4\sim20mA$ 输出	1
6	电动夹管阀阀体	DN125		2
7	电动执行器	9610LSC-100（60mm）	流量 $0\sim100m^3/h$，输入信号 $4\sim20mA$，电源 220V，输出力 10000N，行程 60mm	1
8	电动夹管阀	DN80		1
9	电动调节阀	9610LS B50 执行器 配 PN1.6 DN80 调节阀	流量 30t/h，输入信号 $4\sim20mA$，电源 220V，输出力 5000N，行程 40mm	1
10	螺旋电子秤	ICS-2000A-C300	流量显示	1
11	变频调速器	7.5kW	用于双管螺旋电机调速	1
12	变频调速器	30kW	用于高速搅拌机电机调速	1
13	数显仪		流量显示，输入 $4\sim20mA$，变送输出 $4\sim20mA$，显示 $0\sim100$	7
14	调节器		$4\sim20mA$ 输入，输入 $4\sim20mA$，PID 控制，变送输出 $4\sim20mA$ 输出	5
	电视监视录像系统		5个摄像头带云台，大容量电脑	
	计算机控制系统			

表 5-23　充填系统投资估算表

设施名称	规　格	数量	单价/万元	总价/万元	说　明
卧式尾砂仓		2 个	80	160	钢混基础结构，容积分别为 672m³ 及 480m³
水泥代用品添加系统				120	包括容量 260t 的散装水泥仓及 B 组分添加系统
搅拌机		1 套	36	36	双轴搅拌机+高速活化搅拌机
开挖及基础工程				80	
双管螺旋给料机	LE250×2500	1 台	5	5	
自动控制系统		1 套	90	90	包括一次、二次仪表及仪表柜等
空压机站	螺杆式空气压缩机	2 台		80	包括空压机、储气罐及管道等
钻孔及充填管道		2 套		240	2 个套管钻孔共 340m 及井下管道 1500m
非标准加工件		1 套	40	40	包括喷嘴、连接件等
供电及照明等				60	包括变压器等
地面其他配套设施				240	供水、回水，进砂管道、风管、水管、避雷等
尾砂高效浓密系统				360	包括高浓缩体浓密机及配套设施
厂房及道路工程				200	包括围墙、道路等
其他不可预见费				120	包括试验研究费等
合　计				1751	

5.5　白象山铁矿立式砂仓全尾砂充填技术

　　白象山铁矿充填系统采用立式砂仓全尾砂胶结充填工艺，共建有 4 座容积为 1200m³ 的立式砂仓、4 座 500t 的水泥仓、4 套卧式搅拌系统，另配有抛尾粗骨料系统，按照初步设计可实现全尾砂似膏体充填或抛尾废石+全尾砂混合骨料充填。目前抛尾粗骨料系统停止使用，井下采矿区充填全部采用立式砂仓全尾砂胶结充填。

5.5.1　充填能力计算

5.5.1.1　充填材料

　　此次设计选择选矿厂全尾砂作为充填骨料，以特种固化剂材料为胶凝剂。掘进的废石尽量用铲运机回填到采场和充填料浆一起充填。

5.5.1.2　充填能力计算

年平均充填采空区体积:

$$V_a = \frac{Q}{\gamma} Z = 554016 \text{m}^3/\text{a}$$

式中　V_a——年平均充填采空区体积,m^3/a;

　　Q——年充填法矿石产量,$Q = 220$ 万吨;

　　γ——矿石体重,$\gamma = 3.61\text{t}/\text{m}^3$;

　　Z——采充比,取 $Z = 1$。

日平均充填料浆体积:

$$Q_d = \frac{V_a}{T} \times k_1 \times k_2 = 1939 \text{m}^3/\text{d}$$

式中　T——年工作日数,$T = 330\text{d}$;

　　k_1——沉缩比,取 $k_1 = 1.10$;

　　k_2——流失系数,取 $k_2 = 1.05$。

按平均每天有效充填时间 15h(三班作业,每班有效充填时间 5h)计算,充填系统制备输送能力应不低于 $129\text{m}^3/\text{h}$。遵循可靠、先进、积极、稳妥的设计原则,考虑设计冗余(1.1 富余系数),设计充填系统能力不低于 $142\text{m}^3/\text{h}$。因此,设计 4 套立式砂仓充填系统,每套充填系统充填能力为 $80\text{m}^3/\text{h}$,充填作业过程中开启两套系统同时作业,另外 2 套系统用以浓密储存全尾砂备用。

5.5.2　充填动力方式

结合白象山铁矿井下开拓工程条件,最大充填倍线在−450m 中段回采时最北端位置,其充填倍线为 4.1 左右(小于 7),满足充填料浆自流输送要求。因此,为了节约充填运营成本,白象山铁矿立式砂仓全尾砂充填系统采用自流输送方式。

5.5.3　充填工艺流程

选厂排除的低浓度全尾砂浆体通过渣浆泵输送至充填制备站的立式砂仓顶部,同时添加符合要求的絮凝剂溶液絮凝浓缩后,通过立式砂仓底部的风水联动造浆系统,经螺旋计量秤输送至搅拌系统,与来自胶凝材料仓的固化剂混合搅拌后形成均质的胶结充填料浆,经管道自流输送至井下待充填采空区。充填站配置 4 座立式砂仓、2 座水泥仓,共用 1 座事故溢流池,单套充填系统如图 5-40 所示,图 5-41 所示为白象山铁矿充填制备站全貌。

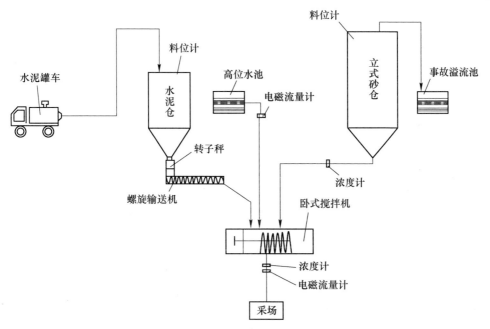

图 5-40　白象山铁矿立式砂仓全尾砂充填系统工艺流程（单套）

图 5-41　白象山铁矿立式砂仓似膏体充填料浆制备站全貌

5.5.4　立式砂仓浓缩方案

5.5.4.1　立式砂仓参数

白象山铁矿充填制备站设计了 4 套相同，但相互独立的高浓度全尾砂浆体制备系统。设有 4 个 ϕ10m、高 28m、有效容积为 1500m³（储存 2527t 砂）的立式砂仓，总计可储存全尾砂约 10800t，砂仓顶部设料位计，底部设风水联动造浆系统（见图 5-42）和放砂管路，理论放砂浓度约为 70%（实际约为 60%）。放砂浓度和流量均设仪表检测，放砂流量设电动调节阀门调节。砂仓溢流水自流至位于立式砂仓旁边的澄清池二次沉淀后，由水道专业处理后送回选厂循环使用。

图 5-42　白象山铁矿立式砂仓锥底风水联动造浆管

5.5.4.2　立式砂仓极限浓度模拟

在立式砂仓结构参数确定过程中，底流放砂极限浓度是确定仓体断面积的主要参数。由于现场立式砂仓断面积和高度与实验室差距太大，因此，研究采用计算流体力学（CFD）软件 FLUENT 对立式砂仓内尾砂沉降过程进行数值模拟，以获得工业立式砂仓极限放砂浓度。

A　模型建立

立式砂仓结构类似于竖流式沉淀池，固液混合料从中心管进入立式砂仓，清水从四周的溢流槽流出。立式砂仓总高度 26.5m，直径为 9m，中心管径为 0.262m，溢流挡板高度为 1.5m，距离仓壁 0.5m，出流采用溢流槽形式，如图 5-43 所示。

B　计算物系

计算过程中，颗粒直径取尾砂的中值粒径 0.009mm，进水管直径为 0.262m，设进料速度为 2.5m/s，尾砂密度 2930kg/m³。计算中取不同浓度的尾砂。

C　边界条件

（1）进口边界条件。采用 Fluent 提供的速度进口边界（velocity inlet）条件，

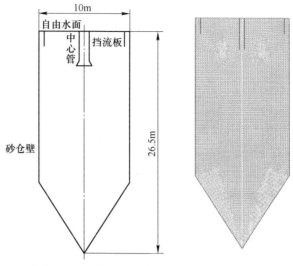

图 5-43 立式砂仓数值计算模型与网格划分

并且假定进水口处速度、断面的湍动能和湍动耗散率都均匀分布。

（2）自由液面。自由液面的边界条件指定为对称（symmetry）边界条件，采用三相流欧拉模型，设置成压力入口（pressure-inlet）。

（3）固体壁面。壁面处默认为无滑移边界条件。在固体壁面上，除了动量的扩散以外，所有的通量值均指定为零。

（4）溢流口（出口）边界条件。取压力出口（pressure-outlet），即出口压力为 101.325kPa。

D 模拟结果分析

模拟立式砂仓内尾砂体积浓度变化情况如图 5-44 所示。从图中可以看出，尾砂沉降的体积浓度达到 39%，折算成质量浓度为 65%（计算公式如式（5-15）所示）。因此，理想条件下，白象山全尾砂在立式砂仓中极限浓度可达 65% 左右，但实际生产中由于一般采用风水联动放砂，实际放砂浓度约 60%。

$$C = \frac{S_V \rho_s}{S_V (\rho_s - \rho) + \rho} \qquad (5\text{-}15)$$

式中 ρ_s，ρ——分别为尾砂及水的密度，

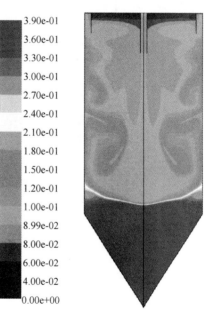

图 5-44 尾砂体积浓度等值线图

$2930kg/m^3，1000kg/m^3；$

S_V——体积浓度；

C——质量浓度。

5.5.4.3　全尾砂输送

尾矿输送泵站标高+20m，充填料浆制备站立式砂仓底部进料口标高为+55m，输送距离约为2500m，经计算扬程需215m。因此，设计两段串联尾砂输送方式。选择100ZJ-I-A50型渣浆泵，两台串联成一组工作，每台渣浆泵性能指标为扬程$H=92m$，流量$Q=240t/h$，配套电机为Y315M2-4，功率$N=160kW$，转速为1450r/min。当每段泵清水扬程为92m时，其两段泵计算扬程为216m，符合计算扬程要求。

另外，为保证设备连续运转，配备一组相同配置的备用渣浆泵。

5.5.5　充填配套系统

5.5.5.1　胶凝材料储存输送系统

在充填材料制备站内建有2座水泥仓（10m×5m×19m），总储量为340m³，可储存水泥442t，可满足连续一次最大充填量的要求。水泥仓顶设置人行检查孔、雷达料位计及透气式收尘器。

水泥通过仓下的$\phi250mm×2500mm$双管螺旋输送机（配7.5kW电机）送到搅拌系统，如图5-45所示。充填时打开螺旋闸门，启动双管螺旋给料机即可向搅拌机定量供给固化剂，给料量由螺旋电子秤（ICS-2000A-C300）检测。

图5-45　白象山胶凝材料螺旋输送机

5.5.5.2 搅拌系统

全尾砂浆、固化剂和适量调浓水经各自的供料线进入进料斗后供给搅拌机。搅拌机选用 $\phi2000mm \times 2100mm$ 的高浓度卧式搅拌槽（共 4 套，均配 45kW 电机），如图 5-46 所示。充填混合料经过卧式搅拌槽制备成均匀的充填料浆后，经过充填钻孔及井下充填官网自流输送至井下待充填的采空区。

图 5-46　白象山搅拌卧式双轴搅拌机

5.5.5.3 充填料浆输送系统

（1）充填钻孔。充填钻孔 4 条，平巷中敷设 1 条充填管路。充填钻孔直径 $\phi = 230mm$，钻孔为垂直钻孔，钻孔内放套管，套管选择耐磨性强的稀土耐磨钢管，直径 $\phi_{外} = 152mm$，壁厚 $\delta = 12mm$。

（2）水平管道。平巷中的充填管选用普通无缝钢管，型号规格为 $\phi_{外} = 127mm$，壁厚 $\delta = 10mm$。采场内敷设的充填管选矿用树脂管，规格要与普通无缝钢管配套。

（3）充填泄水、排泥。充填泄水、泥砂从充填采场排出后，先排入平巷内的沉淀坑，将较粗的泥砂沉淀，清水及细泥自流至坑内水泵站水仓，再用渣浆泵排出地表。

（4）坑内充填工区通信。按照工区组织管理，坑内专设充填工区，负责坑内充填作业，包括充填管线的安装维护、采场充填挡墙的架设等充填工作。坑内充填工区需配备专用通信电话，以便与地面充填搅拌站联系。各平巷中架设的充填管需要重点维护和管理，若发生异常，如接头不严、漏水漏浆或堵管等，要通过坑内充填工区电话及时与地面搅拌站联系，并立即处理。

5.5.5.4 充填制备站控制系统

对充填制备站设备采用集中控制，充填制备站 DCS 控制系统监视设备的运行，同时在现场设控制箱，以满足试车、检修的要求。图 5-47 为白象山铁矿充填控制室。充填料制备站检测与控制：

（1）1~4 号砂仓料位检测回路；

（2）1~4 号砂仓液位检测回路；

（3）1~2 号水泥仓料位检测回路；

（4）砂仓出口矿浆浓度、流量控制回路；

（5）各搅拌槽液位控制回路；

（6）搅拌槽出口矿浆浓度控制、流量测量回路。

图 5-47　白象山铁矿充填控制室

5.6　钟九铁矿深锥浓密机全尾砂充填系统

钟九铁矿设计生产能力为 200 万吨/年，初步设计在位于主井西南侧约 60m 处建充填站，负责充填料制备与输送。为了简化充填工艺，保证砂仓溢流水的澄清度，初步设计不在选厂设置浓密设施，尾砂直接输送至充填站的深锥浓密机进行浓密脱水，即钟九铁矿采用深锥浓密机全尾砂充填系统。

5.6.1　充填能力计算

5.6.1.1　充填材料

充填骨料为选厂产出的全尾砂，通过管路输送至充填制备站；胶结材料为固化剂，由散装罐车定期向矿山供应。

5.6.1.2　充填能力计算

日平均充填空区体积：

$$V_\text{d} = \frac{Q}{330\gamma}Z = 1930\text{m}^3/\text{d}$$

式中　V_d——日平均充填量，m^3/d；

　　　Q——生产规模，200 万吨/年；

　　　γ——矿石体重，$3.14\text{t}/\text{m}^3$；

　　　Z——采充比，取 $Z=1$。

则日平均充填料浆体积：

$$Q_\text{d} = V_\text{d} \times k_1 \times k_2 = 2330\text{m}^3/\text{d}$$

式中　k_1——沉缩率，取 1.1；

　　　k_2——流失系数，取 1.05。

按平均每天有效充填时间 15h（三班作业，每班有效充填时间 5h）计算，充填系统制备输送能力应不低于 $155\text{m}^3/\text{h}$。遵循可靠、先进、积极、稳妥的设计原则，考虑设计冗余（1.1 富余系数），充填系统能力不低于 $171\text{m}^3/\text{h}$。考虑到未来进一步扩能的可能性，钟九铁矿初步设计中深锥浓密机系统充填能力按 $250\text{m}^3/\text{h}$ 计算。

5.6.1.3　充填材料消耗量

钟九铁矿目前处于基建初期，尚未开展充填材料相关试验研究，结合姑山矿业公司和睦山铁矿和白象山铁矿所做全尾砂充填试验资料，充填料浆浓度暂定为 65%，充填体强度为 3MPa 时，灰砂比暂定为 1∶6；充填体强度为 2MPa 时，灰砂比暂定为 1∶8，低配比全尾砂胶结充填时灰砂比暂定为 1∶20。充填配比参数计算依据为《钟九铁矿初步设计》初拟的采矿方案：采用下向进路采矿法和分段空场嗣后充填采矿法，其中下向进路采矿法占比为 76%，采用高配比全尾砂胶结充填；分段空场嗣后充填采矿法占比为 24%，其中一步采占 12%，采用高配比全尾砂胶结充填，二步采占 12%，采用低配比全尾砂胶结充填。充填材料消耗量按日平均充填料浆体积考虑，消耗量见表 5-24。

5.6.2　充填动力方式

根据《钟九初步设计》，钟九铁矿生产期前 12 年（−140m 以下中段）的全尾砂充填输送倍线普遍小于 7，满足充填料浆自流输送要求；当生产中推进至 −140m 中段后，最大充填倍线超过了 9，充填倍线偏大，继续采用自流输送需要大幅度降低充填料浆浓度，引起充填体质量降低，充填成本增加。因此，钟九铁矿全尾砂充填前期采用自流输送方式以节约充填运营成本，后期（−140m 及以上中段生产时）考虑加压泵送的方式以确保充填料浆管道输送系统的可靠性。充填站建设时预留 1 台加压泵位置。

表 5-24　充填材料消耗量

名　称	单　位	充填规模 200 万吨/年		
		胶结充填	胶结充填	胶结充填
浓度	%	65	65	65
灰砂比		1：06	1：08	1：20
所占比例	%	76	12	12
充填料浆量	m^3/d	2330（日平均充填料浆体积）		
料浆密度	t/m^3	1.7406	1.7397	1.7357
1m^3 单耗 / 胶结材料	t/m^3	0.1616	0.1256	0.0537
1m^3 单耗 / 尾砂	t/m^3	0.97	1.00	1.07
1m^3 单耗 / 水	t/m^3	0.61	0.61	0.61
日耗 / 胶结材料	t/d	336.40		
日耗 / 尾砂	t/d	2299.72		
日耗 / 水	t/d	1419.43		
年耗 / 胶结材料	万吨/年	11.10		
年耗 / 尾砂	万吨/年	75.89		
年耗 / 水	万吨/年	46.84		
选厂尾砂年产量	万吨/年	89.00		
尾砂利用率	%	85		

5.6.3　充填工艺流程

选厂排出的低浓度全尾砂经管道输送至深锥浓密机，在供砂的同时，借助自稀释装置稀释至适合快速浓缩的浓度，同时添加絮凝剂加速全尾砂浓缩脱水。全尾砂浆泥层达到一定高度，底流浓度达到符合要求的浓度时，打开深锥浓密机底部放料阀门，将高浓度全尾砂浆排放至搅拌桶中，与来自胶凝材料仓的胶凝材料在立式搅拌桶内搅拌均匀，最后通过充填钻孔经管路自流输送至井下采空区进行充填。溢流水通过溢流回水管自流至选厂回水池循环使用。钟九铁矿深锥浓密机系统工艺流程如图 5-48 所示。

5.6.4　深锥浓密机浓缩方案

选厂输送至充填站的尾砂浓度约 11%，干尾砂量为 112.37t/h，结合姑山矿业公司和睦山铁矿和白象山铁矿全尾砂充填试验经验，深锥浓密机处理能力初步确定为 0.6t/(m^2·h)，规格为 ϕ16m，功率 45kW，数量 1 台，处理干尾砂量为 120t/h，满足充填工艺要求。

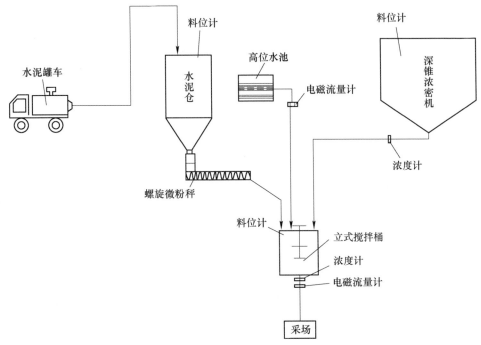

图 5-48 钟九铁矿深锥浓密机系统工艺流程

5.6.5 充填配套系统

5.6.5.1 胶结材料储存输送系统

胶结料仓规格的确定依据日平均充填所消耗的胶结材料，根据计算，日平均充填所消耗的胶结材料量为336t，胶结料松散密度按 1.3t/m³ 计算。充填站设立2 座容积400m³ 胶结料仓，可满足 3 天的充填工艺要求，每座胶结料仓直径6m，直线段高 15m。

计算的日平均充填消耗的胶结材料量为336t，充填站每天工作时间为12h，每小时胶结料需要量为28t，选择 2 台 TSF350×3000 型微粉秤，单台输送量 0 ~ 30t/h，进出料口中心距3000mm，采用变频调速，以满足不同灰砂比及生产能力的要求。

为了防止各种杂物进入胶结剂仓，吹灰管上设置有过滤装置。仓顶设置人行检查孔、雷达料位计及脉冲布袋除尘器。

5.6.5.2 搅拌系统

国内较成熟的矿山充填系统（金川龙首矿、闪星锑业南矿、冬瓜山铜坑等）

大多采用立式强力搅拌桶进行充填物料搅拌，而高浓度充填系统也有采用双轴叶片高速卧式搅拌机+低速螺旋双轴搅拌机的2级搅拌系统（和睦山铁矿）。全尾砂胶结充填骨料粒度细，采用立式强力搅拌机能达到理想的搅拌效果，因此，为降低投资、减小占地面积、方便管理维护，钟九铁矿充填制备站采用立式强力搅拌系统。

按照250m³/h充填系统设计，搅拌设施选择2台 ϕ2600mm×3000mm 搅拌槽，单台处理量100~150m³/h，功率90kW。

5.6.5.3　充填料浆输送系统

井下充填采用全尾砂胶结充填，充填倍线小于8时采用自流输送，充填倍线大于8时，充填倍线偏大，充填料浆需要加压输送考虑。因此，充填站建设时应预留1台充填工业泵位置。充填料浆通过充填钻孔内的充填管路输送至充填采空区。充填站附近布置4个充填钻孔，2用2备。

充填钻孔内充填管路规格为 D159mm×24mm （12mm+12mm）双金属耐磨复合管。主充填管水平段敷设 D133mm×10mm 无缝钢管，进入采场后采用DN110mm 的钢编复合管。

5.6.5.4　充填控制系统

在充填站设置一套较完善的自动控制系统，并设一个中控室，能对充填站进行集中控制和管理。

深锥浓密机、絮凝剂自动加药机自身带有较完善的自动控制装置，可对设备自身的运行参数进行检测、调节，并具备报警、数据传输等功能。

设置PLC及工业控制计算机对系统运行参数进行数据采集、存储、模拟显示、制表、打印，以便于对充填系统运行状况进行监控和管理。同时，编制系统运行控制程序对系统运行参数进行自动调节，并使系统实现手动/自动无扰动切换。

矿山工艺参数检测比较困难，而且检测的环境也相当恶劣，仪表在这种条件下能正常工作是非常重要的。因此，设计选用的仪表均为在矿山企业经过使用证明是可靠的设备。具体仪表选型原则如下：

（1）物位仪表。选用智能超声波料位计、雷达料位计和差压液位计。

（2）压力和差压仪表。选用智能式压力和差压变送器，对矿浆选用隔膜式压力变送器。

（3）温度仪表。选用热电阻测量。

（4）流量仪表。对水的流量选用带微处理器的电磁流量计，对矿浆的流量选用交流励磁矿浆电磁流量计或者声呐流量计，对固体料量用电子皮带秤。

（5）执行机构。一般选用气动执行机构，由于气动执行机构适合在恶劣的环境中使用，能够很好地实现工艺控制的要求；在没有气源的地方，才采用电动执行机构。

（6）设备开停传感器。矿用磁场式开停传感器。

5.7 挂帮矿简易（泵送）充填技术

挂帮矿二期充填系统设计采用废石充填和胶结充填，采用废石部分充填有以下优点：

（1）废石不出坑，减少运输费用。

（2）减少地表废石堆放，利于地表环境保护。

（3）减少充填料浆输送，降低充填成本，提高矿石回采效益。

但考虑采用废石充填有可能给现场生产管理带来不便，矿山进行采矿方法优化之后，有可能采用全胶结充填系统。为了防止改变充填工艺后，充填站输送料浆能力不足，充填相关计算以全胶结充填为依据。

5.7.1 充填能力计算

（1）充填材料。设计采用废石充填和胶结充填，充填材料为废石、沙石和水泥。

（2）充填能力计算。根据《姑山铁矿挂帮矿 II 期开采工程可行性研究报告》，姑山挂帮矿二期设计生产能力为 20 万吨/年。假设全部采用平均灰砂比 1∶5 的充填料浆占总充填量的 100%，则：

1）矿山充填料浆年平均充填量为 49140m^3（矿石体重 4.07t/m^3）；

2）日平均充填量为 149m^3/d；

3）日平均充填物料需用量为 172m^3/d；

4）设计充填站充填能力 50m^3/h，制备料浆浓度为 70%~80%。

5.7.2 充填工艺流程

充填料制备工艺流程图如图 5-49 所示。砂石料在堆场通过装载机运送到配料机，然后经过皮带输送到搅拌机；水泥仓中的散装水泥经螺旋输送机送到搅拌机；加入水后按一定配比搅拌均匀，形成质量浓度 73% 左右的充填料浆，然后通过混凝土输送泵输送至充填作业面。

5.7.3 主要充填设施

新建充填站充填能力为 50m^3/h，制备料浆浓度为 70%~80%。充填站主体设置在平硐 PD2 附近，充填站主要设备有：

（1）PLD800-III 型配料机 1 台，处理能力 48~60m^3/h，功率 11kW。

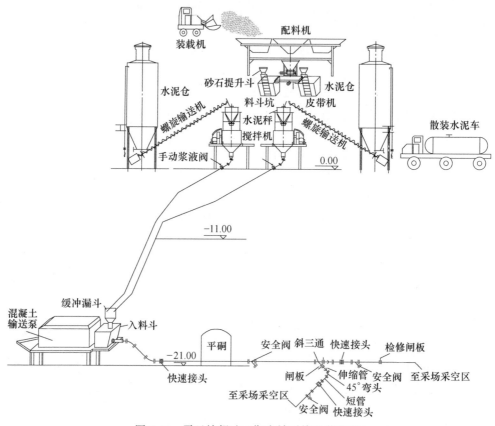

图 5-49 露天挂帮矿二期充填系统工艺流程

（2）LSY160-9 型螺旋输送机 2 台，单台能力 25t/h，功率 11kW。

（3）JS500 型搅拌机 2 台（见图 5-50），单台能力 25m³/h，功率 24.5kW。

（4）SP1520 型双向皮带机 1 台，功率 4kW。

（5）SNC05 型水泥秤 2 台，单台功率 3kW。

（6）W1.0/0.8 型空压机 1 台，风量 1.0m³/min，压力 0.8MPa，功率 3kW。

（7）HBT60C-1816Ⅲ型混凝土输送泵 1 台（见图 5-50），输送能力 45~70 m³/h，泵出口压力 10~16MPa，功率 110kW。

（8）水泥仓 2 个，单体尺寸为直径 3m，高 5m。

5.7.4 充填管道输送

－82m 中段以下充填：充填管道由－82m 平硐口进入，穿－82m 平巷，再由充填井进入下部中段采场。充填管道采用无缝钢管，管道规格 φ159mm×10mm。为充填工作安全，输送管道必须严格固定，在通往充填工作面的支管上设安全阀。在充填管道适当部位安装检修闸板和快速接头，一般安装间距为 40~50m。在充

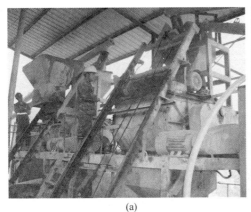 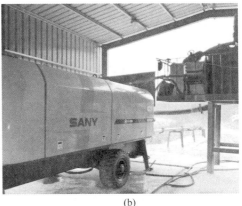

(a)   (b)

图 5-50   挂帮矿二期开采充填系统
（a）搅拌系统；（b）充填拖泵

填管道安装中，当有通向水平段的三通时，在三通和短管之间可设伸缩管，以保证温度变化时，不引起管道破坏，便于闸板的更换和检修管道时拆装。

充填-82m 以上中段（-70m 中段）时，虽然 HBT60C-1816Ⅲ型混凝土输送泵可以满足将充填料浆由-82m 中段送入-70m 水平，但考虑到实际使用时的压力损失，为保证充填物料输送更加可靠，减少输送故障，充填料浆管道输送设计按以下方式输送：先从地表充填站沿排土场平台，架设一路充填管到-13m 平台，而后施工两个充填钻孔到-70m 充填联络巷。为此，配置一台 HBT8022C-5 型拖泵，放置在充填站加压输送。

5.8 精细化充填技术

固结剂（水泥）水化反应是一个放热过程，其反应速率受温度影响。温度对化学反应速率的影响比较复杂，通常情况下，温度对化学反应的速率都起到促进作用。一方面，温度升高时分子运动速率增大，分子间碰撞频率增加，因此反应速率加快；另一方面，由于温度升高，活化分子的百分比增大，有效碰撞的百分数增加，使反应速率大大加快。

因此，无论对于吸热反应还是放热反应，温度升高时反应速率基本都是加快的。这是由于化学反应的反应热是由反应物的总能量与生成物的总能量之差来决定的，若反应物的能量高于产物的能量，反应放热；反之，则反应吸热。不论反应放热还是吸热，在反应中反应物必须爬过一个壁垒反应才能进行。升高温度，有利于反应物平均能量提高，提高活化分子总数，从而加快反应的进行。1989年阿伦尼乌斯根据大量实验事实，总结出反应速率常数和温度间的定量关系为：

$$k = A\mathrm{e}^{-\frac{E_{\mathrm{a}}}{RT}}$$

（5-16）

式中　　k——反应速率常数；

　　　　E_a——反应活化能；

　　　　R——气体常数；

　　　　T——热力学温度；

　　　　A——常数，称为"指前因子"或"频率因子"；

　　　　e——自然对数的底。

在浓度相同情况下，可以用速率常数来衡量反应速率。速率常数 k 与热力学温度 T 呈指数关系，温度的微小变化，将导致 k 值的较大变化，尤其是活化能 E 较大时更是如此。因此，温度对于水化反应的影响是十分明显。

对于全尾砂胶结充填体，其早期强度直接影响矿床开采作业的安全性和经济性，而温度又是影响早期强度的重要因素。考虑到矿山井下温度随季节变化而波动，姑山矿业针对不同季节，根据井下温度变化情况，通过在白象山铁矿进行大量现场试验摸索，确定采用不同配比方案，建立基于季节变化的精准化充填技术。

（1）秋冬季（11月~3月）。

人工假底：阶段底部 2.5m，采用灰砂比 1∶4 高配比充填。

一步采场：空场嗣后矿房充填，采用灰砂比 1∶7 进行充填；

　　　　　　进路采场充填，采用灰砂比 1∶9 进行充填。

二步采场：空区顶部 2m 以下，采用灰砂比 1∶14 进行充填；

　　　　　　空区顶部 2m 以内，采用灰砂比 1∶11 进行充填。

（2）春夏季（4月~10月）。

人工假底：阶段底部 2.5m，采用灰砂比 1∶4 高配比充填。

一步采场：空场嗣后矿房充填，采用灰砂比 1∶8 进行充填；

　　　　　　进路采场充填，采用灰砂比 1∶10 进行充填。

二步采场：空区顶部 2m 以下，采用灰砂比 1∶20 进行充填；

　　　　　　空区顶部 2m 以内，采用灰砂比 1∶12 进行充填。

另外，白象山铁矿实行充填精细化管理，要求中控操作人员按照制定的固化剂用量表根据流量变化随时调整固化剂添加量，确保充填过程中配比始终按照标准进行，实现精细化低成本充填。以 2015 年试验为例：

2015 年 1 月 1 日~3 月 20 日，充填量 104641m³，固化剂用量 16344.5t，单耗 156.2kg/m³，平均灰砂比约为 1∶5。

2015 年 3 月 21 日~4 月 30 日，充填量 32378m³，固化剂用量 3780.9t（微粉秤计量），单耗 116.8kg/m³，平均灰砂比约 1∶7，与 3 月 20 日之前相比，单耗降低 25.2%。

2015 年 5 月 1 日~5 月 10 日，充填量 5254m³，固化剂用量 530.7t（微粉秤

计量），单耗 101kg/m³，平均灰砂比约 1：8，与 3 月 20 日之前相比，单耗降低 35.3%。

各季节充填体强度差别不大，实测充填体 28 天平均抗压强度 1.75MPa，抗拉强度 0.21MPa。

5.9 充填料浆人工假底构筑技术

多中段同时生产矿山，中段之间一般都会预留一定厚度的顶底柱（白象山铁矿和和睦山铁矿顶底柱厚度均为 5~6m）。为回收宝贵的矿产资源，延长矿山服务年限，中段回采结束后或矿山开采后期，一般都会对预留的顶底柱残矿资源进行回收。根据国内外采用充填法的矿山生产经验，为提高未来顶底柱回收的安全性和回采率，靠近顶底柱位置采用高强度充填体或混凝土构筑人工假底，即未来顶底柱回收是在厚度为 h 的人工假底保护下进行的。由于顶底柱高度一般较小，且回采作业条件较差，充填法矿山一般采用进路充填法对其进行回收。回采预留顶底柱过程中的进路结构布置如图 5-51 所示，开采进路上方的人工假底作为承载层承受进路上覆荷载，两侧帮为预留顶底柱矿体（一步采进路）或充填体（二步采进路），承载层上部充填层与底板均为之前完结工程留下的普通充填体。回采工程进路的稳定性主要取决于人工假底承载层，所受载荷主要是垂直载荷。

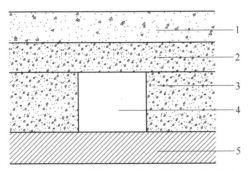

图 5-51 顶底柱回采进路结构布置示意图

1—普通充填体；2—承载层（人工假底）；3—进路侧帮（矿体或填充体）；
4—回采进路；5—底板（充填体）

5.9.1 稳定性力学理论计算

5.9.1.1 计算模型

白象山铁矿和和睦山铁矿相邻中段之间顶底柱厚度为 5m 左右，未来顶底柱回收方法以进路充填法为主，考虑到矿山普通进路宽度一般为 4m，故选定如下几组模型进行人工假底稳定性分析。

（1）进路规格：4m×5m；

（2）构筑材料：C15 混凝土、2MPa 充填体（A_2）、4MPa 充填体（B_4）；

（3）人工假底厚度：0.2～2m。

5.9.1.2　力学参数

根据材料力学的组合"梁"原理，如图 5-52 所示，可计算第 n 层充填体对第 1 层充填体（承载层）形成的载荷：

$$q_{n-1} = \frac{E_1 h_1^3 (\gamma_1 h_1 + \gamma_2 h_2 + \cdots + \gamma_n h_n)}{E_1 h_1^3 + E_2 h_2^3 + \cdots + E_n h_n^3} \tag{5-17}$$

式中　E_1，E_2，$\cdots$，E_n——各层充填体的弹性模量；

n——充填体的层数；

h_1，h_2，$\cdots$，h_n——各层充填体厚度；

γ_1，γ_2，$\cdots$，γ_n——各层充填体容重。

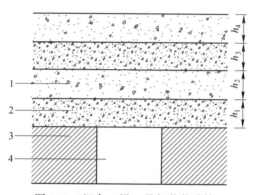

图 5-52　组合"梁"叠加载荷计算

1—普通充填层；2—承载层；3—进路侧帮（矿体或充填体）；4—进路

需要注意的是，当出现 q_{n+1} 情形时，则以 q_{n-1} 作为作用于承载层充填体单位面积上的载荷，此时位于承载层上层的普通充填体层具有自我支撑作用，承载层将仅受到其自身的自重作用，不应将普通充填体层的载荷再附加至计算公式中。

力学分析和数值模拟需要以矿岩物理力学性质为主要依据，本技术采用的矿岩力学参数见表 5-25。

5.9.1.3　稳定性判定标准

由于材料抗拉强度远低于抗压强度，而且国内外地下开采实践均已表明，地下开采过程中，矿岩破坏形式主要是受拉破坏。因此，在人工假底稳定性分析中，主要考虑顶底柱间隔回采过程中不同形式人工假底中拉应力变化情况。考虑到节理裂隙、围岩破碎等因素，人工假底的稳定性必须具有足够的安全储备才能

表 5-25　和睦山相关矿岩基本力学参数

类别	弹性模量 E_j/GPa	抗压强度 σ_1/MPa	抗拉强度 σ_c/MPa	泊松比 μ	容重 γ/kN·m⁻³	黏结力 /MPa	内摩擦角 /(°)
矿体	2.451	28.5	2.33	0.273	34.60	4.07	58.1
围岩	15.62	60.1	8.31	0.285	18.50	11.17	49.2
普通充填体	0.156	2.08	0.75	0.25	2.00	0.62	28.03
C15	22	15	1.27	0.16	23.52	2.76	52.7
A2	0.19	2.0	0.28	0.21	18.10	1.03	40.8
B4	0.20	4.0	0.39	0.22	17.65	1.23	48.2

得以保障，在此引入承载层的安全系数指标 η（材料极限抗拉强度与承受最大拉应力之比）表示其安全稳定性：安全系数 $\eta<1$，人工假底会发生破坏；$\eta \geqslant 2.5$ 时，人工假底稳定性良好，可保证进路的安全回采；当 $\eta=1$ 时，人工假底处于危险临界状态，极有可能发生冒落。

5.9.1.4　不同材料假底稳定性与承载层厚度相关性分析

根据上述计算模型，分析计算 C15 混凝土、A_2 及 B_4 充填体三种材料构筑的人工假底在不同承载层厚度条件下，受力弯曲及安全稳定性情况，相关计算结果绘制如图 5-53~图 5-58 所示。计算中，进路断面尺寸取为 4m×5m，进路半宽 $l=$ 2m；一步回采时，进路侧帮支柱均为预留顶底柱矿体；二步回采时，进路侧帮支柱变为已确定性质的普通充填体。承载层厚度选取 0.2~2m 的区间，区间间隔为 0.1m。

分析计算结果与关系曲线图可以得出如下结论：

（1）依据图 5-53 和图 5-54，C15 混凝土构筑的人工假底应力及安全系数与承载层厚度的关系之间存在两个极值拐点，当承载层厚度 h 在 0.4m 与 0.7m 附近时相应的指标数值会发生转折性改变；从其余图表可以看出，A_2、B_4 两种类型的充填体人工假底应力与承载层厚度的关系曲线趋势大致类似，但不存在 C15 混凝土人工假底所具有的多个极值拐点。

（2）C15 混凝土人工假底承载层厚度在 0.7m 及以下时，二步回采进路承载层产生的最大拉应力大于一步回采，且在 $h=0.4m$ 时有最小值；当 $h \geqslant 0.8m$ 时出现一步回采的最大拉应力高于二步回采的现象，且 $\sigma_{t,max}$ 随着承载层厚度的增加逐渐减小；相应地，自 0.8m 以后呈现一步回采安全系数高于二步回采的状态。即以 C15 混凝土为材料制作人工假底时，承载层厚度 0.2~0.7m 区间内一步回采进路的安全性相对较好，厚度超过此区间的一步回采进路的安全性反而变差。进路回采时应根据具体承载层的厚度区间来提高相应回采进路假底的充填质量。

（3）由图 5-56 和图 5-58 可知，在同等承载层厚度的情况下，与 2MPa 充填体（A_2）人工假底相比，4MPa 充填体（B_4）安全系数更高。此外，两种充填体人工假底二步回采进路承载层产生的最大拉应力均大于一步回采。即以充填体为材料制作人工假底时，二步回采进路的安全性相对较差。

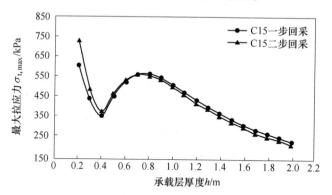

图 5-53　C15 人工假底最大拉应力与承载层厚度关系曲线

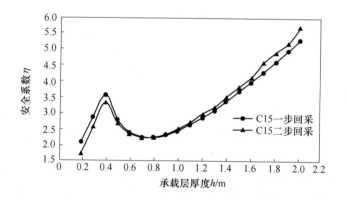

图 5-54　C15 人工假底安全系数与承载层厚度关系曲线

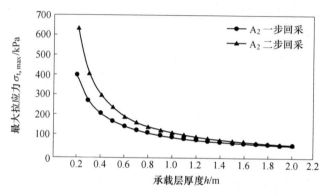

图 5-55　A_2 人工假底最大拉应力与承载层厚度关系曲线

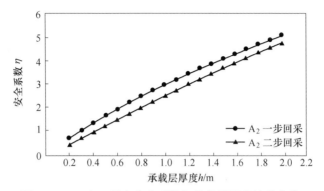

图 5-56 A_2 人工假底安全系数与承载层厚度关系曲线

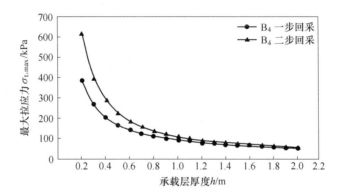

图 5-57 B_4 人工假底最大拉应力与承载层厚度关系曲线

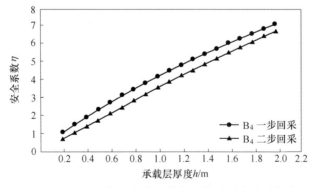

图 5-58 B_4 人工假底安全系数与承载层厚度关系曲线

（4）当承载层厚度小于 0.4m 时，随着承载层厚度的增加，C15 混凝土人工假底的最大拉应力会明显减小，但当厚度为 0.4～0.7m 时，拉应力反而随厚度增加而增大，直到厚度超过 0.7m 后，拉应力又回归逐渐降低趋势；A_2、B_4 充填体人工假底的最大拉应力均随承载层厚度的增加逐渐减小。3 种类型人工假底的最大拉应力在厚度不大区间内变化速度较快，但当超过 0.7m 后，其变化速度趋缓，说明当承载层达到一定厚度后，过度增加其厚度对人工假底的稳定性并无实质意义，即对人工假底而言，存在一个最优的厚度区间，没有必要为增加顶底柱回采安全性而刻意增加人工假底厚度。该结论对于降低人工假底构筑成本具有现实指导意义。

（5）如采用 C15 混凝土构筑人工假底，承载层厚度 0.3~0.5m 及超过 1.0~1.1m 后，安全系数基本都能达到 $\eta = 2.5$ 的目标值，即 C15 混凝土人工假底厚度在此范围之内是相对安全稳定的，设计优化方案时主要从经济角度进行考虑即可。

（6）要求承载层的安全系数达到 $\eta = 2.5$（稳定）时，2MPa 充填体（A_2）人工假底一、二步回采进路承载层厚度应分别保持在 0.9m 和 1.1m 以上；4MPa 充填体（B_4）人工假底则应分别保持在 0.6m 和 0.8m 以上。因此在进行优化设计时，以 A_2 为充填材料的假底承载层厚度至少需要保障在 0.9m 以上，以 B_4 为充填材料的假底承载层厚度至少需要保障在 0.6m 以上，以确保一、二步回采进路的基本稳定性。相比看，同一承载层厚度的情况下，B_4 假底的安全系数比 A_2 要高，其稳定性能更好。

5.9.2 稳定性数值模拟分析

5.9.2.1 模拟参数

（1）上覆岩层自重压力。根据白象山铁矿前期研究的相关资料，初始地应力垂向与埋深成正比，数值模拟中固定侧压力系数为 0.8。

（2）数值模型尺寸。根据白象山铁矿进路法开采实践经验，综合考虑进路稳定性、支护量、生产效率，人工假底下进路回采宽带确定为 4m。根据上述数值模型构筑原则，确定白象山铁矿人工假底模型的尺寸 X(宽) × Y(高) × Z(长) 为 100m×125m×100m。

5.9.2.2 模拟目的和方案

数值模拟的主要目的是分析在不同回采率、承载层厚度及承载层材料组合条件下，第二步进路回采时（因二步回采安全性远较第一步采场差，故模拟最危险情况）人工假底和人工胶结矿柱的稳定性情况。为此，确定数值模拟回采率方案为：

（1）顶底柱全部回收，每个单元 4 条进路，合计宽度 16m，如图 5-59（a）所示。

（2）顶底柱回采率 75%，隔一采三，回采两条进路，宽度 12m，如图 5-59（b）所示。

（3）顶底柱回采率 50%，隔一采一，进路宽度 4m，如图 5-59（c）所示。

（4）顶底柱回采率 25%，隔三采一，进路宽度 4m，如图 5-59（d）所示。

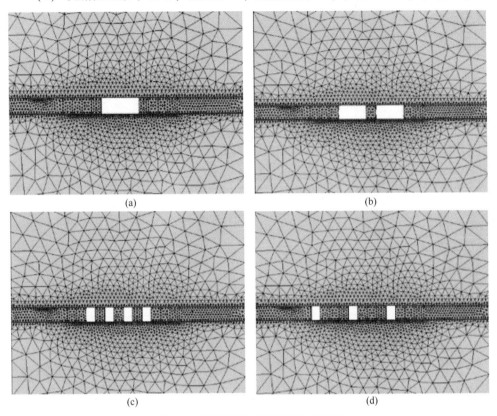

图 5-59　不同顶底柱回采率力学模型

（a）顶底柱回采率为 100%时的力学模型；（b）顶底柱回采率为 75%时的力学模型；
（c）顶底柱回采率为 50%时的力学模型；（d）顶底柱回采率为 25%时的力学模型

数值模型方案汇总于表 5-26~表 5-28。

表 5-26　C15 混凝土人工假顶数值模拟模型标号表

序　号	模型编号	承载层厚度/m	回采率/%
1	A1-C15-0.2-100	0.2	100
2	A2-C15-0.2-75	0.2	75
3	A3-C15-0.2-50	0.2	50
4	A4-C15-0.2-25	0.2	25
5	B1-C15-0.3-100	0.3	100

序　号	模型编号	承载层厚度/m	回采率/%
6	B2-C15-0.3-75	0.3	75
7	B3-C15-0.3-50	0.3	50
8	B4-C15-0.3-25	0.3	25
9	C1-C15-0.5-100	0.5	100
10	C1-C15-0.5-75	0.5	75
11	C1-C15-0.3-50	0.5	50
12	C1-C15-0.3-25	0.5	25

表 5-27　充填体（2MPa）人工假顶数值模拟模型标号表

序　号	模型编号	承载层厚度/m	回采率/%
13	D1-2M-1-100	1.0	100
14	D2-2M-1-75	1.0	75
15	D3-2M-1-50	1.0	50
16	D4-2M-1-25	1.0	25
17	E1-2M-1.5-100	1.5	100
18	E2-2M-1.5-75	1.5	75
19	E3-2M-1.5-50	1.5	50
20	E4-2M-1.5-25	1.5	25
21	F1-2M-2-100	2.0	100
22	F2-2M-2-75	2.0	75
23	F3-2M-2-50	2.0	50
24	F4-2M-2-25	2.0	25
25	G1-2M-2.5-100	2.5	100
26	G2-2M-2.5-75	2.5	75
27	G3-2M-2.5-50	2.5	50
28	G4-2M-2.5-25	2.5	25

表 5-28　充填体（4MPa）人工假顶数值模拟模型标号表

序　号	模型编号	承载层厚度/m	回采率/%
29	H1-4M-0.5-100	0.5	100
30	H2-4M-0.5-75	0.5	75
31	H3-4M-0.5-50	0.5	50
32	H4-4M-0.5-25	0.5	25

序　号	模型编号	承载层厚度/m	回采率/%
33	I1-4M-1-100	1.0	100
34	I2-4M-1-75	1.0	75
35	I3-4M-1-50	1.0	50
36	I4-4M-1-25	1.0	25
37	J1-4M-1.5-100	1.5	100
38	J2-4M-1.5-75	1.5	75
39	J3-4M-1.5-50	1.5	50
40	J4-4M-1.5-25	1.5	25
41	K1-4M-2-100	2.0	100
42	K2-4M-2-75	2.0	75
43	K3-4M-2-50	2.0	50
44	K4-4M-2-25	2.0	25

5.9.2.3　模拟结果及分析

模拟结果数据见表 5-29，图 5-60~图 5-63 所示为部分模型数值模拟云图。

表 5-29　数值模拟结果主要数据

顶底柱回采率/%	假底厚度/m	假底材料	假底材料强度/MPa	顶底柱回采方式	充填体柱 Y 向最大位移量/m	承载层最大拉应力/MPa	承载层最大压应力/MPa
100	0.2	C15混凝土	15	全部回采	0.086	82.20	37.80
	0.3				0.002	5.36	2.78
	0.5				0.001	6.63	3.71
75	0.2	C15混凝土	15	隔一采三间隔回采	0.007	2.22	2.24
	0.3				0.003	4.70	2.70
	0.5				0.001	1.59	2.46
50	0.2	C15混凝土	15	隔一采一间隔回采	0.002	2.05	2.09
	0.3				0.001	2.28	2.46
	0.5				0.008	0.59	2.12
25	0.2	C15混凝土	15	隔三采一间隔回采	0.003	1.33	1.60
	0.3				0.001	2.20	2.23
	0.5				0.002	0.56	2.02

顶底柱回采率/%	假底厚度/m	假底材料	假底材料强度/MPa	顶底柱回采方式	充填体柱Y向最大位移量/m	承载层最大拉应力/MPa	承载层最大压应力/MPa
100	0.5	4MPa充填体	4	全部回采	0.023	2.35	2.31
	1.0				0.036	0.64	1.07
	1.5				0.024	0.60	0.94
	2				0.034	0.55	0.76
75	0.5	4MPa充填体	4	隔一采三间隔回采	0.020	1.35	2.00
	1.0				0.023	0.63	0.98
	1.5				0.029	0.59	0.79
	2				0.026	0.53	0.65
50	0.5	4MPa充填体	4	隔一采一间隔回采	0.014	0.92	1.78
	1.0				0.027	0.57	0.59
	1.5				0.019	0.44	0.52
	2				0.027	0.22	0.14
25	0.5	4MPa充填体	4	隔三采一间隔回采	0.059	0.62	1.12
	1.0				0.026	0.27	0.48
	1.5				0.015	0.28	0.28
	2				0.009	0.13	0.06
100	1.0	2MPa充填体	2	全部回采	0.117	1.24	2.62
	1.5				0.037	0.60	0.95
	2.0				0.014	0.53	0.77
	2.5				0.016	0.25	0.69
75	1.0	2MPa充填体	2	隔一采三间隔回采	0.017	1.08	1.82
	1.5				0.029	0.59	0.82
	2.0				0.021	0.47	0.66
	2.5				0.019	0.24	0.26
50	1.0	2MPa充填体	2	隔一采一间隔回采	0.022	1.02	1.56
	1.5				0.036	0.47	0.76
	2.0				0.025	0.44	0.54
	2.5				0.026	0.26	0.97

顶底柱回采率/%	假底厚度/m	假底材料	假底材料强度/MPa	顶底柱回采方式	充填体柱Y向最大位移量/m	承载层最大拉应力/MPa	承载层最大压应力/MPa
25	1.0	2MPa充填体	2	隔三采一间隔回采	0.024	0.72	1.37
	1.5				0.026	0.46	0.64
	2.0				0.019	0.02	0.03
	2.5				0.032	0.23	0.02

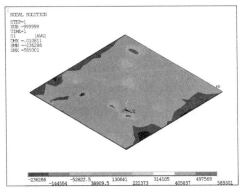

(a)

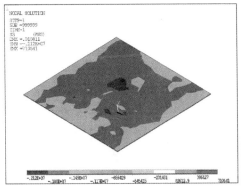

(b)

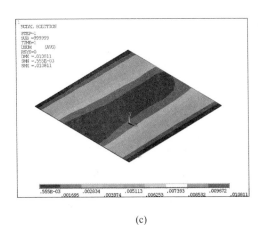

(c)

图 5-60　C15-0.5-50 模型模拟云图

（a）拉应力矢量云图；（b）压应力矢量云图；（c）位移云图

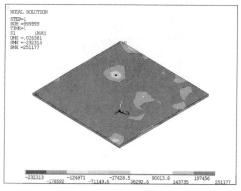
(a)

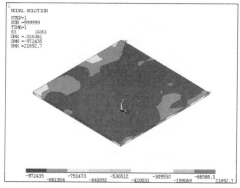
(b)

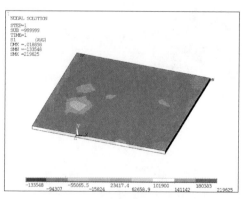
(c)

图 5-61   K3-4M-2-50 模型模拟云图

（a）拉应力矢量云图；（b）压应力矢量云图；（c）位移云图

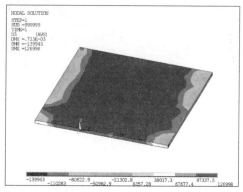
(a)

(b)

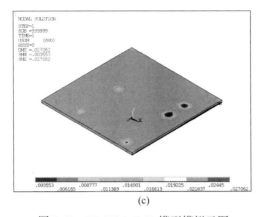

图 5-62　G3-2M-2.5-50 模型模拟云图

（a）拉应力矢量云图；（b）压应力矢量云图；（c）位移云图

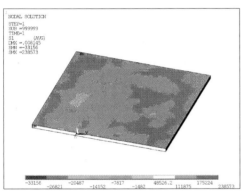

（a）

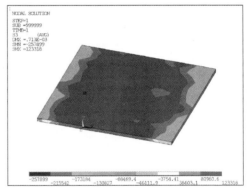

（b）

（c）

图 5-63　G2-2M-2.5-75 模型模拟云图

（a）拉应力矢量云图；（b）压应力矢量云图；（c）位移云图

A　拉应力分析

（1）根据表 5-29 和模拟云图，所有模型的人工假顶承载层均出现拉应力，并且随回采率提高，承载层所受应力及产生的位移量均增大。

（2）根据表 5-29 和 C15 混凝土承载层拉应力整体变化趋势折线图（见图 5-64）可以看出，C15 混凝土承载层的厚度为 0.2m 时，拉应力值较大、抗拉安全系数较小，稳定性不理想；而承载层厚度为 0.3m 时，拉应力在 2.89 ~ 5.36MPa 间范围波动，抗拉安全系数、稳定性较 0.2m 时有所提升，但仍然小于混凝土许用应力；当承载层厚度达到 0.5m 时，回采率 50% 条件下，拉应力仅为 0.59，模拟计算安全系数可以达到 2.15。

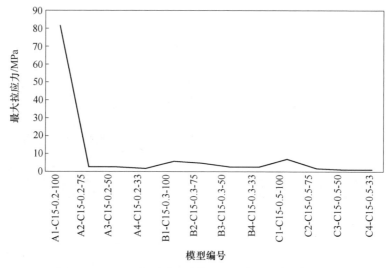

图 5-64　C15 混凝土承载层拉应力整体变化趋势折线

（3）根据表 5-29 和 2MPa 承载层拉应力整体变化趋势折线图（见图 5-65）可以看出，2MPa 充填体承载层的厚度为 1m 时，拉应力值较大、抗拉安全系数较小，稳定性不理想；而承载层厚度为 1.5 ~ 2m 时，拉应力虽较 1m 承载层有所降低，但安全系数仍然不高；当承载层厚度达到 2.5m 后，拉应力安全系数显著增大。

（4）根据表 5-29 和 4MPa 承载层拉应力整体变化趋势折线图（见图 5-66）可以看出，4MPa 充填体承载层的厚度小于 1.0m 时，拉应力值较大、抗拉安全系数小，稳定性得不到保障；而承载层厚度为 1.5m 时，如果回采率超过 50%，安全稳定性也较差；当承载层厚度达 2m 后，可以实现 50% 的顶底柱回采率。

B　压应力分析

由表 5-29 和模拟云图可知，模型的承载层大致处于全面积受压状态，由3条压应力颜色带分布可知，靠近矿体上盘位置处 5 ~ 10m 范围内的压应力值较小，

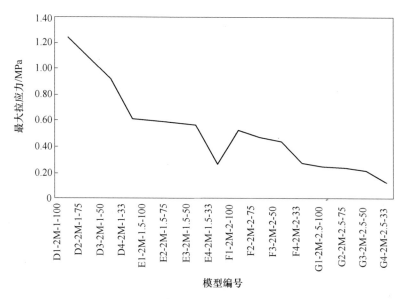

图 5-65 2MPa 充填体承载层拉应力整体变化趋势折线

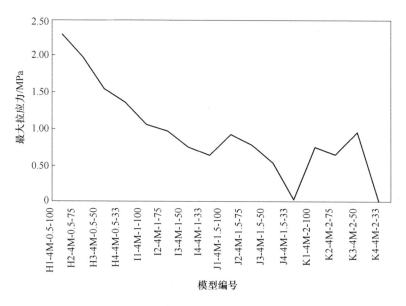

图 5-66 4MPa 充填体承载层拉应力整体变化趋势折线

而靠近下盘的 5~10m 范围内的压应力值较大，且在进路与下盘围岩接触端面处出现最大压应力。除 C15 混凝土承载层厚度为 0.2m 和 2MPa 充填体承载层厚度为 1.0m 时，顶底柱全部回收情况下，可能出现压应力破坏外，其他情况人工假底内出现的压应力均在许用范围之内。这一结论表明，压应力集中不会是人工假底破坏的主要原因。

　　C　位移分析

　　由表 5-29 可见，各模型承载层 Y 方向最大位移为 30~56mm；在承载层厚度不变的情况下，随着回采率的增加，则最大位移逐渐增大，且最大位移面积越广；回采率及承载层厚度相同条件下，3 种类型不同承载层材料，C15 混凝土材料 Y 方向位移变化最小，其次为 4MPa 充填体承载层，2MPa 充填体承载层 Y 方向位移变化最大。

5.9.3　人工假底备选方案

　　根据上述稳定性力学分析结果，在未来顶底柱以 4m×5m 规格进路间隔回采条件下，人工假底可以采用 3 种构筑工艺，即 0.2~0.3m 厚度的 C15 混凝土、2~3m 厚度的 2MPa 充填体、1.5~2m 厚度的 2MPa 充填体，3 种形式的人工假底理论上均能保证未来顶底柱间隔回采的安全。取顶底柱回采率 50%，从技术（安全系数）角度出发，并初步考虑经济因素，推荐的备选方案如下。

　　（1）方案 I：混凝土构筑方案。

　　1）构筑材料：C15 混凝土；

　　2）人工假底厚度：0.5m；

　　3）未来顶底柱回采率：50%。

　　（2）方案 II：2MPa 充填体方案。

　　1）构筑材料：充填体，28 天抗压强度不低于 2.0MPa；

　　2）人工假底厚度：2.5m；

　　3）未来顶底柱回采率：50%。

　　（3）方案 III：4MPa 充填体方案。

　　1）构筑材料：充填体，28 天抗压强度不低于 4.0MPa；

　　2）人工假底厚度：2.0m；

　　3）未来顶底柱回采率：50%。

　　三种方案理论分析和数值模拟拉应力安全系数见表 5-30，均大于 1.0，安全性有保障。

表 5-30　推荐人工假底构筑方案安全系数情况

推荐模型编号	回采率/%	承载层厚度/m	数值模拟拉应力值安全系数	理论分析拉应力值安全系数
C3-C15-0.5-50	50	0.5	2.15	2.70
G2-2M-2.5-50	50	2.5	1.27	5.03
K3-4M-2-50	50	2	1.50	6.79

5.9.4 人工假底方案优选

理论分析和数值模拟给出了白象山铁矿 3 种人工假底构筑方案，3 种方案都具有较高的安全系数，技术可行，本节将主要基于 3 种方案的成本和效益比较，推荐适合白象山铁矿开采技术条件和生产实际情况的经济合理、技术可行、安全可靠的人工假底构筑工艺。

5.9.4.1 成本分析

按 -490m、-430m、-390m 中段之间 40m 阶段高度、阶段间留设 5m 顶底柱计算，3 种方案阶段间人工假底及普通充填体综合费用（取单位长度 1m）计算结果见表 5-31。计算过程中，C15 混凝土、2MPa 充填体（灰砂比 1∶4）、4MPa 充填体（灰砂比 1∶3）、普通充填体（灰砂比 1∶6）单位成本分别为 416 元/m³、77 元/m³、97 元/m³ 和 58 元/m³。按单位面积充填体（长 1m、宽 1m、高 35m）计算，3 个方案费用分别为 2209 元、2077.5 元和 2108 元，或 63.11 元/m³、59.36 元/m³、60.23 元/m³。

表 5-31　白象山铁矿人工假底构筑成本计算

备选方案	基本特征	工程量/m³		费用/元		合　计
		承载层	普通充填体	承载层	普通充填体	
方案 I	C15 混凝土，承载层厚度 0.5m	0.5	34.5	208	2001	2209
方案 II	2MPa 充填体，承载层厚度 2.5m	2.5	32.5	192.5	1885	2077.5
方案 III	4MPa 充填体，承载层厚度 2.0m	2.0	33	194	1914	2108

5.9.4.2 效益分析

按边长 1m、高度 35m 的方柱充填空间进行不同构筑方案经济效益分析。

（1）构筑人工假底后，成本分别增加额：

1）C15 混凝土，（63.11-58）×35＝178.85 元；

2）2MPa 充填体，（59.36-58）×35＝47.6 元；

3）4MPa 充填体，（60.23-58）×35＝78.05 元。

（2）回采矿石量。因 3 个方案回采率均为 50%，故回采矿石量均为：

1m×1m×5m×50%×3.64＝9.1t（矿石体重 3.64t/m³）。

（3）效益分析（按吨矿利润 60 元计算）：

1）C15 混凝土，9.1×60-178.85＝367.15 元；

2）2MPa 充填体，9.1×60-47.6＝498.4 元；

3）4MPa 充填体，9.1×60-78.05＝467.95 元。

综上分析，采用 2MPa 充填体构筑人工假底其经济性明显高于 C15 混凝土和 4MPa 充填体。

5.9.4.3　工艺分析

混凝土构筑人工假底工艺复杂，劳动强度大，材料运输等会对井下运输与提升作业产生影响，混凝土需要一定的养护时间，影响上部普通充填作业；充填体构筑人工假顶可利用矿山充填系统，充填料浆通过管道自流输送，自动化程度高，人工假底可与上部普通充填一次完成（仅需调整充填配比参数）。因此，在同等条件下，应优先采用充填体构筑工艺。

5.9.4.4　推荐人工假底构筑工艺

综合上述成本、效益与工艺分析，推荐白象山铁矿采用方案Ⅱ，即采用 2.0MPa 充填体构筑人工假底，承载层灰砂比 1∶4、质量浓度 60%（实际充填体强度 2.5~3.0MPa），厚度 2.5m；上部普通充填采用当前配比（灰砂比 1∶6、质量浓度 60%，实际充填体强度 1.5~2.5MPa）。

5.9.4.5　钢筋网铺设

虽然理论分析和数值模拟结果均表明，采用 2.0MPa 充填体构筑 2.5m 厚人工假底，即使不铺设钢筋网，也可以保证 50%顶底柱回收安全。但考虑理论分析和数值模拟过程中进行了一定的理想化处理（如认为矿岩及充填体是均质体，忽略地应力、地下水、节理裂隙等的影响），加之白象山铁矿矿岩稳固性差，为保证未来顶底柱回采安全，借鉴国内外下向进路充填法人工假顶构筑工艺，推荐在构筑充填体人工假底前铺设钢筋网，以增强充填体人工假底的整体稳定性。

采用矿山当前支护所用钢筋网片（ϕ6mm 钢筋按 150mm×100mm 网度轧制而成，网片规格 2000mm×1000mm）搭接构建人工假底钢筋网，其简化力学模型如图 5-67 所示。

根据正截面受弯承载力作为验算标准，可简化为：

$$M \leqslant f_y A_s (h_0 - a_s) \tag{5-18}$$

式中　f_y——钢筋强度设计值；

　　　A_s——受拉区钢筋截面面积；

　　　h_0——截面有效高度；

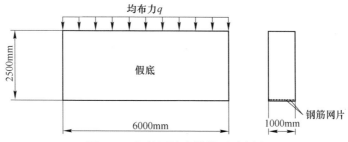

图 5-67　钢筋网片力学模型示意图

a_s——受拉区钢筋合力点至截面边缘距离。

根据验算得知，除了已有钢筋网片外还需增加 $\phi 20$mm 钢筋，小分段空场嗣后充填采矿法钢筋网具体布置方案（见图 5-68）为：

小分段空场进路宽度 6m，垂直进路方向每隔 1m 铺设 $\phi 20$mm 底筋，底筋上方铺设 4 张 2000mm×1000mm 钢筋网片，用钢丝将其两者固定。垂直进路方向搭接长度为网片长度的 1/3，约为 650mm，沿进路方向钢筋网片搭接长度为 200mm，搭接处应用钢丝固定。将底筋及网片用块石支撑，确保保护层厚度在 50mm 左右。

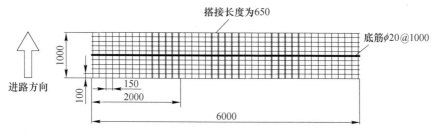

图 5-68　人工假底钢筋网构筑示意图

6 地压控制和监测技术

采场地压是指在地下开采过程中，围岩对采场或采空区围岩矿柱所施加的载荷。这是由于地下矿体采出后形成的采掘空间破坏了原岩的自然平衡状态，致使岩体应力重新分布，引起采场围岩变形、移动或破坏。

采场的规模远远大于井巷，但由于采场空间的形状、体积、分布状况、形成及存留时间等方面的特殊性，采场地压与巷道地压有相当大的差异，归纳起来采场地压具有暴露空间大、复杂性、多变性、显现形式的多样性、控制采场地压的难度大等特点。从时间和空间上看，地压显现大体可分为开采初期采场回采期间的局部地压显现和开采中、后期大规模剧烈的地压显现两个时期。局部地压显现表现为采场矿体、围岩或矿柱的变形、断裂、片帮、冒顶等现象；大规模的地压显现表现为采空区上方大面积覆盖岩层急剧冒落，与冒落区相邻的采场压力剧增，出现矿柱压裂、顶板破裂、采准巷道开裂及冒顶现象，最终引发地表沉降甚至塌陷。因此，采场地压活动是矿山生产活动中常见的一种自然现象，地压灾害直接威胁井下作业人员和设备的安全，直接影响矿山的稳定生产，而且会引起地表的塌陷，破坏地下水和地表生态环境，危及地表人员、财产的安全。

姑山矿区地下矿体水文地质条件复杂，矿岩稳固性差、矿体产状变化大、开采工艺复杂、地压控制难度大。姑山矿业公司始终秉承建设安全、环保的新时代绿色矿山的理念，在地压控制和检测技术方面进行了大量的探索，取得了大量的成果和宝贵经验。本章在矿山岩石稳定性调查分析的基础上，系统分析了矿床开采的地表变形规律，总结了有利于地压控制的开采工艺优化，介绍了采场和地压监测技术。

6.1 节理裂隙调查与矿岩稳定性分级

从工程地质观点来看，岩石是矿物的集合体，可当成是均质各向同性材料。与完整的岩石材料不同，岩体中存在断层、节理和层面等各种不连续面，这些不连续面称为结构面。结构体是被结构面切割成的具有各种形态的岩块。岩体结构面是岩体强度变化和变形的关键部位，还是地下水运移的通道，岩体破坏往往不是岩体材料的破坏。在载荷作用下，结构体的稳定性不会出现大的问题，因而结构面成为控制岩体力学性能的主导因素，须特别重视对其的研究。所以，无论是岩体力学还是水文地质学工作者，在应用各种方法解决实际问题之前，首要的问题都是要查明岩体的地质条件，尤其是不连续面在岩体中的展布特征。裂隙岩体工程的稳定状态取决于结构面的分布规律、空间形态及其力学性质，查清岩体结构面节理裂隙分布特征，对各类工程的建设具有十分重要的意义。

姑山区域矿山，包括白象山铁矿、和睦山铁矿、姑山铁矿、钟九铁矿，节理裂隙发育、矿岩稳固性差，属于典型软破矿床。矿岩力学性质，包括岩石力学参数、节理裂隙发育状况、矿岩稳固性评价是优化软破矿床采矿方法结构参数、回采顺序以有效控制地压的关键基础。因此，针对正在生产的和睦山铁矿和白象山铁矿，进行相关岩石力学试验和岩体工程调查，并据此对矿山主要矿岩稳固性进行分级，是地压控制和检测技术的重要基础。

6.1.1 矿岩物理力学性质测试

6.1.1.1 和睦山铁矿矿岩物理力学性质测试

A 样品采集

依据矿体的实际状态和国家岩土工程规范要求，原始样品采集以 -200m 中段矿房为单元，分不同矿脉在各矿脉及其上下盘围岩中分别取样。样品的大小应保证能钻取 50mm×100mm 圆柱形试件，每种岩性试件 5~10 块。现场取样试件共 8 组，见表 6-1。

表 6-1 和睦山铁矿矿岩样统计

组号	试件编号	岩 性	地 点
1	3-1~3-7	磁铁矿	5 号矿房
2	4-1~4-5+5-1~5-4	灰岩	26 号矿房上盘
3	6-1~6-7	磁铁矿	26 号矿房
4	7-1~7-5	闪长岩	5 号矿房上盘
5	8-1~8-10	闪长岩	2、3 盘区巷道 4-4 溜井边（上盘）
6	9-1~9-5	磁铁矿	2、3 盘区巷道 4-4 溜井边
7	10-1~10-5	夹石（矿化闪长岩）	26 号矿房
8	11-1~11-5	闪长岩	5 号矿房凿岩巷道（上盘）

B 样品加工

现场取得的块石样，主要矿岩类型为磁铁矿、灰岩和闪长岩。

根据工程岩体试验方法标准，按照单轴抗压强度试验、抗拉强度试验、单轴压缩变形试验的要求进行样品加工。

（1）尺寸要求。

1）圆柱体直径 48~54mm（见图 6-1）；

2) 含大颗粒的岩石，试件的直径应大于岩石最大颗粒尺寸的 10 倍；

3) 试件高度 h 与直径 d 之比，抗压强度试验为 $2 \sim 2.5$，抗拉强度试验为 $0.5 \sim 1.0$。

图 6-1　加工后岩石试样

（2）精度要求。

1) 试件两端面不平整度误差不得大于 0.05mm；

2) 沿试件高度，直径的误差不得大于 0.3mm；

3) 端面应垂直于试件轴线，最大偏差不得大于 0.25°。

（3）主要仪器和设备：

1) 钻石机（立式取芯机）、锯石机、磨石机、车床等；

2) 测量平台。此次试验采用精度为 0.02mm 的游标卡尺和精度 0.1mm 的直尺等测量工具；

3) 电液伺服材料试验机（见图 6-2）；

4) 电阻应变仪（见图 6-3）。

图 6-2　电液伺服材料试验机　　　　　　图 6-3　电阻应变仪

C 抗拉强度测试

矿岩的抗拉强度采用劈裂法求出。实验设备为电液伺服材料控制机 1342 型，最大载荷为 250kN；加载速度为 5mm/50s。

（1）通过试件直径的两端，沿轴线方向划两条相互平行的加载基线，将 2 根垫条沿加载基线，固定在试件两端。

（2）将试件置于试验机承压板中心，调整球形座，使试件均匀受载荷，并用辅助方法使垫条与试件在同一加荷轴线上（见图 6-4）。

（3）以 0.3~0.5MPa/s 的速度加荷直至试件破坏，记录破坏荷载及加荷过程中出现的现象，整理数据和分析所得力位移曲线。

图 6-4 岩石抗拉强度测试

矿岩抗拉强度测试劈裂破坏以后的效果如图 6-5 所示，测试结果见表 6-2，典型试块的应力-位移曲线如图 6-6~图 6-10 所示。

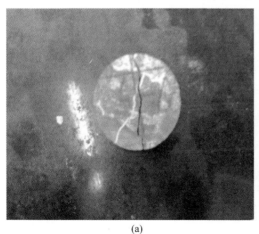

(a)   (b)

图 6-5 部分矿岩样劈裂破坏后效果

表 6-2　和睦山铁矿岩石抗拉试验结果（劈裂法）

试件组号	平均直径/mm	平均厚度/mm	平均抗拉强度/MPa	平均破坏荷载/kN
磁铁矿	49.78	49.14	2.33	4.53
磁铁矿	49.66	48.92	2.82	5.47
磁铁矿	47.86	47.86	6.09	10.95
灰岩	49.85	49.065	7.72	14.76
闪长岩	49.50	49.50	8.31	16
闪长岩	49.62	48.952	7.07	13.64
闪长岩	49.78	49.57	4.72	9.16
矿化闪长岩	49.95	49.22	7.65	17.465

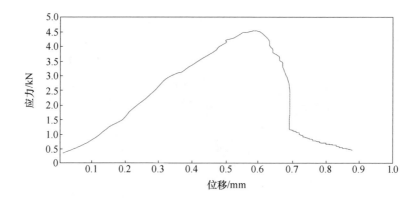

图 6-6　5 号矿房铁矿石劈裂试验应力-位移曲线

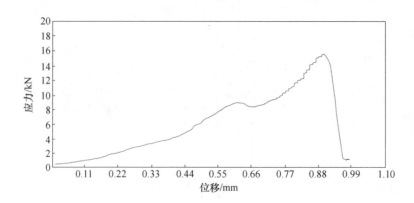

图 6-7　26 号矿房灰岩劈裂试验应力-位移曲线

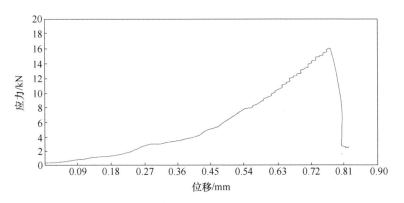

图 6-8　5 号矿房上盘闪长岩劈裂试验应力-位移曲线

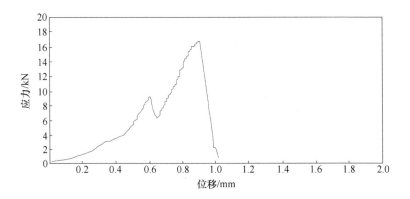

图 6-9　26 号矿房夹石劈裂试验应力-位移曲线

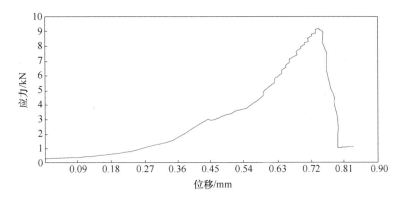

图 6-10　5 号矿房凿岩巷道上盘闪长岩劈裂试验应力-位移曲线

D　单轴抗压强度和矿岩变形试验

（1）实验目的：测量岩石的抗压强度、弹性模量和泊松比。

（2）实验设备：电液伺服材料试验机、电阻应变仪。

（3）加载速度：4mm/800s。

（4）载荷参数：5kN/格。

（5）位移参数：0.02mm/格。

（6）试验步骤：

1）选择电阻应变片时，电阻片阻栅长度应大于岩石颗粒的 10 倍，并应小于试件的半径，同一试件选定的工作片与补偿片的规格、灵敏系数等应相同，电阻值相差应不大于 ±0.2Ω。

2）电阻应变片应牢固地粘贴在试件中部的表面并应避开裂隙或斑晶，纵向或横向电阻应变片垂直布置在试件中部，其绝缘电阻值应大于 200MΩ。

3）将试件置于试验机承压板中心，调整球形座，使试件受均匀载荷。

4）以 0.5~1.0MPa/s 的速度加荷，逐级测读荷载与应变值直至破坏，测值不应少于 10 组，记录加荷过程及破坏时出现的现象，并对破坏后的试件进行描述。

图 6-11 和图 6-12 所示为部分试验过程，矿岩变形试验结果见表 6-3。

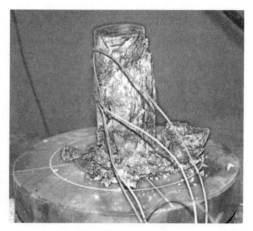

图 6-11 泊松比实验试件   图 6-12 破坏效果

表 6-3 和睦山铁矿单轴岩石抗压强度和变形试验结果

试件岩性	试件直径 D/mm	试件厚度 h/mm	泊松比 μ	弹性模量 E/GPa	抗压强度 /MPa	组号
磁铁矿	49.78	49.14	0.155	2451	28.5	1
磁铁矿	49.66	48.92	0.177	2289	23.13	3
磁铁矿	47.86	47.86	0.232	2099	43.93	6
灰岩	49.85	49.065	0.273	15916	98.6	2
闪长岩	49.50	49.50	0.285	15625	60.1	4

续表 6-3

试件岩性	试件直径 D/mm	试件厚度 h/mm	泊松比 μ	弹性模量 E/GPa	抗压强度 /MPa	组号
闪长岩	49.62	48.952	0.251	12342	65.7	5
闪长岩	49.78	49.57	0.191	9199	17.53	8
矿化闪长岩	49.95	49.22	0.262	2640	38.6	7

E 和睦山铁矿后观音山矿岩力学性质汇总

和睦山铁矿后观音山矿岩力学性质见表 6-4。

表 6-4 后观音山矿段矿岩力学性质

岩　性	抗压强度 /MPa	抗拉强度 /MPa	弹性模量 /MPa	密度 /kg·m^{-3}	泊松比
灰岩（上盘）	98.6	7.72	15916	3565.2	0.177
矿化页岩（上盘）	76				
磁铁矿（矿体与上盘接触带）	18.4	2.33	2451	3464.3	0.273
磁铁矿（矿体）	23.13	2.82	2289	3565.2	0.177
磁铁矿（矿体与下盘接触带）	43.93	6.09	2099	3270.7	0.251
矿化闪长岩（上盘）	38.6	7.65	9199	2542.4	0.191
泥灰岩	58.8				
砂质页岩	62.4			2724.5	
闪长岩（上盘）	60.1	8.31	15625	2561.4	0.285

注：部分数据参考和睦山铁矿钻孔资料及和睦山铁矿初步设计，表格空白处表示该处数据未统计。

6.1.1.2 白象山铁矿矿岩物理力学性质测试

同理，测定白象山铁矿主要矿岩物理力学性质，见表 6-5。

表 6-5 白象山铁矿主要矿岩力学性质

介　质	密度 /kg·m^{-3}	弹性模量 /GPa	抗压强度 /MPa	抗拉强度 /MPa	内摩擦角 /(°)	泊松比	黏结力 /MPa
砂岩（上盘）	2540	56	40	3.85	49.8	0.22	9.3
磁铁矿（矿体）	3570	59	60	4.41	48.5	0.2	9.54
闪长岩（下盘）	2280	32	15	4.05	49.6	0.22	3.26
F_2 断层	2000	2	10.2	1.00	35.7	0.21	3.96

6.1.2 岩体结构调查

岩体综合调查是为了给岩体工程设计、施工和岩体工程稳定性分析计算提供基础资料，也是进行岩体结构分析和岩体工程分类的基础。

地壳中岩体在成岩过程中形成了原始结构，在地壳运动中又发生各种构造变形和断裂，经受了地下水的作用，发生风化和蚀变，形成各种次生裂隙和软夹层。为了充分了解岩体特征，有必要进行岩体综合调查。调查方法包括钻孔岩心调查和沿暴露面调查。钻孔岩心调查操作复杂、耗费较大，故采用便捷的沿暴露面调查法。

6.1.2.1 调查方法

岩体结构调查采用现场测线调查法。测线测量方法的基本思想是：在岩体天然或人工露头处布置一定方向的测线，围绕测点取一定面积的测量面，测量测量面上的节理裂隙隙宽、产状及位置，然后把测量面上的所有裂隙按产状进行分组，将每组裂隙的隙宽和隙间距平均值作为裂隙的隙宽和隙间距。测线布置如图6-13所示，将测线上下0.5m的范围作为测带，调查工作在测带以内进行。为工作方便，沿巷道壁面距底板1m处安置测尺作为测线。测尺水平拉紧，基点设在开始调查点，从基点开始沿测线方向对各构造因素进行测定和统计。

6.1.2.2 调查内容

根据调查规范，调查内容包括：

（1）结构面编号。从基点算起的结构面条号。

（2）结构面的倾向和倾角。用地质罗盘测量。

（3）结构面间距。测线上相邻的结构面的距离。

（4）结构面持续性。如图6-13所示5种。

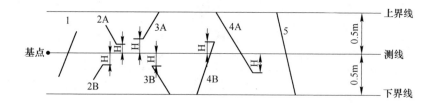

图6-13 测线布置示意图

1—结构面与测线相交，但不跨测带上下界；2A，2B—结构面不与测线和测带上下界相交；

3A，3B—结构面只与测带上界或下界相交，不与测线相交；

4A，4B—结构面跨过测线和测带上下界之一相交；5—结构面跨过测带

（5）结构面迹线长度、宽度。

（6）结构面粗糙度。分为台阶型、波浪型、平面型，每类又可分为粗糙的、平坦的、光滑的。

（7）结构面充填情况。松散、胶结。

（8）结构面渗水性。干燥、潮湿、渗水、流水。

（9）结构面张开度。张开、闭合。

6.1.2.3 和睦山铁矿岩体结构调查

依据矿体的实际状态和调查规范要求，确定调查地点为和睦山铁矿后观音山矿段-200m 中段以上部分关键地段的顶板、矿体和底板位置。由于大部分采场与巷道均进行了挂网、喷锚支护，无法揭露，故选择了几个有代表性的采场且有暴露面的巷道进行了详细的现场调查，查明矿体及顶底板岩层产状，断层、节理和裂隙的产状、密度、结构面特征和充填物情况等，调查现场如图 6-14 所示。

图 6-14 和睦山铁矿岩体结构调查现场

根据调查结果，将 2 号矿体和 3 号矿体节理、裂隙倾向、倾角变化情况绘制于玫瑰花图上（见图 6-15 和图 6-16）。

A 节理倾向玫瑰花图的绘制方法

按节理倾向方位角分组，求出各组节理的平均倾向和节理数目，用圆周方位代表节理的平均倾向，用半径长度代表节理条数。

（1）资料整理。将节理倾向换算成北东和北西方向，然后按方位角一定间隔分组。分组间隔大小依作图要求及地质情况而定，一般采用 5°或 10°为一间隔，如分成 0°~9°，10°~19°，…习惯上把 0°归入 0°~9°内，10°归入 10°~19°组内，以此类推。统计每组的节理数目，计算出每组节理平均倾向，如 0°~9°组内，有走向为 6°、5°、4°三条节理，则其平均倾向为 5°，把统计整理好的数值填入表中。

（2）确定作图比例尺。根据作图的大小和各组节理数目，选取一定长度的线段代表一条节理。以等于或稍大于按比例尺表示数目最多的一组节理的线段的长度为半径作圆，过圆心作南北线及东西线，在圆周上标明方位角。

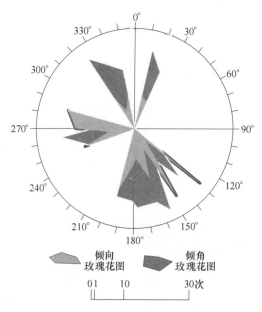

图 6-15   和睦山铁矿 2 号矿体节理倾向、倾角玫瑰花图

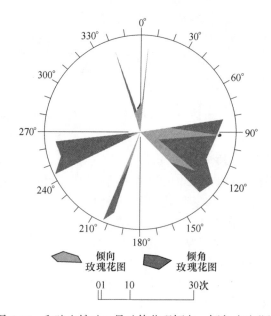

图 6-16   和睦山铁矿 3 号矿体节理倾向、倾角玫瑰花图

（3）找点连线。从 0°~9°一组开始，按各组平均倾向方位角在圆周上作一记号，再从圆心向圆周该点的半径方向，按该组节理数目和所定比例尺定出一点，此点即代表该组节理平均倾向和节理数目。各组的点确定后，顺次将相邻组的点

连线。如其中某组节理为零，则连线回到圆心，然后再从圆心引出与下一组相连。

（4）写上图名和比例尺。

B 节理倾角玫瑰花图的绘制方法

按上述节理倾向方位角分组，求出每组的平均倾角，然后用节理的平均倾向和平均倾角作图，圆半径长度代表倾角，找点和连线方法与倾向玫瑰花图相同。

倾向、倾角玫瑰花图一般重叠画在一张图上。作图时，在平均倾向线上，可沿半径按比例找出代表节理数和平均倾角的点，将各点连成折线即得。图上用不同颜色或线条加以区别。

由节理玫瑰花图可知，该矿段 3 号矿体节理裂隙倾向可分为 90°~140°、190°~210°、240°~270°和 340°~360°四大组，倾角较大，平均在 65°以上，节理裂隙密度较大；2 号矿体节理裂隙倾向可分为 130°~190°、250°~290°、320°~350°和 10°~30°四大组，倾角较大，平均亦在 65°以上，节理裂隙密度较大。

6.1.2.4 白象山铁矿岩体结构调查

依据矿体的实际状态和调查规范要求，并结合现场条件，确定白象山铁矿岩体结构调查地点，见表 6-6 和图 6-17，调查过程如图 6-18 所示。

表 6-6 白象山铁矿节理裂隙调查地点

编　号	中　段	位　　置
1	−470	西一区 5 号进路
2	−470	东一区 S2 号进路
3	−470	东一区东翼探矿进路
4	−500	6 号进路
5	−500	7 号进路

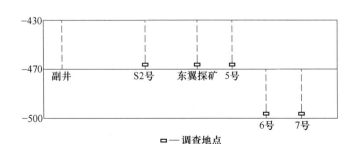

图 6-17 白象山铁矿节理裂隙调查地点示意图

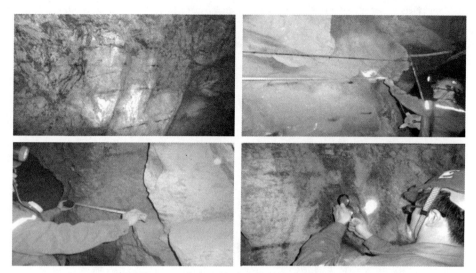

图 6-18　白象山铁矿岩体结构调查现场

　　对调查数据进行整合编排，统计各测点的倾向、倾角，按规范绘制节理倾向、倾角玫瑰花型图，以便直观地观测各测点优势结构面倾向、倾角分布。测点优势倾向、倾角组数统计见表 6-7。各测点节理倾向、倾角玫瑰花型图如图 6-19~图 6-23（图中深色线表示倾向，浅色线表示倾角）所示。从图表中可以看出：

　　（1）白象山铁矿节理面优势倾向集中于 NW80°~NW110°。

　　（2）节理面优势倾角集中于 60°~80°。

表 6-7　白象山铁矿各测点节理优势倾向、倾角组数统计

编　　号	1	2	3	4	5
优势倾向组数	3	4	3	5	4
优势倾角组数	4	4	4	4	3

6.1.3　矿岩稳定性分级

　　在矿山开采之初，矿岩稳定性评价或分级所依据的基础资料大多来源于钻探数据，资料可靠性和代表性受到制约。随着矿山试验采矿工程推进，具备了根据揭露的矿岩情况进行更深入岩石力学研究的条件。因此，需随采掘工作面推进，及时进行相关节理裂隙调查、工程地质条件素描等基础岩石力学工作，在此基础上，采取合理的方法对生产矿山矿岩体稳定性重新进行科学评价和分级，以便有针对性地采取不同的采矿方法和回采方案，保证作业安全，提高矿山采矿工作效率、生产能力和经济效益。

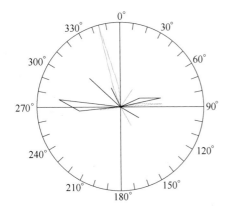

图 6-19 测点 1 节理倾向、倾角玫瑰花图

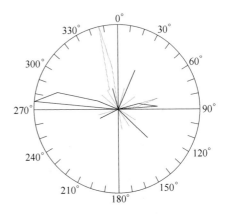

图 6-20 测点 2 节理倾向、倾角玫瑰花图

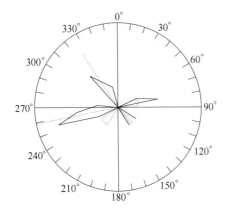

图 6-21 测点 3 节理倾向、倾角玫瑰花图

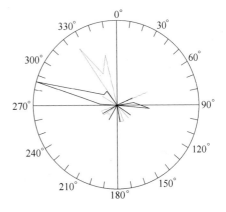

图 6-22 测点 4 节理倾向、倾角玫瑰花图

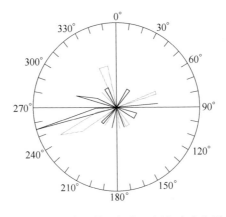

图 6-23 测点 5 节理倾向、倾角玫瑰花图

6.1.3.1　岩体稳定性影响因素分析

岩体稳定性与各种地质因素及非地质因素密切相关。地质因素包括工程地质条件、水文地质条件、地应力及岩体力学特性等；非地质因素主要包括开采方法、施工技术等。

（1）构造发育程度。影响顶板稳定性的构造包括层理、节理、裂隙、断层等。裂隙越发育、密度越大、间距越小，顶板稳定性越差，冒顶的可能性越大。根据顶板裂隙的发育程度，可将裂隙划分为极发育、发育、较发育、不发育等类型。容易造成冒顶事故的断层主要有张性断层和压扭性断层。一般说来，张性断层断距较大，断层中往往为泥质碎屑胶结充填，材质松软呈散体结构，一遇开挖临空即开始冒落，如遇顶板渗水则完全失去自持力，对巷道掘进施工威胁极大；压扭性断层往往断距不大，断层内为软弱构造岩所充填，岩体呈破碎状甚至散体状。

（2）直接顶分层厚度。岩层的分层厚度越小，表明其层理发育、稳定性越差，并且直接顶的分层厚度与顶板岩石的抗压强度成正比。如霍州矿区将分层厚度小于 20cm 的定为 1 类不稳定顶板，20~40cm 的为 2 类不稳定顶板，大于 40cm 的为 3 类稳定顶板。顶板厚度还影响着小构造，特别是小断层的发育程度，而小断层的发育，在很大程度上影响着顶板的坚固性和整体性。

（3）岩体的水力学性质和地下水涌水量。对岩层的含水性，地下水、地表水的动态及相互关系与矿床充水等多种因素综合分析结果表明该矿床不具备充水现象，水文地质简单，对矿体顶板稳定性影响不大。

（4）采空区埋深。一般来说，随开采深度增加，最大沉降值将减少，即各种变形值与采深成反比。当采空区的深厚比大于 150 倍时，其影响就非常小。采空区埋深越大，地表的移动变形时间就越长，变形值越小且残余变形也趋向均匀，地表移动范围扩大，移动盆地更平缓。

（5）采场结构。在岩体内开挖地下硐室后，必然引起应力的重新分布。应力重新分布影响范围内的岩体称为围岩。围岩应力的分布规律与原岩应力状态等有关。

岩体的强度和变形特性是否适应于重新分布以后的应力状态，将直接影响地下工程体的安全稳定性。而硐室开挖后，周围的岩石在一般情况（侧压力系数小于 3）下必然在径向发生伸长变形，在切向发生压缩变形，这就使得原来径向上的压缩应力降低，切向上的压缩应力升高，这种降低和升高的程度随着远离硐壁逐渐减弱，达到一定距离后基本无影响。

6.1.3.2　国内外矿岩稳定性分级方法评述

自古代至约 18 世纪末是岩石分级模糊判断阶段，18 世纪前，岩石分级还主要处于"软""硬""松散""完整"等模糊判断的阶段。18 世纪古典力学的建立，为工程技术发展提供了理论和动力，工程的规模越来越大，工艺也越来越复杂，以前那种模糊判断方法已经完全不能满足工程的需要，在这个背景下出现了早期的定性分级方法。

18 世纪末，Bephep 提出定性分级法，分为松散的、软的、破碎的、次坚石和坚石 5 类，并相应地提出哪些岩石属于哪一个级别。

随后有学者根据 1822 年法国莫氏（Moh's）提出的矿物硬度标准，试图根据岩石中各类矿物所占比例，用加权平均的方法求出平均硬度作为该岩石的硬度，以进行分级，这是定量分级方法的开始。

自 20 世纪初开始，以美国 A. E. Shore 研制出肖氏硬度计为起点，岩石分级开始了利用实验研究岩石分级的新进程。

近几十年来，伴随着计算技术和计算手段的迅猛发展，现代科学研究越来越趋向于数学化，岩石分类也不例外，数学化研究越来越受到重视。

岩石分级的研究其实都是围绕着"坚固性"这一条主线。1909 年，俄国的普罗托基亚科诺教授明确地提出了坚固性的概念，并指出坚固性概念里面的最本质矛盾是岩石的破碎和维护，即一方面按照工程的需要对岩体进行破碎，取出岩（矿）石；另一方面又要维护被破碎岩体所形成的空间以保持稳定。后来为了精确解决具体工程问题，经过许多学者的研究，分化了可钻性、可爆性和稳定性 3 类岩石分级方法。如今，稳定性分级已经成为岩石分级工作中的重中之重。

近年来，由于各国学者的关注，这方面的研究工作日益增多，迄今为止，国内外有影响的稳定性分级方法已有 50 多种，可分为如下 3 大类：

（1）岩石稳定性分级。以岩块为对象根据岩石的材料特征（如强度、弹性模量等）来划分。

（2）岩体稳定性分级。以岩体为对象，根据岩体的特征指标（如岩体结构特征、节理组数、弹性波速度等）来划分，通常适用于任何类型的岩体工程。

（3）专用的岩体工程稳定性分级。专为某一区域几种岩体建立的分级方法，针对性强，也比较准确，但不能任意搬用，如我国的四川盆地工程分级、苏联的巴库地铁岩体分级等。

历史上出现过的有一定影响和目前正在发展阶段的稳定性分级方法综述如下。

（1）传统的岩石稳定性分级方法。

1）龟裂系数法。20 世纪中叶以前，岩石分级大多数是研究岩石的硬度，解决的是坚固性中的可破碎问题。到 20 世纪中叶，由于地下工程的兴起，日本开始利用岩体的纵波速度 V_m 和岩块纵波速度 V_t 来评价岩体完整性，提出了"龟裂系数"的概念，龟裂系数越大岩体越完整。

2）岩石质量指标 RQD 法。1967 年，美国伊利诺斯大学的迪尔（Deere）等人采用岩芯钻钻取岩芯，根据所得岩芯的完整程度确定岩石质量指标 RQD，利用 RQD 将岩石分成 3 级。

3）抗压强度和岩体平均龟裂间距法。1968 年日本岩石力学委员会提出一个以抗压强度和岩体平均龟裂间距为基本指标的岩石稳定性分级表，将岩石分为 8 级，岩体分为 6 类，二者结合成为 48 种级类。之后，为了更全面评价岩石坚固性，又增加了岩石弹性波速度的指标。

4）RSR 分类法。1972 年美国的威克汉姆（Wickham）根据岩体地质结构、节理状态、含水情况提出了 RSR 分类法。

5）地质力学 RMR 分级系统。1973 年南非的宾尼阿乌斯季（Bieniawski）博士提出了"地质力学分级系统"，用单轴抗压强度、RQD、风化与变质特征、节理间距、节理的连续性与充填情况、地下水、节理的走向与倾斜指标总得分为 RMR 综合确定岩体级别。岩体被分成 5 级，由于各参数的重要性不同，分别赋以或扣除不同的分值，然后累加起来按总分值对岩体做出不同的评价。

6）岩体质量 Q 值法。1974 年挪威学者巴尔通、利恩和隆德（N. Baton、R. Lien, J. Lunde）提出了一种由 6 个因素（指标）综合评定岩体质量 Q 值的定量分级法：

$$Q = \frac{\text{RQD}}{J_\text{n}} \frac{J_\text{r}}{J_\text{a}} \frac{J_\text{w}}{\text{SRF}} \tag{6-1}$$

式中   RQD——Deere 的质量指标；

$\quad\quad J_\text{n}$——节理组数；

$\quad\quad J_\text{r}$——最脆弱节理的粗糙度系数；

$\quad\quad J_\text{a}$——最脆弱节理面的蚀变程度或充填情况；

$\quad\quad J_\text{w}$——裂隙水折减系数；

$\quad\quad$ SRF——应力折减系数。

Q 分级法与前述的 RMR 法并称为国际上影响较大的两大稳定性分级体系。

7）动态分级法。1984 年林韵梅等提出围岩稳定性动态分级法，将聚类分析的原理应用于岩石分级。基本原理是通过个别岩石样本之间 m 个指标空间欧氏距离的大小确定尺寸，距离相近的划分为同一级别，具体计算通过电脑进行，分级标准由抽样决定，分级判据是点荷载强度 I_n、岩体声波速度 V_m、结构面平均间距 D_p 和位移稳定时间 t 四项。

8）三性综合分级法。纵观国内外各种分级方法，以稳定性、可钻性和可爆性为对象的单项分级方法较多，而综合分级，除普氏曾简单从共性角度提出一个坚固性的概念来笼统划分岩石级别外，东北大学提出的三性综合分级法是少数认真地从三个单项分级的具体实际出发，运用数学手段归纳个性使之客观地上升为共性的综合分级体系。

该方法以现场实测数据为基础，以聚类分析、可靠性分析、数理统计等现代数学手段为依据，以计算机为主要处理手段，从大量的矿山岩体现场试验和室内岩石力学试验得到的试验数据资料出发，用多种方法研究变量或变量组合反映的岩体本质特征，选择最佳判据，然后根据实测的大量数据、建立如下分级数学模型：

$$S = 135.6 + 10.2I_s(50) + 0.33a + 21.5v_t \qquad (6\text{-}2)$$

式中　$I_s(50)$——点荷载强度，MPa；

　　　a——凿碎比功，kg/cm^3；

　　　v_t——岩石声波速度，km/s。

然后利用 S 值进行分级。

9）1990 年中国制定的《工程岩体分级标准》。我国《工程岩体分级标准》在总结国内外已有各种岩石分级经验的基础上进行编制，采用两步骤进行工程岩体分级，即先对岩体质量划分等级，然后针对岩石的具体条件进行修正。该标准以多参数组成的岩体基本质量指标 BQ 为划分级别的定量依据。

$$BQ = 90 + 3R_c + 250K_v \qquad (6\text{-}3)$$

$$[BQ] = BQ - 100(K_1 + K_2 + K_3) \qquad (6\text{-}4)$$

式中　K_v——完整性系数；

　　　R_c——单轴抗压强度；

　　[BQ]——岩体基本质量指标修正值；

　　　BQ——岩体基本质量指标；

　　　K_1——地下水影响修正系数；

　　　K_2——主要软弱结构面产状影响修正系数；

　　　K_3——初始应力状态影响修正系数。

（2）正在发展阶段的岩石稳定性分级方法。

1）模糊综合评价法。模糊综合评判是通过考虑多因素对岩石分级进行综合评价。具体过程是，将评价目标看成是由多种因素组成的模糊集合（称为因素集 u），设定这些因素所能选取的评审等级，组成评判的模糊集合（称为评判集 v），分别求出各单一因素对各个评审等级的归属程度（称为模糊矩阵），然后根据各个因素在评价目标中的权重分配，通过计算（称为模糊矩阵合成），求出评价的定量解值。

2）模糊模式识别法。地下硐室围岩稳定性分类也是多因素识别问题。通过导出的多元柯西模型隶属函数来识别各段围岩的稳定性等级，可以避免模糊综合评判法中凭经验确定模糊子集的困难。工程实例计算证明，该方法计算简洁、分类确切，选用的分类指标在工程地质调查中较易获得，与国内外常用的 RMR 分

类和 Q 值分类比较，结果相当接近，因而具有实用价值。

其技术路线是：将评价因素数据作正规化处理→用处理后的正规化数据 $Y(y_1, y_2, \cdots, y_m)$ 按照模糊化规则建立模糊集 $G_1, G_2, \cdots, G_m$ 的隶属函数→计算隶属度→根据最大隶属度原则，对样品 y 进行识别。

3）聚类法。聚类分析是通过无监督训练将样本按相似性分类，把相似性大的样本归为一类，占据特征空间的一个局部区域，而每个局部区域的聚合中心又起着相应类型的代表作用。聚类分析一方面可以作为一种有效的信息压缩与提取手段，另一方面又可以作为其他模式识别的基础。在各类聚类分析中，动态聚类方法、灰色系统聚类是较普遍采用的方法。

4）专家系统法。专家系统又称"专家咨询系统"。人工智能专家系统比较适合用来处理复杂的岩石分类问题。由于目前人工智能技术发展尚不充分，因此限制了专家系统的发展，用于围岩分类的专家系统结构如图 6-24 所示。

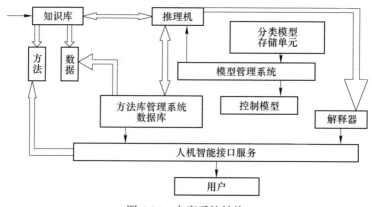

图 6-24　专家系统结构

5）神经网络模式。人工神经网络系统是对人类大脑神经网络的一种物理结构上的模拟，即通过计算机仿真，使系统具有人脑的某些智能。

6）间接法。由于直接利用岩石属性进行分级的复杂性，一部分研究机构已经开始把注意力转移到间接法上，希望通过不属于岩石本身属性的参数来反映岩石的稳定性程度，进而进行分类。如同济大学在云南元磨大风垭口隧道作的基于监控资料的围岩分类就是属于间接法，它主要根据接触压力和稳定时间对围岩进行分级，分级结果见表 6-8。间接方法虽然尚不完善，但也不失为一个值得研究的发展方向。

6.1.3.3　常用分级方法简介

中国岩体分类系统的分级过程主要可区分为前后两阶段，首先考察岩石坚

表 6-8　围岩级别与接触压力及稳定时间关系

围岩级别	接触压力 p/MPa	稳定时间 t/h
Ⅱ	$0.13 < p < 0.33$	$100 < t < 140$
Ⅲ	$0.05 < p < 0.13$	$70 < t < 85$
Ⅳ	$p < 0.05$	$30 < t < 40$

硬程度与岩体完整程度两个基本因素进行岩体初步分级，然后针对各类型工程岩体的特点，考虑地下水与初始应力等其他环境因子的影响，对初步分级结果进行修正。这种阶段性岩体分级方式使各工程可针对其特有的地质、环境及工程特性，将原先并未考虑的重要影响因素纳入第二阶段评分过程，进行分类并加以修正。

目前常用岩体稳定性分级方法主要有 Q 系统、RMR 分类和国标 BQ 方法三大类。

A　Q 系统分级指标体系

a　Q 分级级数

如式（6-1）所示，Q 系统是根据 6 个参数值计算所得的 Q 值对岩体质量进行分级。Q 的范围为 0.001~1000，代表着围岩的质量从极差的挤出性岩石到极好的坚硬完整岩体，分为 5 个质量等级，9 个亚级（见表 6-9）。

表 6-9　Q 系统分类等级表

Q 值	0.001~0.01	0.01~0.1	0.1~1	1~4	4~10	10~40	40~100	100~400	400~1000
等级	特别差	极差	很差	差	一般	好	很好	极好	特别好
	Ⅴ			Ⅳ		Ⅲ		Ⅱ	Ⅰ

b　参数取值

在 Q 值计算公式中，岩体质量指标（RQD）与节理组数（J_n）的比值粗略代表岩石的完整程度；最脆弱节理的粗糙度系数（J_r）与最脆弱节理面的蚀变程度或充填情况（J_a）的比值代表了嵌合岩块的抗剪强度；裂隙水折减系数（J_w）与应力折减系数（SRF）的比值反映围岩的主动应力。

（1）岩体质量指标（RQD）。岩体质量指标（RQD）按式（6-5）计算：

$$RQD = \frac{L_t - L_m}{L_t} \times 100\% \tag{6-5}$$

式中　L_m——长度小于 10cm 的岩心总长；

L_t——本回次钻孔进尺。

RQD 与岩体质量的关系见表 6-10。

表 6-10　岩石质量指标 RQD

岩 石 质 量	RQD/%
A：很差	0~25
B：差	25~50
C：一般	50~75
D：好	75~90
E：很好	90~100

（2）节理组数（J_n）。节理组数（J_n）可按表 6-11 进行取值，取值原则是：在一个分类段中节理裂隙少于等于 6 条并且分散分布时，看作是很少节理，J_n 值取 1；少于或等于 3 条或无节理 J_n 值取 0.5。当一个分类段存在 6 条或 6 条以上节理裂隙时，在一个方向上多于或等于 3 条算为一组，少于 3 条则为随机（任意）节理。

表 6-11　节理组数 J_n

节 理 组 数	J_n
A：块状，没有或很少节理	0.5~1
B：一组节理	2
C：一组节理并有随机节理	3
D：二组节理	4
E：二组节理并有随机节理	6
F：三组节理	9
G：三组节理并有随机节理	12
H：节理在四组以上，严重节理化，岩石呈碎块状	15
J：碎裂岩石，似土状	20

注：隧洞交叉口处取 $3 \times J_n$，入口处取 $2 \times J_n$。

（3）最脆弱节理的粗糙度系数（J_r）。选取每段中最优势的结构面，根据现场岩体结构调查实际的描述，按表 6-12 选取最脆弱节理的粗糙度系数值。若分类段中有多组优势结构面，则选取对岩体稳定最不利的一组。

表 6-12　节理粗糙度系数 J_r

节理粗糙情况		J_r
（a）节理壁直接接触；（b）错动 10cm 前节理壁直接接触	A：不连续节理	4
	B：粗糙或不规则的，波状	3
	C：平滑的，波状	2
	D：光滑的，波状	1.5
	E：粗糙的或不规则的，平直的	1.5
	F：平滑的，平直的	1.0
	G：光滑的，平直的	0.5

节理粗糙情况		J_r
（c）错动时节理壁不直接接触	H：含有厚度足以阻碍节理壁接触的黏土带	1.0
	J：含有厚度足以阻碍节理壁接触的砂质、砾质或碎裂带	1.0

注：1. 该取值适用于小规模及中等规模的节理。

2. 如果相关节理组的平均间距大于 3m，则 J_r 增加 1.0。

3. 平直、光滑且具有线理的节理，如果线理方向合适，J_r 可取 0.5。

4. J_r、J_a 适于描述最脆弱节理或不连续介质，这些最脆弱节理或不连续介质无论从方向上还是抗剪强度上都是对稳定性最不利的。

（4）最脆弱节理面的蚀变程度或充填情况（J_a）。选取每段中最优势的结构面，若分类段中有多组优势结构面，则选취对岩体稳定最不利的一组。根据实际情况，按表 6-13 取值，取值原则是，当结构面闭合或局部微张，无充填或局部充填，裂面新鲜，岩体坚硬时，按 A 项取值，$J_a = 0.75$；当结构面闭合或局部微张，无充填或局部充填，裂面轻微锈染或钙膜方解石充填时，按 B 项取值，$J_a = 1.0$；当结构面闭合或局部微张，局部张开部分强风化或强烈锈染，充填岩屑、钙膜时，按 C 项取值，$J_a = 2.0$；当结构面是整体填充不软化、不透水矿物如石英、绿帘石时，按 A 项取值，$J_a = 0.75$；当结构面整体填充时，厚度小于 10cm 按（b）项取值，大于 10cm 按（c）项取值；当结构面具次生黄泥、泥化岩屑等软弱填充物或裂隙面全风化时，$J_a = 3$；对于断层，主要考虑破碎带宽度和充填物，若破碎带宽度小于 20cm，按充填物质在（b）项中取值，破碎带宽大于 20cm，按充填物性状在（c）项中取值。

（5）裂隙水折减系数（J_w）。根据每个分类段现场的裂隙水描述，按表 6-14 取值。

表 6-13　节理风化蚀变系数 J_a

节理蚀变情况		残余摩擦角 /（°）	J_a
（a）节理壁直接接触（无矿物充填，或只有薄膜覆盖）	A：紧密闭合、坚硬、不软化、不透水的充填物（如石英、绿帘石）	—	0.75
	B：节理壁未变质，仅表面有斑染	25~35	1.0
	C：节理壁轻微变质，无软化矿物盖层、砂粒、黏土等充填	25~30	2.0
	D：粉质或砂土质薄膜覆盖，有少量黏土成分（无软化）	20~25	3.0
	E：软化的或低摩擦的黏土矿物覆盖层（如高岭石、云母、亚硝酸盐、滑石、石膏、石墨，少量膨胀性黏土等）	8~16	4.0

节理蚀变情况		残余摩擦角 /(°)	J_a
（b）错动 10cm 前节理壁直接接触（薄层矿物充填）	F：裂隙中含有砂粒、松散黏土等	25～30	4.0
	G：强烈超固结的、非软化黏土矿物充填（连续的，但厚度小于 5mm）	16～24	6.0
	H：中等或稍微超固结的、由软化矿物组成的黏土充填（厚度小于 5mm）	8～12	8
	J：膨胀性黏土充填（连续的，厚度小于 5mm）如蒙脱石、高岭石等，J_a 取决于膨胀性黏粒的含量和水的进入等	6～12	8～12
（c）错动时节理壁不直接接触（厚层矿物充填）	K、L、M：不完整或破碎岩石与黏土条带区	6～24	6、8 或 8～12
	N：粉质或砂土质黏土条带区，含少量黏土成分（非软化）	—	5.0
	O、P、R：厚的连续区域或黏土条带	6～24	10、13 或 13～20

表 6-14　裂隙水折减系数 J_w

裂　隙　水　情　况	水压力/MPa	J_w
A：开挖时干燥或有局部小水流（<5L/min）	<0.1	1.0
B：中等水流或具有中等压力，偶有冲出充填物	0.1～0.25	0.66
C：含未充填节理的坚硬岩石中有大水流或高水压	0.25～1	0.5
D：大水流或高水压，随时间衰减	0.25～1	0.33
E：特大水流或高水压，随时间衰减	>1	0.2～0.1
F：特大水流或高水压，不随时间衰减	>1	0.1～0.05

注：1. 参数 C～F 是粗略估测的，如果没有排水措施，要增大 J_w 的取值。

　　2. 因冰冻引起的特殊问题未予考虑。

　　3. 开挖影响范围为 0～5m，5～25m，25～250m，>250m 时，其对应的 J_w 值分别为 1、0.66、0.5、0.33。

（6）应力折减系数（SRF）。应力折减系数（SRF）按表 6-15 取值。不存在大型断层等不利结构面时，根据实际地应力特征按（b）项取值，存在大型断层等不利结构面时，按（a）项取值。

B　RMR 分类指标体系

a　RMR 分级级数

RMR 分类也是一种定量与定性相结合的多参数综合分类法，以岩石强度、岩体完整程度、结构面状态和地下水状态作为基本因素，结构面产状与工程轴线关系作为分类修正因素，岩石强度的量化指标采用岩石单轴饱和抗压强度，岩体完整程度则通

表 6-15　应力折减系数 SRF

岩体类型描述		δ_c/δ_l	δ_θ/δ_c	SRF
（a）与开挖方向交叉的软弱带，当开挖时会导致岩体松动	A：含黏土或化学风化不完整岩石的软弱带多次出现，围岩很松散（在任何深度上）			10.0
	B：含黏土或化学风化不完整岩石的单一软弱带（开挖深度≤50m）			5.0
	C：含黏土或化学风化不完整岩石的单一软弱带（开挖深度>50m）			2.5
	D：坚硬岩石中多个剪切带（无黏土），围岩松动（在任何深度上）			7.5
	E：坚硬岩石中单一剪切带（无黏土），围岩松动（开挖深度≤50m）			5.0
	F：坚硬岩石中单一剪切带（无黏土），围岩松动（开挖深度>50m）			2.5
	G：松动张开的节理，严重节理化或呈小块状等（在任何深度上）			5.0
（b）坚硬岩石，岩石应力问题	H：低应力、近地表、张开节理	>200	<0.01	2.5
	J：中等应力，最有利的应力条件	200~10	0.01~0.3	1.0
	K：高应力、非常紧密结构，一般利于稳定，也可能不适于巷帮稳定	10~5	0.1~0.4	0.5~2.0
	L：块状岩体中 1h 后产生中等板裂	5~3	0.5~0.65	5~50
	M：块状岩体中几分钟内产生板裂及岩爆	3~2	0.65~1	50~200
	N：块状岩体中严重岩爆（应变突然出现以及直接的动力变形）	<2	>1	200~400
（c）挤压岩石，高应力影响下软岩塑性流动	O：轻度挤压岩石应力		1~5	5~10
	P：严重挤压岩石应力		>5	10~20
（d）膨胀岩，由于水的存在，岩石化学膨胀活动	R：轻度膨胀岩石应力			5~10
	S：严重膨胀岩石应力			10~15

注：1. 当剪切区不位于交叉口处时，SRF 可减少 25%~50%。

2. 对各向异性较强的初始应力区：$5 \leqslant \delta_l/\delta_\varepsilon \leqslant 10$ 时，δ_c 减小到 $0.75\delta_c$；$\delta_l/\delta_\varepsilon > 10$ 时，δ_c 减小到 $0.5\delta_c$；这里，δ_c 是无侧限抗压强度，δ_l、δ_ε 分别是最大、最小主应力，δ_θ 是最大切向应力。

3. 顶部覆盖层的厚度小于跨度的情况很少见。对这种情况，建议 SRF 由 2.5 增加到 5.0。

4. L、M、N 是对应于埋深、坚硬、大块状岩体开挖、支护，其中 RQD/J_n 值在 50~200 之间。

5. 一般用开挖影响范围描述开挖时岩体的影响，这一影响范围为 0~5、5~25、25~250，大于 250m 时，其对应的 SRF 值分别为 5、2.5、1.0、0.5。可以参照此值，与 J_w 取值相对照，以描述有效应力对 Q 值的影响。这一做法也有助于研究静弹性模量、地震波速的变化规律。

过岩石质量指标 RQD 值与结构面间距量化。根据地质描述和试验成果对各参数评分后，相加获得总评分 RMR，然后根据总分确定岩体的质量等级（见表 6-16）。

表 6-16 岩体 RMR 分类

类 别	岩 体 描 述	RMR
Ⅰ	很好的岩体	81～100
Ⅱ	好的岩体	61～80
Ⅲ	较好的岩体	41～60
Ⅳ	较差的岩体	21～40
Ⅴ	很差的岩体	0～20

b 参数取值

（1）饱和抗压强度（R_c）。根据单轴抗压强度按表 6-17 评分。

表 6-17 R_1 评分（体现岩石抗压强度）

点荷载指标/MPa	无侧限抗压强度/MPa	R_1 评分值
>10	>250	15
4～10	100～250	12
2～4	50～100	7
1～2	25～50	4
<1 不采用	5～25	2
	1～5	1
	<1	0

（2）岩体质量指标（RQD）。RQD 计算方法同 Q 系统分级，根据 RQD 值按表 6-18 评分。

表 6-18 评分（体现 RQD）

RQD/%	90～100	75～90	50～75	25～50	0～25
R_2 评分值	20	17	13	8	3

（3）节理间距。按每段中最发育的一组裂隙的间距取值，如果有两组或两组以上裂隙发育，取较小的结构面间距。先逐一算出相邻的两条裂隙的间距，然后取间距的平均值，按表 6-19 评分。

表 6-19 R_3 评分（体现最有影响的节理间距）

节理间距/m	>2	0.6～2	0.2～0.6	0.06～0.2	<0.06
R_3 评分值	20	17	13	8	3

（4）结构面性状。选取每段中优势结构面的性状，如果有几组优势结构面，则选取最不利于岩体稳定的结构面的性状，然后按表 6-20 和表 6-21 评分。

表 6-20 R_4 评分（体现节理状态）

结构面状态	很粗糙；不连续；闭合；未风化	较粗糙；张开<1mm；微风化	较粗糙；张开<1mm；强风化	镜面或夹泥厚<5mm 或张开1~5mm；连续	夹泥厚>5mm 或张开>5mm；连续
R_4 评分	30	25	20	10	0

表 6-21 结构面状态分类的具体说明

结构面长度（延续）	评分值	张开度（裂隙）	评分值	粗糙度	评分值	充填物	评分值	风化程度	评分值
<1m（1 型）	6	未张开	6	很粗糙	6	无	6	未风化	6
1~3m（2 型）	4	<0.1mm	5	粗糙	5	硬<5mm	4	微风化	5
3~10m（3 型）	2	0.1~1mm	4	较粗糙	3	硬>5mm	2	弱风化	3
10~20m（4 型）	1	1~5mm	1	光滑	1	软<5mm	2	强风化	1
>20m（5 型）	0	>5mm	0	擦痕镜面	0	软>5mm	0	全风化	0

（5）地下水活动状况。根据每段地下水现场岩体结构调查结果的描述，按表 6-22 评分。

表 6-22 R_5 评分（体现地下水）

每 10cm 洞长的流入量/L·min^{-1}	节理水压力与最大主应力的比值	总的状态	R_5 评分值
无	0	完全干燥	15
<10	<0.1	潮	10
10~25	0.1~0.2	湿	7
25~125	0.2~0.5	淋水	4
>125	>0.5	涌水	0

（6）主要结构面产状的影响。主要结构面和巷道轴线的夹角为 0°~30° 时认为两者"相互平行"，夹角为 60°~90° 时认为两者"相互垂直"，夹角在 30°~60° 之间认为两者"无关"，然后按表 6-23 和表 6-24 评分。

表 6-23 R_6 评分（节理方向修正）

方向对工程影响评价	R_6 评分值（对隧洞）	R_6 评分值（对地基）
很有利	0	0
有利	-2	-2
较好	-5	-7

续表 6-23

方向对工程影响评价	R_6 评分值（对隧洞）	R_6 评分值（对地基）
不利	-10	-15
很不利	-12	-25

表 6-24　结构面方向对工程的影响

结构面状态	倾向及倾角		对工程的影响评价
结构面走向与洞轴线关系	顺着开挖方向	倾角 45°~90°	很有利
		倾角 20°~45°	有利
	逆着开挖方向	倾角 45°~90°	较好
		倾角 20°~45°	不利
结构面走向与洞轴线相平行	倾角 45°~90°		很不利
	倾角 20°~45°		较好
结构面走向与洞轴线无关	倾角 0°~20°		较好

C　国标 BQ 分级指标体系

a　BQ 分级系数

国标 BQ 分级方法，采用定性与定量相结合的方法，根据众多因素影响情况进行分级。在定性分级中，详细划分了岩石的风化程度、完整性、结构面和坚硬程度的结合程度等（表 6-25~表 6-29）。定量分级需要确定的指标包括岩石单轴饱和抗压强度 R_c（或点荷载强度指标 $I_{s(50)}$）、岩体完整性系数 K_v（或岩体体积节理数 J_v）、地下水修正系数 K_1、软弱结构面修正系数 K_2 和地应力修正系数 K_3。

BQ 值按式（6-3）和式（6-4）计算，根据 BQ 值（或修正的 [BQ] 值）进行岩体级别判定（见表 6-29）。

表 6-25　岩石风化程度的划分

名　称	风　化　特　征
未风化	结构构造未变，岩质新鲜
微风化	结构构造矿物色泽基本未变，部分裂隙面有铁锰质渲染
弱风化	结构构造部分破坏，矿物色泽较明显变化，裂隙面出现风化矿物或存在风化夹层
强风化	结构构造大部破坏，矿物色泽明显变化，长石、云母等多风化成次生矿物
全风化	结构构造全部破坏，矿物成分除石英外，大部分风化成土状

表 6-26　岩石坚硬程度的定性划分

名　称		定性鉴定	代表性岩石
硬质岩	坚硬岩	锤击声清脆，有回弹，震手，难击碎；浸水后大多无吸水反映	未风化~微风化的花岗岩、正长岩、闪长岩、辉绿岩、玄武岩、安山岩、片麻岩、石英片岩、硅质胶结的砾岩、石英砂岩、硅质石灰岩等
	较坚硬岩	锤击声较清脆，有轻微回弹，稍震手，较难击碎；浸水后有轻微无吸水反映	弱风化的坚硬岩；未风化~微风化的熔结凝灰岩、大理岩、板岩、白云岩、石灰岩、钙质胶结的砂页岩等
软质岩	较软岩	锤击声不清脆，无回弹，轻易击碎；浸水后指甲可刻出印痕	强风化的坚硬岩；弱风化的较坚硬岩；未风化~微风化的熔结凝灰岩、千枚岩、砂质泥岩、泥灰岩、泥质砂岩、粉砂岩、页岩等
	软岩	锤击声哑，无回弹，有凹痕，易击碎；浸水后手可掰开	强风化的坚硬岩，弱风化~强风化的较坚硬岩；未风化的泥岩等
	极软岩	锤击声哑，无回弹，有较深凹痕，手可捏碎；浸水后可捏成团	全风化的各种岩石；各种半成岩

表 6-27　结构面结合程度划分

名　称	结 构 面 特 征
结合好	张开度小于 1mm，无充填物； 张开度 1~3mm，为硅质或铁质胶结； 张开度大于 3mm，结构面粗糙，为硅质胶结
结合一般	张开度为 1~3mm，钙质或泥质胶结； 张开度大于 3mm，结构面粗糙，为铁质或钙质胶结
结合差	张开度 1~3mm，结构面平直，为泥质或泥质和钙质胶结； 张开度大于 3mm，多为泥质或岩屑充填
结合很差	泥质充填或泥夹岩屑充填，充填物厚度大于起伏差

表 6-28　岩体完整程度的定性划分

名　称	结构面发育程度		主要结构面的组合程度	主要结构面类型	相应结构类型
	组数	平均间距/m			
完整	1~2	>1.0	好或一般	节理、裂隙、层面	整体状或巨厚层结构
较完整	1~2	>1.0	差	节理、裂隙、层面	块状或厚层状结构
	2~3	1.0~0.4	好或一般		块状结构

名　称	结构面发育程度		主要结构面的组合程度	主要结构面类型	相应结构类型
	组数	平均间距/m			
较破碎	2~3	1.0~0.4	差	节理、裂隙、层面、小断层	裂隙块状或中厚层状
	>3	0.4~0.2	好或一般		镶嵌碎裂结构
					中、薄层状结构
破碎	>3	0.4~0.2	差	各种类型结构面	裂隙块状结构
		<0.2	一般或差		碎裂状结构
极破碎	无序		很差		散体状结构

表 6-29　BQ 岩体基本质量分级

基本质量级别	岩体基本质量的定性特征	岩体基本质量指标（BQ）
Ⅰ	坚硬岩，岩体完整	>550
Ⅱ	坚硬岩，岩体较完整； 较坚硬岩或软硬岩，岩体完整	550~451
Ⅲ	坚硬岩，岩体较破碎； 较坚硬岩或软硬岩互层，岩体较完整； 较软岩，岩体完整	450~351
Ⅳ	坚硬岩，岩体破碎； 较坚硬岩，岩体较破碎~破碎； 较软岩或软硬岩互层，且以软岩为主，岩体较完整~较破碎； 软岩，岩体完整较完整	350~251
Ⅴ	较软岩，岩体破碎； 软岩，岩体较破碎~破碎； 全部极软岩及全部极破碎岩	≤250

　　b　定量参数取值

　　（1）饱和抗压强度（ R_c ）。与 RMR 分类法选取饱和抗压强度值相同，按表 6-30 对岩石坚硬程度进行定性划分。

表 6-30　岩石单轴饱和抗压强度 R_c 与岩石坚硬程度的定性划分

R_c/MPa	>60	60~30	30~15	15~5	<5
坚硬程度	坚硬岩	较坚硬岩	较软岩	软岩	极软岩

　　（2）岩体完整性系数 K_v 。由于缺乏波速测试数据，不能按公式 K_v =（岩体纵波速度/岩石纵波速度）^{2} 算取，只能由岩体单位体积内结构面条数 J_v 查表求得， J_v 由公式 J_v =（110.4 - RQD）/3.68 计算， K_v 与 J_v 对应关系见表 6-31。

表 6-31 岩体体积节理数 J_v 与岩体完整性系数 K_v 对照

完整程度	完整	较完整	较破碎	破碎	极破碎
J_v/条·m^{-3}	<3	3~10	10~20	20~35	>35
K_v	>0.75	0.75~0.55	0.55~0.35	0.35~0.15	<0.15

（3）地下水影响修正系数 K_1。选取每段中结构面的地下水情况描述，然后按表 6-32 取值。

表 6-32 地下水影响修正系数 K_1

地下水出水状态	BQ>450	450~351	350~251	≤250
潮湿或点滴状出水	0	0.1	0.2~0.3	0.4~6
淋雨状或涌流状出水，水压≤0.1MPa 或单位出水量≤10L/（min·m）	0.1	0.2~0.3	0.4~0.6	0.7~0.9
淋雨状或涌流状出水，水压>0.1MPa 或单位出水量>10L/（min·m）	0.2	0.4~0.6	0.7~0.9	1.0

（4）主要结构面产状影响修正系数 K_2。选取每段中优势结构面的产状，若硐段中没有明显的优势结构面，则选取该段随机结构面中最不利于岩体稳定的结构面，然后按表 6-33 取值。

表 6-33 主要软弱结构面产状影响修正系数 K_2

结构面产状及其与硐轴线的组合关系	结构面走向与硐轴线夹角<30°，结构面倾角 30°~75°	结构面走向与硐轴线夹角>60°，结构面倾角>75°	其他组合
K_2	0.4~0.6	0~0.2	0.2~0.4

综合分析以上各分级指标，不难看出，尽管分级方法不一，所选取的指标不同，但基本上都能反映影响岩体稳定性的基本因素，包括岩石的坚硬程度、岩体的完整程度、结构面性状、地下水状态和地应力的影响。许多指标所表达的物理意义相似，例如 Q 系统中的 RQD 与 J_n 的比值基本反映了岩体的完整程度；BQ 系统中的 K_v 或 J_v 亦反映了岩体的完整程度。因此，在选取分级方法时，应明确各指标所代表的物理意义，并进行相关性和适宜性的分析。

6.1.3.4 和睦山铁矿矿岩稳定性分级

按 Q 系统、RMR 和 BQ 三类分级法对和睦山铁矿后观音山矿段的主要矿岩体进行稳定性分级，结果分别见表 6-34~表 6-37。

对比分析 3 种分级法分级结果可知，不同分类方法的和睦山铁矿后观音山矿段各矿岩体的分类结果有明显差异，但总体来说，稳定性均为一般至较差。上盘灰岩及下盘闪长岩稳定性情况一般，而矿体稳定性较差，特别是上下盘及矿体接触带位置，由于矿化现象，稳定性很差。

表 6-34　和睦山铁矿后观音山矿段-200m 以上 Q 系统分级结果

岩　性	RQD	J_n	J_r	J_a	J_w	SRF	Q 值	级别
灰岩（上盘）	47	15	3	2	0.66	1	3.102	IV
页岩（上盘）	11	15	1.5	1	0.66	1	0.726	IV
磁铁矿（矿体与上盘接触带）	11	15	1.5	2	1	1	0.55	IV
磁铁矿（矿体）	60	15	1.5	0.75	0.66	1	5.28	III
磁铁矿（矿体与下盘接触带）	18	15	1.5	2	1	1	0.9	IV
矿化闪长岩（下盘）	18	15	1.5	1	0.66	1	1.188	IV
闪长岩（下盘）	46	15	3	2	0.66	1	3.036	IV

表 6-35　和睦山铁矿后观音山矿段-200m 以上 RMR 分类结果

岩　性	R_1	R_2	R_3	R_4	R_5	R_6	RMR 值	级别
灰岩（上盘）	7	8	8	18	10	−5	46	III
页岩（上盘）	7	3	3	18	10	−5	36	IV
磁铁矿（矿体与上盘接触带）	2	3	3	12	8	−10	18	V
磁铁矿（矿体）	4	13	8	18	10	−5	48	III
磁铁矿（矿体与下盘接触带）	2	3	3	14	7	−10	19	V
矿化闪长岩（下盘）	4	3	3	18	10	−5	33	IV
闪长岩（下盘）	7	8	8	18	10	−5	46	III

表 6-36　和睦山铁矿后观音山矿段-200m 以上 BQ 分类结果

岩　性	R_c	K_v	BQ 值	K_1	K_2	K_3	BQ 值（修正）	级别
灰岩（上盘）	98.6	0.4	485.8	0	0.3	0.5	405.8	III
矿化页岩（上盘）	65.7	0.26	352.1	0.1	0.3	0.5	262.1	IV
磁铁矿（矿体与上盘接触带）	18.4	0.26	210.2	0.4	0.1	0.5	110.2	V
磁铁矿（矿体）	43.9	0.48	341.7	0.1	0.2	0.5	266.7	IV
磁铁矿（矿体与下盘接触带）	23.1	0.29	231.8	0.4	0.1	0.5	131.8	V
矿化闪长岩（下盘）	38.6	0.41	308.3	0.1	0.3	0.5	218.3	V
闪长岩（下盘）	65.7	0.29	359.6	0.1	0.2	0.5	279.6	IV

表 6-37　和睦山铁矿后观音山矿段各分类法分级结果对比表

岩　性	Q 系统分类	RMR 分类	BQ 分类
灰岩（上盘）	IV	III	III
矿化页岩（上盘）	IV	IV	IV
磁铁矿（矿体与上盘接触带）	IV	V	V
磁铁矿（矿体）	III	III	IV

岩 性	Q 系统分类	RMR 分类	BQ 分类
磁铁矿（矿体与下盘接触带）	Ⅳ	Ⅴ	Ⅴ
矿化闪长岩（下盘）	Ⅳ	Ⅳ	Ⅴ
闪长岩（下盘）	Ⅳ	Ⅲ	Ⅳ

6.1.3.5 白象山铁矿矿岩稳定性分级

根据现场调查数据与白象山提供的资料，按上述分类原理对白象山矿岩体进行稳定性分级，结果见表 6-38 和表 6-39。从表中可以看出矿岩稳定性总体介于较好与一般之间，其中，-470m 中段的稳定性略好于-500m 中段，东一区稳定性略好于西一区。

表 6-38　白象山矿岩体稳定性分级计算结果

编 号	中段	位 置	RMR	Q	BQ	[BQ]
1	-470m	西一区 5 号进路	64	5.10	609.5	539.5
2	-470m	东一区 S2 号进路	62	14.96	591.0	501
3	-470m	东一区东翼探矿进路	72	4.00	542.5	472.5
4	-500m	6 号进路	59	8.42	541.0	461
5	-500m	7 号进路	58	5.28	485.5	395.5

表 6-39　白象山矿岩体稳定性分级结果

编号	中段	位 置	RMR	Q	[BQ]
1	-470m	西一区 5 号进路	Ⅱ	Ⅲ	Ⅱ
2	-470m	东一区 S2 号进路	Ⅱ	Ⅱ	Ⅱ
3	-470m	东一区东翼探矿进路	Ⅱ	Ⅲ	Ⅱ
4	-500m	6 号进路	Ⅲ	Ⅲ	Ⅱ
5	-500m	7 号进路	Ⅲ	Ⅲ	Ⅲ

应该指出的是，虽然-470m 中段矿岩稳固性介于较好至一般之间，略好于和睦山铁矿，但在其上部各中段，如-430m、-390m、-330m 中段，矿岩稳固性逐渐变差，加之矿体本身含水，更削弱了矿岩稳固性，因此，在-430m 中段以上，矿岩总体稳定性实际介于一般~较差之间，在采矿方法选择及采场结构参数确定中应高度重视。

6.1.3.6 钟九铁矿矿盐稳定性分级

钟九铁矿处于基建开始阶段，未见井下矿体和围岩大面积暴露面，因此，根据仅根据探矿钻样分析钟九铁矿井下岩体的稳定性。根据《工程岩体分级标准》（GB/T 50218—2014），岩体完整性及岩体质量分级根据岩体基本质量指标 BQ 确定。岩体完整性指标 K_v 根据岩石质量指标 RQD 值确定。各工程地质岩组岩体基本质量分级见表 6-40。

表 6-40　岩土体完整程度及岩体基本质量分级

岩组名称	岩石质量指标 RQD/%	岩石质量描述	岩块轴向抗压强度 R_b	岩石强度	岩块坚硬系数 S	岩体基本质量指标 BQ	岩体质量指标 M	岩体完整性评价	岩石质量分级
第四系散结体结构工程地质岩组			80~300kPa						
白垩系下统姑山组火山碎屑沉积岩碎裂状结构工程地质岩组	74.42	较差	R_b = 1.26~92.89MPa，平均值25.09MPa 蚀变地段强度明显减小	较软岩	0.251	315.32	0.062	较破碎（差）	IV
三叠系中统黄马青组砂页岩层状结构工程地质岩组	45.02	差	软硬相间的岩层组合 R_b = 28.63~68.84MPa，平均值44.09MPa	较硬岩	0.441	334.82	0.066	较破碎（差）	IV
燕山晚期次火山岩块状结构工程地质岩组	66.88	较差	物理力学性质极不均一 R_b = 9.61~78.97MPa，平均值30.27MPa	较软岩	0.303	348.01	0.067	较破碎（差）	IV
铁矿体及矿化带块状结构工程地质岩组	53.51	较差	物理力学性质极不均一 R_b = 5.27~67.26MPa，平均值24.70MPa	较软岩	0.247	297.88	0.044	较破碎（差）	IV
三叠系中统周冲村组灰岩块状结构工程地质岩组	51.43	较差	物理力学性质极不均一 R_b = 8.36~33.86MPa，平均值22.47MPa	较软岩	0.225	285.99	0.039	较破碎（差）	IV

由表可知，矿区各工程地质岩组岩体级别均为Ⅳ，属较破碎岩体。地下工程在跨度大于 5m，岩体一般无自稳能力，大都先发生松动变形，继而可发生中~大型塌方。地下工程埋深小时，岩体以拱部松动破坏为主。埋深大时，岩体可发生塑性流动变形和挤压破坏。

6.2 矿床开采诱发地表变形规律

地下采矿必然会引起采空区围岩的崩塌，围岩向采空区的移动会波及地表，造成地表的陷落和错动，这必然会给地面工农业生产及人民生活带来影响。金属矿床常伴有构造应力特征，原岩应力场是直接影响空区顶板岩层移动及地表变形规律的动力源，与自重应力场煤矿相比，构造应力场下的岩层及地表移动显现特征存在明显的差异，这是煤矿地表变形相关理论难以在金属矿床得到直接应用的本质原因。然而针对金属矿山的岩移及地表变形的相关研究非常零散，缺乏系统性，尤其是对充填采矿法的地表变形方面的研究几乎是一片空白。

姑山矿区属于典型的"三下"复杂矿床开采，地表地貌保护尤显重要。为了更加科学地分析地下采矿对地表变形的影响，评价充填采矿方法的适应性，本节采用大型有限元非线性分析软件（MIDAS/GTS）分析规模化开采引起的地表移动和变形规律。计算所采用的基本假设和力学参数与 4.3.1.3 节相同。

6.2.1 计算准则

模型采用 Mohr-Coulomb 屈服准则。屈服准则是一个可以用来与单轴测试的屈服应力相比较的应力状态的标量表示。因此，知道了应力状态和屈服准则，程序就能确定是否有塑性应变产生。屈服准则的值有时候也叫做等效应力，当等效应力超过材料的屈服应力时，将会发生塑性变形。

岩石材料具有抗压不抗拉的特性，抗拉强度很低，一般只有抗压强度的 $1/5 \sim 1/15$ 左右。

6.2.2 MIDAS/GTS 模型的构建

本节根据姑山区域矿体的赋存特点，综合考虑计算精度和经济计算要求，确定如下数值模型的构建原则：

（1）根据弹塑性力学理论可知，为了满足计算需要和保证计算精度，计算采用的模型须取所开挖范围尺寸的 3~5 倍。按矿体厚度为 170m 建立的数值模型如图 6-25 所示。

（2）有限元模拟时，单元网格划分的疏密将直接影响运算速度及分析结果。如果网格划分太粗，分析结果的精度就不会太高，结果可靠性也不高；如果网格划分得太细，就会影响模拟速度，而且也不会大幅提高分析结果精度。因此，划分网格时，应根据研究目的的不同需要，对模型中的重点区域网格可以稍微细分对其他非重点区域的网格划分可以粗略一点，按适当比例适当放大。

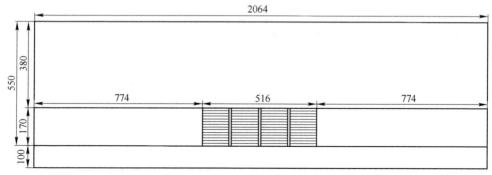

图 6-25　MIDAS/GTS 数值模型

（3）由于采矿的影响范围有限，在离采场较远处可将模型边界处的位移视为零。因此，模型边界取位移约束，模型下表面取全约束，模型的 2 个侧面施加垂直于该平面的水平约束，如图 6-26 所示。

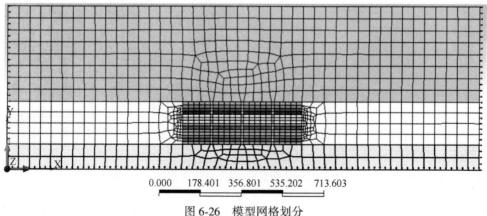

图 6-26　模型网格划分

（4）原岩应力是存在于地层中未受工程扰动或在工程影响区之外的天然应力，也称岩体绝对应力或初始应力。国内外研究表明，原岩应力是引起岩体工程变形与破坏的根本作用力，对于岩体力学的属性和围岩的稳定性具有决定性作用，是进行采矿设计与优化的前提条件。

MIDAS 分析软件是大型通用型有限元程序，其 MIDAS/GTS（岩土与隧道分析系统）代表了当前工程软件发展的最新技术，在隧道工程与特殊结构领域为我们提供了一个崭新的解决方案。

由于采矿和岩土开挖工程的特点不同于普通结构分析，普通结构分析是先有结构后有载荷，而采矿和岩土开挖工程则是先有载荷后进行开挖，因此岩体是一种预应力体，其中开挖之前已具有上覆岩层自重应力、构造应力等应力场。所以将 MIDAS/GTS 直接应用于岩土开挖工程数值模拟时，第一步要先进行原岩应力场的模拟。在具体的模拟过程中，只需在施工阶段第一步中勾选位移去零即可实现。

模拟完原岩应力，模型中的各个单元处于原岩应力场中，然后再进行矿体开挖工程的模拟就能与实际情况更加接近。

（5）矿区主要采矿方法为上向进路充填法、预控顶上向进路充填法和小分段空场嗣后充填法，其分层回采高度分别为 4m、7m 和 10.5m。回采高度越大，对地面影响程度越大，因此模拟的回采步骤为回采一层（10.5m）后进行嗣后充填，且 4 个矿房同时开采，开挖顺序为由下至上（-500m 水平向-330m 水平回采）。

6.2.3　数值模拟结果分析

地下开采充填后，由于开采扰动以及充填体的物理力学性质较原有矿岩物理力学性质差，从而在开采矿体的上方形成一个比开采面积大得多的地表移动盆地。地表移动盆地在形成的过程中改变了原有的地表形态，引起了高低、坡度及水平位置的变化（图 6-27）。因此，通过数值模拟计算出开采前后地表各点的垂直位移值，然后根据各点的竖向位移差值计算地表的倾斜值。

地表倾斜变形反映了盆地沿某一方向的坡度，是引起盆地内建构筑物产生歪斜的主要原因，假设地表上有任意 A、B、C 三点（图 6-27），地表倾斜变形值和曲率按式（6-6）、式（6-7）计算：

$$i_{AB} = \frac{\Delta S_{AB}}{L_{AB}} = \frac{S_B - S_A}{L_{AB}} \tag{6-6}$$

$$K_B = \frac{\Delta i_{AB-BC}}{L_{AB} + L_{BC}} = \frac{i_{BC} - i_{AB}}{L_{AB} + L_{BC}} \tag{6-7}$$

式中　i_{AB}，i_{BC}——分别为 AB 段和 BC 段的倾斜值，mm/m；

　　S_A，S_B——分别为 A 点和 B 点的下沉值，mm；

　　L_{AB}，L_{BC}——分别为 A 点与 B 点的水平距离和 B 点与 C 点的水平距离，mm；

　　K_B——B 点曲率变形，1/m。

根据数值模拟结果以及以上计算公式，地表移动与变形结果见表 6-41，移动与变形曲线如图 6-28 所示，水平移动与变形曲线如图 6-29 所示。地表最大沉降值为 97.2mm，最大倾斜值为 0.19864mm/m；水平移动最大值为 34.6mm，最大倾斜值为 0.18411mm/m。

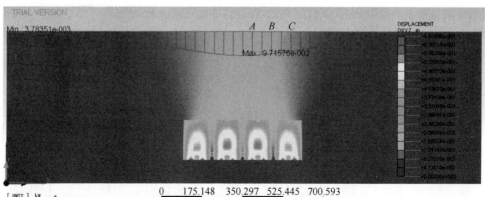

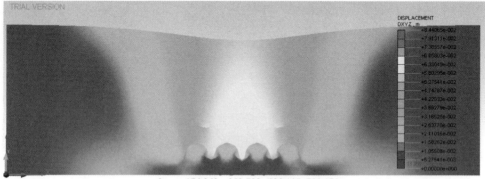

图 6-27　位移效果云图

表 6-41　地表移动与变形值结果

序号	位置	垂直位移 /mm	倾斜变形 /mm·m⁻¹	水平位移 /mm	倾斜变形 /mm·m⁻¹	曲率
1	0.00	3.8	−0.00242	0	−0.04845	0.000059

序号	位置	垂直位移 /mm	倾斜变形 /mm·m⁻¹	水平位移 /mm	倾斜变形 /mm·m⁻¹	曲率
2	41.28	3.9	−0.00727	2	−0.05087	0.000029
3	82.56	4.2	−0.00969	4.1	−0.04845	0.000088
4	123.84	4.6	−0.01696	6.1	−0.05087	0.000088
5	165.12	5.3	−0.02422	8.2	−0.05087	0.000029
6	206.40	6.3	−0.02665	10.3	−0.05087	0.000088
7	247.68	7.4	−0.03391	12.4	−0.05329	0.000117
8	288.96	8.8	−0.0436	14.6	−0.05329	0.000059
9	330.24	10.6	−0.04845	16.8	−0.05572	0.000147
10	371.52	12.6	−0.06056	19.1	−0.05572	0.000117
11	412.80	15.1	−0.07025	21.4	−0.05814	0.000176
12	454.08	18.0	−0.08479	23.8	−0.05572	0.000176
13	495.36	21.5	−0.09932	26.1	−0.05572	0.000176
14	536.64	25.6	−0.11386	28.4	−0.05087	0.000264
15	577.92	30.3	−0.13566	30.5	−0.04603	0.000235
16	619.20	35.9	−0.15504	32.4	−0.03634	0.000235
17	660.48	42.3	−0.17442	33.9	−0.01696	0.000176
18	701.76	49.5	−0.18895	34.6	0.00242	0.000088
19	743.04	57.3	−0.19622	34.5	0.03149	0.000029
20	784.32	65.4	−0.19864	33.2	0.06298	−0.000176
21	825.60	73.6	−0.18411	30.6	0.09690	−0.000293
22	866.88	81.2	−0.15988	26.6	0.12839	−0.000440
23	908.16	87.8	−0.12355	21.3	0.15504	−0.000557
24	949.44	92.9	−0.07752	14.9	0.17684	−0.000616
25	990.72	96.1	−0.02665	7.6	0.18411	−0.000646
26	1032.00	97.2	0.026647	0	0.18411	−0.000616
27	1073.28	96.1	0.077519	−7.6	0.17684	−0.000557
28	1114.56	92.9	0.123547	−14.9	0.15504	−0.000440
29	1155.84	87.8	0.159884	−21.3	0.12839	−0.000293
30	1197.12	81.2	0.184109	−26.6	0.09690	−0.000176
31	1238.40	73.6	0.198643	−30.6	0.06298	0.000029
32	1279.68	65.4	0.196221	−33.2	0.03149	0.000088
33	1320.96	57.3	0.188953	−34.5	0.00242	0.000176

序号	位置	垂直位移 /mm	倾斜变形 /mm·m⁻¹	水平位移 /mm	倾斜变形 /mm·m⁻¹	曲率
34	1362.24	49.5	0.174419	−34.6	−0.01696	0.000235
35	1403.52	42.3	0.155039	−33.9	−0.03634	0.000235
36	1444.80	35.9	0.135659	−32.4	−0.04603	0.000264
37	1486.08	30.3	0.113857	−30.5	−0.05087	0.000176
38	1527.36	25.6	0.099322	−28.4	−0.05572	0.000176
39	1568.64	21.5	0.084787	−26.1	−0.05572	0.000176
40	1609.92	18.0	0.070252	−23.8	−0.05814	0.000117
41	1651.20	15.1	0.060562	−21.4	−0.05572	0.000147
42	1692.48	12.6	0.04845	−19.1	−0.05572	0.000059
43	1733.76	10.6	0.043605	−16.8	−0.05329	0.000117
44	1775.04	8.8	0.033915	−14.6	−0.05329	0.000088
45	1816.32	7.4	0.026647	−12.4	−0.05087	0.000029
46	1857.60	6.3	0.024225	−10.3	−0.05087	0.000088
47	1898.88	5.3	0.016957	−8.2	−0.05087	0.000088
48	1940.16	4.6	0.00969	−6.1	−0.04845	0.000029
49	1981.44	4.2	0.007267	−4.1	−0.05087	0.000059
50	2022.72	3.9	0.002422	−2	−0.04845	
51	2064.00	3.8		0		

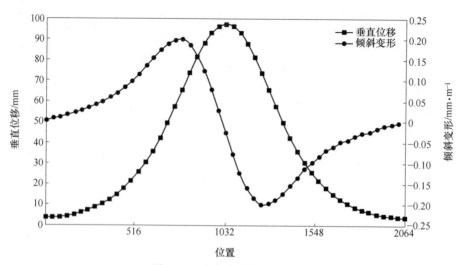

图 6-28　垂直移动与变形曲线

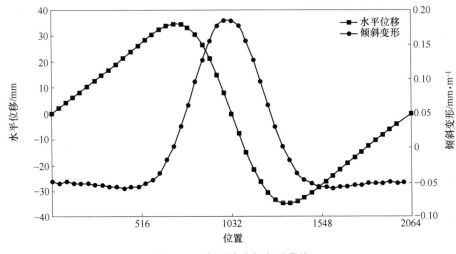

图 6-29 水平移动与变形曲线

按照《建筑物、水体、铁路及主要井巷煤柱留设及压煤开采规程》中对建筑物保护等级要求（见表 6-42），白象山铁矿厚大矿体采动引起的地表变形范围在 I 级允许变形值以内，属于安全开采范围，可以保证地表青山河等受保护设施安全。

表 6-42 建（构）筑物允许变形值

类型	建筑物名称	允许变形值		
		倾斜 /mm·m^{-1}	水平变形 /mm·m^{-1}	曲率 /10^{-3}m^{-1}
I	井筒、井架、提升设备、选煤厂、发电厂、冶金厂、炼油厂等大型工厂及设备	≤3	≤2	≤0.2
II	一般工厂、学校、商店、医院、影剧院、住宅楼、办公楼等	≤6	≤4	≤0.4
III	一般砖木结构的单层建筑	≤10	≤6	≤0.6
IV	面积小的平房等	≤15	≤9	≤0.8

和睦山铁矿主体采矿方法为普通上向进路充填法和预控顶上向进路充填法，回采高度一般 4~7m，其地表移动变形小于白象山铁矿，对地表的影响程度更小。

6.3 进路采场断面形状优化

巷道断面形状对巷道围岩稳定性有较大的影响。研究表明，在相同地应力、围岩条件及支护强度下，断面形状的改变对壁后围岩松动范围有很大影响。采场进路结构参数优化后，进路掘进过程中，周围矿、岩介质以及初始应力场等客观条件不可改变，要改变围岩的应力分布和稳定性，可以通过调整进路断面的几何形态来实现，因此，进路采场断面形状优化将直接关系到工程的安全稳定。

6.3.1 采矿进路合理断面形式理论分析

不同的断面形状及尺寸对巷道稳定性的影响存在差异，即不同的断面形状及尺寸巷道开挖后产生的围岩应力场、位移场及塑性区分布特征不同，造成其自身的自稳能力与承载特性方面存在差异。为充分发挥围岩自身的承载能力，降低采矿进路支护强度，节约支护成本，并实现安全高效开采，因此，需对采矿进路断面尺寸进行优化研究。

巷道断面形式的选择，主要取决于以下 3 个方面的因素：

（1）巷道所穿过的围岩的性质、地压大小和来压方向。

（2）巷道的用途与服务年限的长短。

（3）支护形式，支架的材料与结构以及巷道断面的利用率，施工的难易程度及费用等。

这些因素之间是密切联系而又相互制约的，所以应根据实际情况综合分析，选用较为合理的巷道断面形状。

我国的矿井使用的断面形状主要有折线形和曲线形两大类，前者有矩形、梯形、斜梯形等，后者有拱形、马蹄形、椭圆形、圆形等。断面形状的选择，从保持巷道围岩稳定性考虑，其优劣顺序依次为圆形、马蹄形、拱形、梯形（矩形）；从巷道断面使用率考虑，从高到低依次为梯形（矩形）、拱形、马蹄形、圆形；从巷道施工难以考虑，从易到难依次为梯形（矩形）、拱形、马蹄形、圆形。

对于服务年限较长的基本巷道，需要保证围岩的长期稳定性和在服务期间尽量不用维修，因此一般采用拱形巷道，对于围岩松软、矿井深处或穿过断层破碎带的巷道，可采用圆形或马蹄形巷道；围岩坚硬时也可用梯形、矩形巷道；服务年限短或临时性的巷道常采用梯形或矩形巷道。梁和拱的区别不仅在于轴线的曲直，更重要的是拱在竖向荷载作用下会产生一定的水平反力。拱的内力一般有弯矩、剪力和轴力，由于这种推力的存在，拱的弯矩常常比同等跨度、荷载的梁要小得多，并主要承受压力。这种受力方式使得拱截面上的应力分布较为均匀，因为更能发挥材料的作用，尤其对于矿井围岩本身抗拉性能比较差而抗压性能较强的材料，采用拱断面可更充分地发挥材料本身的优势，同时其在竖向力作用下产生的水平力还可以抵抗部分的外部水平荷载，属于在巷道支护中经济型较好、适用性较强的断面形式。

拱的内部受力，虽然以受压为主，但是弯矩的存在使得围岩容易产生受拉破坏，进而影响整个支护体系的稳定性，故应尽量减小弯矩的值。而拱的内力情况在外部荷载一定的情况下只与拱轴线分布形式有关，故需要确定出一种拱轴线形状使得其内部弯矩最小甚至为零，此时其内部剪力也为零，拱截面只有轴力，因此正应力分布非常均匀，围岩本身受力性能也能得到最充分的发挥，故称此时的拱轴线为合理拱轴线。

对于拱的受力可简化为图 6-30 所示，首先可考虑全拱的整体稳定平衡，由 $\sum F_y = 0$，可求得两支座的竖向反力为：

$$F_{AV} = F_{BV} = \frac{1}{2}qb \tag{6-8}$$

由 $\sum F_x = 0$ 可知，其水平力存在如下关系：

$$F_{AH} = F_{BH} = F_H \tag{6-9}$$

取左半拱为隔离体，由 $M_C = 0$ 可得：

$$F_{AV} \cdot \frac{b}{2} - F_{AH} \cdot h - q \cdot \frac{b}{2} \cdot \frac{b}{4} = 0 \tag{6-10}$$

可得：

$$F_H = \frac{qb^2}{8f} \tag{6-11}$$

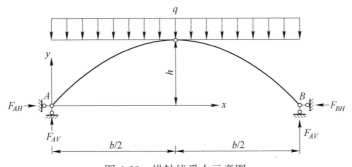

图 6-30 拱轴线受力示意图

截取拱左边任意一小部分进行分析，水平投影长度为 x，对应的拱高为 y，如图 6-31 所示，欲使任意截面处的弯矩均为零，则需满足：

$$M_0 = F_{AV}x - F_H y - qx\frac{x}{2} = 0 \tag{6-12}$$

计算可得合理拱轴线分布形式为：

$$y = \frac{4h}{b^2}x(l - x) \tag{6-13}$$

由计算结果可知，在外部荷载作用下，合理拱轴线的分布情况为二次抛物线时，其受力是最为合理的，巷道拱部截面形状的选择应尽量与该抛物线分布形式一致。对于几种常用的断面形式，如直墙半圆拱、三心拱、切圆拱以及矩形与该抛物线的吻合程度如图 6-32 所示。从图 6-32 中可以看出，相比于三心拱、直墙半圆拱以及矩形断面，切圆拱断面与所计算的合理拱轴线最为接近，从拱截面受力上分析亦是最为合理的，故建议白象山铁矿采矿进路顶板采用切圆拱形断面。

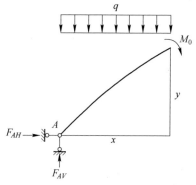

图 6-31　合理拱轴线计算截取示意图

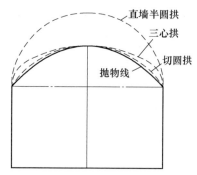

图 6-32　断面形式对比分析

6.3.2　采矿进路合理断面形式数值模拟分析

6.3.2.1　数值计算模型

进路采场开挖空间越大，围岩受力的稳定性就越差，应力分布也就越不均匀，整个工程对支护结构的要求也就越高。因此，研究对象为大暴露断面进路采场，断面尺寸为 6.0m×7.0m。模型建立时，模型的左右边界距巷道中心线 30m，上边界距巷道起拱线 30m，下边界距巷道起拱线 30m，模型的尺寸为 60m×60m×60m。确定模型边界条件是数值模拟的关键，FLAC^{3D} 可实现对地层施加初始地应力。因此，在不受开挖影响的边界采用位移约束边界条件，而在模型内部节点上施加初始地应力，这样就可模拟采矿进路开挖过程中岩体卸载的过程，边界条件采用位移和应力约束边界条件，即模型的左右两侧施加 x 方向的位移约束条件，前后施加 y 方向的位移边界条件，底面施加 z 方向的位移约束条件，顶面施加应力约束，在施加初始应力后初始化位移值。初始地应力垂向与埋深成正比，侧向应力系数为 k_1、k_2，即 $\sigma_z = \gamma h$，$\sigma_x = k_1 \sigma_z$，$\sigma_y = k_2 \sigma_z$，数值模拟中固定侧压力系数为 0.8。计算中的围岩采用了 Mohr-Coulomb 模型，建立的 FLAC^{3D} 数值模型如图 6-33 所示。利用有限差分软件 FLAC^{3D} 对 -470m 中段矿房（采矿进路）断面形状进行分析，揭示矿房（采矿进路）不同断面形状的位移及塑性区演化规律。

由于 FLAC^{3D}采用全部动力平衡求解应力、应变问题，因此对其输出的破坏区分布数据均赋予相对时间的概念，分现在（用 n 表示）和过去（用 p 表示）两种，再加上单元体拉伸破坏和剪切破坏两种破坏形态，共分为 5 种情况：（1）none：表示未破坏；（2）shear-n：表示现在剪切破坏；（3）shear-p：表示现在弹性状态，但是过去剪切破坏；（4）tension-n：表示现在张拉破坏；（5）tension-p：表示现在弹性状态，但是过去张拉破坏。

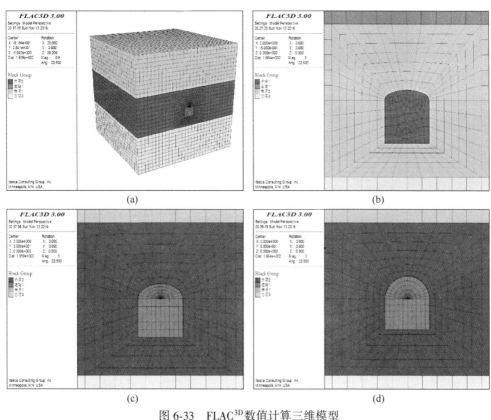

(a)　　　　　　　　　　　　　　(b)

(c)　　　　　　　　　　　　　　(d)

图 6-33　FLAC^{3D}数值计算三维模型

（a）数值计算模型；（b）三心拱形；（c）切圆拱形；（d）直墙拱形

6.3.2.2　采矿进路断面形状优化数值模拟结果分析

针对-470m 中段部分矿房（采矿进路）围岩变形量大、巷道断面收缩严重、支护失效多、矿压显现强烈等问题，在满足正常生产情况下，提出采用三心拱断面、切圆拱断面及直墙半圆拱断面等 3 种形状对矿房（采矿进路）形状进行优化，揭示不同断面形状的矿房（采矿进路）围岩塑性区和位移的变化规律，矿房（采矿进路）开挖后围岩塑性区的分布范围如图 6-34 所示，围岩竖直及水平位移云图如图 6-35 所示。

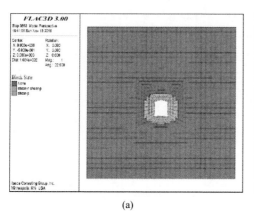

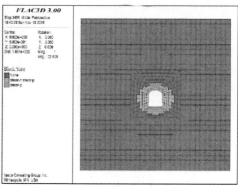

(a)　　　　　　　　　　　　(b)

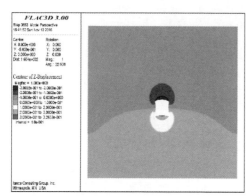

(c)

图 6-34　不同断面形状矿房（采矿进路）围岩塑性区云图
(a) 三心拱；(b) 切圆拱；(c) 直墙拱

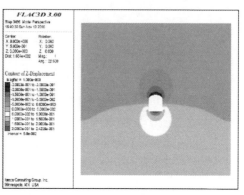

(a)　　　　　　　　　　　　(b)

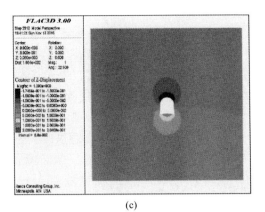

(c)

(1) 竖向位移云图

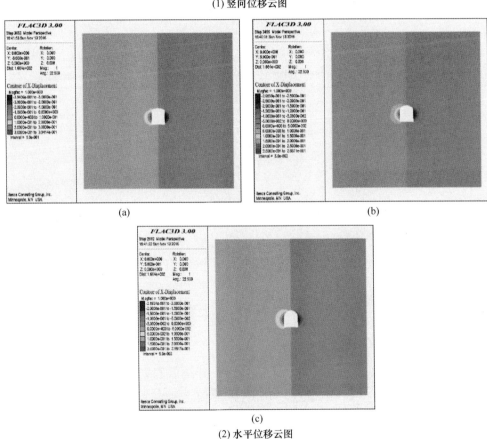

(a)   (b)

(c)

(2) 水平位移云图

图 6-35 不同断面形状矿房（采矿进路）围岩位移云图

由图 6-34 可以看出，矿房（采矿进路）顶底板和两帮发生明显的塑性破坏，矿房（采矿进路）的破坏从拱脚开始逐渐向深部及其他部位延伸，矿房（采矿进路）底板和帮部破坏范围增加，矿房（采矿进路）顶、底板的破坏深度比帮部小。为了方便分析，将不同断面形状矿房（采矿进路）围岩最大塑性区深度列于表 6-43 中，图 6-36 所示为不同断面形状矿房（采矿进路）围岩塑性区分布演化规律。当断面形状由三心拱改为直墙拱时，采矿进路顶板最大塑性深度从 2.29m 降低到 1.76m，降低幅度为 23.14%；帮部最大收敛量从 2.86m 增加到 2.63m，降低幅度为 8.04%；底板最大底鼓量从 2.41m 降低到 1.79m，降低幅度为 25.73%，当矿房（采矿进路）断面形状从三心拱改为直墙拱对顶板和底板的塑性范围影响较大，对帮部的塑性范围影响较小，当断面形状从切圆拱改为直墙拱时矿房（采矿进路）围岩的塑性深度减小幅度较小。

表 6-43　不同断面形状矿房（采矿进路）围岩最大塑性区深度

断面形状	顶板/m	底板/m	帮部/m
三心拱	2.29	2.41	2.86
切圆拱	1.92	1.90	2.68
直墙拱	1.76	1.79	2.63

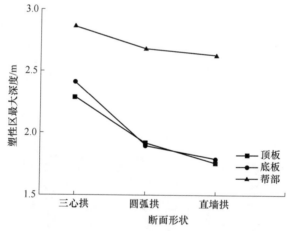

图 6-36　不同断面形状矿房（采矿进路）围岩塑性区分布演化规律

从图 6-36 中可以看出，矿房（采矿进路）开挖后围岩最大竖直位移发生在顶底板中央，最大水平位移产生于两帮中央，为了方便分析，将不同断面形状矿房（采矿进路）围岩发生的最大水平及竖直位移列于表 6-44 中，图 6-37 所示为不同断面形状矿房（采矿进路）围岩位移演化规律。当断面形状由三心拱改为直墙拱时，矿房（采矿进路）顶板最大下沉量从 290.92mm 降低到 174.55mm，降低幅度为 40.0%；帮部最大收敛量从 394.14mm 增加到 219.24mm，降低幅度为 44.38%；底板最大底鼓量从 326.33mm 降低到 204.68mm，降低幅度为 37.28%，矿房（采矿进路）断面形状对帮部的变形敏感度较高，对底板的变形敏感度较小。而从切圆拱断面到直墙拱断面时，矿房（采矿进路）的围岩塑性深度及变形降低幅度明显较小，由于直墙拱形状断面对施工工艺要求较高，后期进路充填效果较差，且其断面利用率低。综合相比较而言，在能满足正常生产的条件下，选择切圆拱形断面更有利于矿房（采矿进路）围岩的自稳。

表 6-44　不同断面形状矿房（采矿进路）围岩最大竖向及水平位移量

断面形状	顶板最大竖向沉降/mm	底板最大竖向位移/mm	帮部最大水平位移/mm
三心拱	290.92	326.33	394.14
切圆拱	208.22	242.26	265.90
直墙拱	174.55	204.68	219.24

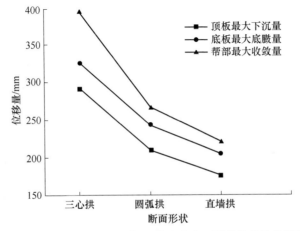

图 6-37　不同断面形状矿房（采矿进路）围岩位移演化规律

6.3.2.3　采矿进路断面拱高优化数值模拟结果分析

为分析矿房（采矿进路）拱高对围岩稳定性的影响，针对切圆拱形矿房（采矿进路）断面，设计拱高分别为 0.5m、1.0m、1.5m、2.0m、2.5m、3.0m 等 6 种尺寸对切圆拱形矿房（采矿进路）尺寸进行优化，揭示不同断面拱高时矿房（采矿进路）围岩塑性区和位移的变化规律。矿房（采矿进路）开挖后围岩塑性区的分布范围如图 6-38 所示，围岩竖直及水平位移云图如图 6-39 和图 6-40 所示。

由图 6-38 可以看出，矿房（采矿进路）顶底板和两帮发生明显的塑性破坏，矿房（采矿进路）的破坏从拱脚开始逐渐向深部及其他部位延伸，矿房（采矿进路）底板和帮部破坏范围增加，巷道顶、底板的破坏深度比帮部小。为了方便分析，将切圆拱形不同拱高矿房（采矿进路）围岩最大塑性区深度列于表 6-45 中，图 6-46 所示为切圆拱不同拱高矿房（采矿进路）围岩塑性深度演化规律。

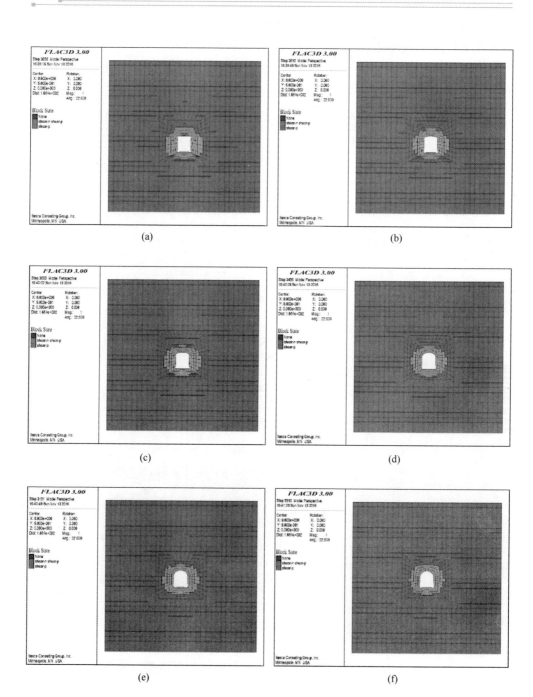

图 6-38　切圆拱不同拱高矿房（采矿进路）围岩塑性区云图

（a）拱高 0.5m；（b）拱高 1.0m；（c）拱高 1.5m；

（d）拱高 2.0m；（e）拱高 2.5m；（f）拱高 3.0m

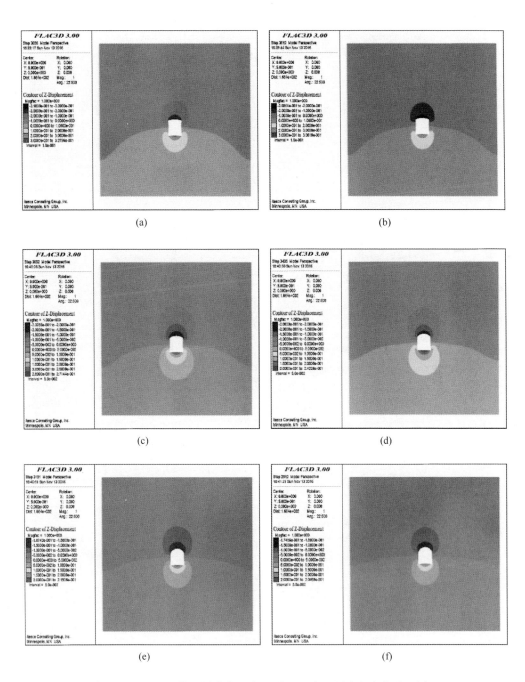

图 6-39 切圆拱不同拱高矿房（采矿进路）围岩竖向位移云图

(a) 拱高 0.5m；(b) 拱高 1.0m；(c) 拱高 1.5m；

(d) 拱高 2.0m；(e) 拱高 2.5m；(f) 拱高 3.0m

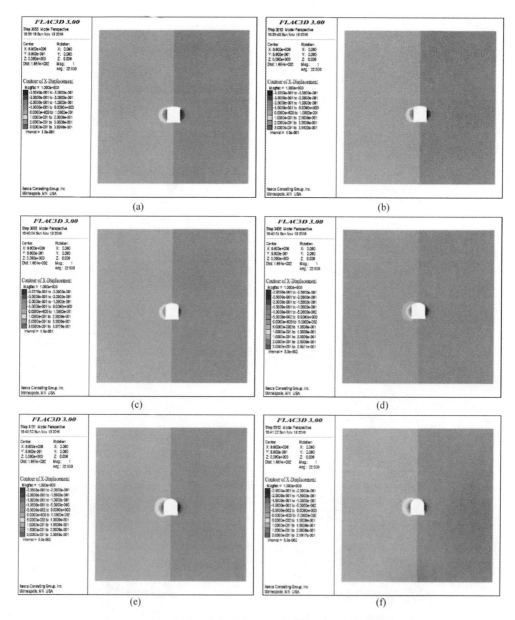

图 6-40　切圆拱不同拱高矿房（采矿进路）围岩水平位移云图

(a) 拱高 0.5m；(b) 拱高 1.0m；(c) 拱高 1.5m；

(d) 拱高 2.0m；(e) 拱高 2.5m；(f) 拱高 3.0m

当切圆拱断面拱高由 0.5m 增加到 3.0m 时，矿房（采矿进路）顶板最大塑性深度从 2.34m 降低到 1.76m，降低幅度为 24.79%；帮部最大收敛量从 2.91m 增加到 2.63m，降低幅度为 9.62%；底板最大底鼓量从 2.15m 降低到 1.79m，降低幅度为 16.74%, 切圆拱断面矿房 (采矿进路) 拱高的变化对顶板和底板的塑性范围影响较大, 对帮部的塑性范围影响较小, 当拱高从 2.0m 增加到 3.0m 时, 矿房 (采矿进路) 围岩的塑性深度减小幅度较小。

表 6-45 切圆拱不同拱高矿房 (采矿进路) 围岩最大塑性区深度

拱高/m	0.5	1.0	1.5	2.0	2.5	3.0
顶板/m	2.34	2.18	2.06	1.92	1.79	1.76
底板/m	2.15	2.06	1.99	1.90	1.82	1.79
帮部/m	2.91	2.81	2.74	2.68	2.65	2.63

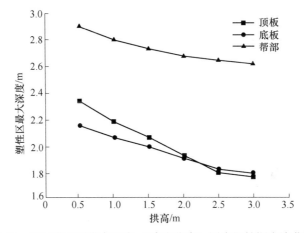

图 6-41 切圆拱不同拱高矿房 (采矿进路) 围岩塑性深度演化规律

从图 6-39 和图 6-40 中可以看出, 矿房 (采矿进路) 开挖后围岩最大竖直位移发生在顶底板中央, 最大水平位移产生于两帮中央, 为了方便分析, 将切圆拱形不同拱高矿房 (采矿进路) 围岩发生的最大水平及竖直位移列于中表 6-46, 图 6-42 所示为切圆拱不同拱高矿房 (采矿进路) 围岩位移演化规律。当切圆拱断面拱高由 0.5m 增加到 3.0m 时, 矿房 (采矿进路) 顶板最大下沉量从 318.89mm 降低到 174.55mm, 降低幅度为 45.26%; 帮部最大收敛量从 392.49mm 增加到 219.24mm, 降低幅度为 44.14%; 底板最大底鼓量从 327.97mm 降低到 204.68mm, 降低幅度为 37.59%, 切圆拱形的拱高对矿房 (采矿进路) 顶板下沉影响较大。

表 6-46 切圆拱不同拱高矿房 (采矿进路) 围岩最大竖向及水平位移量

拱高/m	0.5	1.0	1.5	2.0	2.5	3.0
顶板最大竖向沉降/mm	318.89	268.61	232.80	208.22	187.42	174.55
底板最大竖向位移/mm	327.97	306.19	271.44	242.26	219.36	204.68
帮部最大水平位移/mm	392.49	354.02	307.79	265.90	235.65	219.24

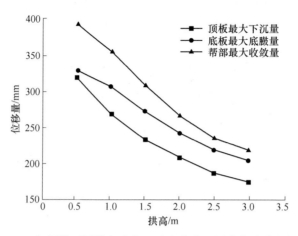

图 6-42 切圆拱不同拱高矿房（采矿进路）围岩位移演化规律

6.3.3 采矿进路合理断面形式与参数建议

综上所述，当切圆拱断面拱高由 2.0m 增加到 3.0m 时，矿房（采矿进路）围岩塑性深度及顶板变形降低幅度明显较小，由于拱高为 3.0m 时为直墙拱形断面，对施工工艺要求较高，且后期进路充填效果较差，因此综合比较，在能满足正常生产的条件下，选择拱高为 2.0m 的切圆拱形断面更有利于施工及矿房（采矿进路）自稳。

6.4 两步骤回采顺序优化

姑山矿区主要回采方案为进路间隔回采，规格 4m×4m（进路充填法）或（4~6）m×（7~8）m 预控顶进路充填法（控顶层高度 3~4m，回采层高度 3~4m）。在节理裂隙发育、矿体围岩稳固性差的矿段，进路采场跨度不超过 4m。

采矿试验结果表明，在部分地段，由于矿体节理裂隙发育，矿体稳固性较差，第二步进路回采时，造成两侧一步采进路充填体人工矿柱及矿体顶板垮落。为保证回采作业安全，有必要针对矿体稳固性差、充填体质量不高地段，以提高人工充填体矿柱支撑效果为目的，优化进路回采顺序。

6.4.1 充填体人工矿柱破坏形式

人工矿柱破坏是矿柱失稳、丧失支撑能力的根本原因。大量的研究和强度试验表明，人工矿柱的尺寸和长期强度，取决于地质条件、开采深度、矿房尺寸、采场平面布置与空间布局以及对地面变形的要求等，破坏形式主要有以下 3 种（见图 6-43）。

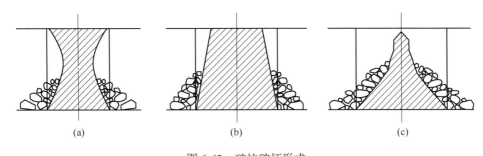

图 6-43　矿柱破坏形式

（a）剪切破坏；（b）拉伸破坏；（c）拉剪破坏

（1）剪切破坏。这种破坏形式相当于岩石试件在压力机上加载产生的锥形破坏。由于矿柱顶底部受压，超过其极限强度，岩石在压缩下的泊松效应因岩石端面与顶底间的摩擦而受到约束，因此在矿柱顶底部形成的一种特殊剪切破坏形式，如图 6-43（a）所示。

（2）拉伸破坏。由于岩层较厚、开采高度大、矿柱宽度小，矿柱受压后产生横向应变，会造成矿柱片帮等破坏形式，如图 6-43（b）所示。

（3）拉剪破坏。这种破坏多出现在采场顶底板岩层硬度大，矿柱岩性为软岩的情形，矿柱受压产生塑性变形，造成两侧塑性区沟通而破坏的形式，如图 6-43（c）所示。白象山铁矿两侧充填体人工矿柱即属于该种破坏形式。

6.4.2　充填体人工矿柱破坏机理

以上矿柱的破坏均与矿柱的受载和强度有关，亦即与矿柱上的应力分布有关，图 6-44 所示为三种矿柱破坏形式的支承压力分布。

（1）当矿柱宽度较小时，两侧的塑性区连通，支承压力迭加呈尖峰分布，如图 6-44（a）所示。若峰值超过矿柱的极限强度，则矿柱完全破坏。

（2）当矿柱较宽时，中部存在弹性区，两侧支撑力迭加后呈近似梯形分布，如图 6-44（b）所示。当峰值超过矿柱的极限强度时，矿柱的塑性区会发生片帮，此时，矿柱的尺寸仅相当于中部的弹性区宽度，随着时间的推移，弹性区宽度逐渐减小，会进一步出现尖峰分布而破坏。

（3）当矿柱宽度足够大时，矿柱中部的弹性区宽度远大于塑性区宽度，此时，两侧支承压力互不迭加，近似呈矩形分布，如图 6-44（c）所示。此时矿柱不发生破坏。

6.4.3　充填体人工矿柱破坏准则

顶板大面积来压冒落大多与矿柱分布有关，其实质就是顶板变形压缩矿柱使之失去支撑顶板的能力。矿柱是否破坏的判据可用极限强度理论来确定。极限强

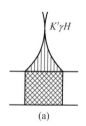 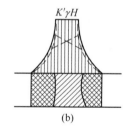 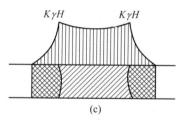

$$(a) \qquad\qquad (b) \qquad\qquad\qquad (c)$$

图 6-44　三种矿柱支撑压力分布

度理论的判别式为：

$$\sigma \leqslant \sigma_{\mathrm{p}} \tag{6-14}$$

式中　σ——充填体人工矿柱平均应力；

　　　σ_{p}——充填体矿柱极限强度。

充填体人工矿柱平均应力可按式（6-14）计算：

$$\sigma = \zeta(\gamma_1 H_1 + \gamma_2 H_2) \tag{6-15}$$

式中　ζ——矿柱面积比率，是指采区总面积与采场支撑矿柱面积与之比，对于长度相同的进路而言，即是所支撑的回采宽度与一步采充填体进路宽度之比；

　　　γ_1——矿体平均密度，$\gamma_1 = 3.61 \mathrm{t/m^3}$；

　　　γ_2——上覆围岩平均密度，$\gamma_2 = 2.54 \mathrm{t/m^3}$；

　　　H_1——矿体厚度，$-500\mathrm{m}$ 水平上部矿体厚度 $H_1 \approx 300\mathrm{m}$；

　　　H_2——上覆岩层（矿体顶部至地表）厚度，$H_2 \approx 250\mathrm{m}$。

充填体强度一般是在试验室试验中确定的，但现场强度往往与试验结果有较大的差别，经大量试验，得出如下充填体矿柱强度计算的经验公式：

$$\sigma_{\mathrm{p}} = \sigma_{\mathrm{c}} \left(\frac{3}{4} + \frac{B}{5h} \right) \tag{6-16}$$

式中　σ_{c}——充填体实验室测定的单轴抗压强度，按 $\sigma_{\mathrm{c}} = 2 \sim 2.5 \mathrm{MPa}$ 计算；

　　　B——充填体人工矿柱宽度；

　　　h——回采高度，预控顶进路 $h = 8\mathrm{m}$。

6.4.4　回采顺序优化模型

根据上述分析，对于两步回采的进路充填法，在矿岩稳固性和充填体强度指标一定情况下，第二步进路回采时，两侧充填体人工矿柱及采场顶板稳定性主要取决于两侧充填体宽度。因此，在充分考虑实现矿山生产能力所需同时回采进路数目的前提下，确定如下 4 种回采顺序模型进行优化（优化预控顶进路高度 7m，考虑到生产过程中的超挖，以及未来进一步提高进路高度的可能性，将模拟预控

顶高度设定为8m）:

（1）隔一采一。即一步采、二步采进路交替布置，隔一采一，如图6-45（a）所示。

（2）隔二采一。即两条进路顺序回采，充填后再回采第二步进路，如图6-45（b）所示。

（3）隔三采一。即3条进路顺序回采，充填后再回采第二步进路，如图6-45（c）所示。

（4）隔四采一。即4条进路顺序回采，充填后再回采第二步进路，如图6-45（d）所示。

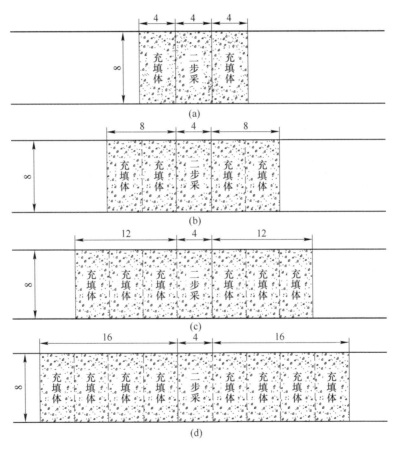

图6-45　回采顺序优化模型

为了考虑现场充填体强度的波动，充填体强度分别取值2.0MPa和2.5MPa进行计算。各模型充填体人工矿柱平均应力及充填体强度计算结果见表6-47和表6-48。从表中可以看出:

（1）充填体强度低于2~2.5MPa情况下，当前采用的间隔回采顺序（隔一采一）安全性较差，尤其是当矿体内存在大的断层等滑移面时，充填体及采场顶板垮落可能性较大。

（2）充填体强度达到2.5MPa时，隔二采一可以保证回采安全；但当充填体强度低于2.5MPa时，充填体及采场顶板存在垮落可能性。

（3）充填体强度达到2.5MPa时，隔三采一安全系数达到1.3，即使充填体强度仅为2.0MPa时，也可基本保证充填体及采场顶板稳定。

（4）在充填体强度为2~2.5MPa情况下，隔四采一安全性较好，安全性系数（充填体强度与充填体人工矿柱平均应力之比）较大。

表 6-47　回采顺序模型充填体人工矿柱平均应力及充填体强度计算结果
（充填体室内试验强度2.08MPa）

模　型	隔一采一	隔二采一	隔三采一	隔四采一
$(\gamma_1 H_1 + \gamma_2 H_2)/MPa$	1.71	1.71	1.71	1.71
Z	3/2	5/4	7/6	9/8
σ/MPa	2.57	2.14	2.00	1.92
B/m	4	8	12	16
σ_p/MPa	1.7	1.9	2.1	2.3
σ_p/σ（安全系数）	0.66	0.89	1.05	1.20
稳定情况	不安全	不安全	较安全	安全

表 6-48　回采顺序模型充填体人工矿柱平均应力及充填体强度计算结果
（充填体室内试验强度2.5MPa）

模　型	隔一采一	隔二采一	隔三采一	隔四采一
$(\gamma_1 H_1 + \gamma_2 H_2)/MPa$	1.71	1.71	1.71	1.71
ζ	3/2	5/4	7/6	9/8
σ/MPa	2.57	2.14	2.00	1.92
B/m	4	8	12	16
σ_p/MPa	2.13	2.38	2.63	2.88
σ_p/σ（安全系数）	0.83	1.11	1.31	1.50
稳定情况	不安全	较安全	较安全	安全

6.4.5　建议进路回采顺序

根据回采顺序优化研究结果，综合考虑回采作业安全性和同时回采进路布置可能性，建议采用隔三采一的进路回采顺序。该回采顺序（见图6-46）的主要特征是：每 4 条进路为一矿块，每个矿块内各进路顺序回采、充填，在前 3 条进路回采过程中，时刻保持一侧为矿体（另一侧为充填体），回采至第 4 条进路时，两侧充填体人工矿柱宽度可达 12m，基本能够保证回采作业安全。

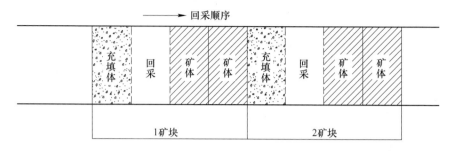

图 6-46　小盘区进路回采顺序示意图

6.5　软破矿体爆破技术

采矿方案采用隔三采一进路回采方式，理论上只要保证断面规格及形状可满足矿山当前安全生产需求即可。但由于近顶柱开采技术条件较差，为最大程度降低爆破振动对未回采矿体或充填体的影响程度和实现一次爆破形成较为理想的断面形状，有必要辅以有利于地压控制的控制爆破技术。控制爆破的主要目的是：一步回采时实施周边眼光面爆破技术，形成设计规格形状断面；二步回采时实施周边眼的小药量缓冲爆破，减少充填体垮落现象的发生；辅助眼微差控制爆破技术，降低单段起爆药量，进而减弱爆破振动对边帮及顶板的损伤破坏。

（1）周边眼光面爆破。光面爆破就是先爆破主体开挖部位的岩石，形成有效的临空面，然后再用布置在轮廓线上的炮孔，将作为保护层的"光爆层"炸除，形成一个平整的开挖面。采用该法爆破的特点是开挖面光滑平整，围岩稳定性受爆破扰动下降的程度较低，可提高爆破施工的质量，实现更安全、经济和科学的爆破开挖。

（2）辅助眼微差控制爆破。微差爆破，又称毫秒爆破，是一种延期时间间隔为几毫秒到几十毫秒的延期爆破。由于前后相邻段炮孔爆破时间间隔极短，致使各炮孔爆破产生的能量场相互影响，既可以提高爆破效果，又可以减少爆破地震效应、冲击波和飞石危害。微差爆破作用原理为：

1）产生辅助自由面。由于毫秒系列雷管各段有微小时差，先起爆炸药在岩石中已造成一定的破坏，形成了一定宽的裂隙和附加自由面，为后起爆炸药提供了有利爆破条件。如果爆破参数选择合理，就会改变后爆炸药的最小抵抗线方向，使其作用方向平行于壁，减少岩石的抛掷距离和爆破宽度。

2）产生的爆炸应力波互相干扰。先起爆炸药在岩石中激起压缩波，从自由面反射成拉伸波后再引爆以后炸药，不仅能消除同时爆炸形成的无应力区或应力降低区，而且能增大该区内的拉应力，使落矿块度均匀。

3）剩余应力的相互作用。由于相邻两炸药间隔时间极短，先起爆的炸药在岩石中产生的应力波尚未消失，后起爆的炸药就爆炸，这样被爆岩石就会受到双向应力的作用，从而改善破碎效果，降低炸药用量。

4）震动波削弱。采用毫秒爆破时，如果时差选择合理，爆破产生的震动波会相互干扰而削弱，从而降低对工作面顶板的震动作用，有利于顶板的稳定和维护工作。

（3）周边眼缓冲爆破。二步回采时进路两侧均为充填体，为减小爆炸冲击波及爆破震动对充填体边帮的影响，实施小孔网参数、小药量的缓冲爆破。缓冲爆破基本原理是在确保爆破破碎效果的前提下，通过缩小孔网参数、减少单孔装药量的方法来减弱爆破冲击荷载的作用范围，以达到控制后冲效应对预留岩体破坏的目的，一般是与预裂爆破或光面爆破同时使用。二步回采时原岩矿体与充填体之间存在交界面，相当于已实施过预裂爆破，将两者分离开来。

6.5.1　传统进路采场（4m×4m）爆破技术

矿山当前进路采场（4m×4m）爆破方式及爆破参数为：采用楔形掏槽方式首先形成爆破自由面，掏槽眼由 4 个炮孔组成，炮孔间距 0.5m；辅助眼 13 个，间距取 0.6~0.9m；周边眼 22 个，间距取 0.7m，周边眼距进路轮廓线取 0.2m。掏槽眼深 3.2m，底眼深 3.2m，其余孔深 3.0m，合计孔深 119.2m。炮孔布置如图 6-47 所示。

爆破采用乳化炸药，人工装填药卷，起爆采用非电导爆管、毫秒微差雷管，CHA-300 型起爆器起爆。

采用 ϕ32mm 乳化炸药药卷，长度 200mm，每卷装药 150g，各炮孔装药量如表 6-49 所示。分别以掏槽眼、辅助眼、周边眼、底眼为序分段起爆。单炮进尺按照 3.0m 计算，每循环落矿 4.0m×4.0m×3.0m(炮孔深度)×0.81(炮孔利用率)× 3.46t/m³（矿石体重）= 134.5t，炸药单耗为 0.41kg/t，合 1.42kg/m³，每米炮孔崩矿量 1.13t/m。

6.5.2　预控顶进路采场（4m×7m）爆破技术

预控顶进路采场（4m×7m）主要由空顶层和回采层组成。

6.5.2.1　控顶层

控顶层炮孔布置采用楔形掏槽方式，首先形成爆破自由面，掏槽眼由 4 个炮孔组成，炮孔间距 0.5m；辅助眼 11 个，间距取 0.6~0.9m；周边眼 20 个，间距

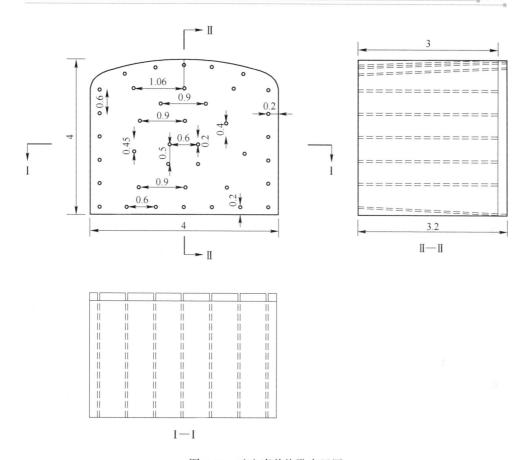

图 6-47 矿山当前炮孔布置图

表 6-49 当前炮孔装药量

炮眼类型	炮孔个数	总长/m	单孔药卷数	单孔药量/kg	总药量/kg	药卷总数
掏槽眼	4	12.8	12	1.80	7.20	48
辅助眼	13	39	11	1.65	21.45	143
底眼	7	22.4	12	1.80	12.60	84
帮眼	10	30	6	0.90	9.00	60
顶眼	5	15	6	0.90	4.50	30
总计	39	119.2	—	—	54.75	365

取 0.7m，周边眼距进路轮廓线取 0.2m。掏槽眼深 3.2m，底眼深 3.2m，其余孔深 3.0m，合计孔深 107.2m，炮孔布置如图 6-48 所示。

采用 φ32mm 乳化炸药药卷，长度 200mm，每卷装药 150g，采用非电导爆管、毫秒微差雷管、CHA-300 型起爆器，以掏槽眼、辅助眼、周边眼、底眼为序分段起爆。

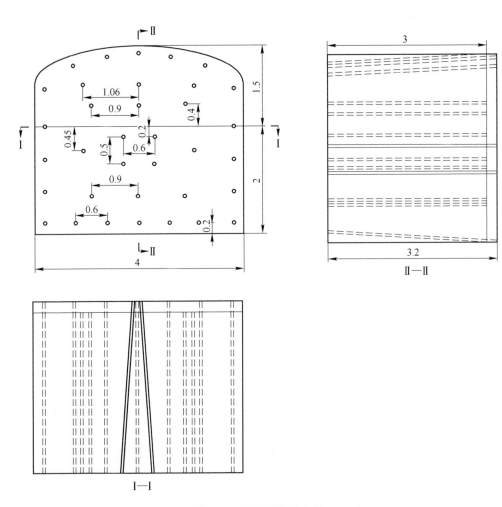

图 6-48　控顶层炮孔布置

6.5.2.2　回采层

在控顶层进路内钻凿下向垂直炮孔，向回采层联络道方向侧向崩矿。下向垂直炮孔长度 3.5m，炮孔距进路轮廓线取 0.5m，其他炮孔间距 1.3～1.4m，排距 1.0m（见图 6-49）。

控顶层每步距（3m）矿量为 128.52t（炮孔利用率取 0.85），单位炸药消耗量为 0.386kg/t，每米炮孔崩矿量为 1.2t/m；回采层每步距（1m）矿量为 42.84t，单位炸药消耗量为 0.22kg/t，每米炮孔崩矿量为 3.02t/m。合计预控顶上向进路充填法单位炸药消耗量为 0.35kg/t，每米炮孔崩矿量为 1.41t/m。

各炮眼装药量见表 6-50。

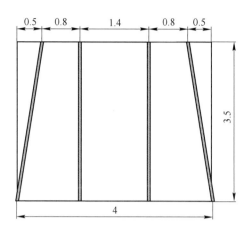

图 6-49　回采层炮孔布置

表 6-50　预控顶炮眼装药量

项　目	炮眼类型	炮孔个数	总长/m	单孔药卷数	单孔药量/kg	总药量/kg	药卷总数
控顶层	掏槽眼	4	12.8	12	1.8	7.2	48
	辅助眼	11	33	11	1.65	18.15	121
	底眼	7	22.4	12	1.8	12.6	84
	帮眼	8	24	6	0.9	7.2	48
	顶眼	5	15	6	0.9	4.5	30
	小计	35	107.2			49.65	331
回采层	垂直炮孔	4	14.2	16	2.4	9.6	64
	小计	4	14.2			9.6	64

6.5.3　小分段（预控顶）矿房（12m高）爆破技术

白象山铁矿矿岩稳固性较好的区域采用小分段空场嗣后充填法，矿房宽6m，高10.5m（最大达12m）。4.3.3节已介绍10.5m高矿房爆破技术，矿房越大，稳定性越低，本节重点介绍12m高矿房爆破技术。当矿房高度为12m时，凿岩巷道高3.5m，台阶高8.5m，如图6-50所示。

6.5.3.1　边壁控制爆破

切割槽边壁采用光面爆破技术，矿房两侧采用预裂爆破技术，两者共同点是

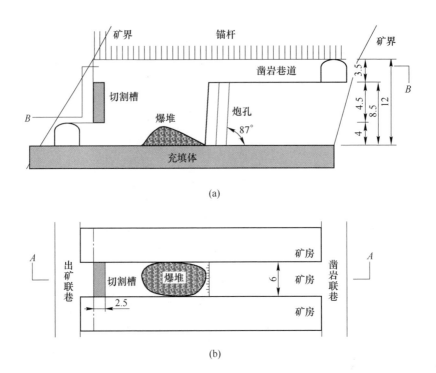

图 6-50　小分段矿房（12m 高）布置图

（a）A—A 矿房轴向垂直剖面；（b）B—B 矿房平面布置剖面

在矿房两侧及端壁各布置一排密集孔，采用小药量不耦合装药方式，不堵塞炮孔；不同点是切割槽边壁孔后于主爆孔起爆，矿房边孔先于主爆孔起爆。线装药密度与极限抗压强度、孔径存在如下关系：

$$q_1 = 2.75\sigma_c^{0.63}(d/2)^{0.38}$$

白象山矿石 σ_c 为 107.6MPa（96.2~140.0MPa），d 为 70mm，将其代入上式，可得 q_1 为 238.9g/m，经多次试验，最终取 q_1 为 400g/m，即将 32mm 乳化药卷用胶带牢固绑扎于导爆索上，每米绑扎 2 支，矿房边孔孔底 1m 双倍装药。边孔间距为 0.56~0.84m，根据实际情况取 0.8m，根据采场宽度（6m）及主爆孔孔网参数的布设情况，经多次试验，边孔炮孔与主爆孔的间距取 0.7m。

6.5.3.2　切割槽爆破

切割槽采用光面爆破与中深孔联合爆破方案，如图 6-51~图 6-53 所示，切割槽爆破参数见表 6-51，此外，需导爆索 97m，32mm 药卷 38.2kg，铵油炸药 123.5kg，雷管 5 个，炸药单耗 0.72kg/t（矿量 225t）。

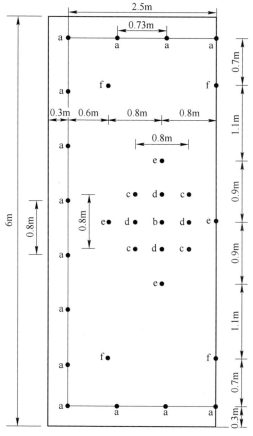

图 6-51 切割槽布孔

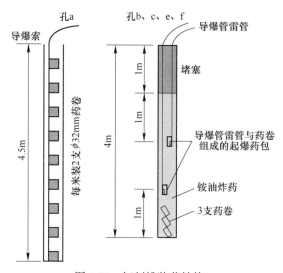

图 6-52 切割槽装药结构

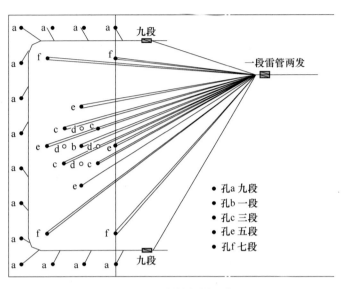

图 6-53　切割槽起爆网络

表 6-51　切割槽爆破参数

参　　数	光爆孔 a	掏槽孔 b	掏槽孔 c	空孔 d	辅助孔 e	主爆孔 f	爆破器材	合计
孔径/mm	70	70	70	70	70	70		
倾角/(°)	-87	-90	-90	-90	-90	-90		
孔深/m	6	4	4	4.53	4	4.5		
超深/m							导爆索97m，32mm药卷38.2kg，铵油炸药123.5kg	
装药长度/m	4.5	3	3		3	3		
装药量/kg	1.8	10.5	10.5		10.5	10.5		
线装药密度 kg/m	0.4	3.5	3.5		3.5	3.5		
装药结构	间隔装药	连续耦合	连续耦合		连续耦合	连续耦合		
堵塞长度/m		1	1		1	1		
雷管段别	9	1	3		5	7		
炮孔个数	14	1	4	4	4	4		31
雷管个数	2	2	8		8	8	5	45
炸药量/kg	25.2	10.5	42		42	42		161.7

6.5.3.3　矿房回采爆破

矿房回采爆破采用预裂爆破与中深孔联合爆破方案，如图 6-54～图 6-57 所示。矿房爆破参数见表 6-52，此外，导爆索 190m，32mm 药卷 80.4kg，铵油炸药 282kg，雷管 4 个，炸药单耗 0.297kg/t（矿量 1220t）。

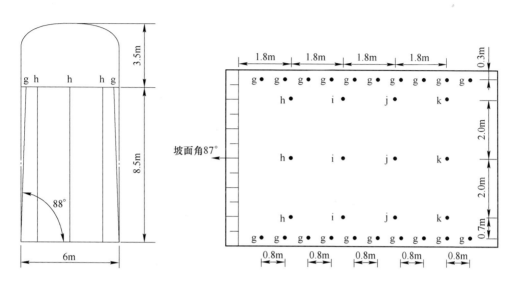

图 6-54　矿房回采布孔

图 6-55　矿房剖面

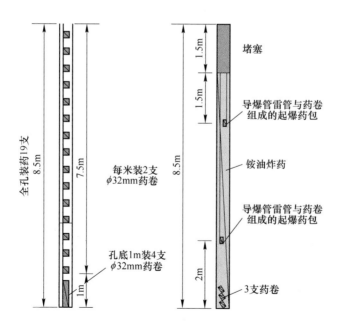

图 6-56　矿房回采装药结构

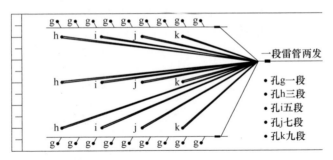

图 6-57   矿房起爆网络

表 6-52   矿房爆破参数

参 数	预裂孔 g	第一排孔 h	第二排孔 i	第三排孔 j	第四排孔 k	爆破器材	合计
孔径/mm	70	70	70	70	70	导爆索 190m，φ32mm 药卷 80.4kg，铵油炸药 282kg	
倾角/(°)	−88	−87	−87	−87	−87		
孔深/m	8.5	8.5	8.5	8.5	8.5		
超深/m							
装药长度/m	7	7	7	7	7		
装药量/kg	3.8	24.5	24.5	24.5	24.5		
线装药密度/kg·m⁻¹	0.4	3.5	3.5	3.5	3.5		
装药结构	间隔装药	连续耦合	连续耦合	连续耦合	连续耦合		
堵塞长度/m		1.5	1.5	1.5	1.5		
雷管段别	1	3	5	7	9		
炮孔个数	18	3	3	3	3		30
雷管个数	18	6	6	6	6	4	46
炸药量/kg	68.4	73.5	73.5	73.5	73.5		362.4

6.5.4   爆破过程地压管理措施

由于采用进路充填法，进路间隔回采的空区可以得到有效及时充填，采矿作业各项安全性能较好。但是地下矿山冒顶片帮是仍是不稳定采区的主要安全隐患之一，因此采场顶板安全管理必须贯穿回采作业全过程。在爆破作业中应该注意以下几个方面：

（1）采场必须具备两个以上独立安全出口，形成完整通风线路，泄水井与充填通风井施工完成后方能进行回采作业。

（2）为保证顶板平整、稳固，应采用光面爆破方式，根据计算结果合理布置炮孔参数，力争在进路宽度内形成微小拱形顶板。

（3）在采场内进行凿岩、爆破后，严格执行敲顶问帮制度，必要时需对顶板进行临时支护，发现大面积地压活动预兆，应立即停止作业，将人员撤至安全地点。

（4）各同时工作进路爆破时间应尽量统一，并严格执行爆破安全规程。

（5）爆破后必须保证充分通风时间，确认排出炮烟后，人员方能进入工作面进行下一工作循环。

（6）回采进路 50m 范围内其他进路爆破，本进路工作人员躲炮后回到进路继续工作前，必须首先检查顶板，以避免临界进路爆破对本进路顶板稳固性造成破坏而引发的安全事故。

6.6 井下地压监测技术

对地压变化进行动态监测，可为采矿的安全、经济和高效提供保证。地压显现及其程度取决于地质条件和采矿的工程条件。一方面由于地质情况的复杂性，先期的地质勘探工作并不能完全取得地压分析研究需要的资料，从而不可避免地使得先期的分析研究和预测预报具有一定的偏差；另一方面，矿体的开采是不断向前推进的，空间形态不断变化，使得地压的显现具有动态性质。地压的复杂性和动态性决定了对地压进行实时监测的必要性，只有通过监测掌握实际的地压显现情况，并结合先期的地压预测结果，才能正确把握地压特征及其发展变化趋势，为采矿工作的安全、经济和高效进行提供保障。

6.6.1 围岩松动圈测试技术

为充分了解采矿进路压力和围岩破裂情况，需要对采矿进路围岩的松动圈进行测试。采矿进路开挖后，由于周围岩体的平衡应力状态被破坏，采场进路围岩必然出现应力状态的改变和应力集中。当围岩的应力超过这种状态下的围岩强度时，围岩就会产生大量的裂隙，甚至出现破裂的现象。这种裂隙和破裂的生成，必然导致采场进路围岩产生收敛变形，同时出现围岩内部松动的现象。因采场进路开挖，围岩产生松动变形的范围就是围岩松动圈。围岩松动圈的大小除与工程因素（进路断面的形状和大小、施工方法和支护形式等）有关外，主要与客观的地质因素有关。它在很大的程度上取决于围岩的应力与强度这一对影响采矿进路稳定的主要矛盾上。因此，围岩松动圈的大小可以作为衡量采矿进路稳定难易程度的一个综合性指标。通过对采矿进路围岩松动圈的测试，可较准确地了解采矿进路（矿房）围岩的松动和破坏情况，为确定合理的支护与加固参数提供依据。

地质雷达是利用高频电磁波的反射来探测有电性差异的界面或目标体的一种

物探技术。地质雷达探测时，通过发射天线向地下（或其他方向）定向发射脉冲电磁波，当脉冲电磁波传播过程中遇到有电性差异的界面或目标体（介电常数和电导率不同）时，就会发生反射和散射现象，根据接收天线收到的回波信号的振幅、波形和频率等运动学特征可分析和推断介质结构和物性特征。地质雷达探测方法是目前分辨率较高的工程地球物理方法，源于欧美的航天探空雷达技术，虽然早在 1910 年德国的 G. Leimbach 和 H. Lowy 就提出了利用雷达原理探地，但是在 20 世纪 70 年代以后探地雷达的实际应用范围才得以扩大。地质雷达在工程质量检测、场地勘察中被广泛采用，近年来也被用于超前预报工作，该方法能发现掘进面前方地层的变化，对于断裂带特别是含水带、破碎带有较高的识别能力，在深埋隧道和富水地层以及溶洞发育地区，地质雷达是一个很好的预报手段。

6.6.1.1　探测设备

地质雷达是用于探测地下介质（土层、岩层）中管线、电缆或其他人工填埋物及空洞、裂隙破碎带和断层等的专用仪器，属于无损检测，并具有检测速度快等优点。此次探测采用意大利 IDS 公司生产的 RIS-K2 探地雷达，选用 200MHz 天线，其探测范围随岩性不同可达到 10m 左右；雷达主机与天线如图 6-58 所示。

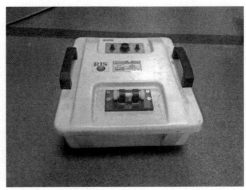

图 6-58　RIS-K2 地质雷达主机及屏蔽天线

6.6.1.2　探测原理

地质雷达与探空雷达技术相似，也是利用高频电磁脉冲波的反射来探测目标体，通过对电磁波在地下介质中传播规律的研究与波场特点的分析，查明介质结构、属性、几何形态及其空间分布特征。

地质雷达由地面发射天线 T 将高频电磁波（主频为 $10^6 \sim 10^9$Hz）以宽频带短脉冲形式送入地下，经地下目标体或不同电磁性质的介质分界面反射后返回地面，为另一接收天线 R 所接收，而其余电磁能量则穿过界面继续向下传播，在更

深的界面上继续反射和折射，直至电磁能量被地下介质全部吸收，如图 6-59
所示。

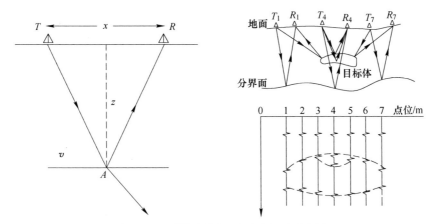

图 6-59 反射探测原理及雷达记录示意图

根据图 6-59，回波走时（电磁波行程所需时间）t 为：

$$t = \sqrt{4z^2 + x^2}/v \qquad (6\text{-}17)$$

式中 x——两天线的间距；

z——反射点 A 的法线深度；

v——电磁波在地下介质中波速。

当地下介质的波速 v 为已知时，可根据天线间距（已知值）x 和雷达记录的
回波走时 t，由式（6-17）求出反射体的埋深。反射体或目标体的埋深及其变化，
是描述其空间分布最重要的参数之一，因此也是地质雷达方法必须获得的基本
数据。

雷达所记录的回波走时 t 是从雷达剖面上读取的。根据图 6-59 中的地质模型
及其对应的雷达记录（即雷达剖面），设发射天线 T 与接收天线 R 的中点为记录
点，则测线上各测点的接收天线所接收的反射波均记录在各自记录点的下方，从
而形成雷达剖面。在雷达剖面上，横坐标为测点位，纵坐标为双程走时，各点的
反射均以波的形式被记录下来。波形的正负峰分别以黑、白色表示，或以灰色或
彩色表示。这样，采用同相轴、等灰度或等色线即可直观地表示地下反射界面的
形态及深度变化。

根据雷达图像上波的传播时间和波速资料，经时深转换，便可获得目标体和
地层的深度剖面，从而达到探测的目的。为了在雷达剖面上获得目标体的反射时
间，首要任务是必须可靠地识别目标体的反射回波，这要求雷达记录应有较高的
信噪比。在应用地质雷达方法探测地下目标体时应考虑多种因素，如地下目标体
与围岩电磁性质的差异，目标体的深度与介质对电磁波的吸收作用，目标体的几

何形态及规模，干扰波的类型、强度及特点等。

6.6.1.3　地质雷达的优点

地质雷达是一种对煤矿、金属矿山、地铁、隧道等地下工程的发展有十分重要意义的无损探测技术手段，越来越表现出强劲的生命力和广阔的应用前景，其主要优点为：（1）高分辨率。工作频率可达 5000MHz，分辨可达几厘米，再加上利用高性能计算机分析处理取得的数据资料，可准确无误地显示物探电磁波反射信号，由此确定目的体的尺寸，几何特性及物理特征。（2）无损性。地质雷达是一种新兴的不用打钻就可以探测浅部地下环境特征的探测方法，可以安全地应用在城市和矿山等正在建设中的施工现场。（3）高效性。探地雷达仪器轻便，从数据采集到处理成像一体化，操作简单，采样迅速，工作人员少，效率高。（4）抗干扰能力强，可以在各种环境下正常工作。

6.6.2　围岩收敛变形监测技术

采矿进路围岩收敛变形监测主要包括顶板下沉量、两帮移近量等。根据监测结果，可以计算采矿进路围岩的表面位移速度、断面收敛率，绘制位移量、位移速度曲线；分析围岩的变形规律，可以更好地评价采矿进路围岩的稳定性和支护效果。

6.6.2.1　测点布置

监测采矿进路面位移可在不同联巷和进路中分别设置监测断面，每个断面设置 3 个点，监测采矿进路围岩的两帮内挤、顶板下沉量等，监测断面内测点的布置如图 6-60 所示。

测试采用测点挂钩、收敛计等，测点要求在开掘后 12h 内完成埋设并测试初读数，测试断面在保证测点得到有效保护前提下，应尽量靠近迎头，一般以不超过 2.0m 为宜。测点可用测点挂钩制成并埋入围岩中。

6.6.2.2　测试方法

（1）对收敛计进行机械调零。

（2）取出测点圆环安装到测点上，打开收敛计钢尺摇把，拉出尺头挂钩钩住测点挂钩，将收敛计拉至另一端，并将尺架挂钩挂上另一只测点挂钩，选择合适的尺孔，将尺孔销插入，用尺卡将尺与联尺架固定。

（3）拧松紧固螺钉，调整滑套长度，使钢尺受到初张力后拧紧紧固螺钉；旋转调节螺母，使弹簧测力窗口内红线与窗口上刻线对齐，记下钢带尺在联尺端架基线上长度与螺旋千分尺读数。每条基线应读 3 次，取平均值。

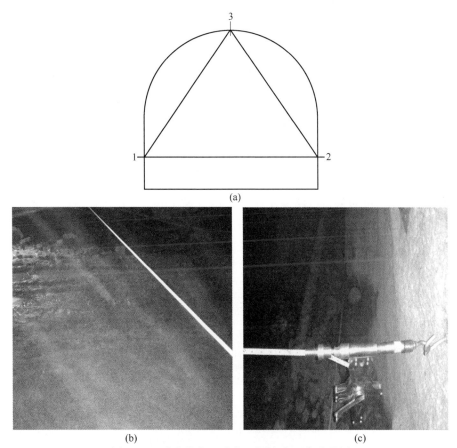

图 6-60 采矿进路（矿房）围岩表面位移监测

（a）监测断面测点布置；（b）围岩表面变形量测量；（c）收敛仪

6.6.2.3 测试频率

一般围岩变形会经历采矿进路（矿房）开挖后围岩变形急剧发展阶段和围岩变形缓慢至稳定的两个阶段。视围岩松动和支护情况，变形急剧的阶段一般为 10~25 天；第二阶段一般为 15~50 天。因此，设计采矿进路（矿房）围岩表面位移的监测周期为：

（1）1~15 天内，每天监测一次；

（2）15~30 天内，每 2~3 天监测一次；

（3）30~50 天内，每 5~7 天监测一次。

如出现意外情况（如突然变形量增加或速率加大），则应随时提高监测频率，待围岩变形趋稳定后再恢复原有的测量周期（注：监测频率可按实际围岩变形情况进行适当调整）。

6.6.3   顶板离层监测技术

顶板离层观测采用双高度顶板离层仪，顶板离层指示仪是监测顶板锚固范围内外离层值变化大小的一种监测装置。它是一种易于安装、能连续不断提供肉眼可以观察顶板稳定状况的仪器，用来观测锚杆锚固区层位和锚固区以上层位岩层的移动（离层）情况。顶板离层指示仪实际上两点采矿进路围岩位移计，即在顶板钻孔中布置两个测点：一个在围岩深部稳定处；一个在锚杆端部围岩中。离层值就是围岩中两个测点之间以及锚杆端部围岩与采矿进路顶板表面的相对位移值，并可直接观测显示出相对位移值（离层量）的大小。根据早期顶板岩层状况变化的信息，可对采矿进路稳定状况提供直观显示，一旦采矿进路状况出现异常便可以及时采取应急措施和补强加固措施。如果锚杆支护范围内顶板离层达到或超过支护设计规定的临界值，可以采取补打锚杆的技术措施；如果锚杆支护范围以外顶板离层值达到支护设计规定的临界值，可采用补打锚索的加强支护措施。

6.6.3.1   测点布置

采矿进路表面位移监测可在每个断面采矿进路中轴线上设置监测点，测点及现场安装图如图 6-61 所示。

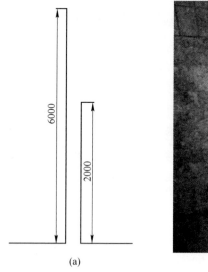

(a)   (b)

图 6-61   顶板离层监测

（a）顶板离层布点图；（b）离层仪

6.6.3.2 顶板离层指示仪的安装与使用

顶板离层仪安装在采矿进路正中位置，误差不超 0.3m；对于断层及围岩破碎带、应力集中地段、采矿进路交叉点等必须补打顶板离层仪。用锚杆钻机打眼，钻头采用规格为 $\phi28mm$ 的合金钢钻头和中空六棱钎子。打眼前先敲帮问顶，仔细检查顶部岩石情况，确认安全后方可开始工作。眼的位置要准确，要垂直采矿进路顶板，保证顶板离层仪测绳自然下垂，根据该地点附近锚索的锚入深度施工一个钻孔，钻孔深度比该地点锚索锚入深度深 1.0m 左右。用锚索将深部基点锚固器推入孔中直至设计位置（与锚索长度相同），抽出锚索后，手拉一下钢丝绳，确认锚固器已锚固牢固，然后再将浅基点锚固器推入孔中设计位置（与锚杆长度相同），抽出锚索索绳后，手拉一下钢丝绳，确认锚固器已锚固牢固。最后将离层仪白色 PVC 套管推入孔中，确认在 PVC 套管下端紧贴顶板固定。将两测点指示刻度尺与套管一端对齐，将绳卡死，并截去多余钢丝绳。

6.6.3.3 测试频率

一般采矿进路围岩变形需经历开巷后围岩变形急剧发展阶段和围岩变形缓慢至稳定的两个阶段。一般来说，采矿进路开挖后围岩变形急剧阶段为 10~25 天；第二阶段一般为 15~50 天。因此，设计采矿进路表面位移的监测周期为：

(1) 1~15 天内，每天量测一次；

(2) 15~30 天内，每 2~3 天量测一次；

(3) 30~50 天内，每 5~7 天量测一次。

6.6.4 锚杆受力监测技术

预应力锚杆安装后，其杆体将承受因结构面及围岩收敛变形而产生的拉应力、剪切力与弯矩，为了解锚杆的工作状态，判断围岩变形的发展趋势，评价锚杆的支护效果，需对锚杆受力进行实时监测。通过测试锚杆在支护过程中的受力状态，评价锚杆的支护特性，并结合位移测试结果，对采矿进路（矿房）支护结构的稳定性作出评价。

(1) 测点布置。主要监测锚杆的受力状况，不同采矿进路中监测断面布置 5 个锚杆测力计，锚杆监测断面内测点布置及现场安装图如图 6-62 所示。

(2) 测试要求。测点距采矿进路掘进工作面 30m 内，每天观测一次，其他时间每周观测 2 次；3 个月后，每周量测一次。也可根据围岩实际变形情况进行观测频率调整。

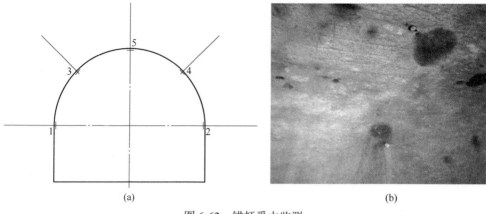

（a）　　　　　　　　　　　　　　　　　（b）

图 6-62　锚杆受力监测

（a）锚杆测力计测点布置；（b）锚杆测力计

6.7　地表变形监测技术

姑山矿业大量矿体位于青山河主河道下，虽采取充填法进行开采，但由于周边地下水等其他因素影响，依然有可能对河床及堤防稳定性造成影响。为满足马钢（集团）控股有限公司姑山矿业公司白象山铁矿矿区生产安全的需要，及对青山河河床河堤进行保护，对矿区地表约 $5\sim6km^2$ 范围的地表进行 GNSS 监测势在必行。主要监测对象有：（1）青山河岸堤的沉降和位移的监测；（2）地表移动带范围内的沉降和位移的监测。

地表沉降变形监测系统是在选择基准站和监测站的基础上，进行主机安装调试和相应的云控制软件部署。

6.7.1　基准站选址

6.7.1.1　基本原则

（1）选择交通发达的地方，方便进行检查和维护。

（2）站点应选择在易于安置接收设备且视野开阔的位置，其视场周围仰角 10° 以上不应有障碍物，以免卫星信号被遮挡或漫射。

（3）站点附近不应有大面积水域或强烈干扰卫星信号接收的物体，尽可能降低多路径效应的负面影响。

（4）站点应该远离大功率无线电发射源（如电视台、微波站等），其直线距离最好不小于 200m；远离高压输电线，其距离不得小于 50m，以避免电磁场对北斗卫星信号的干扰。

（5）GNSS 卫星天线的安装基座及墩柱应稳固可靠。

（6）通信条件应满足数据发送要求。

（7）电源条件应满足系统运行要求。

（8）应采取一定措施以保证设备安全，防止人为破坏。

（9）为保证监测精度，基准站与测区的距离在 3km 以内为宜，基准站的数量与分布应满足相关要求。

6.7.1.2　具体选址

根据基准站选址基本原则，结合姑山矿业公司实际地表地形条件，提出选址方案：J_1 设置于朱家港附近，其与白象山铁矿和姑山铁矿的最大距离约 2.6km，符合基准站选址要求；J_2 设置于张家村附近，可对 3 个矿区进行基准控制；规划中的 J_3 基准站设置于九连山附近。

基准站的方案选址如图 6-63 所示。

6.7.1.3　建设标准

基准站建设标准图纸如图 6-64 所示。

（1）土质基础需挖至不冻土层以下 0.6m，经查合肥冻土层厚度为 0.11m，推算当涂县冻土层厚度约为 0.1m，故基础深度应为 0.7m。如果挖到不冻土层以下 0.6m 后基础土质仍很松软，可在坑底向下砸入若干根螺纹钢进行加固处理；岩质基础需到达完整弱风化下限岩石面即可，可不必挖到不冻土层以下 0.6m，如果此时基础配重不够，可加大墩台尺寸包括厚度，还可在岩面上打膨胀螺栓或锚杆等进行加固处理。

（2）墩台尺寸 0.8m×0.8m，地下 0.1m、地上 0.2m。

（3）墩柱直径 0.25m，高度 1.2m。

（4）墩台外周砂浆硬化，护板尺寸 1.8m×1.8m，内侧 0.1m 厚、外侧 0.08m 厚，向外排水坡度 4%。

（5）防雷接地极可与测墩共用坑槽，接地极从坑底向下砸入；如果是岩质基础无法下挖，则应将接地扁铁向外侧延伸到合适位置砸入接地极。

（6）避雷针可在墩柱顶部向下约 0.1m 处外伸约 0.2m 后垂直向上安装，也可独立另行立杆安装。避雷针的针尖相对 GNSS 天线顶部中心的仰角不应小于 45°。

6.7.1.4　现场实施

（1）现场施工道路开辟、站点清障。

（2）基准站观测墩。土方开挖、石方开挖、渣土清运、钢筋制安、模板制安、线管预埋、接地预埋、混凝土浇筑、安装盘安装、混凝土养护、模板拆除、

图6-63　白象山铁矿地表沉降在线监测系统基准站方案示意图

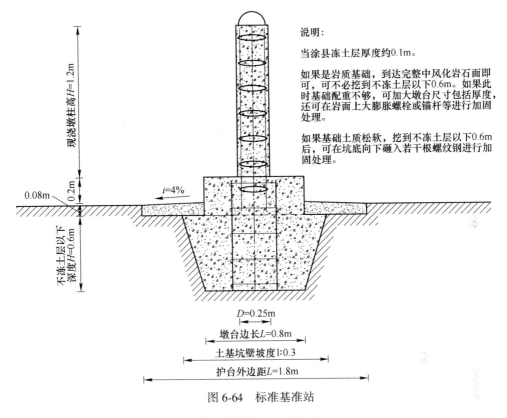

说明:

当涂县冻土层厚度约0.1m。

如果是岩质基础,到达完整中风化岩石面即可,可不必挖到不冻土层以下0.6m。如果此时基础配重不够,可加大墩台尺寸包括厚度,还可在岩面上大膨胀螺栓或锚杆等进行加固处理。

如果基础土质松软,挖到不冻土层以下0.6m后,可在坑底向下砸入若干根螺纹钢进行加固处理。

图 6-64　标准基准站

渣土回运、渣土夯填、地面硬化、混凝土表面处理。

（3）基准站电源子系统。太阳能支架制安装、电池箱安装、蓄电池安装、蓄电池保温、设备箱标识。

（4）基准站防雷子系统。防雷接地槽挖、接地极埋设、接地扁铁连接、避雷坑开挖、钢筋制安、模板制安、混凝土浇筑、混凝土养护、模板拆除、避雷针立杆安装、避雷针安装、坑槽夯填。

（5）基准站防护栏。角基坑挖、钢筋砸入、角钢预埋、模板制安、混凝土浇筑、混凝土养护、模板拆除、护栏安装、护栏防腐、铭牌制作、铭牌安装。

施工前需特别注意相关物资的准备——从已经检定的合格供应商处采购相关原材料,本公司自营产品应做好出厂检定并妥善包装后再安排发货。物资到达指定地点后,要进行即时检查验收,核查物资的包装、型号、数量、质量等,认真阅读使用说明和注意事项。物资准备过程中需与其他工序进行交叉作业。

施工过程中要特别注意人员、机械、设备的安全,危险地段作业时必须采取有效的安全防护措施。

图 6-65 所示为土质基础基准站建成后的现场图。

图 6-65　土质基础基准站

6.7.2　监测站

6.7.2.1　基本原则

（1）需选择安装在有代表性的点上，比如最大开挖断面、地下水渗流通道线上、断层上、软弱夹层带上、岩性突变带上、滑坡前缘、滑坡周界内侧、构造极其发育处等；测点数量不宜过少。

（2）测点应选择在易于安置接收设备且视野开阔的位置，其视场周围仰角30°以上不应有障碍物，以免卫星信号被遮挡或漫射。

（3）测点附近不应有大面积水域或强烈干扰卫星信号接收的物体，尽可能降低多路径效应的负面影响。

（4）测点应该远离大功率无线电发射源（如电视台、微波站等），其直线距离最好不小于200m；远离高压输电线，其距离不得小于50m，以避免电磁场对北斗卫星信号的干扰。

（5）GNSS 卫星天线的安装基座及墩柱应稳固可靠。

（6）通信条件应满足数据发送要求。

（7）电源条件应满足系统运行要求。

（8）应采取一定措施以保证设备安全，防止人为破坏。

（9）为保证监测精度，监测点与基准站之间的距离在 3km 以内为宜。

6.7.2.2　测点布置

总共布置 30 个监测点，如图 6-66 所示。其中山基测点有 16 点、河堤测点有 14 点（河堤点位分布见图 6-66）。白象山地表沉降监测范围广，测点布置可适当

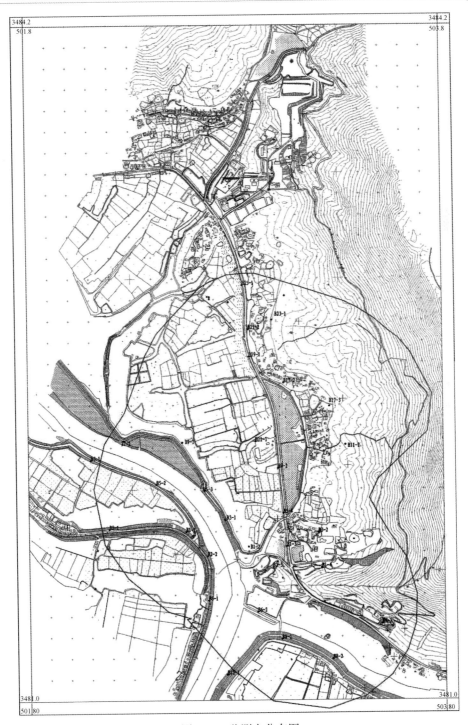

图 6-66 监测点分布图

灵活，按以上设计布置图到实地展点后发现不符合监测点设置原则的可适当挪动调整，特别是难以到达的点位、信号被遮挡的点位、容易被干扰破坏的点位等。通常来讲，不具备作业条件的山基测点可向近道路方向树木少的地方挪动，河堤测点可向背水面河堤内侧地势相对稍高的地方挪动。

6.7.2.3 建设标准

监测站建设标准图纸如图 6-67 所示。

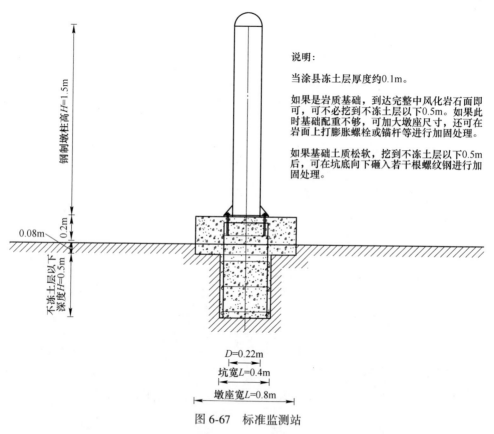

图 6-67 标准监测站

（1）土质基础需挖至不冻土层以下 0.5m（当涂县冻土层厚度约为 0.1m，故基础深度应为 0.6m）。如果挖到不冻土层以下 0.5m 后基础土质仍很松软，可在坑底向下砸入若干根螺纹钢进行加固处理；岩质基础到达完整弱风化下限岩石面即可，可不必挖到不冻土层以下 0.5m，如果此时基础配重不够，可加大墩台尺寸包括厚度，还可在岩面上打膨胀螺栓或锚杆等进行加固处理。

（2）墩台尺寸 0.8m×0.8m，地下 0.1m、地上 0.2m。

（3）墩柱直径 0.22m，高度 1.5m。

（4）防雷接地极可与测墩共用坑槽，接地极从坑底向下砸入；如果是岩质基础无法下挖，则应将接地扁铁向外侧延伸到合适位置砸入接地极。

（5）避雷针在墩柱顶部向下约 0.1m 处外伸约 0.2m 后垂直向上安装，也可另行立杆安装。避雷针的针尖相对 GNSS 天线顶部中心的仰角不应小于 45°。

6.7.2.4 现场实施

（1）现场施工道路开辟、站点清障。

（2）监测站观测墩。土方开挖、石方开挖、渣土清运、钢筋制安、模板制安、线管预埋、接地预埋、混凝土浇筑、安装盘安装、混凝土养护、模板拆除、渣土回运、渣土夯填、混凝土表面处理。

（3）监测站电源子系统：太阳能支架制安、电池箱安装、蓄电池安装、蓄电池保温、设备箱标识。

（4）监测站防雷子系统：防雷接地槽挖、接地极埋设、接地扁铁连接、避雷坑开挖、钢筋制安、模板制安、混凝土浇筑、混凝土养护、模板拆除、避雷针立杆安装、避雷针安装、坑槽夯填。

（5）监测站防护栏。角基坑挖、钢筋砸入、角钢预埋、模板制安、混凝土浇筑、混凝土养护、模板拆除、护栏安装、护栏防腐、铭牌制作、铭牌安装。有门卫管理和隔离的企业私有厂区内的监测点可不安装防护栏。

施工过程中要特别注意人员、机械、设备的安全，危险地段作业时必须采取有效的安全防护措施。

图 6-68 所示为土质基础基准站建成后的现场图。

图 6-68　土质基础监测站

6.7.3　主机安装调试

该项目采用 MS352 型分体式 GNSS 表面位移监测专用卫星接收机，其精度为：水平±2.5mm+0.5×10^{-6}ppm、垂直±5.0mm+0.5×10^{-6}ppm。

6.7.3.1　天线安装

采用型号为 AT-35101H 型的专业大地测量型多星多频 GNSS 天线（见图 6-69），能有效降低多路径信号的影响，精确跟踪目前所有的 GNSS 卫星发射的信号。

图 6-69　GNSS 天线及其保护罩

天线安装需旋拧牢靠，保持天线与天线连接螺栓连接紧密，接上天线连接线后，将天线保护罩安装好。

6.7.3.2　主机安装

将 MS352 主机安装在设备保护箱内，安装时必须规范、整齐，所有设备需打孔固定在采集单元箱的底板上，所有线路要整齐美观、束缚牢固，电源线、接地线、信号线等均需接线牢靠，如图 6-70 所示。

6.7.3.3　通信卡安装

将专用物联网卡插入主机通信卡座中，盖好防护盖。

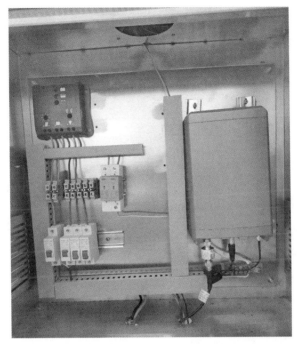

图 6-70 保护箱内主机

6.7.3.4 主设备调试

将主机上电开机，等待它搜星、锁星完毕后，用调试电脑通过调试专用串口与主机联机，使用专用调试软件对主机进行相关设置与配置，查验系统的运行状态，一切无误后方可锁闭主机设备保护箱。

图 6-71 所示为安装完成后的站点现场。

6.7.3.5 预警参数初步配置

（1）蓝色预警——12h 内位移量已达 50mm 以上，或者将达 50mm 且加速变形中。

（2）黄色预警——6h 内位移量已达 50mm 以上，或者将达 50mm 且加速变形中。

（3）橙色预警——3h 内位移量已达 50mm 以上，或者将达 50mm 且加速变形中。

（4）红色预警——3h 内位移量已达 100mm 以上，或者将达 100mm 且加速变形中。

白象山铁矿地面沉降预警值应结合沉降控制要求、地面沉降发育程度和各部

图 6-71　安装完成后的站点建设形象图

位不同地质条件和矿山施工情况等因素综合确定，具体可由建设方地面沉降防治管理部门和设计单位组织专家论证，综合确定监测预警值。

6.7.3.6　初值的取得

站点建设 7 日后，如果连续 3 日的平均测值之差平面小于 3mm、垂直小于 6mm，则可认为测点已基本稳定，可取稳定当日平均值作为该站点的初始值。

各站在设备更新、天线扰动、系统联测后应按以上方法重新进行初值取定。

6.7.4　软件部署

6.7.4.1　解算软件

租用软件提供商核心解算软件云服务器，可有效减少本地服务器的配置与占用。基准站和监测站数据全部传送至解算云服务器进行远程自动实时解算，全程不用消耗本地软硬件资源。

6.7.4.2　监测软件

租用软件提供商核心监测软件云服务器，可有效减少本地服务器的配置与占用。将解算云实时解算的数据上传到监测云服务器上，由监测云服务器进行实时数据分析并提供预警服务以及数据和报表服务。

6.7.4.3 系统特色

（1）监测数据自动采集与解析服务。可按照一定的采样周期向各个仪器采集实时监测数据，同时采样周期可配置，支持多种通信协议以及多种通信模式，应对未来各种变更需要。支持对多样传感器数据的自动化解析运算，且提供原始数据的展示、查询功能，为保证原始数据完整性、可追溯性、可判断性不提供删除修改数据功能。

（2）监测数据自动解析与同步服务。支持对多样传感器数据的自动化解析运算，卫星原始数据支持静态、动态多种模式解算，并支持智能化选择最优解算结果。

（3）仪器状态采集与设备异常诊断服务。支持仪器运行状态的采集、存储，如提供对 GNSS 接收设备运行状态的统计，如信号强度、电压值、板卡温度、版本等信息。

仪器运行不良时，实时报警。故障设备统计信息会通过短信或邮件方式发送到设备相关负责人。

（4）仪器报警与联动智能诊断服务。支持对采集统计的数据自动进行数据分析，提供报警等智能化诊断服务，当数据达到阈值时会自动报送短信和邮件。当设定的余量达到设定的条件时候会对设定的其他设备进行加密采集，保证变形监测变化的实时性。

（5）系统自动配置更新与日志服务。用户通过 APP 和管理平台配置后，后台可自动获取并应用最新的配置信息。支持所有仪器采集、自动统计、智能化审核和诊断服务过程的日志记录与查询。

6.7.4.4 系统展示

A 多工程多项目综合管理

对于多工程（项目）用户，平台支持多工程管理，可满足快速管理需求以及其全局查看的需求。通过 WEBGIS 地图结合区域控件形式快速选择查看，并且可以根据实际行业需求定制专题，实现一张图可视化展示。支持分区域工程管理，支持快速配置和导入工程管理信息。

B 二、三维一体化及标绘示意

可通过 WEBGIS 平台展示隐患点地图，包括隐患点定位，隐患点监测类型设备罗列以及二、三维地图形式展示，如图 6-72 所示。

支持通过无人机倾斜摄影技术，建立监测工程的高精度实景三维模型，并通过三维 GIS 系统与其他数据进行结合，实现三维实景模型与环境安全数据的可视化展示。

图 6-72　系统界面——隐患监测定位

系统支持全领域环境监测设备动态监测数据、环境基本数据、地图数据、三维数据、视频数据、图片数据等多源异构结构化和非结构化数据的一张图同时可视化展示。

系统能够显示工程所属的自动监测的站点信息，支持动态标绘，展示工程隐患示意信息，包括地理分布信息、设备巡检信息、巡检照片等，还能够根据接收的实时数据，显示站点的监测指标与对应的实时监测值。

C　监测数据快速查询与导出

提供多站点多监测因子在指定时段的小时值、日均值、仪器状态等数据的查询功能，并以图表等多种形式展示，自动计算查询时间的数据均值、标准差、最值等统计信息，如图 6-73 所示。

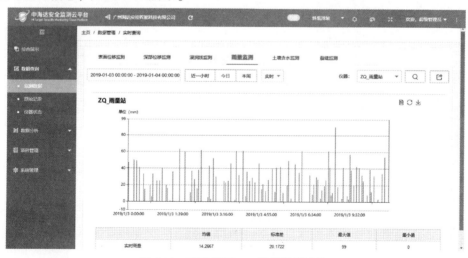

图 6-73　系统界面——监测数据查询

D　专业数据分析与报表输出

可对原始数据或处理后的数据以柱状图、曲线图的形式进行展示，包括变化量图、累计图、速率图以及实场剖面图等。

支持多种监测因子，年、月、日、小时、分钟等方式统计分析。对监测类型测站的监测数据和统计数据进行分析，包括因子间监测对比分析、相关性分析、过程分析等，并可以图表、数据表等多种形式进行展示，如图6-74所示。

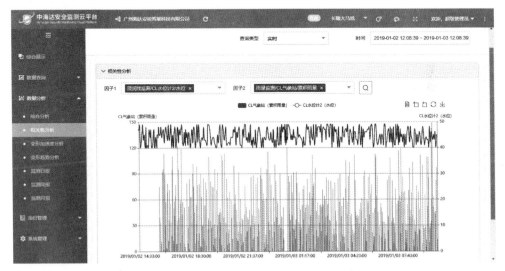

图6-74　系统界面——不同因子相关性分析

6.8　井下水质生物监测技术

根据白象山铁矿地下开采系统的开拓现状，在-390m的巷道中选择涌水点取样，以生物监测为主、化学监测为辅的原则进行化验来判定青山河与矿井连通的可能性。

6.8.1　河流水质生物监测方法简介

6.8.1.1　河流水质生物监测原理及优势

在一定条件下，水生生物群落和河流水环境之间互相联系、互相制约，保持着自然、暂时的相对平衡关系，形成一个精巧而又非常复杂的河流生态系统。一旦河流水环境发生污染和破坏，必然作用于生物个体、种群和群落，影响河流生态系统中固有生物种群的数量；影响物种组成及其多样性、稳定性、生产力以及生理状况；影响河流生态系统的正常循环，使一些水生生物逐渐消亡，而另一些水生生物个体和种群的数量逐渐增加，这些变化与水环境受污染的种类和程度的变化是相辅相成的。因此，可根据生物的外在表现及体内某些物质含量的变化，来判断水体随环境变化的改变。

与传统的理化检测方法相比较，河流水质生物监测的优势表现为：能较好地反映出环境污染对生物产生的综合效应；灵敏性高，一些低浓度甚至是痕量的污染物进入环境后，在能直接检测或人类直接感受到以前，生物即可迅速做出反应，显示出可见症状，可在早期发现污染，及时预报；能够检测到理化方法难以检测到的剂量小、长期作用产生的慢性毒性效应；可克服理化监测的局限性和连续取样的烦琐。

6.8.1.2　河流水质生物监测方法

利用水生生物监测研究水体污染状况的方法较多，如生物群落法、生产力测定法、残留测定法、急性毒性试验、细菌学检验等。

（1）生物群落法。生物群落中生活着各种水生生物，如浮游生物、着生生物、底栖生物、鱼类和细菌等，由于它们的群落结构、种类和数量的变化能反映水质污染状况，故称为指示生物。按照规定的采样、检验、计数方法获得各生物类群的种类和数量的数据后，可以对比两处水质的相似性。

（2）细菌学检验法。细菌能在各种不同自然环境中生长。地表水、地下水，甚至雨水和雪水都含有多种细菌。

（3）水生生物毒性试验。进行水生生物毒性试验可用鱼类、藻类等，其中以鱼类的试验应用较广泛。

（4）生产力测定法。生产力测定是通过测定水生植物中的叶绿素含量、光合作用能力、固氮能力等指标变化来反映水体的污染状况。

（5）微型生物监测（PFU法）。微型生物群落监测方法（简称PFU法）是应用泡沫塑料块作为人工基质收集水体中微型生物群落，测定该群落结构与功能的各种参数，以评价水质污染情况。

（6）分子生态毒理学方法。随着社会的进步，生物技术也在不断地发展，在此基础上逐步形成了分子生态毒理学。

（7）硝化细菌测试法。硝化细菌为专性化学能自养型细菌，它包括氨氧化菌和亚硝酸氧化菌两个亚群。

（8）幼虫变态实验。近年来对以海洋无脊椎动物的胚胎和幼虫期毒性的实验研究较为广泛，有关研究表明，浮游幼虫变态比现有生物个体水平的毒性实验指标更为敏感。

（9）发光细菌毒性检测法。发光细菌试验是环境样品毒性检测的生物测试技术，并已被列入德国国家标准（DIN 38412）和国际标准（ISO 11348）。

6.8.2 水质生物监测方法选择

根据上述各种水质监测的方法，结合白象山铁矿的监测目的，可以选择生物群落法。在一定的周期内，对青山河河水和巷道涌水中的各种水生生物进行调查，包括各个时期内的生物群落结构、种类和数量，如浮游生物、着生生物、底栖生物、鱼类和细菌等。当巷道中的水质发生变化，且和青山河水质相似性程度高，再加上理化检测，化验水中的铵根离子、铁离子、亚铁离子的含量，两者结合可判定青山河与巷道连通的可能性。如果异常，说明河水通过裂隙或者断层渗流到巷道中。要进一步进行调查，以免造成重大事故。生物监测的具体实施可由矿山的专业部门完成，或矿山委托外面的专业水质检测部门完成。

6.8.3 水质生物监测存在的问题

国内外科技工作者对水质生物监测作了大量深入的研究，并对研究成果作了定量或定性分析。这些工作不仅为水质生物监测积累了丰富资料，同时对水质的生物监测实践提供了可靠的理论依据，也为以后的研究者提供了一定的研究思路和理论导向，但是水质生物监测在研究中也存在着一些问题：

（1）生物分布有很大的地域性，同类生态系统中同种生物在不同地域对污染物的耐受性是不一样的，且生物不同的生长阶段对污染物也有不同的反应。这些特点决定了在设计生物监测方案时不仅要考虑被监测水体的特征，还要根据生态系统中各种类的变异性来选择合理的测试频率，同时要考虑增加测试的样本数量，以提高监测结果可信度。

（2）虽然生物监测能客观真实地综合反映环境状况和污染对生态系统的影响，但由于方法本身和技术的限制，对于如何选择受试生物及其代表性，生物测试的理化条件、测试参数等问题还一直存在着争议。生物监测方法至今没有统一的地方性或国家级环境标准，限制了生物监测作为环境监测的标准方法的应用，只能作为一种先导性的监测方法。

（3）关于水体污染和生物监测的试验大多是在人工控制室内环境下进行模拟试验，与野外复杂的水生生态环境有一定差别，应将实验室研究与野外实地调查研究尽可能结合起来。

（4）由于受到试验条件、技术分析方法等制约，水体生物监测无法做到准确定量，不能对水生动物各种生理、生化变化原因进行定量分析。因此生物监测方法应该与理化检测方法相结合，这样不仅能够对污染物的性质和浓度进行检测，而且能够对污染物引起的生物学综合效应做出恰当评价。

7   软破矿岩支护技术

矿井支护是为保证井下巷道、硐室、采场等地下结构工程施工安全，对侧壁及周边环境采用的支挡、加固与保护措施。支护强度较低，不能有效地控制顶板下沉与变形，导致巷道变形剧烈，发生冒顶事故；支护强度太大，造成支护材料的浪费与支护成本的增加。因此，采用合理的支护技术方案与参数，既能保证巷道围岩与支护结构长期稳定及安全，又能节约支护成本、提高企业经济效益，且可满足矿井安全高效生产的要求。目前巷道支护设计是否科学合理已成为制约矿区安全、高产高效生产的主要因素，是矿井生产中亟待解决的技术难题。

姑山区域矿岩破碎，节理裂隙发育，稳固性差，为了确保矿山的安全、高效生产，姑山矿业公司经过长期的产学研联合攻关，整理出适合于软破矿岩的支护技术，有效控制了生产过程的地压显现问题，取得了良好的经济、社会效益。本章总结归纳了姑山区域软破矿岩的巷道支护技术、大硐室支护技术与采场进路支护技术，为类似矿山的支护工艺提供参考经验。

7.1   常用支护理论与技术

7.1.1   支护理论

矿山巷道支护主要有以下几种常用理论：新奥法理论、围岩强度强化理论、松动圈支护理论、关键部位耦合支护理论、应变控制理论、主次承载区支护理论、能量支护理论、联合支护理论、锚喷-弧板支护理论及轴变理论等。

（1）新奥法理论。新奥法是一种主要针对隧道设计、施工的技术方法。之后，这种方法逐渐被用于采矿中需要支护的巷道围岩体中，并渐渐成为支护的主要理论之一。新奥法的核心是利用围岩的自承载能力来支撑巷道，促使围岩本身成为支护结构的重要组成部分，使得围岩与构筑的支护结构一起形成坚固的支撑环。

（2）应变控制理论。应变控制理论认为，隧道围岩的应变随支护结构的增加而减少，允许应变随支护结构的增大而增大。因此，通过增加支护结构，能较容易地将围岩应变控制在允许范围内。支护结构的设计可通过由工程测量（各种监测）对应于应变的支护工程的感应系数确定。

（3）能量支护理论。能量支护理论认为，支护结构与围岩相互作用、共同变形，在变形过程中，围岩释放一部分能量，支护结构吸收一部分能量，而总的能量没有变化。因而，支护结构具有自动释放多余能量的功能，可以利用此特点，使支架自动调整围岩释放的能量和支护体吸收的能量。该理论强调支护的自动调节作用，反映了支护过程中刚柔并举的重要性，对于实际工程有一定的指导意义。

（4）轴变理论和系统开发理论。轴变理论和系统开发理论认为，巷道围岩破坏是由于应力超过岩体强度极限所致，坍塌是改变巷道轴比的结果，导致应力重分布，高应力下降及低应力上升，直至自稳平衡，应力均匀分布的轴比是巷道最稳定的轴比，其形状是椭圆形。"开挖系统控制理论"认为开挖扰动了岩体的平衡，这个不平衡系统具有自组织能力，可以自行稳定。该理论继承了新奥法的思想，即认为围岩有一定的自稳能力，强调支护要有针对性。

（5）联合支护理论。联合支护理论认为，对于软岩巷道支护，一味强调支护刚度是不合理的，要"先柔后刚、先挖后让、柔让适度、稳定支护"，并由此理论发展起来了锚喷网支护、锚喷网架支护技术、锚带网架锚带喷架支护等联合支护技术。从该理论出发，目前出现了锚杆锚索联合支护、锚喷网支护、锚注网支护等多种联合支护方法，已经得到了全面的推广应用，具有重大的现实意义。

（6）锚喷-弧板支护理论。锚喷-弧板支护理论继承了联合支护理论的观点，并在此基础上认为，对软岩总是强调放压是不行的，放压到一定程度要坚决顶住，即联合支护理论的先柔后刚的刚性支护形式应为"钢筋混凝土弧板"，要坚决限制和顶住围岩向中空的位移。

（7）关键部位耦合组合支护理论。关键部位耦合组合支护理论认为，巷道支护破坏大多是由于支护体与围岩体在强度、刚度、结构等方面存在不耦合现象造成的。要采取适当的支护转化技术，使其相互耦合，复杂巷道支护要分为两次支护，第一次是柔性的面支护，第二次是关键部位的点支护。

（8）围岩松动圈理论。围岩松动圈理论的主要观点为，凡是裸体巷道，其围岩松动圈都接近于零，此时巷道围岩的弹塑性变形虽然存在，但并不需要支护，松动圈越大，收敛变形越大，支护越困难，因此，支护的目的在于防止围岩松动圈发展过程中的有害变形。目前该理论的应用也比较广泛，围岩松动圈的测试技术也在不断得到提高。

（9）围岩强度强化理论。围岩强度强化理论的观点是锚杆支护可以提高锚固岩体的峰值、峰后和残余强度，有效改善原岩体的内聚力、内摩擦角和弹性模量，提高围岩承载能力，进一步改变围岩应力状态，有效减小巷道围岩塑性区和破坏区半径以及巷道表面位移。

（10）主次承载区支护理论。主次承载区支护理论将巷道围岩分成主承载区和次承载区，二者协调工作保持巷道稳定。次承载区虽然具有一定的承载力，但只是起到辅助作用，主承载区才是保证围岩稳定的核心区域。

7.1.2　常用支护技术

基于丰富的支护理论，各种形式的支护技术得以飞速发展，极大地提高了地下矿山的安全性和开采效率。

7.1.2.1　喷浆支护

喷浆支护是指利用压缩空气或其他动力，将按一定配比拌制的混凝土混合物沿管路输送至喷头处，以较高速度（高达 60~80m/s）垂直喷射于受喷面（见图7-1），依赖喷射过程中水泥与骨料的连续撞击、压密形成的一种混凝土，它是混凝土施工的一种特殊方法，其突出特点就是借助了压缩空气高速喷射。在岩土工程及采矿工程中，喷射混凝土不仅能单独作为一种加固手段，而且能和锚杆支护紧密结合，即喷锚支护。喷射混凝土用途广泛，但遇到不良地质条件，如松散膨胀、节理裂隙非常发育的破碎岩层，甚至淋水突水岩层时，必须因地制宜，采取有效综合治理措施。

图 7-1　喷浆支护现场作业

7.1.2.2　锚杆支护

锚杆支护是在边坡、岩土深基坑等地表工程及隧道、采场等地下硐室施工中采用的一种加固支护方式，采用金属件、木件、聚合物件或其他材料制成杆柱，打入地表岩体或硐室周围岩体预先钻好的孔中，利用其头部、杆体的特殊构造和尾部托板（亦可不用），或依赖于黏结作用将围岩与稳定岩体结合在一起而产生悬吊效果、组合梁效果、补强效果，以达到支护的目的，具有成本低、支护效果好、操作简便、使用灵活、占用施工净空少等优点。锚杆支护在矿山已得到了广泛应用。在较差的围岩条件下，特别是在巷道交叉点、断层带以及受采动影响大难以支护的巷道中，通常会采用锚杆来做初支护。锚杆支护理论丰富，常见的有锚杆支护的悬吊理论、组合拱组合梁理论、减跨理论、弹塑性支护理论以及围岩松动圈理论等。

锚杆样式繁多，主要有以下分类方式。

（1）按应用对象分：岩石锚杆、土层锚杆。

（2）按施加应力分：预应力锚杆、非预应力锚杆。

（3）按锚固机理分：黏结式锚杆（图7-2）、摩擦式锚杆、端头锚固式锚杆和混合式锚杆。

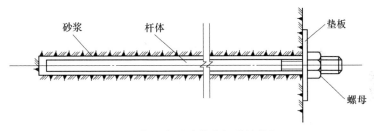

图 7-2　普通水泥砂浆全长黏结锚杆

（4）按锚杆杆体构造分：胀壳式锚杆、水胀式锚杆、自钻式锚杆和缝管式锚杆。

（5）按锚固体传力方式分：压力型锚杆、拉力型锚杆和剪力型锚杆。

（6）按锚固体形态分：端部扩大型锚杆、连续球型锚杆。

（7）按锚固体材料分：砂浆锚杆、树脂锚杆、药卷锚杆。

（8）按作用时段和服务年限分：永久锚杆、临时锚杆。

（9）按布置形式分：系统锚杆、随机锚杆。

（10）按锚固范围分：集中（端头）锚固类锚杆和全长锚固类锚杆。

（11）按锚固方式分：机械锚固型锚杆和黏结锚固型锚杆（图7-2）。

7.1.2.3　锚索支护

锚索支护不仅有组合梁作用、悬吊作用，还具有对巷道围岩进行深部锚固的作用，主要应用于矿山井巷、交通隧道及岩土边坡等地方，应用前景广阔。图7-3所示为锚索支护示意图，其支护原理为，在预应力的作用之下，压缩围岩，提高围岩的柔性及整体性，达到深层加固的目的。因此，锚索支护通常都会施加预应力，即预应力锚索。预应力锚索是一种把钢绞线埋入岩层内部进行预加应力，传递主体结构的支护应力到深部稳定岩层的主动支护方式。锚索安设锁紧后，锚索集中应力以45°压力分线传递到支护结构物上。在预应力作用下，围岩产生压缩并在锚索的弹性压缩下形成"承载拱"，提高围岩的整体性和内在抗力，增大围岩的稳定强度。

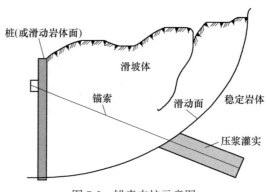

图 7-3　锚索支护示意图

（1）锚索支护的主要特点：

1）具有一定的柔性，预应力锚索使用的材料是钢绞线等，因此决定了它具有柔性特点。

2）深层加固，加固深度一般可达到数十米。

3）是一种主动支护，具有很强的主动调控性。

4）施工更加快捷灵活。

（2）锚杆和锚索的区别：

1）锚杆一般都较短，不超过 10m，锚索则可以较长，如有的长达 30~40m。

2）锚杆一般受力小，每根锚杆几吨至十余吨，锚索一般受力较大，一组锚索受力可达几十吨甚至上百吨。

3）锚杆的孔径较小，钻孔的费用较小，一般间距较小；锚索要求的孔径较大，可大到 150mm，钻孔费用较大，一般间距较大。

4）所有各种锚杆锚索均要求先钻孔，然后才能安设。

7.1.2.4　锚杆锚索联合支护

锚杆支护的实质是锚杆和锚固区域岩体相互作用，并形成统一的承载结构，使巷道围岩强度得到强化。锚索支护的实质就是通过锚索对被加固的岩体施加预应力，限制岩体有害变形的发展，这样可以明显改善围岩的应力状态，提高围岩的自承能力，从而可以保证围岩的稳定，提高支护系统的整体稳定性。在实际应用过程中，可以充分发挥锚杆锚索的联合支护效果，采用锚索对已锚杆加固的岩体施加预应力，防止围岩变形，最终达到确保巷道围岩稳定性的目的。

锚杆锚索联合支护能起到以下作用：

（1）使锚杆和被锚固岩体相互作用，形成统一的承载结构，和钢棚共同承担围岩压力，起到加强支护的作用。

（2）提高锚固体的力学参数，改善被锚固围岩的力学性能。

（3）提高锚固区内岩体的峰值强度和残余强度，提高锚固强度后，能控制围岩塑性区破碎区的发展，巷道周围塑性区破碎区的范围和巷道的表面位移有所减小，有助于确保巷道围岩的稳定性。

7.1.2.5 锚喷支护

锚喷支护方法在矿山开采巷道支护中应用最早，经过不断探索及发展，该技术广泛应用在实际工程中，而要想应用该方法则必须分析工程地质情况及其围岩的稳定性，进而制定科学合理的支护参数。

锚喷支护已被广泛采用，并在理论和施工中形成了比较完善的系统，成为Ⅳ、Ⅴ类围岩和部分Ⅱ、Ⅲ类围岩巷道、大型硐室及土体支护的主要方法之一。锚喷支护是将岩体作为结构材料，通过调动和增加岩体自身强度实现岩体自身支撑的一种符合现代岩石力学理论的岩层控制方法。在喷锚支护工程类比法设计中，必须要分析工程地质情况和其围岩的稳定性等级，然后才能根据经验或规范表查出喷锚支护参数，作为设计依据。但是上述每一步都存在不确定和非线性的问题，比如围岩的稳定性分类，影响稳定性的每一因素分析都有不确定性。

锚喷支护指的是借高压喷射水泥混凝土和打入岩层中的金属锚杆的联合作用加固岩层，分为临时性支护结构和永久性支护结构。喷混凝土可以作为硐室围岩的初期支护，也可以作为永久性支护。喷锚支护是使锚杆、混凝土喷层和围岩形成共同作用的体系，防止岩体松动、分离。把一定厚度的围岩转变成自承拱，有效地稳定围岩。当岩体比较破碎时，还可以利用丝网拉挡锚杆之间的小岩块，增强混凝土喷层，辅助喷锚支护。

通常，锚喷过程需要注意的事项如下。

（1）喷射机的合理使用。启动喷射机时，应先送风再开机，并应在机械运转正常后送料，供料均匀连续。作业结束时，先停止送料，待罐内余料喷完，再停机，然后关风。停止喷射作业后，喷射机和输料管内的积料应及时清除干净，以避免混合料结块堵管。

（2）输料管堵塞问题。堵管的原因通常有以下几种：

1）混合料中混入超规定粒径的石子、水泥硬块或其他杂物。

2）操作程序有误，如先开马达后送风，或砂子含水率过高，操作阀错开，致使高压风大量泄出，使工作室内风压急剧下降，也会引起输料管堵塞。

3）如遇堵塞，应立即关闭马达，随后关闭风源，并将软管拉直，然后以手锤敲击找到堵塞位置，可将风压开到 0.3~0.4MPa，同时继续敲击堵塞部位，使其排除堵塞物而畅通。排除堵管现象时，应注意喷嘴前方严禁站人，以免发生伤人事故。

（3）回弹问题。影响回弹率的各种因素包括混合料配合比、水灰比、砂子含水率、工作风压、水压、喷射距离、喷射角度、操作方法及熟练程度等。应针对各种因素，采取相应的措施降低回弹率。通常规定正常情况下的回弹率：一般拱部为 20%~30%，边墙为 10%~20%。

（4）粉尘问题。

1）控制砂石料含水率。当含水率控制在 5%~7% 时，作业时的粉尘浓度可控制在 15mg/m³ 以下。

2）加强通风。

3）加长拢料管。即在喷嘴水环到出口之间接一段 0.5~1m 长的管子，使干料与水混合后有一个充分湿润和混合的过程，这对降尘和提高混凝土质量都较为有利。

4）严格控制工作风压。风压过高，进料速度过快，在喷头处加水不容易均匀，风压过高不仅增加回弹量，而且也会提高粉尘浓度。

（5）安全及劳动保护。施工中注意喷嘴不准对人，以免喷射伤人，喷射前先进行清理浮石、危石等必要的排险作业；喷射机一定要安放在围岩稳定或已衬砌地段。

喷射混凝土施工人员必须佩戴防尘口罩等，操作喷头和注浆管的工人应佩戴防护眼罩、夹胶工作服、长筒乳胶手套等。

图 7-4 所示为某地下结构锚喷支护现场。

图 7-4　锚喷支护作业现场

7.1.2.6　锚网喷支护

锚网喷联合支护技术在现代矿山中运用已十分成熟，是锚杆、金属网、喷射混凝土联合支护技术的简称，具有支护效果好、安全性好、性价比高、速度快等优点。锚杆支护通过锚入围岩内部的锚杆，改变围岩本身的力学状态，在巷道周围形成一个整体而又稳定的岩石带，利用锚杆和围岩共同作用，达到维护巷道的目的。金属网用来稳固锚杆间的围岩，防止小块松散岩块片帮伤及施工人员，同时也扩大了锚杆的承载作用面，使混凝土喷层具有一定的韧性，产生让压作用。现代支护理论表明，将巷道的应力集中点迅速扩散到邻近支护构件上，并使其均匀化，是巷道支护成功并达到稳定的关键所在。如果支护结构受力不均匀，势必造成围岩的不均匀变形，使得支护系统与围岩失衡，进而影响围岩的稳定性。在锚网支护的基础上进行喷射混凝土支护，使巷道区域围岩形成一个系统性整体，主要起到支撑、充填、隔绝和转化作用。

图 7-5 所示为锚网喷现场作业。

(a)　　　　　　　　　　　　　　　　(b)

图 7-5　锚网喷支护作业现场

(a) 锚网支护作业；(b) 喷浆支护

锚网喷支护方式对阻止围岩变形有较好效果，其特点是：

(1) 适应松散岩层的变形特点。

(2) 金属网可避免围岩裂隙进一步发展，也可使巷道周边松散围岩的不均匀压力成为相对均匀的压力圈，保持锚杆托板始终处于紧锁状态；在应力转移或传递时，形成新的平衡压力圈以保持承载。

(3) 混凝土砂浆喷层将围岩固结成一个整体，以保证围岩强度长期保持在较高水平。

(4) 锚杆杆体的支托能力效果实现最大化。

(5) 支护成本较高。

7.1.2.7　砌碹支护

砌碹支护,也叫发碹,砌碹支护是一种应用很早的支护方式,主要用于遇煤、围岩破碎带或地质构造带、流沙性地层的开拓巷道、硐室或交叉点。目前主要应用于一些破碎矿井的硐室、大巷中。按照选用的材料,砌碹支护可以分为料石拱、混凝土砌块拱、现浇混凝土拱和现浇钢筋混凝土拱。砌碹支护与其他支护方式相比主要优点如下:

(1) 与木支架、金属支架相比,它是连续的、整体的,对控制地压有一定的优越性。

(2) 对巷道围岩全部或顶帮大部能起到封闭作用,防止围岩风化。

(3) 碹体的坚固、耐久、防火、阻水性等方面比木支架、金属支架优越。

(4) 巷道壁面比较光滑,通风阻力小。

(5) 材料来源广泛,多数可以就地取材。

但是砌碹支护属于刚性被动支护,不仅施工速度慢、劳动强度大,而且不适应冲击地压(受力不均匀,容易开裂变形)和大变形巷道的支护。

图 7-6 所示为现浇混凝土砌碹现场和青砖砌碹效果。

(a)　　　　　　　　　　　　　　　　　(b)

图 7-6　现浇混凝土砌碹 (a) 及青砖砌碹 (b)

7.1.2.8　金属支架支护

金属支架支护也是一种常见的支护方式。按工作原理,金属支架可分刚性支架与可缩性支架。刚性金属支架没有可缩性,具有较大的承载能力,但是不能适应巷道围岩变形。因此,它只能在围岩比较稳定、变形较小、矿山压力不大的巷道使用,否则将造成支架严重变形和破坏,甚至不能使用。可缩性金属支架承载能力强,能够让压伸缩以适应围岩变形,安装方便快捷,可以重复使用;同时,可缩性支架的破坏形式常表现为渐进性变形失效,极少有突发性的失稳坍塌。但是在普通可缩性支架支护下,部分巷道变形量大、破坏比较严重,为此我国部分矿区开始采用高强可缩性 U 形钢支架支护技术（见图 7-7），并取得了较好的支护效果。

图 7-7　U 形钢支架支护现场效果

U 形钢支架支护采用的钢支架最早由德国引进，通过不断优化及改进钢截面，其具有较好的受力形态，同时拥有良好的伸长率及强度，在巷道支护施工中具有重要作用。U 形钢支架支护属于被动支护，抗拉强度、抗压强度较高，同时具有良好的韧性性能，支撑力较高，支护强度大，可多次使用，被广泛地应用于矿山巷道，特别是在深部复杂巷道以及松软煤层巷道中。U 形钢支架最佳受力状态是壁后充填密实后使其均匀受压，当作用于 U 形钢支架上的围岩压力值达到一定值时，支架就会产生压缩，使围岩作用于 U 形钢支架上的压力下降，从而避免围岩压力大于 U 形钢支架的承载力而使支架破坏。

U 形钢支架支护工艺流程和施工要点：

（1）挖柱窝。在确定支护的施工位置放中、腰线后，按照设计要求靠巷道边帮使用风镐挖窝子，用于立支腿。

（2）立支腿。在挖好的窝子位置立支腿，支腿的安装必须竖直，保证钢支架受力均匀。

（3）架棚梁。在弧形棚梁上标出中线位置，把棚梁架到支腿上，梁的两端插入和搭接在支腿的弯曲部分，搭接部分每侧用两个卡缆包裹连接固定，通过调节螺栓顶紧力，允许搭接部分受压时相对滑动，实现 U 形钢支架有限收缩。

（4）连接加固。每组钢支架之间用由槽钢预制的金属拉杆通过螺栓夹板互相拉紧，用于加强支架沿巷道轴线方向的稳定性；同时在每架钢支架支腿的两侧巷道帮各施工倾斜服务孔，一端配快干水泥卷锚固于边帮服务孔，另一端将圆钢与钢支架焊接，将支腿与巷道边帮锚固。

（5）背板填充。背板作业是为了填充拱形梁与巷道顶部之间的空间，填充物作为巷道与 U 形钢支架之间压力均匀传递的媒介，保证钢支架组受力的均匀，更有利于支撑作用的充分发挥。

（6）现浇砼护腿。U形钢支架支护后，现浇砼对钢支架的支腿部分进行浇筑保护。

7.2 巷道围岩支护

根据围岩控制理论，并结合实测松动圈厚度值确定支护方案与具体技术参数。现场施工时要根据现场揭露岩层情况，判定前方围岩状况，选择合理的支护方案，当围岩条件变化时及时调整支护方案和参数。

7.2.1 不同类型巷道支护与加固技术方案

针对姑山矿区不同地层矿体、围岩中地应力分布特征及岩性差异可能存在的围岩类别（Ⅰ~Ⅴ类），根据围岩控制理论，并结合实测松动圈厚度值确定支护方案与具体技术参数。现场施工时要根据现场揭露岩层情况，判定前方围岩状况，选择合理的支护方案，当围岩条件变化时及时调整支护方案和参数。

Ⅰ类围岩：不支护，或喷混凝土封闭围岩，喷厚 50~60mm。

Ⅱ类围岩：采用 $\phi16~18mm$ 螺纹钢锚杆支护，锚杆长 1600~1800mm，间排距 800~1000mm；喷混凝土封闭围岩，喷厚 80~100mm。

Ⅲ类围岩：采用 $\phi18~20mm$ 螺纹钢锚杆+钢筋网支护，锚杆长 1800~2000mm，间排距 700~900mm；喷混凝土封闭围岩，两次喷厚 100~150mm。

Ⅳ类围岩：采用 $\phi20~22mm$ 的螺纹钢锚杆+钢筋梯+钢筋网，锚杆长 2000~2200mm，间排距 700~800mm；两次喷厚 120~150mm；考虑顶帮注浆加强支护，局部架设可缩性拱形金属支架。

Ⅴ类围岩：采用 $\phi20~22mm$ 的螺纹钢锚杆+钢筋梯（钢筋网)+锚索支护，锚杆长 2200~2400mm，锚杆间排距 700~800mm；两次喷厚 120~150mm；考虑采用型钢支架加强支护，底板铺设反底拱，并实施全断面注浆加强支护。

在支护方案设计中，充分考虑以下几个注意事项：

（1）对新掘的巷道，应充分考虑地应力的主应力方向，尽量使巷道走向和主应力方向平行，避免和巷道走向垂直。

（2）对于不同围岩类别，锚喷支护的机理不同，在设计支护参数时应该从机理入手，如Ⅰ、Ⅱ类围岩采用悬吊理论来设计锚杆长度，对Ⅲ、Ⅳ类围岩宜采用组合拱、组合梁理论来设计锚杆长度，而对于Ⅴ类围岩不仅应从加长锚杆长度和密度方面考虑，还应从改善围岩内部力学性质方面考虑。

（3）对同一类围岩条件，受采动影响巷道或密集布置巷道，在选择支护形式和参数时，应该加大支护强度，如在关键部位补打锚杆（索）等。

（4）在巷道支护过程中，应在巷道内设置适量的测站，对巷道内的位移和顶板离层等进行监控，并根据监测的反馈信息修改、优化设计。

（5）重视巷道"关键部位"的支护，试验和数值模拟结果表明，巷道的拱肩和底角是巷道支护的关键部位，如果关键部位失效将影响巷道的整体稳定性，所以在拱肩和底角处应该加强支护。

（6）对于严重变形返修巷道，由于初次支护失效，会导致较大的碎胀变形力和松动圈，所以在设计支护参数时，应该考虑在同等条件下对新掘巷道围岩类别增加一级。

（7）由于开挖的方法对围岩的损伤程度影响较大，直接关系到巷道的支护参数，所以在施工过程中，应该加强光面爆破等关键技术的研究。

（8）对于Ⅴ类巷道围岩，因其主要位于地层破裂带中，一方面基于构造应力大，围岩松散破碎，稳定性较差，导致支护难度将大大增加；另一方面受高承压裂隙水的作用，可导致突水事故。因此，需要对这类围岩进行重点研究，以提出安全、可靠、经济、合理的支护方案与参数。

本节以白象山铁矿为例，详细介绍不同类型巷道的支护与加固方案。

7.2.1.1 Ⅱ类围岩支护

以白象山铁矿东侧和西侧沿脉巷、−450m 水平石门巷为例，由施工现场的地质情况可以看到：巷道所处的岩层相对较完整，稳定性较好，现场实测松动圈在1.0~1.7m。沿脉巷道和石门巷道断面形状均为三心拱断面，设计净断面尺寸分别为 3100mm×3183mm 和 4200mm×3700mm。

采用顶板锚网支护，并采用喷混凝土封闭围岩。顶板锚固支护采用高性能螺纹钢锚杆支护。形成的支护结构如图 7-8 所示。

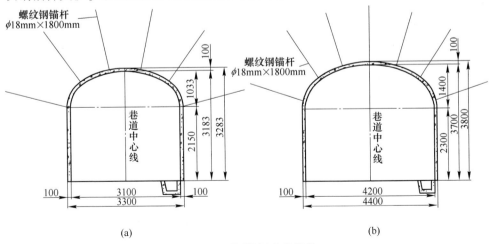

图 7-8 顶板锚网支护结构

（a）副井沿脉巷道；（b）副井石门巷道

螺纹钢锚杆规格为 φ18mm×1800mm，间排距 900mm×900mm，锚杆孔直径为 φ28mm，其采用 1 卷中速 2360 型和 1 卷快速 2335 型树脂药卷加长锚固，锚固长度不少于 800mm，锚固力不低于 80kN，预紧力不低于 30kN。托盘采用拱型高强度托盘，规格为 150mm×150mm×8mm。

顶板钢筋网采用 φ6.0mm 钢筋焊接，规格为 1050mm×2000mm，网孔规格为 100mm×150mm，网与网的搭接长度不少于 100mm，搭接处应采用 8 号铁丝绑扎，绑扎点间隔不超过 150mm。

喷射混凝土强度等级 C20，配合比 1：2：2，掺 3%~5% 速凝剂，厚度 100mm，要覆盖住锚杆托盘。

图 7-9 所示为白象山Ⅱ类围岩（-450m 水平石门巷）现场支护效果图。

图 7-9　白象山Ⅱ类围岩现场支护（-450m 水平石门巷）效果

7.2.1.2　Ⅲ类围岩支护

A　副井沿脉石门

采用全断面锚网喷支护。全断面锚固支护采用高性能螺纹钢锚杆支护。螺纹钢锚杆规格为 φ18mm×1800mm，间排距 900mm×900mm，锚杆孔直径为 φ28mm，其采用 1 卷中速 2360 型和 1 卷快速 2335 型树脂药卷加长锚固，锚固长度不少于 800mm，锚固力不低于 80kN，预紧力不低于 30kN。托盘采用拱型高强度托盘，规格为 150mm×150mm×8mm。形成的锚喷支护结构如图 7-10 所示。

钢筋网采用 φ6.0mm 钢筋焊接，规格为 1050mm×2000mm，网孔规格为 100mm×150mm，网与网的搭接长度不少于 100mm，搭接处应采用 8 号铁丝绑扎，绑扎点间隔不超过 150mm。喷射混凝土强度等级 C20，配合比 1：2：2，掺 3%~5% 速凝剂，厚度 100mm，要覆盖住锚杆托盘。

图 7-11 所示为白象山Ⅲ类围岩（副井沿脉）现场支护效果图。

B　风井 -470m 水平回风石门与主井 -540m 水平联络巷

锚网喷联合支护，喷射厚度为 100~150mm；采用水泥砂浆锚杆，灰砂比为

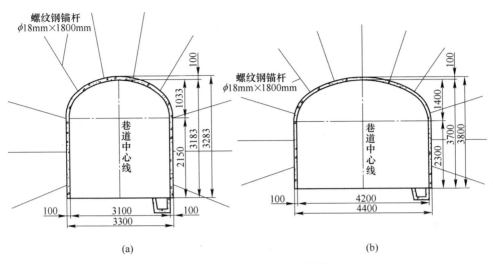

图 7-10　全断面锚网喷支护结构

（a）副井沿脉巷道；（b）副井石门巷道

图 7-11　白象山Ⅲ类围岩现场支护（副井沿脉）效果

2:1，杆体为二级螺纹钢，$\phi 18mm \times 2250mm$，间排距 1000mm×1000mm，锚杆孔直径为 $\phi 28mm$，端头采用滚压直螺纹，托板为 200mm×200mm×10mm；挂网为 $\phi 6.5mm$ 钢筋，网度为 150mm×150mm，必要时采用浇注混凝土，混凝土强度为 C25。风井-470m 水平回风石门巷道形成的支护结构如图 7-12 所示，主井-540m 水平联络巷形成的支护结构如图 7-13 所示。

锚杆采用无纵肋左旋等强螺纹钢树脂锚杆，$\phi 18mm \times 2000mm$，间排距 800mm×800mm，每根锚杆均用 2 块型号为 K2350 的树脂锚固剂固定，锚杆外露长度不大于 50mm，托盘为正方形，规格为长×宽=150m×150mm，用 8mm 钢板压制成弧形。锚杆均使用配套标准螺母紧固，锚固长度不小于 1m，每根锚杆锚固力不小于 50kN，扭矩力不小于 120N·m，底脚锚杆距离底板不大于 300mm，金属网铺设到底脚。

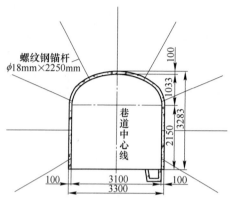

图 7-12　风井-470m 水平回风石门巷道

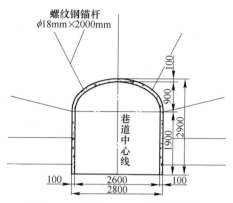

图 7-13　主井-540m 水平联络巷

金属网采用直径 6.5mm 的冷拔铁丝制作的经纬网，网的规格为长×宽＝2000mm×1050mm，网格为长×宽＝150mm×100mm，金属网间压茬连接，搭接长度不小于 100mm，相邻两块网之间要用 14 号铁丝双股连接，连接点要均匀布置，间距 200mm。

喷射混凝土使用必须用 P.O.42.5 水泥，砂为纯净的河砂，石子粒直径小于 15mm，将粒径大于 15mm 的石子控制在 20% 以下，石子过筛，并用水冲洗干净，喷射混凝土强度为 C25，速凝剂型号为 8880-C 型、掺入量一般为水泥重量的 3%~5%，喷拱取上限，喷淋水区时，可酌情加大速凝剂掺入量，速凝剂必须在喷浆机上料口均匀加入。

7.2.1.3　Ⅳ类围岩

初次采用全断面锚网喷支护（螺纹钢锚杆＋钢筋梯＋钢筋网＋喷射混凝土），二次采用顶帮注浆加强支护，局部可架设可缩性拱形金属支架。具体参数如下。

A　全断面锚网喷支护

全断面锚固支护采用高性能螺纹钢锚杆支护。螺纹钢锚杆规格为 $\phi20mm×$ 2000mm，间排距 800mm×800mm，锚杆孔直径为 $\phi28mm$，其采用 1 卷中速 2360 型和 1 卷快速 2335 型树脂药卷加长锚固，锚固长度不少于 800mm，锚固力不低于 100kN，预紧力不低于 50kN。托盘采用拱型高强度托盘，规格为 150mm× 150mm×8mm。形成的锚喷支护结构如图 7-14 所示。

钢筋网采用 $\phi6.0mm$ 钢筋焊接，规格为 1050mm×2000mm，网孔规格为 100mm×150mm，网与网的搭接长度不少于 100mm，搭接处应采用 8 号铁丝绑扎，绑扎点间隔不超过 150mm。

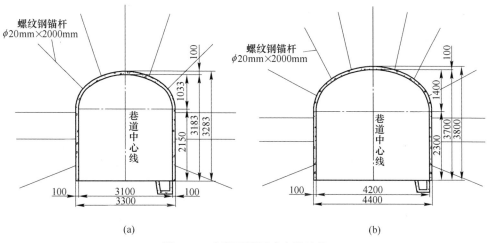

图 7-14 全断面锚网喷支护结构

（a）沿脉巷道；（b）石门巷道

　　钢筋托梁采用 ϕ14mm 的钢筋焊接而成，全断面使用，在安装锚杆位置各焊接两段纵筋，纵筋间距为 100mm。两相邻的钢筋托梁搭接，利用锚杆压紧搭接的两根钢筋托梁。

　　B　二次注浆加固

　　在全断面锚网喷支护施工完成后及时布置测点，监测巷道围岩收敛变形情况，当巷道两帮和顶底板间的收敛变形达到 100mm 或收敛变形速率急剧增大时，及时进行二次注浆加固。通过全断面注浆加固，形成对锚固范围内岩体的再加固。注浆加固一方面可以将喷层壁后松散破碎的围岩胶结成整体；另一方面可以将支护体中的锚杆全部转化为全长锚固，从而保证锚杆的锚固力和锚固的可靠性，实现对巷道围岩的有效控制，形成有效复合锚固结构。

　　注浆管布置在两排锚杆之间，间排距 1500mm×1200mm。注浆管使用 ϕ26mm 钢管制作，规格为 ϕ26mm × 500mm，采用风钻打眼，孔径 ϕ45mm，孔深 2000mm。二次注浆加固结构如图 7-15 所示。

　　浆液采用单液水泥-水玻璃浆液，水灰比控制在 0.8~1.0，水玻璃的掺量为水泥用量的 3%~5%，浆液结石率不低于 92%，浆液固结体强度不低于 20MPa，注浆压力控制在 2.0MPa 以内，保证喷层不发生开裂。为保证注浆质量，必须对注浆孔口封闭密实。

　　C　局部深孔注浆补强加固

　　对实施全断面锚网和注浆支护后的巷道进行长期稳定监测，根据巷道变形和稳定情况，对局部变形较大或出现渗漏部位实施深孔点源高压加强注浆，以提高支护结构的整体性和抗渗能力。

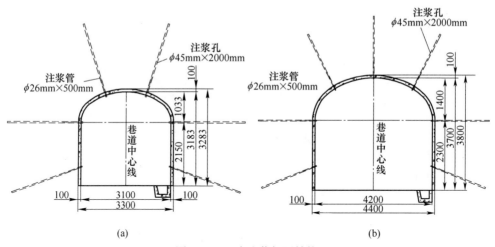

图 7-15　二次注浆加固结构

（a）沿脉巷道；（b）石门巷道

图 7-16 所示为白象山铁矿Ⅳ类围岩现场支护效果图。

图 7-16　白象山铁矿Ⅳ类围岩现场支护效果

7.2.1.4　Ⅴ类围岩

A　初次支护与加固技术方案

初次支护采用型钢支架和喷网进行初次支护。型钢支架可选用 29U 形钢支架或 22 号槽钢棚，棚距 600~800mm。支护结构如图 7-17 所示。

钢筋网采用 ϕ6.0mm 钢筋焊接，规格为 1050mm×2000mm，网孔规格为 100mm×150mm，网与网的搭接长度不少于 100mm，搭接处应采用 8 号铁丝绑扎，绑扎点间隔不超过 150mm。喷射混凝土强度等级 C20，配合比 1∶2∶2，掺 3%~5%速凝剂，厚度 70~80mm。

通过以上措施基本上能够保证巷道围岩的初步稳定。但考虑到围岩松散、破碎，稳定性差，以及服务期限内的长期稳定问题，必须采取合理有效的二次支护措施，以保证巷道围岩和支护结构较长时间内的稳定。

B　二次支护与加固技术方案

a　全断面高性能锚固支护

在两排型钢支架间打孔，安装螺纹钢锚杆和注浆管，并及时喷浆封闭。型钢支架支护结构如图 7-17 所示。

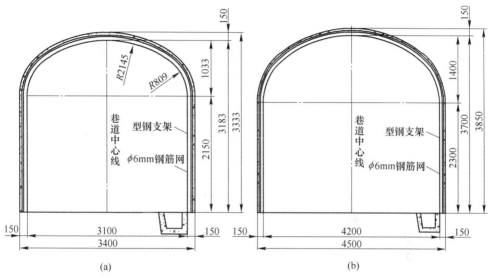

图 7-17　型钢支架支护结构

（a）沿脉巷道；（b）石门巷道

全断面锚固支护采用高性能螺纹钢锚杆支护。高性能螺纹钢锚杆规格为 $\phi22\text{mm}\times2400\text{mm}$，间距 800mm 左右，排距与型钢支架棚距一致。锚杆孔直径为 $\phi28\text{mm}$，其采用 1 卷快速 2350 型树脂药卷和 1 卷中速 2350 型加长锚固，锚固长度不少于 800mm，锚固力不低于 150kN，预紧力不低于 70kN。托盘采用拱型高强度托盘，规格为 $150\text{mm}\times150\text{mm}\times8\text{mm}$。形成锚网喷支护结构如图 7-18 所示。

喷射混凝土强度等级为 C20，喷厚 70～80mm，总喷厚 150mm 左右，并保证注浆管孔口外露长度不少于 30mm，以便于后期进行注浆加固。

完成全断面锚固支护后，进行起底，将底板卧成反底拱形结构，并利用喷浆回弹料作为垫层，铺设由 $\phi6\text{mm}$ 钢筋焊接而成的双层钢筋网，浇筑 500mm 左右的混凝土（弧中间最深部位），形成反底拱结构，同时完成水沟砌筑。

注浆管布置在两排锚杆之间，间距为 1500mm 左右，排距 1200mm 左右。注浆管使用 $\phi26\text{mm}$ 钢管制作，规格为 $\phi26\text{mm}\times1000\text{mm}$，孔口封孔长度 400～500mm，采用风钻打眼，孔径 $\phi45\text{mm}$，孔深 2000mm。浆液采用单液水泥-水玻

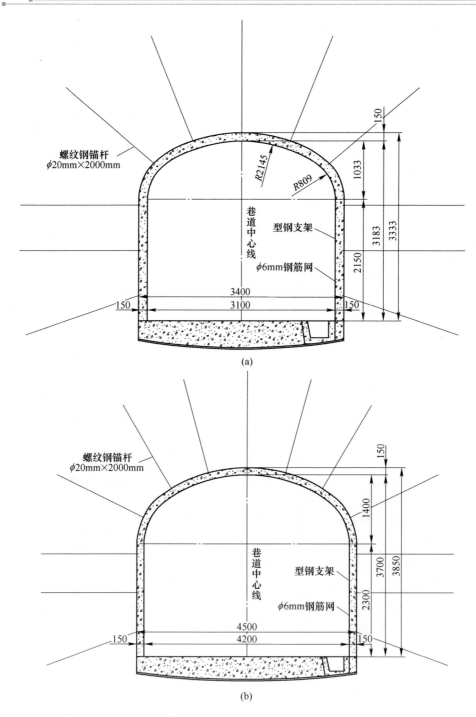

图 7-18　锚网喷支护结构

（a）沿脉巷道；（b）石门巷道

璃浆液，水灰比控制在 0.8~1.0，水玻璃的掺量为水泥用量的 3%~5%，注浆压力控制在 2.0MPa 左右，为保证注浆质量，必须对注浆孔口封闭密实。注浆管布置如图 7-19 所示。

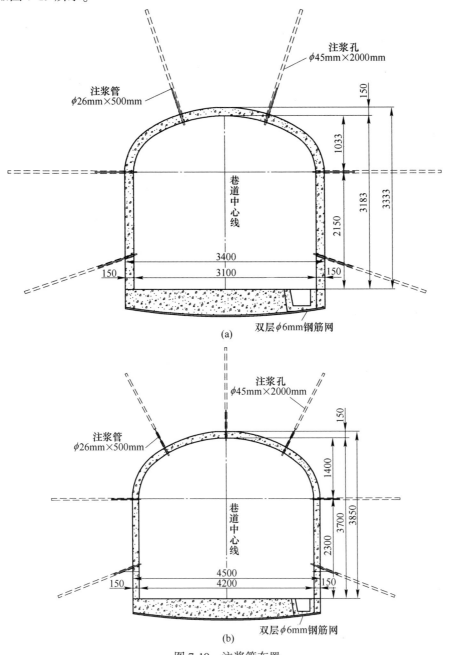

图 7-19 注浆管布置

(a) 沿脉巷道；(b) 石门巷道

b　全断面二次注浆加固

完成全断面锚固支护后，采用锚固支护中安装的注浆管对围岩进行全断面注浆加固，从而形成对锚固范围内岩体的再加固。全断面二次注浆加固，可使支护体内锚杆均转化为全长锚固，实现与巷道围岩的共同变形与承载，从而形成积极主动有效的全断面锚注支护结构，提高支护结构的可靠性、整体性和承载能力，能够保证巷道围岩和支护结构较长时间内的稳定。

注浆采用单液水泥-水玻璃浆液，水泥使用 P.O.42.5 普通硅酸盐水泥，水灰比控制在 0.8~1.0，水玻璃的掺量为水泥用量的 3%~5%。浆液结石率不低于92%，浆液固结体强度不低于 20MPa，注浆压力控制在 2.0MPa 以内，保证喷层不发生开裂。

c　局部深孔注浆补强加固

对支护后的巷道进行长期稳定监测，根据巷道变形和稳定情况，对局部变形较大或出现渗漏部位实施深孔点源高压加强注浆，以提高支护结构的整体性和抗渗能力。

7.2.2　巷道围岩支护施工工艺

7.2.2.1　临时支护施工工艺

A　前探梁支护

采用吊挂前探支架作为临时支护，前探梁用两根 3 寸钢管制作，长度不小于4m，间距不大于 1.6 m，用锚杆和吊环固定，吊环形式为倒梯形或圆形，倒梯形式吊环宽面朝上，圆形吊环采用 13~20cm 钢管制作。为了防止前探梁滚动，每根前探梁不少于 2 个吊环。吊环用配套的锚杆螺母固定，所用树脂锚固剂不少于2 块，锚固力不小于 70kN/根，前探梁最大控顶距离 1.8m，前探梁上方用 2 块规格为长×宽×厚＝1800mm×200mm×150mm 小板梁和小杆接顶，前探梁后端用木楔背紧。

B　带帽点柱支护

带帽点柱支护适用于岩石条件不稳定的情况。带帽点柱临时支护如图 7-20所示。

（1）支护形式：顶板临时支护采用带帽点柱支护。

（2）支护材料：点柱选用长为 1.7~2.5m、φ80mm 的内注式单体液压支柱，配备塑胶鞋帽。

（3）支护参数：点柱必须使用两排，每排三根，点柱距工作面不大于500mm，点柱间距不大于 800mm。

（4）质量要求：打锚杆前，安设两排 6 根间排距为 800mm×800mm 的内注式

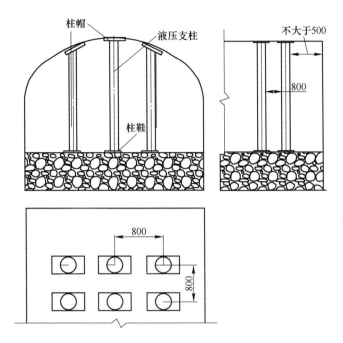

图 7-20 带帽点柱临时支护

单体液压支柱，支柱垂直于顶、底板。其上带帽，升上劲，其下要支撑在实底上，如无法打在实底上，必须垫木楔或道木。

（5）保证措施：放炮后找净浮矸危岩，及时打设点柱，在点柱的掩护下打设顶锚杆。在打锚杆时要时刻对临时支护进行观察，如有松动、不牢固的地方立即对其加固，确保临时支护紧固有效。打好顶锚杆后方可拆除临时支护，并把点柱运到耙矸机后堆放整齐。

7.2.2.2　U 型钢支架施工工艺

施工工序：

中、腰线→安设、定位 U29 型钢棚腿→架设拱部棚梁及时用螺栓连接两侧棚连接板→挂设 φ16mm 圆钢拉钩→铺设金属网→调校 U29 型钢棚→达到设计要求→喷浆封闭 U29 型钢支架。

7.2.2.3　锚网喷支护施工工艺

施工工序：

看中腰线→画出巷道轮廓线→标出探水孔眼位→打探水眼→标出炮孔眼位→打炮孔→扫眼→装药→放炮→通风→敲帮问顶→初喷拱部→出矸→复喷支护。

施工工艺:

(1) 打锚杆孔。打孔前,按照中、腰线严格检查巷道断面规格,尺寸不符合作业规程要求时必须先进行处理;锚杆孔的位置准确,误差±100mm,锚杆必须垂直岩面或巷道轮廓线,其角度不小于75°,打孔顺序应按由外向里先顶后帮的顺序依次进行。锚杆孔深度必须与锚杆长度相匹配,允许误差0~+50mm,打孔时必须在钎子上做好标志,严格按锚杆长度打孔。打孔必须在临时支护掩护下操作,打顶板锚杆孔必须先用短钎(1~1.2 m)后用长钎套打,并按先中间后两边的顺序进行,打好一眼后及时安装,然后再打设、安装另一锚杆;两帮锚杆由上往下打。

(2) 网片安装。沿巷道轮廓线铺设金属网,网片与锚杆同步安装。网片搭茬100mm,搭茬处每隔200mm采用双股16号铁丝双排扣绑扎牢固。

(3) 安装锚杆。顶部锚杆应采用锚杆钻机搅拌安装,帮部锚杆应采用帮部锚杆钻机或风动扳手安装。顶板锚杆孔应打好一个安装一个,严禁采用一次性打好所有锚杆孔后,再一次性安装锚杆的方法施工。帮部锚杆的安装,先用风锤打最上一根锚杆孔,铺好网后,帮部锚杆机锚注上部一根锚杆,然后依次从上到下安装其他锚杆。安装前,必须将眼孔内的积水、岩粉用压风吹扫干净。吹扫时,操作人员必须站在孔口一侧,眼孔方向不得有人。把两卷树脂锚固剂送入眼底,把锚杆插入锚杆孔内,使锚杆杆体顶住树脂锚固剂。用专用转换套筒将锚杆与锚杆机连接顶推药卷至眼底,再开动锚杆机带动杆体旋转将锚杆旋入树脂锚固剂,对锚固剂进行搅拌,直至锚杆达到设计深度,树脂锚固剂要搅拌均匀,并用机械秒表现场计时,整体搅拌时间8~15s,并顶推1min,方可撤去锚杆机。5min之后拧紧螺帽,再用加长扳手或风动扳手将锚杆紧固到位;保证锚杆安装牢固,托盘与巷道轮廓线及方位矫正,托盘密贴壁面,未接触部位必须楔紧。

(4) 复喷。

1) 必须对锚杆进行二次紧固后方可复喷。复喷到设计厚度,复喷必须覆盖网、锚杆托盘。复喷成巷后锚杆端部可以适当外露,但应喷一层混凝土封闭外露部分,以防生锈。巷道累计喷厚为100mm。喷层与网位置的关系:网外喷厚不大于50mm,不小于30mm,网位于整个喷体的中部偏外层。喷射混凝土前要求看好中腰线,中线距巷道一帮偏差为0~+150mm,巷道高度偏差为0~+150mm。

2) 喷射混凝土作业采用分段、分片、分层依次进行,喷射时先将低洼处大致喷平,再自下而上顺序、分层、往复喷射,后一层应压在前一层的一半。

3) 喷层必须进行洒水养护,工作面50m范围内每圆班不少于2次,超过50m每圆班不少于1次,保证不出现龟裂现象,养护7天后每天洒水养护一次,养护时间为28天,然后预留试块做强度试验,混凝土强度等级为C25。

4) 喷射质量。喷射前必须清洗岩帮,清理浮矸;喷射时要划区喷射,喷射均匀，保证墙直拱圆，无蜂窝麻面，无裂隙，无"穿裙、赤脚"现象。

7.2.2.4 现浇筑混凝土支护施工工艺

（1）混凝土浇注施工方法。

1）碹骨、模板加工制作完毕，数量够一个圆班使用。

2）砌碹用具材料齐全。

3）浇注前应检查巷道的规格质量，小于设计的地方必须刷掉，危岩浮石必须处理，确保安全施工。

4）按照巷道的中线，放出墙体立模边线（每侧放大 25mm），根据腰线用风镐挖够墙体基础。

5）根据设计要求绑扎钢筋，支墙体模板，浇注墙体混凝土。

6）当墙体混凝土浇注至巷道拱基线时，搭脚手架，稳碹骨，浇注拱部混凝土。

7）浇注混凝土时，要加强振捣，一般每浇注 300mm 厚振捣一次，振捣时振动棒移动距离 500mm 左右，振捣时间在 20～30s 为宜，振捣程度按以下四点判断：①振捣时混凝土不再显著沉落；②不再出现气泡；③混凝土形成水平表面；④混凝土外观均匀。

（2）混凝土浇注质量要求：

1）模板组装和碹骨架设必须牢固可靠，其支柱必须支设在硬底或垫板上。

2）浇注后巷道（硐室）净宽、净高不小于设计，不大于设计 30mm。

3）混凝土支护厚度、墙体基础深度不小于设计。

4）混凝土支护的表面质量无裂缝、蜂窝、孔洞、露筋现象。

5）壁后充填饱满密实，无空带、空顶现象。

6）混凝土表面平整度不大于 10mm，接茬不大于 15mm。

7）混凝土支护强度达到设计要求。

7.2.2.5 注浆施工工艺

（1）注浆施工工艺。注浆设备材料工具储备→造浆→管路连接→注清水→注浆→停止注浆关闭注浆阀。

（2）施工准备。在巷道内选择合适地段为造浆工作点，并设置搅拌机、储浆桶、清水桶和注浆泵。注浆施工前，备好风、水、电等管线系统以及各种注浆设备、注浆材料，并进行检修，保证完好，对巷道表面采取防跑漏浆处理措施，凡是已破坏的巷道，钻孔注浆前需撬掉巷道内的活动喷层，为防止浆液漏失，在注浆前对其进行喷混凝土封闭。

（3）注浆孔的布置及施工。首先对预埋好的注浆孔进行加固，加固按照顺序进行，从内往外依次施工，施工完预留注浆孔，在注浆薄弱地方，进行补充注浆孔进行补充加固。造孔用 7655 型风钻，ϕ42mm 的一字型钻头，垂直于巷道钻孔，钻孔深度以进入充填空隙为宜，并且将钻孔内积水或岩屑吹干净。钻孔完成后，安装加工好的止浆塞，止浆塞一头缠麻匹，另外一头外露长度 50~70mm，安设止浆塞时用大锤或风钻配打点器进行施工，确保注浆时不漏浆。

（4）注浆施工。按注浆要求连接好注浆管路，调节注浆泵安全阀，经试运转正常后方可开泵注浆；在搅拌桶中放入适量的水，再按配比放入水泥，使浆液的水灰比控制在 0.7~0.8 的范围。用风动搅拌器搅拌浆液，搅拌时间对于浆材与水的充分混合有着非常重要的影响，搅拌时间太短，浆材与水混合不均匀，使浆液的流动性受到很大的影响，搅拌时间为 5min；开泵注浆，当注浆压力达到设计终压时停止注浆。注浆顺序为先里后外依次进行。注浆过程中，随时观察并记录注浆压力、注浆量等注浆参数变化情况。此外，随时观察巷道表面跑漏浆现象，一旦发生跑漏浆，应及时采取措施进行糊堵，大量漏浆时可在水泥浆液中加入适量水玻璃进行注浆，封堵后再改换成水泥单液浆。每孔注浆须连续注入，如因故需暂停注浆，应向孔内压注一定量的清水，以保持注浆通道的顺畅。注浆过程中须注意观察压力表的升压情况，要设专人观察巷帮、巷顶及孔口管是否有异常情况，发现问题要及时处理。注浆期间，施工人员应注意注浆泵的运行状况及排浆情况，确保注浆泵的完好。

7.3　大硐室支护技术

地下金属矿山大硐室分布众多，主要有破碎硐室及相关硐室、主井溜破系统、排泥硐室、水泵房、变电所、电梯井、箕斗装载硐室、马头门、水仓、修车硐室和成品矿仓等。本节根据白象山铁矿地下硐室结构参数，介绍大硐室支护方式及参数。

破碎硐室及相关硐室、排泥硐室、水泵房、水仓、修车硐室等支护与加固技术相似：全断面锚网喷支护—预应力锚索加强支护—低压浅孔注浆加固（根据断面大小和稳定性选择）—全断面复注浆加固（根据断面大小和稳定性选择）。因此，本节主要介绍破碎硐室、原矿仓、成品矿仓和箕斗装载硐室的支护与加固方案。

7.3.1　破碎硐室支护与加固技术方案

目前破碎硐室及相关硐室（配电硐室、吸尘硐室、操作硐室）均采用三心拱断面，破碎硐室荒断面尺寸为 8.3m×11.9m，原设计采用 400mm 厚钢筋混凝土支护，现考虑改用初次锚网索喷+二次注浆加固，支护厚度为 150mm；配电硐室、吸尘硐室、操作硐室荒断面尺寸分别为 5.1m×4.8m、5.1m×6.7m、4.6m×6.3m，原设计采用 300mm 厚钢筋混凝土支护，现改用锚网索喷支护，支护厚度 150mm。破碎硐室及相关硐室平面布置如图 7-21 所示。

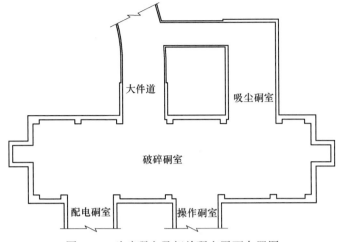

图 7-21 破碎硐室及相关硐室平面布置图

A 全断面锚网喷支护

全断面锚固支护采用高性能螺纹钢锚杆，规格为 $\phi20mm\times2200mm$，锚杆孔直径为 $\phi28mm$，其采用 1 卷快速 2335 型和 1 卷中速 2360 型树脂药卷加长锚固，锚固长度不少于 800mm，锚固力不低于 150kN，预紧力不低于 70kN。托盘采用拱型高强度托盘，规格为 150mm×150mm×8mm，间排距 800mm×800mm。形成的支护结构如图 7-22 所示。

钢筋托梁采用 $\phi14mm$ 的钢筋焊接而成，托梁规格为 4100mm×80mm，全断面使用，在安装锚杆位置各焊接两段纵筋，纵筋间距为 100mm。两相邻的钢筋托梁搭接，利用锚杆压紧搭接的两根钢筋托梁。

钢筋网采用 $\phi6.0mm$ 钢筋焊接，规格为 1050mm×2000mm，网孔规格为 150mm×100mm，网与网的搭接长度不少于 100mm，搭接处应采用 8 号铁丝绑扎，绑扎点间隔不超过 150mm。

喷射混凝土强度等级 C20，配合比 1:2:2，掺 3%~5% 速凝剂，厚度 70~80mm，要覆盖住锚杆托盘，并保证注浆管孔口外露长度不少于 30mm，以便于后期进行注浆加固。

B 预应力锚索加强支护

全断面布置预应力锚索对硐室进行加强支护，预应力锚索采用直径为 $\phi17.8mm$ 的高强度低松弛预应力钢绞线制作，长度为 7.5m，间排距为 1600mm×1600mm；孔径为 $\phi30mm$；采用 1 卷快速 2335 和 2 卷中速 2360 型树脂药卷锚固，锚固长度大于 1.0m；其极限承载力为 353kN，伸长率为 7%；采用高强度的垫板（300mm×300mm×16mm）和专用锚具与设备进行张拉、固定和切割；锚索的预应力不低于 120kN。锚索加强支护结构如图 7-23 所示。

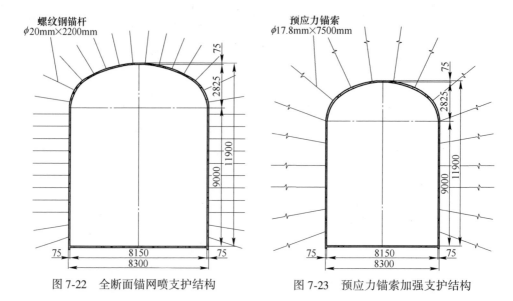

图 7-22　全断面锚网喷支护结构　　　　图 7-23　预应力锚索加强支护结构

C　低压浅孔注浆加固

在锚杆支护施工的同时进行注浆管的打孔和安装,注浆管布置在两排锚杆之间,间排距 1600mm×1600mm,注浆管布置如图 7-24 所示。低压浅孔注浆施工注浆管使用 φ38mm 钢管制作,规格为 φ38mm×1000mm,孔口封孔长度 400~500mm,采用风钻打眼,孔径 φ45mm,孔深 2500mm。浆液采用单液水泥-水玻璃浆液,水灰比控制在 0.8~1.0,水玻璃的掺量为水泥用量的 3%~5%,注浆压力控制在 2.0MPa 左右,为保证注浆质量,必须对注浆孔口封闭密实。

D　全断面复注加强支护

全断面复注加强支护采用高压深孔渗透注浆,高压深孔渗透注浆与低压浅孔注浆采用同一注浆管,注浆前可采用 φ28mm 钻头进行扫孔,扫孔深度控制在 5.0m 左右。高压深孔渗透注浆就是在低压浅孔注浆加固后形成一定厚度加固圈(梁、柱)的基础上,布置深孔,采用高压注浆加固,一方面可扩大注浆加固范围;另一方面高压注浆可提高浆液的渗透能力,改善注浆加固效果,且不会导致喷网层的变形破坏,并可对低压浅孔注浆加固体起到复注补强的作用,从而显著提高注浆加固体的承载性能。深孔注浆管的布置如图 7-25 所示。

高压深孔渗透注浆过程中的主要技术参数如下。

(1) 注浆材料。渗透注浆材料以高渗透性、高强度的水泥浆液为主,可采用 52.5 级普通硅酸盐水泥,水灰比控制在 0.5~0.6,掺加水泥量 0.7% 的 NF 高效减水剂。浆液的结石率不低于 95%,强度不低于 30MPa。当围岩中的裂隙细小,无法进行深孔注浆时,可采用超细水泥制作注浆材料,以保证注浆加固效果。

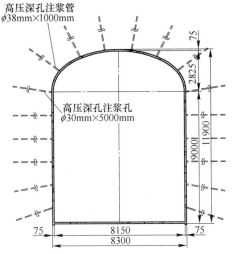

图 7-24 低压浅孔注浆加固注浆管布置　　图 7-25 高压深孔注浆管布置

（2）注浆参数。施工时注浆压力控制在 3～5MPa，加固范围控制在 5.0m 左右。

（3）滞后注浆时间。一般滞后低压浅孔充填注浆 1～2 天。

完成全断面高压深孔注浆后，再进行一次喷浆，喷射混凝土强度和配合比要求同前述要求，喷厚 70～80mm，使总喷厚达到 150mm。

若锚索施工过程中钻孔出水，应及时进行注浆堵水，并将该段施工顺序调整为：锚网喷支护→低压浅孔注浆→预应力锚索加强支护→全断面复注加强支护。通过预应力锚索施工前的低压浅孔注浆，可以将喷层壁后松散破碎的围岩胶结成整体，防止锚索施工过程中将深部潜水从钻孔中导出，造成大面积涌水。含软弱夹层段可考虑采用该施工工艺。

图 7-26 所示为破碎硐室全貌；图 7-27 所示为操作硐室，支护安全稳定性高；图 7-28 所示为排泥硐室支护效果，安全稳定性高。

图 7-26 破碎硐室全貌

图 7-27　操作硐室

图 7-28　排泥硐室支护效果

7.3.2　原矿仓支护与加固技术方案

（1）卸载硐室净断面上部为 2.83m×4m 矩形，其下 3.269m 段高为变截面段，矩形断面为净直径 φ5.0m 圆形断面过渡。双层钢筋混凝土永久支护，钢筋：环筋为 φ20@250，竖筋为 φ16@300，联系筋为 φ8@500×600，钢筋搭接长度 35D（D 为钢筋直径），钢筋保护层厚度为 40mm；混凝土强度等级为 C25，壁厚 400mm。原矿仓平、剖面图如图 7-29 所示，原矿仓及收拢段剖面图如图 7-30 所示。

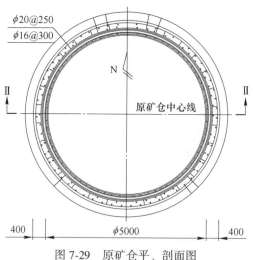

图 7-29　原矿仓平、剖面图

（2）变径段以下为 16m 深的主体，净直径为 5.0m 圆形原矿仓；原矿仓底部为圆→方变截面收拢段与破碎硐室相接。双层钢筋混凝土+H 型钢+钢衬板永久支护，钢筋：环筋为 φ20@250，竖筋为 φ16@300，联系筋为 φ8@500×600，钢筋搭接长度 35D，钢筋两端弯钩长度为 12.5D（D 为钢筋直径），钢筋保护层厚度为 40mm；H 型钢规格为 HW125×125×6.5×9，并带有 200mm 长的锚固爪；H 型钢每圈由 4 根组成，连接处用两块 10mm 的钢板加 4 个螺丝固定连接，每两圈 H 型钢整体悬挂钢衬板；钢衬板采用 Jm7 稀土耐磨钢，每块规格为高 990mm×宽 200mm；混凝土强度等级为 C25，壁厚 400mm。

（3）原矿仓与破碎硐室、原矿仓与卸载站连接处的钢筋须互相搭接，以保证基础与矿仓的牢固可靠。

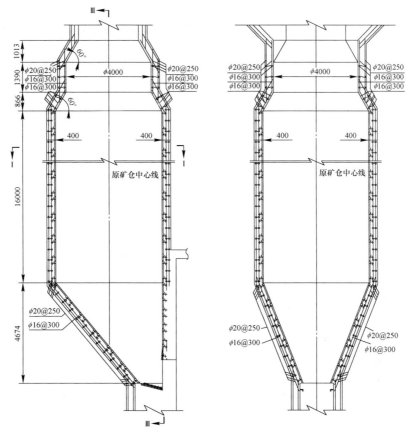

图 7-30 原矿仓及收拢段剖面图

7.3.3 成品矿仓支护与加固技术方案

（1）上段为振动放矿机基础，高度 3m，基础为不规则图形。成品矿仓平、剖面图如图 7-31 所示。采用钢筋混凝土+稀土耐磨板永久支护，钢筋：竖筋为 $\phi20@250$，环筋为 $\phi16@300$，箍筋 $\phi12@250$ 联系筋为 $\phi8@500\times600$，钢筋搭接长度 $35D$（D 为钢筋直径），钢筋两端弯钩长度为 $12.5D$，弯钩搭接长度为 $30D$（D 为钢筋直径），钢筋保护层厚度为 40mm；稀土耐磨板采用 Jm7 稀土耐磨钢拼装而成，耐磨板挂靠在 H 型钢上，H 型钢固定在钢筋上，H 型钢后头锚固爪与钢筋固定。

（2）基础下为段高 3m 高、矩形（1.37m×1.7m）为净直径 $\phi5.0$m 圆形变截面段。双层钢筋混凝土永久支护，钢筋：环筋为 $\phi16@250$，竖筋为 $\phi14@300$，联系筋为 $\phi8@500\times600$，钢筋搭接长度 $35D$（D 为钢筋直径），钢筋保护层厚度为 40mm；混凝土强度等级为 C25，壁厚 400mm。

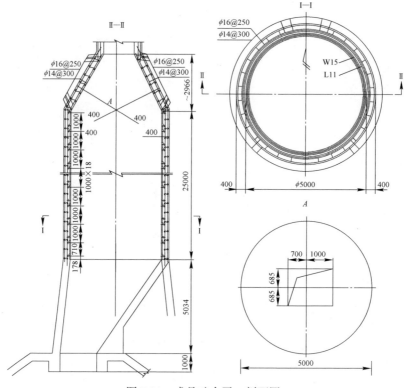

图 7-31　成品矿仓平、剖面图

（3）变径段以下为 25m 深的主体，净直径为 5.0m 圆形成品矿仓；双层钢筋混凝土+H 型钢+稀土耐磨板永久支护，钢筋：环筋为 $\phi16@250$，竖筋为 $\phi14@300$，联系筋为 $\phi8@500\times600$，钢筋搭接长度 35D，钢筋两端弯钩长度为 12.5D（D 为钢筋直径），钢筋保护层厚度为 40mm；H 型钢规格为 HW125×125×6.5×9，并带有 200mm 长的锚固爪；H 型钢每圈由 4 根组成，连接处用两块 10mm 的钢板加 4 个螺丝固定连接，每两圈 H 型钢整体悬挂稀土耐磨板；稀土耐磨板采用 Jm7 稀土耐磨钢，每块规格为高 990mm×宽 200mm；混凝土强度等级为 C25，壁厚 400mm。

（4）成品矿仓下部收拢段为四方棱台体结构，高度为 5034mm。上口为 5000mm×5000mm 的正方形，下口为 2050mm×1608mm 的矩形。双层钢筋混凝土+H 型钢+稀土耐磨板永久支护，钢筋：环筋为 $\phi16@250$，竖筋为 $\phi14@300$，联系筋为 $\phi8@500\times600$，钢筋搭接长度 35D，钢筋两端弯钩长度为 12.5D（D 为钢筋直径），钢筋保护层厚度为 40mm；H 型钢规格为 HW125×125×6.5×9，并带有 200mm 长的锚固爪；H 型钢每圈由 4 根组成，连接处用两块 10mm 的钢板加 4 个螺丝固定连接，每两圈 H 型钢整体悬挂稀土耐磨板；稀土耐磨板采用 Jm7 稀土耐磨钢板，每块规格为高 990mm×宽 200mm；混凝土强度等级为 C25，壁厚 400mm。

（5）成品矿仓与破碎硐室、成品矿仓与皮带道连接处的钢筋须互相搭接，以保证基础与矿仓的牢固可靠；成品矿仓的加固配筋须与破碎机基础下部结构的配筋相结合，破碎机基础与下部矿仓连接处的钢筋须互相搭接，以保证基础及矿仓的牢固可靠。

（6）钢筋的混凝土保护层厚度为 40mm。钢筋两端弯钩总长度为 12.5d，搭接长度为 35d（d 为钢筋直径）。配筋消耗量估算约：ϕ16 钢筋 3900m，质量 6162kg，ϕ14 钢筋长度 3300m，质量 3993kg，ϕ8 钢筋长度 1200m，质量 474kg，总计消耗钢筋量 10629kg。

7.3.4　箕斗装载硐室支护与加固技术方案

7.3.4.1　临时支护

钢筋网：使用 ϕ6mm 钢筋，网格尺寸 100mm×100mm，网格均匀。

锚杆规格为 ϕ22mm×2500mm 的金属全螺纹钢高强锚杆，间排距均为 800mm×800mm。硐室巷道底脚布置底脚锚杆，锚杆向下与水平呈 30°夹角，底脚锚杆必须使用 L=1.2m 16 号槽钢加工的钢梁进行连接加强支护，槽钢按纵向布置。

锚索规格为 ϕ22mm×8000mm 的钢绞线，箕斗装载硐室上室拱部锚杆锚索示意图如图 7-32 所示。硐室拱部间排距 1600mm×2400mm，锚索布置与巷道轮廓线垂直；井筒、硐室山墙及墙部间排距为 2400mm×2400mm，锚索布置与水平呈 30°夹角。硐室第一排锚索距井帮 800mm。

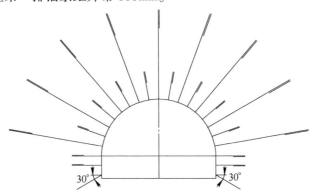

图 7-32　箕斗装载硐室上室拱部锚杆锚索示意图

7.3.4.2　永久支护

箕斗装载硐室、信号硐室均采用锚网索喷与钢筋混凝土联合支护，浇注混凝土标号为 C45，喷射混凝土标号为 C20；临时支护所用锚杆规格为 ϕ22mm×2500mm 高强度左旋螺纹锚杆，锚杆间排距 800mm×800mm。金属网规格2000mm×1000mm，网格 100mm×100mm，为 ϕ6.5mm 圆钢加工制作，锚索为 ϕ22mm×8000mm 钢绞线，间排距为 1600mm×2400mm。

采用钢筋混凝土作为永久支护，混凝土标号为 C45。进行钢筋绑扎，技术参数如下：

箕斗装载硐室纵、环筋均为 ϕ25mm；胶带运输机巷、信号硐室纵、环筋均为 ϕ20mm；井筒段立、环筋均为 ϕ25mm，隔板用 ϕ25mm、ϕ10mm 的钢筋编织钢筋笼。钢筋采用丝头或搭接的方式连接，本次使用钢筋为 ϕ20mm、ϕ25mm，钢筋搭接长度为 $36d$，ϕ20mm 钢筋搭接长度 720mm；ϕ25mm 钢筋搭接长度 900mm；钢筋间排距为 250mm×250mm。钢筋保护层为 50mm。井筒加强段及硐室内的内、外层环筋之间均用 ϕ8mm 的构造筋进行连接，连接间排距为 500mm。

图 7-33 所示为箕斗装载硐室支护效果。

图 7-33　箕斗装载硐室支护效果

7.4　采场进路支护技术

采矿进路支护形式与参数选择不合适，是造成采矿进路易产生片帮、冒顶等破坏现象的主要外在原因，不能满足采矿进路正常使用与安全生产的要求。因此，需要对采矿进路进行合理的支护技术设计，从而保证采场（采矿进路）在服务期限内的稳定与高效回采安全。姑山区域和睦山铁矿和白象山铁矿采场进路支护主要采用锚网喷支护、锚索加固支护、注浆补强加固等方案。

7.4.1　锚网喷支护技术方案

采用高性能预应力锚杆、金属网、钢筋托梁和喷射混凝土进行锚网喷支护。预应力锚杆能够保证浅部围岩形成初步的锚固结构，实现与巷道围岩整体变形；

喷射混凝土能及时封闭围岩表面，隔绝空气、水与围岩的接触，有效地防止风化、潮解引起的围岩破坏与剥落，减少围岩强度的损失，使围岩得以保持原有的稳定和强度；钢筋网能维护锚杆间比较破碎的岩石，防止岩块的掉落，提高锚杆支护的整体效果，抵抗锚杆间破碎岩块的碎胀压力，提高支护结构对围岩的支撑能力；托梁可将若干个锚杆连在一起形成组合作用，托梁的一定刚度可使锚杆之间的松散岩体保持完整，是使松散岩体形成整体稳定的有效手段。

采矿进路顶板与帮部锚杆采用 Q345 普通建筑螺纹钢，规格为 $\phi20mm×2000mm$，间排距为 $900mm×1000mm$；实体矿体时拱肩部位采用高性能螺纹钢锚杆进行加强支护，规格为 $\phi20mm×2400mm$，间排距为 $500mm×1000mm$，每排均匀布设 4 根；采空侧时仅在拱肩部位采用高性能螺纹钢锚杆进行加强支护，规格为 $\phi20mm×2400mm$，间排距为 $500mm×1000mm$，每排均匀布设 2 根。锚杆孔直径为 $\phi28mm$，采用 1 卷快速 2350 型和 1 卷中速 2350 型树脂药卷加长锚固，锚固长度不少于 1000mm，锚固力不低于 100kN，预紧力不低于 60kN（锚杆预紧力为杆体屈服载荷的 50%~60%，$\phi20mm$ 锚杆的设计预紧力为 54.17kN）；托盘采用拱型高强度托盘，规格为 $150mm×150mm×12mm$。采空侧时矿房（采矿进路）顶板与帮部局部锚网喷支护结构如图 7-34 所示。其中，帮部支护高度可根据现场围岩状态与施工情况适当增减。

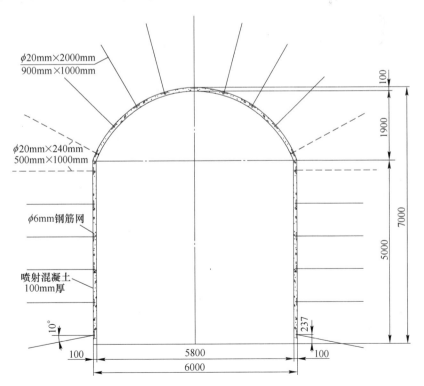

图 7-34 采空侧时矿房（采矿进路）顶板与帮部局部锚网喷支护结构

　　钢筋托梁采用 ϕ14mm 的螺纹钢焊接而成，拱顶托梁规格为 4000mm×80mm，帮部托梁规格为 2600mm×80mm，在安装锚杆位置各焊接两段纵筋，纵筋间距为 50mm。两相邻的钢筋托梁搭接，利用锚杆压紧搭接的两根钢筋托梁。

　　钢筋网采用 ϕ6mm 螺纹钢焊接，网片规格为 2000mm×1000mm，网孔规格为 100mm×100mm，网片搭接长度 100mm，搭接处用双股 8 号铁丝双股双排扣绑扎连接，搭接处必须利用钢筋托梁和锚杆压紧。

　　喷射混凝土强度等级 C25，配合比为 1∶2∶2，掺 3%~5% 速凝剂，初喷厚度 50mm 左右，要覆盖住锚杆托盘。在锚网支护施工完成后再复喷 50mm 左右，喷射混凝土总厚度为 100mm 左右。

　　图 7-35 所示为进路采场锚网喷效果。

图 7-35 　进路采场锚网喷效果

7.4.2 锚索加强支护技术方案

　　在两排锚杆之间布置预应力锚索进行加强支护，预应力锚索能够允许巷道围岩及锚杆形成的锚固结构产生一定的变形，可实现与巷道围岩和锚固结构的耦合变形，适应软弱地层中巷道围岩松动圈的演化过程，并实现围岩中高应力的逐步卸压过程，从而保证巷道围岩与支护结构的整体稳定。锚索直径为 ϕ17.8mm，长度为 5000mm；孔径为 ϕ32mm，采用 1 卷快速 2350 型和 2 卷中速 2350 型树脂药卷加长锚固，锚固长度不小于 2.0m；其极限承载力为 353kN，伸长率为 4%；采用高强度可调心托盘（300mm×300mm×20mm）和专用锚具与设备进行张拉、固定和切割；锚索的预应力不低于 150kN（一般可选择锚索预紧力为其拉断载荷的 40%~70%，ϕ17.8mm 锚索的设计预紧力为 141.2kN），锚索可采用 2 种间排距布置方式，间排距为 3000mm×1500mm，按 1—2—1 方式布置；间排距为 3000mm×2000mm，按 2—2—2 方式布置，锚索加强支护结构如图 7-36 所示，图 7-37 所示为进路采场锚索加固支护现场。

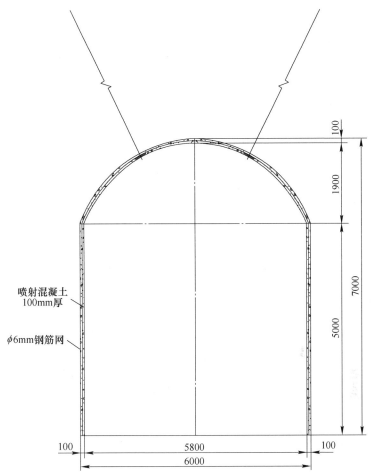

图 7-36 矿房（采矿进路）顶板预应力锚索加强支护结构

图 7-37 进路采场锚索加强支护效果

7.4.3 注浆补强加固技术方案

7.4.3.1 注浆补强加固方案

在不同类型采矿进路掘进与支护过程中，实时测试采矿进路的顶板与两帮的松动范围，如超过锚杆控制范围时，应及时进行注浆补强加固。

注浆加固是对处于峰后软化和残余变形阶段的破碎岩体进行的，此范围内围岩应力状态较低，注浆加固后可转化为弹性体。注浆加固技术是提高破碎围岩的整体强度、改善巷道围岩破裂体的物理力学性质及其力学性能的有效手段。现代支护理论认为，围岩本身不只是被支护的载荷，而且是具有自稳能力的承载体。支护体系调动的围岩自承能力远远大于支护体自身的作用，新奥法理论就体现了这一思想。但在裂隙发育的松软破碎围岩中，围岩本身的可锚性较差，锚杆的锚固性能难以发挥作用。尤其是围岩松动圈较大时，只靠锚杆难以达到预期的支护效果。在围岩破碎松软的情况下，采用适当的注浆加固技术，能显著提高围岩的内聚力和内摩擦角，从而提高围岩的整体强度和自承能力。通过注浆将锚杆由端锚变成全长锚固，提高锚杆的承载能力，可最终形成一个高强度、高刚度的多层锚壳组合拱结构，扩大支护体系的承载范围，共同维持巷道围岩的长期稳定与安全。

在锚网喷的基础上，可利用锚网喷支护中安装的注浆管和底角及底板自钻式中空注浆锚杆对巷道围岩进行注浆加固。通过注浆加固，一方面将深部受静动压作用而破裂的围岩再次胶结成整体，且将端锚的锚杆转化为全长锚固，扩大锚固结构的控制范围，提高锚固结构可靠性，形成复合锚注支护结构；另一方面全长锚固的锚杆与围岩形成整体结构，从而实现与巷道围岩的共同承载，提高支护结构的整体性和承载能力，保证巷道围岩和支护结构较长时间内的稳定与安全。

A 技术方案一：一次注浆技术方案

若分段矿房（采矿进路）围岩封闭较好，注浆时围岩基本不跑浆，可采用一次注浆技术方案。在两排锚杆之间打孔预埋注浆管，注浆管使用 ϕ38mm 钢管制作，规格为 ϕ38mm×600mm，注浆管孔口 300mm 为实心管、端头 300mm 为带孔花管（注浆管设若干溢浆孔，孔径为 ϕ8mm；孔距为 0.5m，按梅花形排列）；孔口管封孔长度为 300mm，可采用快硬水泥药卷封孔（采用 42.5 级普通硅酸盐水泥，水灰比不大于 0.5，水玻璃的掺量为水泥用量的 5%，为黏稠状水泥浆液）；采用风钻打孔，孔径为 ϕ45mm，孔深为 5000mm，以钻孔揭露充填体为终孔线，间排距为 1800mm×2000mm。

壁后充填注浆管布置如图 7-38 所示。

在注浆管安设完成后，再进行复喷，以封闭围岩防止注浆时浆液溢出，喷射混凝土强度等级为 C25，复喷混凝土厚度 50mm，使喷层厚度达到 100mm，要覆

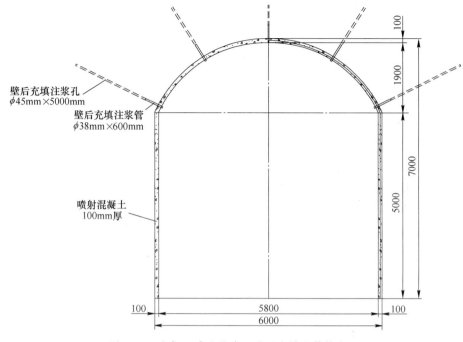

壁后充填注浆孔
φ45mm×5000mm

壁后充填注浆管
φ38mm×600mm

喷射混凝土
100mm厚

100

1900

7000

5000

100

5800

6000

图7-38 矿房（采矿进路）壁后充填注浆管布置

盖住锚杆托盘，并保证注浆管孔口外露长度不少于30mm，以便后期进行注浆加固。

注浆采用单液水泥-水玻璃浆液，水泥为42.5级普通硅酸盐水泥，水灰比控制在0.8~1.0左右，水玻璃的掺量为水泥用量的3%~5%；为提高水泥浆的可注性和早期强度，建议添加萘系高效减水剂，其添加量为水泥用量的1%左右。浆液结石率不低于92%，浆液固结体强度不低于20MPa，注浆压力控制在2.0MPa以内，保证喷层不发生开裂。注浆采用自上向下、左右对称的施工工艺，注浆时先注稀浆液再注稠浆液。

B 技术方案二：深浅孔耦合注浆技术方案

若分段矿房（采矿进路）围岩封闭较差，注浆时围岩跑浆严重，可采用深浅孔耦合注浆技术方案。即在巷道周边注浆管，先打浅孔进行低压充填注浆，注浆材料选用水泥-水玻璃双液浆，以及时封堵围岩裂隙，形成止浆垫层，为深孔高压渗透注浆创造有利条件。

在两排锚杆之间打孔预埋注浆管，低压浅孔注浆管布置如图7-39所示。低压浅孔注浆管使用 φ38mm 钢管制作，规格为 φ38mm×600mm，注浆管孔口300mm 为实心管、端头300mm 为带孔花管（注浆管设若干溢浆孔，孔径为φ8mm；孔距为0.5m，按梅花形排列）；孔口管封孔长度为300mm，可采用快硬水泥药卷封孔（采用水泥 42.5 级普通硅酸盐水泥，水灰比不大于 0.5，水玻璃的掺量为水泥用量的 5%，为黏稠状水泥浆液）；采用风钻打眼，孔径为 φ45mm，孔深为 2500mm，间排距为 1800mm×2000mm。

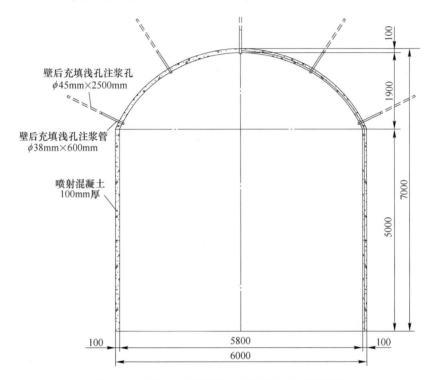

壁后充填浅孔注浆孔
φ45mm×2500mm

壁后充填浅孔注浆管
φ38mm×600mm

喷射混凝土
100mm厚

100　　　100　　　100　　　1900　　　7000　　　5000

100　　　5800　　　100
6000

图 7-39　矿房（采矿进路）低压浅孔注浆管布置

　　注浆采用水泥-水玻璃双液浆，水泥使用 42.5 级普通硅酸盐水泥，水灰比控制在 0.8~1.0；水玻璃模数为 2.4~3.4，浓度为 22~40°Bé，水泥浆与水玻璃的体积比为 0.5~0.8。注浆压力控制在 2.0MPa 以内，保证喷层不发生开裂。注浆时采用自上向下、左右对称的施工工艺，先注稀浆液再注稠浆液。

　　在低压浅孔充填注浆完成后，进行高压深孔渗透注浆，其与低压浅孔充填注浆采用同一注浆管，注浆前可采用钻机进行扫孔，孔径为 φ28mm，扫孔深度为 5000mm，以钻孔揭露充填体为终孔线。高压深孔渗透注浆就是在低压浅孔充填注浆加固后形成一定厚度加固圈（梁、柱）的基础上，布置深孔，采用高压注浆加固，一方面可扩大注浆加固范围，另一方面高压注浆可提高浆液的渗透能力，改善注浆加固效果，且不会导致喷网层的变形破坏，并可对低压浅孔充填注浆加固体起到复注补强的作用，从而显著提高注浆加固体的承载性能，高压深孔注浆孔的布置如图 7-40 所示。

　　注浆采用单液水泥-水玻璃浆液，水泥使用 42.5 级普通硅酸盐水泥，水灰比

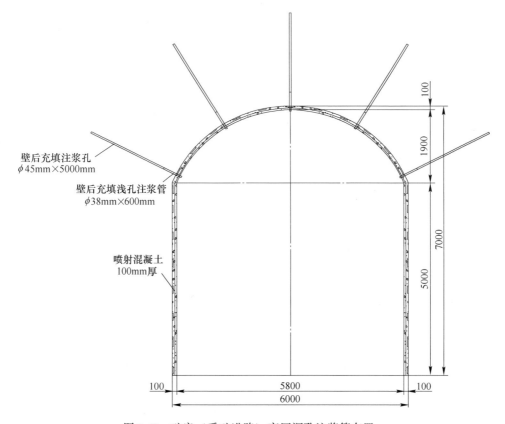

图 7-40 矿房（采矿进路）高压深孔注浆管布置

控制在 0.8~1.0，水玻璃的掺量为水泥用量的 3%~5%；为提高水泥浆的可注性和早期强度，建议添加萘系高效减水剂，其添加量为水泥用量的 1% 左右。浆液结石率不低于 92%，浆液固结体强度不低于 20MPa，注浆压力控制在 2.0MPa 以内，保证喷层不发生开裂。注浆时采用自上向下、左右对称的施工工艺，注浆时先注稀浆液再注稠浆液。

注浆终止参数设计：（1）注浆终压，注浆终孔压力≤5.0MPa；（2）注浆量，一般情况下达到终孔压力时即可停止注浆，即不吃浆时即可停止注浆；若注一定量的单液水泥-水玻璃浆液后注浆压力仍不上升，应改用浓浆（水灰比控制在 0.5~0.6）再注 3 袋水泥；若压力仍不上升，关闭球阀暂停注浆；随后在相邻钻孔注浆后，再对该孔进行复注，也可在其附近补打钻孔进行注浆。

7.4.3.2 采场注浆加固施工工艺

注浆工艺流程如图 7-41 所示，图 7-42 所示为进路采场现场注浆操作图。

（1）运料与拌浆。即将水泥与水按规定水灰比拌制成水泥浆，并保证在注

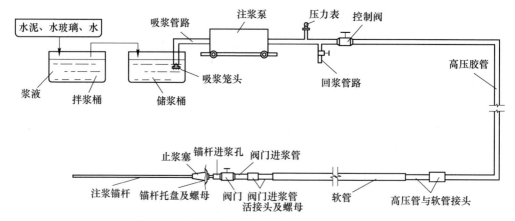

图 7-41　矿房（采矿进路）围岩注浆工艺流程

图 7-42　矿房（采矿进路）注浆现场操作

浆过程中不发生吸浆龙头堵塞及堵管等现象，并应根据需要及时调整浆液参数。

（2）注浆泵的控制。根据巷道实际注浆情况的变化，即时开、停注浆泵，并时刻注意观察注浆泵的注浆压力，以免发生管路堵塞及崩管等现象。

（3）孔口管路的连接。应注意观察工作面注浆情况的变化，及时发现漏浆、堵管等事故，并掌握好注浆量及注浆压力的控制，及时拆除和清洗注浆阀门。

方案中的注浆施工采用自上而下、左右顺序作业的方式；每断面内注浆管均采用自上而下布置，即先顶角，再两帮，最后底角。

8　绿色矿山建设

新中国成立以来，特别是改革开放以来，矿业生产为保障国家经济建设和推动区域经济发展做出了突出贡献。但同时也应清醒地看到，矿业领域还不同程度地存在管理粗放、消耗过大、技术落后、集中度低等现象。传统的以消耗资源、破坏生态为代价的粗放式开发利用模式已经不能适应经济社会发展的新要求，迫切需要加快转变开发利用方式，尽快走上节约、高效、清洁、安全的绿色发展道路，以实现经济、生态和社会效益的协调统一。

近年来，党中央国务院越来越重视生态文明建设，建设绿色矿山、发展绿色矿业是践行习近平总书记"绿水青山就是金山银山"的重要思想，落实新发展理念、促进生态文明建设的重要举措。"十三五"以来，国家越来越重视生态文明建设及环境大保护策略，相继出台了《中共中央国务院关于全面加强生态环境保护坚决打好污染防治攻坚战的意见》和《打赢蓝天保卫战三年行动计划》（国发〔2018〕22号）等政策文件，打响了全国的"蓝天、碧水、净土"三大保卫战；建设"美丽中国、美丽矿山"符合当前国家政策需求及人民对美好生活的愿景，绿色矿山建设对全国污染防治攻坚战具有重要的推动作用。

"绿色制造、绿色工厂"是"中国制造2025"的核心内容；为贯彻落实《中国制造2025》《绿色制造工程实施指南（2016—2020年）》，加快推进绿色制造，按照用地集约化、生产洁净化、废物资源化、能源低碳化原则，黑色矿山企业应结合冶金矿山的行业特点，开展绿色工厂创建活动，在依法办矿、规范管理、综合利用、技术创新、节能减排、环境保护、土地复垦和社会和谐八大方面开展一系列工作。绿色矿山建设是"绿色制造、绿色工厂"的"同心圆"。建设绿色矿山，是矿山企业经营管理方式的一次变革，对于完善矿产资源管理共同责任机制，全面规范矿产资源开发秩序，加快构建保障和促进科学发展新机制具有重要意义。建设绿色矿山，也是树立良好企业形象、提升企业文化、履行社会责任的重要手段，更是规范促进矿地和谐、实现矿山健康可持续发展的重要动力，对于提升企业的核心竞争力和影响力，使企业更广泛地参与国际国内合作，具有十分重要的意义。

安徽省是我国重要的煤炭、有色金属和铁矿生产基地，而马钢集团姑山区域矿山铁矿资源丰富，矿产资源的高效绿色开发利用对安徽省乃至长江三角洲区域经济发展具有重要意义。《安徽省矿产资源总体规划（2016—2020年）》中明确提出，"不断推进矿业结构优化，基本实现矿山企业规模集约开发；大力实施节约与综合利用，转变利用方式，提质增效，实现转型升级的目标"。结合安徽省长江大保护"1515"行动计划，绿色矿山建设对发展长江绿色经济带具有举足轻重的作用。

（1）环境效益。资源综合利用项目实质上是一种生态经济形态，是与环境和谐的经济发展模式，该项目把经济活动组织成一个"资源—产品—再生资源—再生产品"的循环利用闭环，使物质和能源在不断进行的经济循环中得到合理和持久的利用，减少甚至消除污染物的产生和排放，从而把经济活动对自然环境的影响降到最小，不仅可减轻末端治理设施的压力，提高污染物排放合格率，也在一定程度上减少日常运转费用，在物质循环的基础上提升环境效益，实现整个社会的可持续发展。

生态环保项目、节能减排项目从本质上是一种社会经济形态，其在直接衍生环境效益、回馈社会的同时，一定程度上可为矿山企业提供经济支持。生态环保在环境保护与生态修复的同时，能有效结合现代农业、工业旅游业等衍生延伸经济形态，一定程度上反哺企业的建设投入；节能减排项目在直接推动低排放、低能耗的环境效益同时，能有效降低企业生产成本，提升经济效益。

（2）社会效益。马鞍山是全国七大铁矿产区之一，是安徽省重要的矿业和钢铁工业城市，马钢（集团）控股有限公司是全国十大钢铁生产企业之一，在全国占有重要地位。姑山区域作为重要的铁矿资源基地，其发展为马钢公司的壮大提供坚实的资源基础，同时也对各矿区周边区域内的经济发展"影响深远"。

1）促进地区社会稳定，构建和谐社会。随着区域绿色矿山建设的实施，在一定程度降低矿业产品成本的同时，还有利于做大做强辅助产线或产业，姑山大水软破矿床安全高效开采工程为社会提供了一定数量的就业岗位；在未来市场竞争中，马钢矿业向绿色矿山的转型跨越发展也对地区经济稳定发展有积极促进作用。姑山区域内铁矿开发是周边居民持续稳定增收的主要来源，无论是增加就业机会，还是加快区域发展，都离不开矿业经济的支撑，因此建设区域绿色矿山将成为地区稳定的关键因素之一。

2）推动地区经济整体发展。建设区域绿色矿山在促进企业自身发展、改善职工经济收入的同时，受益群体必将延伸到与其相关联的建筑工程、机械制造、电力等相关产业，从而带动区域的工业发展，带动周边服务商圈，有利于促进整个地区经济的发展。

3）带动地区科技进步。建设区域绿色矿山，必然对传统工艺技术进行提升，并招纳一定数量的综合型人才；在提高企业科技水平的同时，一定程度上带动当地科学技术的整体平衡发展，有利于新技术、新产品和新科技的发展和应用，从而推动区域的科技发展进步，提升其科技水平。

4）提升能源和资源的节约。对资源综合利用、节能减排项目的推动，将有效降低资源消耗量及减少能源损失，实现资源和能源的充分利用。对工艺生产中产生的尾砂等固体废弃物的综合利用及处理，可实现资源充分利用、固体废弃物资源化；对生产工艺各环节的节能化改造及减排环保升级，可实现电、油等能源消耗降低及粉尘、废水等污染物减排。对能源、资源的循环利用，为建设资源节约、环境友好型城市提供了一定基础支撑作用。

（3）经济效益。马钢绿色矿业规划通过共伴生资源、固废资源综合利用，工艺技术升级及智能化、节能降耗、减量化排放等项目的实施，能直接从其他矿产品的开发、降本运行等方面为企业带来直接的经济效益。在生态修复、环保等领域项目的实施，也能有效将衍生的近端产业（现代农业、工业旅游业、光伏发电、风力发电、地热发电等）融合，虽然在一定程度上的经济效益甚微，但对绿色矿山建设具有直接的政治效益、社会效益、环境效益。

8.1 排土场复垦技术与工程应用

8.1.1 钟山排土场简介

钟山排土场位于姑山露天采场西北约 2km 处，是由原钟山露天采场闭坑后，排放姑山铁矿露天剥离废石形成的排土场，南北长约 550m，东西宽约 350m，最高堆置标高 60m，占地面积 22.8 万平方米。排土场形成 5 个台阶，标高分别为 60m、50m、40m、30m、20m，台阶宽度为 15~30m，台阶坡面角约 38°左右。

排土场堆积的岩石种类主要为闪长岩、凝灰岩、流砂和黏土四大类，其岩土堆置顺序是根据露天采场自上而下的开采顺序进行排弃的，一般露天采场上部的流砂、黏土如不采用分堆，往往都被排弃在岩石之下。

排土场排弃过程中对每一个堆排台阶都未进行专门的植被复垦，全靠自然恢复生长，因此台阶斜坡上，尤其是下部台阶斜坡上均有杂草生长，靠东部平台坑凹不平处有积水现象。排土场对周围地质环境的影响主要为：

（1）对地区环境的影响。排土场占地面积 22.8 万平方米，破坏了原始地貌，毁坏了自然植被，长 550m，高 60m 的排土场沿高速公路分布，自然景观受到严重影响。

（2）水土流失对边坡稳定的影响。该地区梅雨集中，雨季 6 月、7 月、8 月多大暴雨，若不及时治理该排土场边坡，连续降雨易冲刷边坡，引起边坡坍塌，并可能形成泥石流危及高速公路安全及附近居民生命财产安全。

（3）粉尘对周围居民生活与健康的影响。钟山排土场的西侧及西北侧为钟山居民区，均位于排土场主导风向的下风向。尤其在干燥、刮风季节尘土飞扬现象更为严重，严重影响周边环境及居民身体健康。

8.1.2　排土场复垦技术

（1）重力式挡土墙。设置重力式挡土墙进行边坡防护，设置区域有两处：1）排土场南侧、西侧坡脚+10m平台（简易通行道路）处；2）北侧坡脚+10m平台（流砂堆积处）。挡土墙顶宽1.0m，底宽1.8m，高度3.0m，总长度904m，采用M10砂浆浆砌块（片）石砌筑，墙面勾缝。挡土墙内设置一排泄水孔，距离挡土墙底面1.5m，水平间距2.5m，泄水孔采用φ100PVC管，外倾坡度4%，泄水孔墙后设置粗砂或碎石反滤层。

挡土墙每10m为一施工段，设置一道伸缩缝（沉降缝），缝宽20mm，沥青麻丝填塞。墙后回填沙砾石，分层夯实。

（2）护坡墙。挡土墙上部沿边坡走向设置护坡墙，护坡墙顶宽400mm，底宽650mm，采用M10砂浆浆砌块石砌筑，墙面勾缝，伸缩缝（沉降缝）设置同挡土墙。

（3）集水池。为解决绿化用水，在30m、50m平台各设置一个集水池，与该平台排水沟相连，将排水沟中水引入集水池。集水池采用浆砌块石砌筑，净尺寸长度15m、宽度7m，深度1.5m，厚度0.5m。内壁用20mm厚水泥砂浆抹平，防止渗水。

（4）排水沟。为防止大气降水渗入坡内软化坡体，以及冲刷边坡，需修筑台阶排水沟以排泄地表水。排水沟均为M10砂浆砌块石结构，过水净断面400mm×400mm，内壁用20mm厚1：2水泥砂浆抹平。

（5）GPS位移监测系统。为监测排土场位移，采用GPS系统对钟山排土场进行位移、沉降监测，在排土场区域布置5个监测标点。

（6）坡面修整、场地平整、表土覆盖。对现有场地进行平整，对排土场边坡进行修整。然后按照土地复垦标准，对该排土场各平台进行覆土，其中树木栽植的平台区覆土厚度为1.5m，草坪区覆土厚度为1.0m。复垦为林业用地的坡度不超过25°。

（7）土石方开挖、回填。砌筑挡土墙及墙后回填、集水池开挖、排水沟施工等需进行土石方开挖及回填。

（8）树木栽植。选取壮苗进行植被恢复，乔木、果树栽植株距为3.0m×3.0m。苗木栽植时采用穴状整地、回填客土后栽植。挖穴规格为60cm×60cm×60cm，穴挖好后施底肥，然后将苗木放入穴中，扶正后回填客土，最后将坑内客土踩实、浇水。

（9）草木种植。对排土场边坡及部分平台区域撒播草籽，按照60kg/hm² 计算，草坪区可适当种植大树进行点缀。撒播草籽后，应适当覆盖表土和浇水，以利于成活。

（10）进山道路。设置两条道路，汽车道路入口在排土场南侧，宽度 3m，混凝土路面，厚度 30cm。人行道路入口在排土场西侧，宽度 2m。

8.1.3 生态复垦工程效果

钟山排土场被评为国家级地质环境治理示范基地。钟山排土场共实现生态复垦面积约 400 亩，种植白杨、香樟、毛竹等观赏树种近 2 万株，建成桃、梨、葡萄等经济园区近 30 亩，还有油菜、黄豆、芝麻、玉米等农作物。钟山排场结合复垦成果优势，相继发展了生态的家禽、家畜养殖和大棚种植工作，成为名副其实的花果山，并且每年都投入资金对其进行维修、维护和植树活动。

图 8-1~图 8-13 所示为钟山排土场生态复垦效果图。

图 8-1 钟山排土场治理前

图 8-2 钟山排土场治理后

图 8-3　钟山生态复垦基地　　　　　　　图 8-4　国家级环境治理示范工程

图 8-5　四平台东侧水塘施工前后对比

图 8-6　紧挨居民区边坡施工前后对比

图 8-7 项目区道路施工前后对比

图 8-8 紧挨马芜高速边坡施工前后对比

图 8-9 边坡植被施工前后对比

图 8-10   四平台工作室及屋后挡土墙

图 8-11   排土场特色植被种植（一）

（a）葡萄园；（b）油桃林；（c）杜仲园；（d）大棚种植

图 8-12 排土场特色植被种植（二）
（a）红枫；（b）花生；（c）桃林；（d）油菜

图 8-13 排土场特色养殖
（a）养鸡场；（b）猪圈；（c）饲养鸭、鹅；（d）山羊

8.2　尾矿库综合治理

2007 年以来，按照国务院部署，各地区、各部门积极开展了尾矿库专项整治和综合治理行动，取得显著成效。但尾矿库"头顶库"（系指下游 1km（含）距离内有居民或重要设施的尾矿库）安全风险逐渐增大，易诱发重特大事故，亟待进一步综合治理。

"头顶库"溃坝事故引发的重特大事故概率高。据不完全统计，自新中国成立以来，"头顶库"发生溃坝事故 21 起，占尾矿库溃坝事故总数的 55% 左右，"头顶库"溃坝事故突发性强，应急时间短。"头顶库"溃坝时间短、泥砂流速大，从坝脚到下游 1km 处往往只有几分钟，应急时间非常短，下游居民撤离和设施转移难度大。

青山尾矿库属于"头顶库"，目前尾矿库已运行至中后期，入库尾矿粒径细，沉积滩面缓，尾矿库安全管理难度较大。姑山矿业公司高度重视尾矿库的安全管理，实施青山尾矿库"头顶库"综合治理项目，可进一步提高尾矿库的安全运行条件，提高尾矿库抵御风险的能力，确保尾矿库的安全运行和企业的可持续发展。按照审查通过的《马钢（集团）控股有限公司姑山矿业公司青山尾矿库"头顶库"综合治理方案设计》和安徽省马鞍山市应急管理局要求，姑山矿业公司抓紧按照设计方案落实整改施工工作，全面实施"头顶库"综合治理工作。

8.2.1　尾矿库概况

马钢集团姑山矿青山尾矿库位于安徽省当涂县太白镇太白墓北，地处当涂县太白镇内。东靠青山，西临芜马高速最近约180m，距芜马高速最近入口（太白收费路口）3km 左右，南距当涂县城乡公路约 2km，交通便利。青山尾矿库于1975 年由马鞍山钢铁设计研究院承担初步设计，1988 年又进行了补充设计，最终拟堆积标高78.0m，总坝高 67.0m。总库容为 2090.4 万立方米，有效库容为1463.0 万立方米。

主坝初期为透水砂石混合坝，坝高 12m，坝顶标高 23m，设计坝内坡比为1：2.0，外坡比为 1：2.5，坝顶宽 3.5m，坝长 276.5m，1978 年 9 月按设计要求建成投产，后期坝已筑子坝 17 期，堆积高度 38.90m，坝顶标高 61.9m，坝长 800m。

1 号副坝初期坝为透水堆石坝，坝高 3.5m，坝顶标高 28m，设计内外坡比为1：2.0，坝长 102.0m，1984 年 8 月建成投入使用，后期已堆筑子坝 16 期，堆筑高度 34.5m，坝顶标高 62.5m，坝长 400m。

2 号副坝初期坝为透水堆石坝，坝高 9m，坝顶标高 64m，设计内外坡比为

1:2.0、1:2.25，坝长284.8m，2016年5月完成验收，投入使用。后期尾矿堆积坝标高范围为+64m~+78m，坝高14m。

目前已入库矿量约1428万吨，属于三等尾矿库（见图8-14）。

图8-14 青山尾矿库全貌

8.2.1.1 尾矿库排水系统

（1）北部排水系统。1975修建，为井-涵式，库内建有3座直径2.0m窗口式溢水塔，4座直径2.5m框架式溢水塔，溢水塔之间采用涵洞连接，将库内澄清水和雨水排入坝下游，排水涵洞全长约830.0m，断面尺寸为1.2m×1.8m，排洪能力6.6m³/s。现1号、2号、3号、5号、6号、7号塔已封塔停止使用，4号塔已改造成了断面尺寸为1.0m×1.6m的单格排水斜槽，长度为130.8m，提高排洪能力2.9m³/s。

（2）南部排洪系统。1998年新建的排洪系统为井-管式排水系统，由1座（8号）直径5m框架式溢水塔和断面1.0m×1.6m的双格排水斜槽组成，排水涵管内径2.2m，全长343.0m。排水涵管出口采用排水明渠将库内澄清水和雨水排入坝下游，最大排水量17.7m³/s。2011年进行排洪系统改造，新增9号、10号排水井，斜槽延伸到+78m标高。

两套排水系统排洪能力之和为27.2m³/s。

8.2.1.2 尾矿库运行情况

青山尾矿库现在和达到最终坝高时，坝体在各种运行工况下的稳定性均可以满足安全规范要求。青山尾矿库排洪系统均可以满足洪水重现期为300年一遇的防洪安全要求。

（1）主坝体运行状况。主坝初期坝为透水的砂石料混合坝，坝体堆积物主要由块石、碎石及砂砾组成，块石、碎石为灰白色的长石石英砂岩块；后期堆积子坝每期子坝高度 2m，外坡比为 1：3，堆积坝整体外坝比为 1：5，子坝堆积一、二期采用池填法筑坝，之后采用人工法或机械法筑坝。目前主坝后期坝已筑子坝 17 期，坝顶标高+61.90m。主坝护坡设施采用草皮护坡，并设网格状排水截水沟，主坝南端山口设置贴坡反滤层。经现场勘查尾矿坝坝顶、坝坡等各项参数，发现初期坝坝高与总坝高之比符合设计及有关规范要求，不存在子坝挡水情况，安全性能高。坝体无异常渗漏、裂缝等现象，堆石坝反滤层工作正常，排渗设施运行正常，渗流基本稳定。

（2）1 号副坝坝体运行状况。1 号副坝初期坝为排渗型堆石坝，上游坝构造由内到外依次为堆石坝体，碎石垫层，土工布、砂砾石、干砌石扩坡，下游坝面设干砌石扩坡。堆积子坝每期子坝高度 2.2～2.0m，外坡比为 1：2，子坝设计整体外坝比 1：5。1 号副坝已堆子坝 16 期，坝顶标高+62.50m。

2006 年由马鞍山矿山研究院进行了工程地质勘察，后进行了水平排渗施工。2009 年 3 月，姑山矿业公司委托长江地质勘察院（322 地质队）进行了水平孔的施工，施工的位置在 1 号副坝的西北侧。2017 年 6 月进行中期岩土工程地质勘察，勘察发现在尾矿堆积坝体存在细泥尾砂夹层，不利于尾矿堆积坝体在垂直方向上的渗透性，导致上层滞水的增加，抬高了坝体浸润线。

2017 年，姑山矿业公司在+36m 标高水平垂直排渗系统的基础上，新增了+49m 标高水平垂直排渗系统，以增强青山尾矿库尾矿堆积层在垂直方向上的渗透性，降低坝体浸润线。

（3）2 号副坝坝体运行状况。2 号副坝初期坝为透水堆石坝，坝底标高+55m，坝顶标高+64m，坝高 9m，坝顶部宽度 4m，底部宽度 62m，上游坝坝坡1：2.0，下游总坡 1：2.25，下游坝面在+56m 标高处设置一条 2m 宽马道，初期坝以上分 4 期堆筑子坝，每期子坝高 2m，目前 2 号副坝已完成初期坝堆筑，未堆筑尾矿子坝。

（4）排洪系统。尾矿库的老排水系统为井-涵式，库内原建有 4 座直径为2.0m 窗口式溢水塔，塔间采用涵洞连接，将库内澄清水和雨水排入坝下游，排水涵洞全长约 830.0m，断面尺寸为 1.2m×1.8m。根据马鞍山钢铁设计研究院于1996 年 3 月完成的"姑山铁矿青山尾矿库技术服务说明之一"的要求，姑山矿业公司于 1997 年完成了老排水系统的部分改造，将 3 号溢水塔井身改成框架式，井身高减为 6.0m，内径 2.5m，另外在 3 号与 4 号之间新建 3 座同类型溢水塔，即井身高度为 6m，内径 2.5m。1998 年 8 月在尾矿库南端增建井-管式新排水系统，8 号溢水塔为内径 5m 框架式，井高 12.0m，排水涵管为钢筋混凝土结构，内径 2.2m，全长 343.0m。8 号溢水塔后采用断面 1.0m×1.6m 的双格排水斜槽，排水斜槽与 8 号井座衔接为钢筋混凝土结构。排水涵管出口采用排水明渠将库内澄清水和雨水排入坝下游。

（5）监测系统。尾矿库坝体安全监测工作从 1986 年第三季度开始，监测的主要内容有坝体位移监测、坝体浸润线监测和水文监测。监测工作由姑山矿业公司工程技术科负责实施，每季度监测一次。水平位移观测采用视准线法，垂直位移观测采用精密水准法，在初期坝坝顶及马道布置位移、沉降观测点，基点布设在两侧不运动地带。后期新增浸润线自动化监测、库区水位监测系统、库区降雨量监测系统、视频监测系统。

（6）库区周边环境。尾矿库主坝下游 180m 为马芜高速公路，下游有当涂县太白乡永宁村、芮港和沟山等村庄。1 号副坝下游地区属于太白乡陈芮村，坝体下游 120m 处有小型养殖场一座，下游 500m 范围村庄常住人口约 50 人。1 号副坝下游为低山丘陵，广泛分布有山地及水塘。

青山尾矿库库区周边山体边坡坡度相对较缓，植被发育，坡体稳定性较好。局部开挖地段见有小型滑塌现象，对库区基本没有影响。结合以往工程地质资料，并根据现场调查情况，青山尾矿库库区及周边无滑坡、崩塌、泥石流、岩溶等不良地质作用。

8.2.2　综合治理方案

8.2.2.1　综合治理目的

青山尾矿库"头顶库"综合治理设计的目的是：

（1）全面提高青山尾矿库的安全保障能力。采取提等改造、提级管理等综合治理方式，不断提升青山尾矿库本质安全水平，增强青山尾矿库抵御风险的能力，严防发生安全生产事故。

（2）强化智力支持。充分借鉴运用"专家"会诊成果，有针对性地加强治理和隐患排查工作，及时消除事故隐患。

（3）完善应急管理机制。在已有尾矿库应急处置管理办法的基础上，进一步建设青山尾矿库应急救援联防联动机制，有效防范汛期和极端气候引发的事故灾难。

青山尾矿库属于安徽省确定的"头顶库"，针对青山尾矿库运行过程中出现的安全隐患进行工程治理是十分必要的，符合国家产业政策、适应时代要求，对于安全稳定、改善环境、提高社会效益、促进地区经济发展、实现资源优化配置和可持续发展都具有显著的社会影响和经济效益。

青山尾矿库作为"头顶库"，通过采用强化保障措施，即额外增设在线监测设施、降低坝体浸润线、增加尾矿库调洪库容、减少洪水入库等措施，进一步提高"头顶库"安全保障水平和事故预警能力。

8.2.2.2 综合治理方案

综合治理方案设计的主要内容：

（1）隐患治理。包括坝面隐患治理、坝面排水沟整治、沉积滩面拦挡堤修筑、排洪系统挡泥围堰工程。

（2）提等改造。包括青山尾矿库坝体改造、排洪系统提升安全度改造、坝体排渗工程、环库简易道路工程、在线监测系统升级完善。

（3）综合利用。包括细颗粒尾矿输送露天采坑复垦利用、充填利用、磨前干式抛尾工业应用、尾矿中钴、镓回收利用研究。

8.2.3 综合治理完成情况

8.2.3.1 隐患治理

（1）坝面隐患治理。清理坝面各类乔木，对子坝坡面局部尾砂裸露处进行覆土植被修复，修复主坝及 1 号副坝尾矿堆积子坝坝面冲沟，恢复坝面植被。

（2）坝面排水沟整治。修复、完善现有坝面纵横向排水沟破损情况，清理坝面横向排水沟淤堵段，进行坝面排水沟的优化设计，使用 U 形预制混凝土排水沟替换浆砌块石排水沟。

（3）沉积滩面拦挡堤。青山尾矿库尾矿堆积子坝轴线长，入库尾矿粒度较细，沉积滩面较缓，主坝与 1 号副坝交错放矿时，易出现局部坝段最小干滩难以满足的情况。为保障防洪安全，在主坝沉积滩面距离 70m 左右修筑拦挡堤，用来挡水、放矿，以提高最小干滩长度的保障能力。

（4）排洪系统挡泥围堰。青山尾矿库纵深短、入库尾矿粒度细，现状沉积滩面较缓，澄清距离小，易发生跑浑情况，调洪高度也不易满足。新建南北排洪系统挡泥围堰，其作用是挡泥不挡水，可显著提高尾矿水澄清效果，确保排洪系统调洪高度，提升尾矿库防洪能力。

（5）主坝左岸在通往库区的道路切坡处，裸露岩石较多，雨水易渗透影响坝体排渗。在裸露的岩石上覆土植草，使雨水能及时流入排水渠，从而提高排渗能力。

8.2.3.2 提等改造

（1）青山尾矿库坝体改造：

1）2 号副坝改造。2016 年姑山矿业公司根据青山尾矿库现状及地形条件，继续采用上游法筑坝，坝前分散放矿，增加初期坝高度，降低尾矿堆积坝高度，以提高坝体稳定性并确保尾矿库的防洪安全。

2）3号副坝设计。姑山矿业公司委托中钢集团马鞍山矿院工程勘察设计有限公司依据尾矿库现行设计规范，以提升3号副坝坝体的安全性为目的，对3号副坝进行方案设计。

（2）排洪系统提升安全度改造：2016年底至2017年，先后进行了南部排洪系统提等改造、北部排洪系统提等改造，增加尾矿库周边截洪设施及坝面纵向沟。

1）南部排洪系统提等改造。断面尺寸为1.0m×1.6m的双格排水斜槽延伸至+78m标高。

2）北部排洪系统提等改造。断面尺寸为1.0m×1.6m的单格排水斜槽延伸至+78m标高。

3）尾矿库周边截洪设施。在青山尾矿库东部、南部山体设置截洪沟，截断山体汇水入库。

4）增加坝面纵向沟。在主坝坝面水平排水沟有较深积水位置处增加纵向沟，顺利导出坝面积水，保持尾矿库坝面排水畅通。

（3）坝体排渗工程。2017年5月~6月在主坝及1号副坝坝体上增设排渗系统，排渗系统采用排渗插板+水平排渗管联合排渗。垂直排渗插板在尾矿沉积滩面上布置，以提高尾矿坝体在垂直方向上的渗透性，同时沿坝体轴线方向布置水平排渗管，促进坝体内部尾矿水快速排出坝外。

1）排渗插板布置。垂直排渗插板的作用是穿透由尾矿泥形成的相对隔水层，沟通上下含水层，提高垂直渗透能力，减少上层滞水。垂直排渗插板规格为100mm×4.5mm，材质为UPVC，在主坝及1号副坝上+58m标高布置，布置方式为在沉积滩上从距坝轴线位置10m处向库内布置，最远离坝轴线距离为45m，排渗插板布置间距为5m×5m，垂直插板插入沉积滩深度为9m。

2）水平排渗管布置。2017年6月~9月在主坝及1号副坝上+49m标高位置设置水平排水管，水平排渗管每根长度85m，管径80mm，滤管采用玻璃纤维UPVC管，将水引出坝体，水平排渗管沿坝轴线方向布置。

（4）环库简易道路工程。为提高青山尾矿库灾害防治应急能力，姑山矿业公司2017年实施改扩建环库道路工程。环库道路全长约为2.1km，路面宽4.0m，坝基宽5m。道路采用300mm厚块石垫层，垫层上敷设200mm厚碎石层作为路面。环库简易道路工程费用221.64万元。

（5）在线监测系统升级完善。加强视频监控系统维护，实现安全运行，该系统包括浸润线自动化监测系统、坝体位移监测系统、库区水位监测系统、库区降雨量监测系统、视频监测系统。

8.2.3.3　综合利用

青山尾矿库入库尾矿黏土含量较高，尾矿粒度较细，根据国内类似性质的矿山尾矿的开发利用情况，姑山矿业公司采取以下措施，提高尾矿综合利用能力、减少入库尾矿量，减缓尾矿坝上升速度，提高尾矿库安全度：

（1）磨前干式抛尾。2017年开展磨前抛尾研究及相关设计工作，完成重磁选分级磨矿联合作业新工艺工业试验及悬磁干选机抛尾工业试验工作，并在生产中成功应用，增加粗颗粒尾矿入库，减少细颗粒尾矿入库量。

（2）充填利用。综合治理期间持续开展井下尾矿充填胶结材料试验相关研究工作，进一步加大井下充填量，减少入库尾矿量。

（3）尾矿中钴、镓回收利用研究。根据地质勘查报告显示，白象山铁矿中含有金属钴、镓，2017年姑山矿业公司委托恩菲公司和海王水力旋流器公司进行钴镓回收实验室试验和尾矿脱泥试验研究。研究结果表明钴主要存在尾矿中，可进行浮选回收利用。

8.3　露天坑复垦方案

8.3.1　姑山露天坑简介

姑山露天采场1954年6月正式投入开采。最低开采标高为−148m，−46m至地表各台阶高度均为11m，共6个台阶；−46～−142m各台阶高度为12m，共8个台阶。姑山露天采场原分成东西两个采坑，东部采坑受采场东侧青山河安全距离的限制，无法继续向东扩帮，已结束开采，于2008年开始作为内排土场使用。西部采坑于2008年对第四系砂砾卵石层实施帷幕堵水工程，进而实施采场北帮和西部境界外扩，使西部采坑服务年限进一步延长，在东、西采场中部留有一座岩芯岛。

露天采场台阶边坡角多为35°～55°，露天采场东西长1100m，南北宽1000m。姑山铁矿露天采场主要指标见表8-1。

表8-1　姑山铁矿露天采场主要指标

序号	指标名称	单位	数　值	备注
1	采场最高开采标高	m	8	—
2	采场最低开采标高	m	−148	—
3	采场上口尺寸（长×宽）	m×m	1100×1000	—
4	平均剥采比	t/t	3.74	—

序号	指标名称		单位	数 值	备注
5	台阶高度	基岩	m	12	—
		第四系	m	11	—
6	台阶坡面角	基岩	(°)	55	—
		第四系	(°)	35	—
7	安全平台宽度	基岩	m	7	—
		第四系	m	14	—
8	最终边坡角	基岩	(°)	36.2	西北帮
		第四系	(°)	21	

露天采场占用地类为水田、坑塘水面、公路用地和工矿仓储用地，总面积为 55.7291hm²。其中水田 0.9437hm²，坑塘水面 0.0085hm²，公路用地 0.1584hm²，工矿仓储用地 54.6185hm²，土地损毁类型为挖损。姑山铁矿露天采场现状如图 8-15 所示。

(a)   (b)

图 8-15 露天采场现状

(a) 露天采场全貌；(b) 露天采场已建排水沟及护坡绿化

8.3.2 露天坑复垦方案选择

综合国内外经验，露天坑复垦主要有以下两种方案：

(1) 露天采坑复垦。姑山铁矿露天采场开采标高为 -148~+8m，采坑外周边地势为 +6~+8m，露采坑深度接近 160m。在开采期间，露天采场底盘积水由现有三级泵站抽至采场东侧的沉淀池，再排入青山河。地下开采闭坑后，由于缺少管护，底盘容易积水发生安全隐患，因此露天采场不宜作为一个采坑进行复垦。

（2）作为备用尾矿库复垦。青山尾矿库是姑山矿业公司目前唯一在用尾矿库，尾矿库始建于1978年，入库尾矿来自姑山选矿厂、白象山选矿厂和钟九选矿厂。青山尾矿库已入库尾矿量1040万吨（613万立方米），有效库容还剩850万立方米，姑山铁矿地下开采闭坑后，露天采坑可作为接替青山尾矿库的备用尾矿库使用。加之姑山矿业公司正积极申报钟九铁矿项目，该项目的实施将促进姑山矿业公司后续发展，跻身现代化大型矿山行列，因此亟需一个接替青山尾矿库的备用尾矿库，而姑山铁矿露天采场可以很好地胜任备用尾矿库，既能解决姑山矿业公司尾矿库问题，又能在服务期满后使采坑恢复原地貌，最大程度恢复植被。

综合考虑上述两个复垦方案的利弊，姑山矿业全力支持将露天采场作为备用尾矿库使用，土地复垦方案仅考虑尾矿库服务期满后的复垦工程。

8.3.3　露天采场土地复垦质量要求

根据矿区的实际情况，矿区复垦区属于长江中下游平原区，土地复垦方向主要为水田、有林地。参照《土地复垦质量控制标准》（TD/T 1036—2013），相应的有林地和水田的质量控制标准如下：

（1）有林地复垦的质量要求应满足：

1）有效土层厚度≥30cm；

2）耕作层土壤以砂土至壤质黏土为主，容重控制在≤1.5g/cm^3；

3）土壤砾石含量≤20%；

4）土壤pH值在5.0~8.5之间，土壤有机质≥1%；

5）配套设施（道路系统）达到当地各行业工程建设标准要求；

6）郁闭度≥0.35，定植密度满足《造林作业设计规程》（LY/T 1607）要求。

（2）水田复垦的质量要求应满足：

1）田面坡度≤6°；

2）有效土层厚度≥60cm；

3）耕作层土壤以砂质壤土至壤质黏土为主，容重控制在≤1.35g/cm^3；

4）砾石含量≤5%；

5）土壤通体无污染，土壤pH值在6.0~8.0之间，土壤有机质≥1.5%；

6）生产力水平3年后达到周边同等土地利用类型水平；

7）配套设施（排水系统和道路林网）达到当地各行业工程建设标准要求。

（3）排水沟排涝标准及规格设计：

1）排涝标准。矿区处于亚热带湿润季风气候区，区内光、热、水资源丰富，日最大降雨量197.0mm。参照《土地开发整理项目规划设计规范》中表B7要求，项目区排涝标准采用10年一遇，1日暴雨，1日排出。

2）规格设计。规格根据《灌溉与排水工程设计规范》进行设计。

8.3.4　露天采场土地复垦实施方案

露天采场占地面积为 55.73hm^2，根据《当涂县姑山铁矿土地复垦方案报告书》中确定的复垦方向，露天采场在露转地开采结束后采用尾矿进行回填复垦，露天采场回填至+7m，表层覆土恢复植被。露天采场的具体复垦措施有露天采场坑壁防渗工程、尾矿回填工程、新建排水沟和挡土墙工程、道路复垦工程和植被重建工程等。

8.3.4.1　露天采场坑壁防渗方案

中钢集团马鞍山矿山研究院有限公司联合其他科研机构，发明了一种以全尾矿作为基本原料的新型防渗技术。该发明为"一种复合尾矿砂塑性防渗技术"，其充分利用尾矿中细粒矿物质的化学特性，在外加化合物的作用下，通过物理、化学反应形成不透水的高分子胶状物，该高分子不与酸、碱和其他盐分起化学反应，且有良好的和易性。该材料可喷射胶结，能应用于高陡边坡，特别适用于露天采坑边坡防渗。

A　渗透性试验

露天采场坑壁新型防渗材料渗透性试验配料见表 8-2，试验结果见表 8-3。

表 8-2　渗透试验试样配料

编　号	配　　比	备　注
试样 1	水泥∶矿浆 =1∶10	砂浆浓度均为62%
试样 2	水泥∶矿浆 =1∶5	
试样 3	水玻璃∶水泥∶矿浆 =1∶1∶10	
试样 4	水玻璃∶水泥∶矿浆 =1∶1∶5	
试样 5	复合 AB 料∶水玻璃∶水泥∶矿浆 =0.3∶1∶1∶10	A∶B=1∶1，干料
试样 6	复合 AB 料∶水玻璃∶水泥∶矿浆 =0.3∶1∶1∶5	A∶B=1∶1，干料

表 8-3　渗透结果

编　号	渗流速度/cm·s^{-1}	渗流系/cm·s^{-1}	10℃渗流系数/cm·s^{-1}
试样 1	$8.72×10^{-5}$	$8.68×10^{-5}$	$7.26×10^{-5}$
试样 2	$4.12×10^{-5}$	$3.19×10^{-5}$	$2.16×10^{-5}$
试样 3	$4.83×10^{-6}$	$4.27×10^{-6}$	$3.49×10^{-6}$
试样 4	$6.23×10^{-7}$	$5.76×10^{-7}$	$3.87×10^{-7}$

编　号	渗流速度/cm·s⁻¹	渗流系数/cm·s⁻¹	10℃渗流系数/cm·s⁻¹
试样 5	$6.23×10^{-7}$	$1.76×10^{-7}$	$8.98×10^{-8}$
试样 6	$6.96×10^{-8}$	$5.08×10^{-8}$	$1.37×10^{-8}$

B　流动性试验

露天采场坑壁新型防渗材料流动扩散度试验结果见表 8-4。

表 8-4　扩散度试验结果　　　　　　　（直径/cm）

灰砂比料浆浓度	1:4	1:6	1:10	1:12	1:20
60%	35.6	31.9	39.0	35.0	37.7
62%	31.2	28.3	30.7	29.9	33.7
65%	25.0	25.3	29.1	26.7	28.1
68%	19.3	18.0	23.8	24.0	23.1

C　泌水性试验

露天采场坑壁新型防渗材料泌水率试验结果见表 8-5。

表 8-5　泌水率试验结果　　　　　　　（%）

泌水率	1:4	1:6	1:10	1:12	1:20
60	2.7	2.1	1.5	1.4	1.9
62	2	0.9	1.1	1.2	1.6
65	1.2	0.7	1.1	0.9	0.8
68	0.4	0.3	0.6	0.6	0.7

综合考虑姑山矿尾砂扩散度、泌水特性和强度试验结果，认为充填料浆自流输送浓度不宜过高，也不宜过低，质量浓度取 62%~65%。

D　坑壁防渗方案

根据试验确定的技术参数，采用喷浆技术将防渗材料喷射至边坡面，喷射厚度不小于 15cm，喷射高度随坑内尾砂回填高度的上升而上升，保持防渗喷层高度不小于坑内尾砂滩面高程 1.5m。

8.3.4.2　土壤改良及植被恢复方案

A　土壤改良

土壤改良为施肥改良，按照造林规范中的林木种植施肥要求，复垦为有林地每公顷按 125kg 的定额施化肥（复合肥），每年施用 2 次，连续施用 3 年。

B 植被恢复工程

露天采场采用尾矿进行回填至+7m 标高，铺垫排土场回填土方 0.7m³，计算得知复垦共需土 390103.7m³，土方运输距离为 1km。林地复垦树种选择香樟、马尾松营造混交林，并在场地内撒播狗牙根草籽，经计算场地内种植香樟和马尾松各 61922 株，狗牙根草籽撒播面积 55.7291hm²。

8.3.4.3 新建排水沟工程

为了复垦后排水的需要，在露天采场内新建排水沟 6786m，排水沟将周围地表径流汇集到露天采场中间，再由运矿道路入口处排水沟引至露采场北侧坑塘中。

根据矿区气象资料，该地区十年一遇日最大降雨量 197.0mm。根据《灌溉与排水工程设计规范》，地面排水标准为 1 日暴雨 1 日排出，按一日暴雨量分析计算。排水沟设计流量计算见表 8-6。

表 8-6 排水沟设计流量计算

编 号	长度/m	排水沟设计流量 $Q/\text{m}^3 \cdot \text{s}^{-1}$	日最大暴雨量 p/mm	滞蓄深 h/mm	排涝时间 t/d	排水控制面积 A/km^2
新建排水沟 I-10	2722.00	0.2319	197	30	1	0.12
新建排水沟 I-11	850.00	0.1546	197	30	1	0.08
新建排水沟 I-12	858.00	0.1546	197	30	1	0.08
新建排水沟 I-13	297.00	0.1546	197	30	1	0.08
新建排水沟 I-14	420.00	0.1546	197	30	1	0.08
新建排水沟 I-15	369.00	0.0966	197	30	1	0.05
新建排水沟 I-16	397.00	0.1160	197	30	1	0.06
新建排水沟 I-17	453.00	0.0966	197	30	1	0.05
新建排水沟 I-18	420.00	0.0773	197	30	1	0.04

露天采场排水沟按照流量不同分为两种类型，设计断面及参数见表 8-7。

表 8-7 排水沟断面设计

类型	排水沟设计流量 $Q/\text{m}^3 \cdot \text{s}^{-1}$	设计底宽 B/m	设计水深 H/m	边坡系数 M	过水断面面积 A/m^2	湿周 X/m	水力半径 R/m	糙率 N	谢才系数 C	比降 I	计算流量 $/\text{m}^3 \cdot \text{s}^{-1}$	设计流速 $/\text{m} \cdot \text{s}^{-1}$
1 类	0.2319	0.30	0.25	0.50	0.11	0.86	0.12	0.017	47.13	0.020	0.2491	2.34
2 类	0.1160	0.20	0.20	0.50	0.06	0.65	0.09	0.017	49.82	0.020	0.1287	2.15

根据断面设计表可以推出各类型水沟的断面尺寸，见表 8-8。

表 8-8　排水沟断面尺寸计参数

名称	设计底宽 b/m	设计水深 h/m	计算沟深 H/m	设计沟面宽 /m	边坡系数 M	糙率 N	比降 I
1 类	0.30	0.25	0.45	0.75	0.50	0.017	0.020
2 类	0.20	0.20	0.40	0.60	0.50	0.017	0.020

通过上述计算结果得知，露天采场新建排水沟 9 条，其中 I-10~I-14 为 1 类排水沟，I-15~I-18 为 2 类排水沟。排水沟采用现浇混凝土梯形明沟，1 类排水沟沟底宽 0.3m，沟深 0.45m，沟面宽 0.75m；2 类排水沟沟底宽 0.2m，沟深 0.40m，沟面宽 0.60m；沟底及护坡铺设 5cm 砂石垫层；沟护坡及垫层采用现浇 C20 混凝土衬砌，护坡厚 8cm，护底垫层厚 10cm；沟顶采用现浇混凝土压顶，压顶宽 30cm，厚 10cm；每隔 5m 设置 20mm 伸缩缝，采用两层油毛毡三层沥青胶合。露天采场新建排水沟长度及型号统计见表 8-9，断面如图 8-16 所示。

表 8-9　排水沟结构设计参数

名称	现浇混凝土板厚 /m	砂石垫层厚 /m	压顶宽 /m	压顶厚 /m	现浇混凝土垫层厚/m	PVC 管/m	砂石垫层厚/m	伸缩缝 /m²
1 类	0.08	0.05	0.30	0.10	0.10	1.00	0.05	0.01
2 类	0.08	0.05	0.30	0.10	0.10	1.00	0.05	0.00

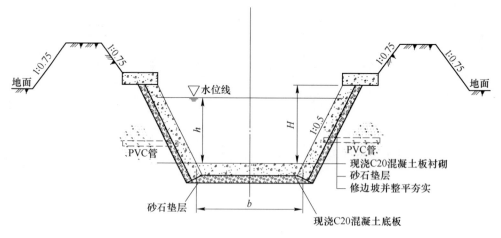

图 8-16　露天采场新建排水沟断面

8.3.4.4　过路桥涵

露天采场复垦时，排水沟通过道路需要修建过路涵。过路涵为土方开挖后埋预制混凝土管，管座采用 C15 混凝土浇筑垫层，M7.5 浆砌石砌筑挡墙，混凝土管设计尺寸为 600mm×60mm×2000mm。露天采场新建过路涵 18 座，过路涵相关设计参数见表 8-10。过路桥涵具体断面尺寸及结构如图 8-17 所示。

表 8-10 过路涵基本参数及工程量表

类 型	涵管规格/mm	基本参数/m						
		H	h	B	D	t	S	L
过路涵	600×60×2000	1.13	0.65	7	0.6	0.06	1.1	0.2

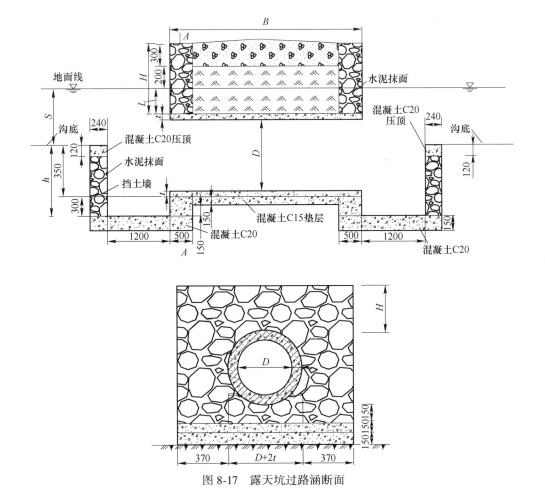

图 8-17 露天坑过路涵断面

8.3.4.5 挡土墙

为减少露天采场水土流失，在采场西侧修建挡土墙，挡土墙高 1.0m，总长

405m。挡土墙顶部厚度 0.5m，墙高 1.5m，地上 1m，地下埋深 0.5m，面坡倾斜坡度为 1∶0.4，采用浆砌块石结构。挡土墙具体断面尺寸及结构如图 8-18 所示。

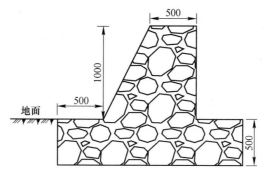

图 8-18 露天坑复垦新建挡土墙

8.3.4.6 道路工程

远期复垦规划新建宽度为 4m 的砂石路 5900m，便于当地群众生产生活以及植被管护期通行之用。

8.3.5 露天采场复垦年限

根据姑山矿生产计划安排，目前露天采场坑底清淤工作已经完成，深锥浓密系统 2019 年年底建成，管道铺设 9 月底可完成，计划 2020 年 1 月开始尾矿回填工程。

露天采场复垦工程采用尾矿作为回填材料，填至设计标高后再进行复垦。根据估算，露天采场总容积为 3150 万立方米（-148～+8m 标高），作为服务姑山、白象山和钟九选矿厂的尾矿库，年入尾矿矿石量约 70 万立方米，露天采场作为备用尾矿库服务年限为 45 年。

露天采场回填尾矿服务年限满后，复垦施工期计划为 1 年，后续植被管护期 3 年，因此露天采场复垦总服务年限为 45+1+3＝49 年，即 2019～2067 年。

参 考 文 献

［1］吴超. 矿井通风与空气调节［M］. 长沙：中南大学出版社，2008.

［2］张钦礼，王新民. 金属矿床地下开采技术［M］. 长沙：中南大学出版社，2016.

［3］王新民，古德生，张钦礼. 深井矿山充填理论与管道输送技术［M］. 长沙：中南大学出版社，2010.

［4］虎维岳. 矿山水害防治理论与方法［M］. 北京：煤炭工业出版社，2005.

［5］吴德义. 深部软弱煤岩巷道稳定性判别及合理支护选择［M］. 北京：冶金工业出版社，2019.

［6］赵奎，袁海平. 矿山地压监测［M］. 北京：化学工业出版社，2009.

［7］张文. 绿色矿山理论与实践［M］. 北京：煤炭工业出版社，2018.

［8］刘恩彦. 和睦山铁矿后观音山矿段充填采矿方法研究［D］. 长沙：中南大学，2012.

［9］齐彪. 基于时效特性软岩采矿进路围岩稳定控制技术研究［D］. 徐州：中国矿业大学，2014.

［10］张玉烽. 基于时效性充填进路采矿采场围岩稳定性研究［D］. 徐州：中国矿业大学，2017.

［11］秦健春. 和睦山铁矿后观音山矿段深部扩能开采技术优化研究［D］. 长沙：中南大学，2013.

［12］刘奇. 姑山铁矿露天境界外驻留矿安全高效开采方法及工艺研究［D］. 长沙：中南大学，2012.